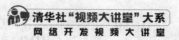

清华社"视频大讲堂"大系
网络开发视频大讲堂

HTML5+CSS3 +JavaScript

从入门到精通 微课精编版

前端科技 ◎编著

清华大学出版社
北京

内 容 简 介

《HTML5+CSS3+JavaScript 从入门到精通（微课精编版）》从初学者角度出发，通过通俗易懂的语言、丰富多彩的实例，详细介绍了 HTML5+CSS3+JavaScript 前端开发技术。本书共 24 章，包括 HTML5 基础，新建 HTML 文档，网页文本和版式，使用网页图像和多媒体信息，设计列表和超链接，设计表格、表单，CSS3 基础，使用 CSS3 美化文本、图像、列表、超链接、表单和表格，设计 CSS3 伸缩布局、响应布局和动画，JavaScript 基础，操作 DOM，操作事件，操作 CSS 样式，使用 Ajax，表格、表单开发，综合实战案例等内容。书中所有知识都结合具体实例进行介绍，代码注释详尽，读者可轻松掌握前端开发技术精髓。

除纸质内容外，本书还配备了多样化、全方位的学习资源，主要内容如下：

- ☑ 407节同步教学微视频
- ☑ 400页拓展知识微阅读
- ☑ 876个实例案例分析
- ☑ 435个在线微练习

- ☑ 15000项设计素材资源
- ☑ 4800个前端开发案例
- ☑ 48本权威参考学习手册
- ☑ 1036道企业面试真题

本书可作为前端开发、移动开发入门者的自学用书，也可作为高等院校及培训机构相关专业的教学参考用书。

图书在版编目（CIP）数据

HTML5+CSS3+JavaScript 从入门到精通：微课精编版/前端科技编著. — 北京：清华大学出版社，2018（2022.8重印）

（清华社"视频大讲堂"大系 网络开发视频大讲堂）

ISBN 978-7-302-50220-3

Ⅰ. ①H… Ⅱ. ①前… Ⅲ. ①超文本标记语言-程序设计 ②网页制作工具 ③JAVA 语言-程序设计
Ⅳ. ①TP312.8 ②TP393.092

中国版本图书馆 CIP 数据核字（2018）第 111912 号

责任编辑：贾小红
封面设计：李志伟
版式设计：刘艳庆
责任校对：赵丽杰
责任印制：朱雨萌

出版发行：清华大学出版社
网　　址：http://www.tup.com.cn，http://www.wqbook.com
地　　址：北京清华大学学研大厦 A 座　　　　邮　　编：100084
社 总 机：010-83470000　　　　邮　　购：010-62786544
投稿与读者服务：010-62776969，c-service@tup.tsinghua.edu.cn
质量反馈：010-62772015，zhiliang@tup.tsinghua.edu.cn

印 装 者：三河市金元印装有限公司
经　　销：全国新华书店
开　　本：203mm×260mm　　　印　张：34.25　　　字　数：1007 千字
　　　　　（附小白手册一本）
版　　次：2018 年 8 月第 1 版　　　　印　次：2022 年 8 月第 8 次印刷
定　　价：89.80 元

产品编号：078942-02

如何使用本书 ✍📖

本书提供了多样化、全方位的学习资源，帮助读者轻松掌握 HTML5+CSS3+JavaScript 技术，从小白快速成长为前端开发高手。

纸质书　　　视频讲解　　　拓展学习　　　在线练习　　　小白手册

手机端+PC 端，线上线下同步学习

1. 获取学习权限

学习本书前，请先刮开图书封底的二维码涂层，使用手机扫描，即可解锁本书资源的学习权限。再扫描正文章节对应的 5 类二维码，可以观看视频讲解，阅读线上资源，体验示例效果，查阅权威参考资料和在线练习提升，全程易懂、好学、速查、高效、实用。

2. 观看视频讲解

对于初学者来说，精彩的知识讲解和透彻的实例解析能够引导其快速入门，轻松理解和掌握知识要点。本书中几乎所有案例都录制了视频，可以使用手机在线观看，也可以离线观看，还可以推送到电脑上大屏幕观看。

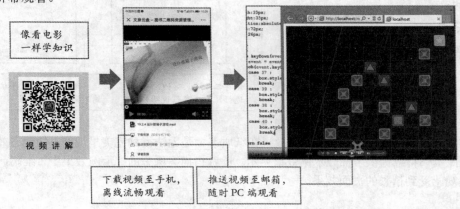

3. 拓展线上阅读

一本书的厚度有限，但掌握一门技术却需要大量的知识积累。本书选择了那些与学习、就业关系紧密的核心知识点印在书中，而将大量的拓展性知识放在云盘上，读者扫描"线上阅读"二维码，即可免费阅读数百页的前端开发学习资料，获取大量的额外知识。

将一页知识
拓展为两页

线上阅读

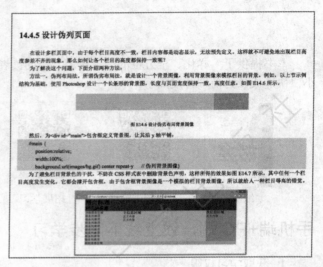

4. 进行线上练习

为方便读者巩固基础知识，提升实战能力，本书附赠了大量的前端练习题目。读者扫描各章最后的"在线练习"二维码，即可通过反复的上机训练加深对知识的领悟程度。

学习+模仿+练习，
打造超强实战能力

在线练习

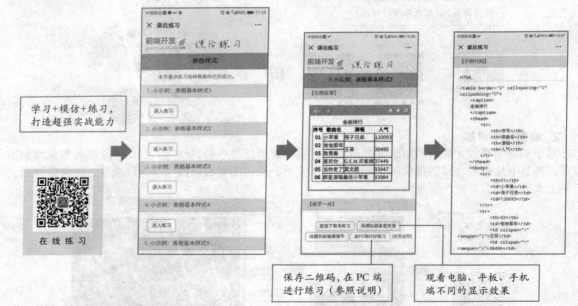

保存二维码，在PC端
进行练习（参照说明）

观看电脑、平板、手机
端不同的显示效果

5. 观看精彩示例效果

对于前端设计、开发来说，很多案例效果在纸质书上是无法得到完美呈现的，如动态效果、绚丽页面等。因此本书特意提供了部分示例效果展示。读者扫描案例旁的"示例效果"二维码，即可在学习过程中直观感受到精彩的页面效果。

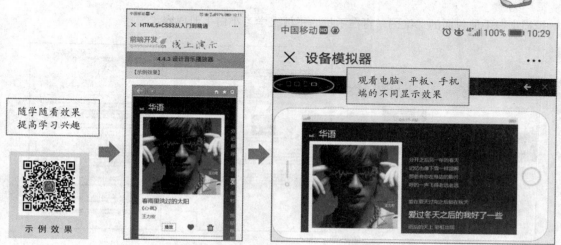

随学随看效果
提高学习兴趣

示例效果

观看电脑、平板、手机
端的不同显示效果

6. 查阅权威参考资料

扫描"权威参考"二维码，即可跳转到对应知识的官方文档上。通过大量查阅，真正领悟技术内涵。

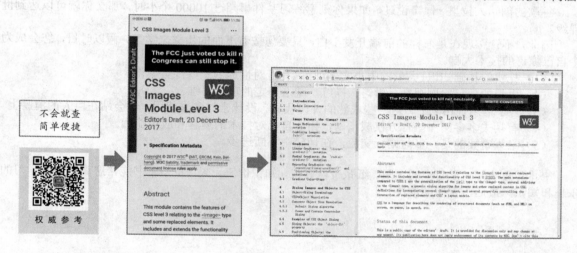

不会就查
简单便捷

权威参考

7. 其他PC端资源下载方式

除了前面介绍过的可以直接将视频、拓展阅读等资源推送到邮箱之外，还提供了如下几种 PC 端资源获取方式。

☑　登录清华大学出版社官方网站（www.tup.com.cn），在对应图书页面下查找资源的下载方式。

☑　申请加入 QQ 群、微信群，获得资源的下载方式。

☑　扫描图书封底二维码（文泉云盘），获得资源的下载方式。

小白实战手册

为方便读者全面提升，本书提供了 4 本小白学习手册：前端开发百问百答、JavaScript 函数编程基础、JavaScript 面向对象编程以及实战案例手册。这些内容精挑细选，希望成为您学习路上的好帮手，关键时刻解您所需。

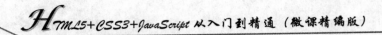

扫描小白手册封面的二维码，可在手机、平板上学习小白手册内容。

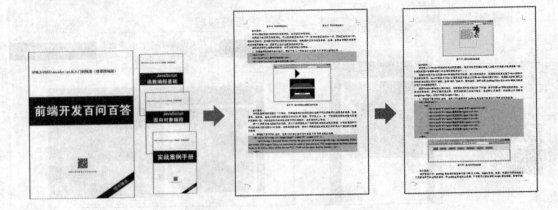

从小白到高手的蜕变

谷歌的创始人拉里·佩奇说过，如果你刻意练习某件事超过 10000 个小时，那么你就可以达到世界级。

因此，不管您现在是怎样的前端开发小白，只要您按着下面的步骤来学习，假以时日，您会成为令自己惊讶的技术大咖。

（1）扎实的基础知识+大量的中小实例训练+有针对性地做一些综合案例。

（2）大量的项目案例观摩、学习、操练，塑造一定的项目思维。

（3）善于借用他山之石，对一些成熟的开源代码、设计素材拿来就用，学会站在巨人的肩膀上。

（4）有功夫多参阅一些官方权威指南，拓展自己对技术的理解和应用能力。

（5）最为重要的是，多与同行交流，在切磋中不断进步。

书本厚度有限，学习空间无限。纸张价格有限，知识价值无限。希望本书能帮您真正收获学习的乐趣和知识。最后，祝您阅读快乐！

"网络开发视频大讲堂"系列丛书于 2013 年 5 月出版，因其编写细腻、讲解透彻、实用易学、配备全程视频等，备受读者欢迎。丛书累计销售近 20 万册，其中，《HTML5+CSS3 从入门到精通》累计销售 10 万册。同时，系列书被上百所高校选为教学参考用书。

　　本次改版，在继承前版优点的基础上，进一步对图书内容进行了优化，选择面试、就业最急需的内容，重新录制了视频，同时增加了许多当前流行的前端技术，提供了"入门学习→实例应用→项目开发→能力测试→面试"等各个阶段的海量开发资源库，实战容量更大，以帮助读者快速掌握前端开发所需要的核心精髓内容。

　　网页制作技术可以粗略划分为前台浏览器端技术和后台服务器端技术。在Web标准中，HTML负责页面结构，CSS负责样式表现，JavaScript负责动态行为。

　　网页技术层出不穷，日新月异，但有一点是肯定的：不管是采用什么技术设计的网站，用户在客户端通过浏览器打开看到的网页都是静态网页，都是由HTML、JavaScript和CSS技术构成的。因此，HTML、CSS和JavaScript技术是网页制作技术的基础和核心。

本书内容

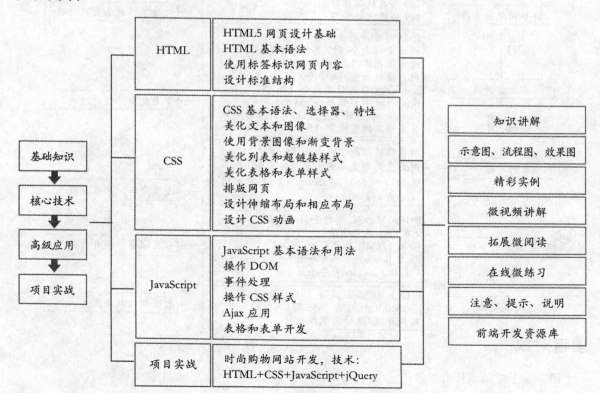

本书特点

1. 由浅入深，编排合理，实用易学

本书面向零基础的初学者，通过"一个知识点+一个例子+一个结果+一段评析+一个综合应用"的写作模式，全面、细致地讲述了HTML5+CSS3+JavaScript实际开发中所需的各类知识，由浅入深，循序渐进。同时，本书展示了许多Web时代备受欢迎的新知识，读者可学习到与HTML5相关的一些非常实用、流行的技术。

2. 跟着案例和视频学，入门更容易

跟着例子学习，通过训练提升，是初学者最好的学习方式。本书案例丰富详尽，多达800多个，且都附有详尽的代码注释及清晰的视频讲解。跟着这些案例边做边学，可以避免学到的知识流于表面、限于理论，尽情感受编程带来的快乐和成就感。

3. 5大类线上资源，多元化学习体验

为了传递更多知识，本书力求突破传统纸质书的厚度限制。本书提供了5大类线上微资源，通过手机扫码，读者可随时观看讲解视频，拓展阅读相关知识，在线练习强化提升，还可以欣赏动态案例效果和查阅官方权威资料，全程便捷、高效，感受不一样的学习体验。

4. 精彩栏目，易错点、重点、难点贴心提醒

本书根据初学者特点，在一些易错点、重点、难点位置精心设置了"注意""提示"等小栏目。通过这些小栏目，读者会更留心相关的知识点和概念，绕过陷阱，掌握很多应用技巧。

本书资源

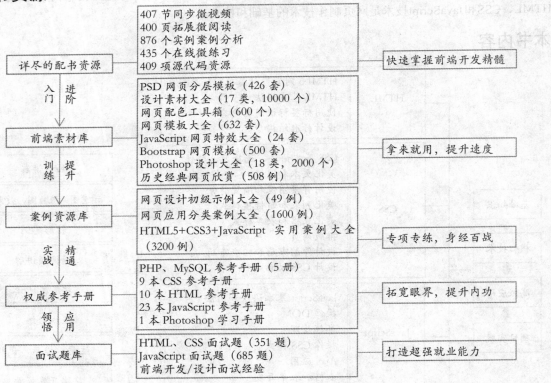

读者对象

☑ 零基础的编程自学者。

- ☑ 相关培训机构的老师和学生。
- ☑ 大中专院校的老师和学生。
- ☑ 参加毕业设计的学生。
- ☑ 初、中级程序开发人员。

读前须知

作为入门书籍，本书知识点比较庞杂，所以不可能面面俱到。技术学习的关键是方法，本书在很多实例中体现了方法的重要性，读者只要掌握了各种技术的运用方法，在学习更深入的知识中可大大提高自学的效率。

本书提供了大量示例，需要用到IE、Firefox、Chrome、Opera等主流浏览器的测试和预览。因此，为了测试示例或代码，读者需要安装上述类型的最新版本浏览器，各种浏览器在CSS3的表现上可能会稍有差异。

限于篇幅，本书示例没有提供完整的HTML代码，读者应该补充完整的HTML结构，然后进行测试练习，或者直接参考本书提供的下载源代码，边学边练。

为了给读者提供更多的学习资源，本书提供了很多参考链接，许多本书无法详细介绍的问题都可以通过这些链接找到答案。由于这些链接地址会因时间而有所变动或调整，所以在此说明，这些链接地址仅供参考，本书无法保证所有的这些地址是长期有效的。

读者服务

学习本书时，请先扫描封底的权限二维码（需要刮开涂层）获取学习权限，然后即可免费学习书中的所有线上线下资源。

本书所附赠的超值资源库内容，读者可登录清华大学出版社网站（www.tup.com.cn），在对应图书页面下获取其下载方式。也可扫描图书封底的"文泉云盘"二维码，获取其下载方式。

本书提供QQ群（668118468、697651657）、微信群（qianduankaifa_cn）、服务网站（www.qianduankaifa.cn）等互动渠道，提供在线技术、学习答疑、技术资讯、视频课堂、在线勘误等功能。在这里，您可以结识大量志同道合的朋友，在交流和切磋中不断成长。

读者对本书有什么好的意见和建议，也可以通过邮箱（qianduanjiaoshi@163.com）发邮件给我们。

关于作者

前端科技是由一群热爱Web开发的青年骨干教师和一线资深开发人员组成的一个团队，主要从事Web开发、教学和培训。参与本书编写的人员包括咸建勋、奚晶、文菁、李静、钟世礼、袁江、甘桂萍、刘燕、杨凡、朱砚、余乐、邹仲、余洪平、谭贞军、谢党华、何子夜、赵美青、牛金鑫、孙玉静、左超红、蒋学军、邓才兵、陈文广、李东博、林友赛、苏震巍、崔鹏飞、李斌、郑伟、邓艳超、胡晓霞、朱印宏、刘望、杨艳、顾克明、郭靖、朱育贵、刘金、吴云、赵德志、张卫其、李德光、刘坤、彭方强、雷海兰、王鑫铭、马林、班琦、蔡霞英、曾德剑等。

尽管已竭尽全力，但由于水平有限，书中疏漏和不足之处在所难免，欢迎各位读者朋友批评、指正。

编者

2018 年 6 月

目　录

Contents

第 1 章

HTML5 基础

根据 W3C 规范要求，Web 设计应该遵循结构、表现和行为的分离。三者关系如下：

▶▶ 结构：使用 HTML 设计网页的结构和内容。

▶▶ 表现：使用 CSS 设计的网页样式。

▶▶ 行为：使用 JavaScript 和 DOM 设计网页脚本代码。

2014 年 10 月 28 日，W3C 的 HTML 工作组发布了 HTML5 的正式推荐标准。HTML5 是构建开放 Web 平台的核心，也开启了互联网浪潮的新篇章。在此背景下，让我们来具体了解 HTML 就变得非常必要了。

权威参考：

https://www.w3.org/TR/html5/

权 威 参 考

【学习要点】

▶▶ 了解 HTML 历史和 HTML 版本。

▶▶ 熟悉 HTML4 和 XHTML 基本语法规范。

▶▶ 熟悉 HTML5 基本语法规范。

1.1　HTML 历史

1969 年，美国建立了世界上第一个计算机网络——阿帕网。由于当时的计算机网络只是为了数据运算而建，与人们的日常生活相距甚远，网络的发展非常缓慢，直到 1985 年，连接在阿帕网上的计算机主机也只有 1961 台。

1989 年，欧洲粒子物理实验室研究员 Tim Berners-Lee（蒂姆·伯纳斯-李）发明了一种用于网上交换文本的格式，即基于标记的语言 HTML，并创建了网上软件平台 World Wide Web（万维网）。

HTML 最吸引人的地方在于其超文本链接技术，通过超链接，用户可以非常方便地跳转到其他任何一个网页上。万维网的出现带动了网站的裂变式发展，到 2006 年 11 月，全球互联网网站总数就已经超过了一亿大关。

1990 年 11 月，第一个 Web 服务器 nxoc01.cern.ch 开始运行，Tim Berners-Lee 在自己编写的图形化 Web 浏览器 World Wide Web 上看到了最早的 Web 页面。

世界上第一个网站（当年网址：http://nxoc01.cern.ch/hypertext/www/theproject.html）早在 1992 年被关闭，备份网址 http://www.w3.org/History/19921103-hypertext/hypertext/www/theproject.html 可以看到最早的网页，如图 1.1 所示。

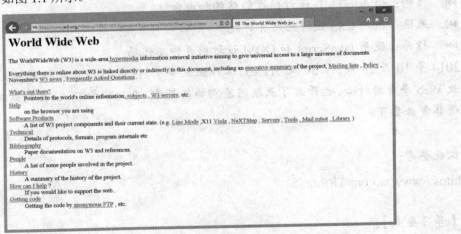

图 1.1　最早的网页

Tim Berners-Lee 无疑是 Web 发展历史中最伟大的人物之一，被人尊称为"互联网之父"。在 W3C 网站（http://www.w3.org/People/Berners-Lee/）中可以找到他的近照，如图 1.2 所示。

HTML 语言是 Tim Berners-Lee 发明的，W3C 组织也是他一手缔造的。

1980 年，Tim Berners-Lee 在欧洲量子物理实验室负责 Enquire 研究项目时发明了 Web 的应用架构。从 1980 年开始，Tim Berners-Lee 便带领着自己的研究小组不断探索、研究和试验这个后来改变人类信息交流的技术工具。

1986 年，Tim Berners-Lee 参与制订了 ISO 标准（ISO 8879），该标准阐述制作平台并显示不同文档的方法，这些文档递交方式和描述方式不同。ISO 标准定义了 SGML（Standard Generalized Markup Language）语言。

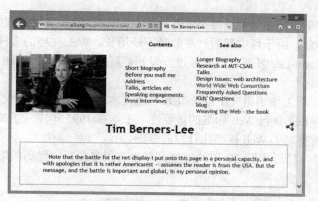

图 1.2　Tim Berners-Lee 个人页面

1989 年，Tim Berners-Lee 为 CERN（欧洲核子研究中心）内部使用的超文本文档系统提出了几条建议。

- ☑ 必须能够跨平台，即文档系统能够在不同操作系统交流，因为当时存在不同的操作系统。
- ☑ 必须可以用在许多已经存在的信息系统上，并且允许更多的新信息可以加进去，即文档系统能够兼容已经存在的文档格式，并能够具有扩展性。
- ☑ 需要一种传输机制在网络上传输文档。文档传输协议后来发展为 HTTP。
- ☑ 需要一种鉴定方案用来定位本地和远程文档，即文档系统能够准确定位本地和远程的文档位置，后来发展为 URL 寻址。
- ☑ 提供格式化语言。那时候还没有明确提及 HTML，只是探讨如何更方便地展示接收到的信息，后来才发展为 HTML 语言。

1990 年，Tim Berners-Lee 在 SGML 语言基础上开发了 HTML 语言。同时，Tim Berners-Lee 在自己开发的 Web 浏览器上看到了世界上最早的 Web 页面，如图 1.3 所示，这时进入了第一轮的 Web 浏览器/编辑器的开发周期。

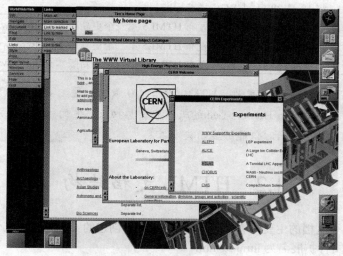

图 1.3　最早的 Web 浏览器和网页

1991 年，Tim Berners-Lee 将 CERN 项目（包括 HTML 语言）的整个代码和说明书发布到互联网上。在这以后的几年中，整个系统逐渐被人们接受，Web 文档开始出现并稳定地增长。同时一个公用代码库也已经出现，于是程序员们能够很容易地建立和访问 Web 文档的程序，Web 浏览器也很快成为信息交流的首选平台。由于可实现的程序数量不断增长，Web 文档的多样性也开始体现出来。

HTML 由 Tim Berners-Lee 发明，但是经过开发和扩展，与早期的样子相去甚远，并且没有一个真正的标准被开发出来。

1993 年，互联网工程工作小组（IETF）发布了超文本标记语言，但这仅是一个非标准的工作草案。后来，Tim Berners-Lee 看到 Web 标准的重要性，于是在 1995 年成立了 W3C 组织，并逐步统一了 HTML 的标准，从而奠定了 Web 标准化开发的基础。

HTML 从诞生至今，经历了近 30 年的发展，其中有很多曲折，经历的版本及发布日期如表 1.1 所示。

表 1.1　HTML 语言的发展过程

版　　本	发布日期	说　　明
超文本标记语言（第一版）	1993 年 6 月	作为互联网工程工作小组（IETF）工作草案发布，非标准
HTML 2.0	1995 年 11 月	作为 RFC 1866 发布，在 RFC 2854 于 2000 年 6 月发布之后被宣布已经过时
HTML 3.2	1996 年 1 月 14 日	W3C 推荐标准
HTML 4.0	1997 年 12 月 18 日	W3C 推荐标准
HTML 4.01	1999 年 12 月 24 日	微小改进，W3C 推荐标准
ISO HTML	2000 年 5 月 15 日	基于严格的 HTML 4.01 语法，是国际标准化组织和国际电工委员会的标准
XHTML 1.0	2000 年 1 月 26 日	W3C 推荐标准，修订后于 2002 年 8 月 1 日重新发布
XHTML 1.1	2001 年 5 月 31 日	较 1.0 有不大的改进
XHTML 2.0 草案	没有发布	2009 年，W3C 停止了 XHTML 2.0 工作组的工作
HTML 5 草案	2008 年 1 月	HTML 5 规范先是以草案发布，经历了漫长的过程
HTML5	2014 年 10 月 28 日	W3C 推荐标准
HTML5.1	2017 年 10 月 3 日	W3C 发布 HTML5 第一个更新版本（http://www.w3.org/TR/html51/）
HTML5.2	2017 年 12 月 14 日	W3C 发布 HTML5 第二个更新版本（http://www.w3.org/TR/html52/）
HTML5.3	2018 年 3 月 15 日	W3C 发布 HTML5 第三个更新版本（http://www.w3.org/TR/html53/）

提示：从上面 HTML 发展列表来看，HTML 没有 1.0 版本，这主要是因为当时有很多不同的版本。有些人认为 Tim Berners-Lee 的版本应该算初版，他的版本中还没有 img 元素，也就是说，HTML 刚开始时仅能够显示文本信息。

1.2　HTML 文档结构

HTML 是构成网页文档的主要语言，使用 HTML 语言创建的文档为文本文件，可以使用任意文本编辑器进行编辑，文件扩展名为.html 或.htm。

1.2.1　HTML4 基本结构

HTML 文档一般都应包含两部分：头部区域和主体区域。HTML 文档基本结构由 3 个标签负责

视频讲解

组织：`<html>`、`<head>`和`<body>`。其中`<html>`标签标识 HTML 文档，`<head>`标签标识头部区域，而`<body>`标签标识主体区域。

【示例】一个完整的 HTML4 文档基本结构如下。

```
<html> <!--语法开始-->
    <head>
        <!--头部信息，如<title>标签定义的网页标题-->
    </head>
    <body>
        <!--主体信息，包含网页显示的内容-->
    </body>
</html> <!--语法结束-->
```

可以看到，每个标签都是成对组成，第一个标签（如`<html>`）表示标识的开始位置，而第二个标签（如`</html>`）表示标识的结束位置。`<html>`标签包含`<head>`和`<body>`标签，而`<head>`和`<body>`标签是并列排列。

如果把上面字符代码放置在文本文件中，然后另存为"test.html"，就可以在浏览器中浏览了。当然，由于这个简单的 HTML 文档还没有包含任何信息，所以在浏览器中是看不到任何显示内容的。

> 提示：网页就是一个文本文件，文件扩展名一般为.html 或.htm，俗称为静态网页，可以直接在浏览器中预览；也可以是.asp、.aspx、.php 或.jsp 等，俗称为动态网页，需要服务器解析之后，浏览器才能够预览。

1.2.2 XHTML 基本结构

视频讲解

XHTML 是 The Extensible HyperText Markup Language 的缩写，中文翻译为可扩展标识语言，实际上它是 HTML4 的升级版本。XHTML 和 HTML4 在语法和标签使用方面差别不大。熟悉 HTML 语言，再稍加熟悉标准结构和规范，也就熟悉了 XHTML 语言。XHTML 具有如下特点：

☑ 用户可以扩展元素，从而扩展功能，但在目前 1.1 版本下，用户只能够使用固定的预定义元素，这些元素基本上与 HTML4 版本元素相同，但删除了部分属性描述性的元素。

☑ 能够与 HTML 很好地沟通，可以兼容当前不同的网页浏览器，实现 XHTML 页面的正确浏览。

【示例】完整的 XHTML 文档结构如下所示。

```
<!--[XHTML 文档基本框架]-->
<!--定义 XHTML 文档类型-->
<!DOCTYPE html PUBLIC"-//W3C//DTD XHTML 1.0 Transitional//EN" "http://www.w3.org/TR/xhtml1/DTD/
xhtml1-transitional.dtd">
<!--XHTML 文档根元素，其中 xmlns 属性声明文档命名空间-->
<html xmlns="http://www.w3.org/1999/xhtml">
<!--头部信息结构元素-->
<head>
<!--设置文档字符编码-->
<meta http-equiv="Content-Type" content="text/html; charset=gb2312" />
<!--设置文档标题-->
<title>无标题文档</title>
</head>
<!--主体内容结构元素-->
<body>
```

```
</body>
</html>
```

XHTML 代码不排斥 HTML 规则，在结构上也基本相似，但如果仔细比较，它有两点不同。

1. 定义文档类型

在 XHTML 文档第一行新增了<!DOCTYPE>元素，该元素用来定义文档类型。DOCTYPE 是 document type（文档类型）的简写，它设置 XHTML 文档的版本。使用时应注意该元素的名称和属性必须大写。

DTD（如 xhtml1-transitional.dtd）表示文档类型定义，里面包含了文档的规则，网页浏览器会根据预定义的 DTD 来解析页面元素，并把这些元素所组织的页面显示出来。要建立符合网页标准的文档，DOCTYPE 声明是必不可少的关键组成部分，除非你的 XHTML 确定了一个正确的 DOCTYPE，否则页面内的元素和 CSS 不能正确生效。

2. 声明命名空间

在 XHTML 文档根元素中必须使用 xmlns 属性声明文档的命名空间。xmlns 是 XHTML NameSpace 的缩写，中文翻译为命名空间（也有人翻译为名字空间、名称空间）。命名空间是收集元素类型和属性名字的一个详细 DTD，它允许通过一个 URL 地址指向来识别命名空间。

XHTML 是 HTML 向 XML 过渡的标识语言，它需要符合 XML 规则，因此也需要定义名字空间。但是 XHTML 1.0 还不允许用户自定义元素，因此它的命名空间都相同，就是 "http://www.w3.org/1999/xhtml"。这也是每个 XHTML 文档的 xmlns 值都相同的缘故。

1.2.3 HTML5 基本结构

HTML5 文档允许省略<html>、<head>、<body>等元素，使用 HTML5 的 DOCTYPE 声明文档类型，简化<meta>元素的 charset 属性值，省略<p>元素的结束标记、使用<元素/>的方式来结束<meta>元素，以及
元素等语法知识要点。

【示例】一个简单的 HTML5 文档基本结构如下。

```
<!DOCTYPE html>
<meta charset="UTF-8">
<title>HTML5 基本语法</title>
<h1>HTML5 的目标</h1>
<p>HTML 5 的目标是为了能够创建更简单的 Web 程序，书写出更简洁的 HTML 代码。
<br/>例如，为了使 Web 应用程序的开发变得更容易，提供了很多 API；为了使 HTML 变得更简洁，开发出了新的属性、新的元素等。总体来说，为下一代 Web 平台提供了许许多多新的功能。
```

这段代码在 IE 浏览器中的运行结果如图 1.4 所示。

图 1.4 编写 HTML5 文档

1.3　HTML 基本语法

HTML 文档由标签和各种信息组成，HTML 标签可以标识文字、图形、动画、声音、表格、超链接等网页对象。标签可以包含属性，用来设置标签的各种功能。编写 HTML 文档时，必须遵循一定的语法规范，否则浏览器是无法解析的。

1.3.1　HTML4 语法

HTML4 的规范条文不多，具体说明如下：

☑　所有标签都包含在 "<" 和 ">" 起止标识符中，构成一个标签。例如，<style>、<head>、<body> 和 <div> 等。

☑　在 HTML 文档中，绝大多数元素都有起始标签和结束标签，在起始标签和结束标签之间包含的是元素主体。例如，<body> 和 </body> 中间包含的就是网页内容主体。

☑　起始标签包含元素的名称，以及可选属性，也就是说，元素的名称和属性都必须在起始标签中。结束标签以反斜杠开始，然后附加上元素名称。例如：

<tag>元素主体</tag>

☑　元素的属性包含属性名称和属性值两部分，中间通过等号进行连接，多个属性之间通过空格进行分隔。属性与元素名称之间也是通过空格进行分隔。例如：

<tag a1="v1" a2="v2" a3="v3" …… an="vn">元素主体</tag>

☑　少数元素的属性也可能不包含属性值，仅包含一个属性名称。例如：

<tag a1 a2 a3 …… an>元素主体</tag>

☑　一般属性值应该包含在引号内，虽然不加引号，浏览器也能够解析，但是读者应该养成良好的习惯。

☑　属性是可选的，元素包含多少个属性，也是不确定，这主要根据不同元素而定。不同的元素会包含不同的属性。HTML 也为所有元素定义了公共属性，如 title、id、class、style 等。

虽然大部分标签都是成对出现，但是也有少数标签不是成对的，这些孤立的标签，被称为空标签。空标签仅包含起始标签，没有结束标签。例如：

<tag>

同样，空标签也可以包含很多属性，用来标识特殊效果或者功能，例如：

<tag a1="v1" a1="v1" a2="v2" …… an="vn">

☑　标签可以相互嵌套，形成文档结构。嵌套必须匹配，不能交错嵌套，例如，<div><span></div></span>。合法的嵌套应该是包含或被包含的关系，例如，<div><span></span></div> 或 <span><div></div></span>。

☑　HTML 文档所有信息必须包含在 <html> 标签中，所有文档元信息应包含在 <head> 子标签中，而 HTML 传递信息和网页显示内容应包含在 <body> 子标签中。

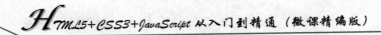

Note

【示例】 对于 HTML4 文档来说，除了必须符合基本语法规范外，还必须保证文档结构信息的完整性。完整文档结构如下所示。

```
<!DOCTYPE html PUBLIC "-//W3C//DTD XHTML 1.0 Transitional//EN" "http://www.w1.org/TR/xhtml1/DTD/
xhtml1-transitional.dtd">
<html xmlns="http://www.w1.org/1999/xhtml">
<head>
<meta http-equiv="Content-Type" content="text/html; charset=utf-8" />
<title>文档标题</title>
</head>
<body></body>
</html>
```

HTML4 文档应主要包括如下内容。

☑ 必须在首行定义文档的类型，过渡型文档可省略。

☑ <html>标签应该设置文档名字空间，过渡型文档可省略。

☑ 必须定义文档的字符编码，一般使用<meta>标签在头部定义，常用字符编码包括中文简体（gb2312）、中文繁体（big5）和通用字符编码（utf-8）。

☑ 应该设置文档的标题，可以使用<title>标签在头部定义。

HTML 文档扩展名为.htm 或.html，保存时必须正确使用扩展名，否则浏览器无法正确地解析。如果要在 HTML 文档中增加注释性文本，则可以在 "<!--" 和 "-->" 标识符之间增加，例如：

```
<!-- 单行注释-->
```

或

```
<!-----------------
多行注释
----------------->
```

1.3.2 XHTML 语法

视频讲解

XHTML 是根据 XML 语法简化而来的，因此它遵循 XML 文档规范。同时 XHTML 又大量继承 HTML4 语法规范，因此与 HTML4 非常相似，不过它对代码的要求更加严谨。遵循这些要求，对于培养良好的 XHTML 代码书写习惯是非常重要的。

☑ 在文档的开头必须定义文档类型。

☑ 在根元素中应声明命名空间，即设置 xmlns 属性。

☑ 所有标签都必须是闭合的。在 HTML 中，你可能习惯书写独立的标签，如<p>、<li>，而不爱写对应的</p>和</li>来关闭它们。但在 XHTML 中这是不合法的。XHTML 要求有严谨的结构，所有标签都必须关闭。如果是单独不成对的标签，应在标签的最后加一个 "/" 来关闭它，如
。

☑ 所有元素和属性都必须小写。这与 HTML 不同，XHTML 对大小写是敏感的，<title>和<TITLE>表示不同的标签。

☑ 所有的属性必须用引号（""）括起来。在 HTML 中，你可以不需要给属性值加引号，但是在 XHTML 中，它们必须被加引号，如<table height="80"></table>。特殊情况下，可以在属性值里使用双引号或单引号。

☑　所有标签都必须合理嵌套。这是因为 XHTML 要求有严谨的结构，因此所有的嵌套都必须按顺序。

☑　所有属性都必须被赋值，没有值的属性就用自身来赋值。例如：

错误写法：

```
<td nowrap>
```

正确写法：

```
<td nowrap="nowrap">
```

☑　所有特殊符号都用编码表示，例如，小于号（<）不是元素的一部分，必须被编码为 "<"；大于号（>）不是元素的一部分，必须被编码为 ">"。

☑　不要在注释内容中使用 "--"。"--" 只能出现在 XHTML 注释的开头和结束，也就是说，在内容中它们不再有效。例如：

错误写法：

```
<!--注释----------注释-->
```

正确写法：

```
<!--注释————————注释-->
```

☑　XHTML 规范废除了 name 属性，而使用 id 属性作为统一的名称。在 IE 4.0 及以下版本中应保留 name 属性，使用时可以同时使用 id 和 name 属性。

上面列举的几点是 XHTML 最基本的语法要求，习惯于 HTML 的读者应克服代码书写中的随意，相信好的习惯会影响你的一生。

1.3.3　HTML5 语法

HTML5 以 HTML4 为基础，保证与之前的 HTML4 语法达到最大限度的兼容。同时，对 HTML4 进行了全面升级改造，具体变化如下。

视频讲解

1．内容类型

HTML5 的文件扩展名和内容类型保持不变。例如，扩展名仍然为 ".html" 或 ".htm"，内容类型（ContentType）仍然为 "text/html"。

2．文档类型

在 HTML4 中，文档类型的声明方法如下：

```
<!DOCTYPE html PUBLIC "-//W3C//DTD XHTML 1.0 Transitional//EN" "http://www.w3.org/TR/xhtml1/DTD/xhtml1-transitional.dtd">
```

在 HTML5 中，文档类型的声明方法如下：

```
<!DOCTYPE html>
```

当使用工具时，也可以在 DOCTYPE 声明中加入 SYSTEM 识别符，声明方法如下：

```
<!DOCTYPE HTML SYSTEM "about:legacy-compat">
```

在 HTML5 中，DOCTYPE 声明方式是不区分大小写的，引号也不区分是单引号还是双引号。

注意：使用 HTML5 的 DOCTYPE 会触发浏览器以标准模式显示页面。众所周知，网页都有多种显示模式，如怪异模式（Quirks）、标准模式（Standards）。浏览器根据 DOCTYPE 来识别该使用哪种解析模式。

3. 字符编码

在 HTML4 中，使用 meta 元素定义文档的字符编码，如下所示：

```
<meta http-equiv="Content-Type" content="text/html;charset=UTF-8">
```

在 HTML5 中，继续沿用 meta 元素定义文档的字符编码，但是简化了 charset 属性的写法，如下所示：

```
<meta charset="UTF-8">
```

对于 HTML5 来说，上述两种方法都有效，用户可以继续使用前面一种方式，即通过 content 元素的属性来指定，但是不能同时混用两种方式。

注意：在传统网站中，可能会存在下面标记方式。在 HTML5 中，这种字符编码方式将被认为是错误的。

```
<meta charset="UTF-8" http-equiv="Content-Type" content="text/html;charset=UTF-8">
```

从 HTML5 开始，对于文件的字符编码推荐使用 UTF-8。

4. 标记省略

在 HTML5 中，元素的标记可以分为 3 种类型：不允许写结束标记，可以省略结束标记，开始标记和结束标记全部可以省略。下面简单介绍这 3 种类型各包括哪些 HTML5 新元素。

第一，不允许写结束标记的元素有：area、base、br、col、command、embed、hr、img、input、keygen、link、meta、param、source、track、wbr。

第二，可以省略结束标记的元素有：li、dt、dd、p、rt、rp、optgroup、option、colgroup、thead、tbody、tfoot、tr、td、th。

第三，可以省略全部标记的元素有：html、head、body、colgroup、tbody。

提示：不允许写结束标记的元素是指，不允许使用开始标记与结束标记将元素括起来的形式，只允许使用<元素/>的形式进行书写。例如：

☑ 错误的书写方式
```
<br></br>
```
☑ 正确的书写方式
```
<br/>
```
HTML5 之前的版本中
这种写法可以继续沿用。

可以省略全部标记的元素是指元素可以完全被省略。注意，该元素还是以隐式的方式存在的。例如，将 body 元素省略不写时，它在文档结构中还是存在的，可以使用 document.body 进行访问。

5. 布尔值

对于布尔型属性，如 disabled 与 readonly 等，当只写属性而不指定属性值时，表示属性值为 true；

如果属性值为 false，可以不使用该属性。另外，要想将属性值设定为 true 时，也可以将属性名设定为属性值，或将空字符串设定为属性值。

【示例 1】下面是几种正确的书写方法。

```
<!--只写属性，不写属性值，代表属性为true-->
<input type="checkbox" checked>
<!--不写属性，代表属性为false-->
<input type="checkbox">
<!--属性值=属性名，代表属性为true-->
<input type="checkbox" checked="checked">
<!--属性值=空字符串，代表属性为true-->
<input type="checkbox" checked="">
```

6. 属性值

属性值可以加双引号，也可以加单引号。HTML5 在此基础上做了一些改进，当属性值不包括空字符串、<、>、=、单引号、双引号等字符时，属性值两边的引号可以省略。

【示例 2】下面写法都是合法的。

```
<input type="text">
<input type='text'>
<input type=text>
```

1.4　案例实战

目前最新主流浏览器对 HTML5 都提供了很好的支持，下面结合示例介绍如何正确创建 HTML5 文档。

1.4.1　编写第一个 HTML5 文档

本节示例将遵循 HTML5 语法规范编写一个文档。本例文档省略了<html>、<head>、<body>等标签，使用 HTML5 的 DOCTYPE 声明文档类型，简化<meta>的 charset 属性设置，省略<p>标签的结束标记，使用<元素/>的方式来结束标记，如<meta>和
标签等。

```
<!DOCTYPE html>
<meta charset="UTF-8">
<title>HTML5 基本语法</title>
<h1>HTML5 的目标</h1>
<p>HTML 5 的目标是为了能够创建更简单的 Web 程序，书写出更简洁的 HTML 代码。
<br/>例如，为了使 Web 应用程序的开发变得更容易，提供了很多 API；为了使 HTML 变得更简洁，开发出了新的属性、新的元素等。总体来说，为下一代 Web 平台提供了许许多多新的功能。
```

这段代码在 IE 浏览器中的运行结果如图 1.5 所示。

通过短短几行代码就完成了一个页面的设计，这充分说明了 HTML5 语法的简洁。同时，HTML5 不是一种 XML 语言，其语法也很随意，下面从这两方面进行逐句分析。

图 1.5　编写 HTML5 文档

第一行代码如下：

```
<!DOCTYPE HTML>
```

不需要包括版本号，仅告诉浏览器需要一个 doctype 来触发标准模式，可谓简明扼要。

接下来说明文档的字符编码，否则将出现浏览器不能正确解析。

```
<meta charset="utf-8">
```

同样也很简单，HTML5 不区分大小写，不需要标记结束符，不介意属性值是否加引号，即下列代码是等效的。

```
<meta charset="utf-8">
<META charset="utf-8" />
<META charset=utf-8>
```

在主体中，可以省略主体标记，直接编写需要显示的内容。虽然在编写代码时省略了<html>、<head>和<body>标记，但在浏览器进行解析时，将会自动进行添加。但是，考虑到代码的可维护性，在编写代码时，应该尽量增加这些基本结构标签。

1.4.2　比较 HTML4 与 HTML5 文档结构

下面通过示例具体说明 HTML5 是如何使用全新的结构化标签编织网页的。

【示例 1】本例设计将页面分成上、中、下三部分：上面显示网站标题；中间分两部分，左侧为辅助栏，右侧显示网页正文内容；下面显示版权信息，如图 1.6 所示。

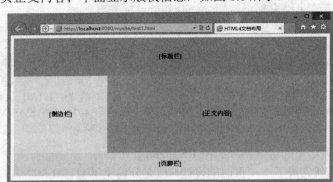

图 1.6　简单的网页布局

使用 HTML4 构建文档基本结构如下：

```
<div id="header">[标题栏]</div>
<div id="aside">[侧边栏]</div>
<div id="article">[正文内容]</div>
<div id="footer">[页脚栏]</div>
```

　　尽管上述代码不存在任何语法错误，也可以在 HTML5 中很好地解析，但该页面结构对于浏览器来说是不具有区分度的。对于不同的用户来说，ID 命名可能因人而异，这对浏览器来说，就无法辨别每个 div 元素在页面中的作用，因此也必然会影响其对页面的语义解析。

　　【示例 2】下面使用 HTML5 新增的元素重新构建页面结构，明确定义每部分在页面中的作用。

```
<header>[标题栏]</header>
<aside>[侧边栏]</aside>
<article>[正文内容]</article>
<footer>[页脚栏]</footer>
```

　　虽然两段代码不一样，但比较上述两段代码，使用 HTML5 新增元素创建的页面代码更简洁、明晰。可以很容易地看出，使用<div id="header">、<div id="aside">、<div id="article">和<div id="footer">这些标记元素没有任何语义，浏览器也不能根据标记的 ID 名称来推断它的作用，因为 ID 名称是随意变化的。

　　而 HTML5 新增元素 header，明确地告诉浏览器此处是页头，aide 元素用于构建页面辅助栏目，article 元素用于构建页面正文内容，footer 元素定义页脚注释内容。这样极大地提高了开发者便利性和浏览器的解析效率。

1.5　扫　码　阅　读

　　如果你是一位零基础的读者，第一次接触网页设计，那么我们建议你先扫码阅读本节内容，了解什么是网页，什么是设计，什么是 HTML、CSS、JavaScript 等一些不知所云的概念。详细内容请扫码阅读。

线 上 阅 读

1.6　在　线　练　习

　　练习设计 HTML5 文档的基本方法。

在 线 练 习

第 2 章

新建 HTML5 文档

完整的 HTML 文档应该包含两部分结构：头部信息（<head>）和主体内容（<body>）。为了使网页内容更加清晰、明确，容易被他人阅读，或者被浏览器以及各种设备理解，新建 HTML5 文档之后，需要完善这两部分内容，构建基本的网页框架。

【学习要点】

▶▶ 正确设置 HTML5 元信息。

▶▶ 正确使用 HTML5 语义元素。

▶▶ 设计符合语义的 HTML5 文档结构。

2.1　设置头部信息

在 HTML 文档的头部区域存储着各种网页基本信息，这些信息主要被浏览器采用，不会显示在网页中。另外，搜索引擎也会检索这些信息，因此重视并设置这些头部信息非常重要。

2.1.1　定义网页标题

使用<title>标签可定义文档的标题。例如：

```
<html>
<head>
<title>HTML5 标签说明</title>
</head>
<body>
HTML5 标签列表
</body>
</html>
```

浏览器会把文档的标题放在窗口的标题栏或状态栏中显示，如图 2.1 所示。当把文档加入用户的链接列表、收藏夹或书签列表时，标题将作为该文档链接的默认名称。

图 2.1　显示网页标题

💡 **提示：**设置一个正确的标题非常重要：很多搜索引擎会把网页标题作为与页面相关的描述性词语进行检索，被插入到庞大的链接数据库中。因此，为每个文档都认真地选择一个描述性的、实用的、与上下文相关联的标题。

错误的标题：

☑ 抽象的标题没有意义。例如，"第十六章"或"第五部分"这样的标题，对读者理解网页内容方面毫无用处。

☑ 自我引用的标题也没有什么用处。例如，"主页"这样的标题和内容毫无关系，类似的还有"反馈页"或"常用链接"等。

正确的标题：

☑ 使用描述性更强的标题。例如，"第十六章：HTML 标题"，或者"第五部分：如何使用标题"，这样的标题说明了文档的具体内容，可以吸引读者有兴趣读下去。

☑ 设计一个能够表达一定内容和目的的标题，令读者凭这个标题就可以判断是否有必要访问这个页面。例如，"HTML <title> 标签的详细信息"，这就是一个描述性的标题，类似的还有"HTML <title> 标签的反馈页"等。

Note

视 频 讲 解

视频讲解

Note

2.1.2　定义网页元信息

使用<meta>标签可以定义网页的元信息，例如，定义针对搜索引擎的描述和关键词，一般网站都必须设置这两条元信息，以方便搜索引擎检索。

☑　定义网页的描述信息：

`<meta name="description" content="标准网页设计专业技术资讯" />`

☑　定义页面的关键词：

`<meta name="keywords" content="HTML,DHTML, CSS, XML, XHTML, JavaScript" />`

<meta>标签位于文档的头部，<head>标签内，不包含任何内容。使用<meta>标签的属性可以定义与文档相关联的名称/值对。<meta>标签可用属性说明如表 2.1 所示。

表 2.1　<meta>标签属性列表

属　　性	说　　明
content	必需的，定义与 http-equiv 或 name 属性相关联的元信息
http-equiv	把 content 属性关联到 HTTP 头部。取值包括：content-type、expires、refresh、set-cookie
name	把 content 属性关联到一个名称。取值包括：author、description、keywords、generator、revised 等
scheme	定义用于翻译 content 属性值的格式
charset	定义文档的字符编码

【示例】下面列举常用元信息的设置代码，更多元信息的设置可以参考 HTML 手册。

使用 http-equiv 等于 content-type，可以设置网页的编码信息。

☑　设置 UTF-8 编码：

`<meta http-equiv="content-type" content="text/html; charset=UTF-8" />`

提示：HTML5 简化了字符编码设置方式：<meta charset="utf-8">，其作用是相同的。

☑　设置简体中文 gb2312 编码：

`<meta http-equiv="content-type" content="text/html; charset=gb2312" />`

注意：每个 HTML 文档都需要设置字符编码类型，否则可能会出现乱码，其中 UTF-8 是国家通用编码，独立于任何语言，因此都可以使用。

使用 content-language 属性值定义页面语言的代码。如下所示设置中文版本语言：

`<meta http-equiv="content-language" content="zh-CN" />`

使用 refresh 属性值可以设置页面刷新时间或跳转页面，如 5 秒钟之后刷新页面：

`<meta http-equiv="refresh" content="5" />`

5 秒钟之后跳转到百度首页：

`<meta http-equiv="refresh" content="5; url= https://www.baidu.com/" />`

使用 expires 属性值设置网页缓存时间：

`<meta http-equiv="expires" content="Sunday 20 October 2019 01:00 GMT" />`

也可以使用如下方式设置页面不缓存：

```
<meta http-equiv="pragma" content="no-cache" />
```

类似设置还有：

```
<meta name="author" content="https://www.baidu.com/" />         <!--设置网页作者-->
<meta name="copyright" content=" https://www.baidu.com/" />      <!--设置网页版权-->
<meta name="date" content="2019-01-12T20:50:30+00:00" />         <!--设置创建时间-->
<meta name="robots" content="none" />                            <!--设置禁止搜索引擎检索-->
```

2.1.3 定义文档视口

在移动 Web 开发中，经常会遇到 viewport（视口）问题，就是浏览器显示页面内容的屏幕区域。一般移动设备的浏览器默认都设置一个<meta name="viewport">标签，定义一个虚拟的布局视口，用于解决早期的页面在手机上显示的问题。

iOS、Android 基本都将这个视口分辨率设置为 980px，所以桌面网页基本能够在手机上呈现，只不过看上去很小，用户可以通过手动缩放网页进行阅读。这种方式用户体验很差，建议使用<meta name="viewport">标签设置视图大小。

<meta name="viewport">标签的设置代码如下：

```
<meta id="viewport" name="viewport" content="width=device-width; initial-scale=1.0; maximum-scale=1; user-scalable=no;">
```

各属性说明如表 2.2 所示。

表 2.2 <meta name="viewport">标签的设置说明

属 性	取 值	说 明
width	正整数或 device-width	定义视口的宽度，单位为像素
height	正整数或 device-height	定义视口的高度，单位为像素，一般不用
initial-scale	[0.0-10.0]	定义初始缩放值
minimum-scale	[0.0-10.0]	定义缩小最小比例，它必须小于或等于 maximum-scale 设置
maximum-scale	[0.0-10.0]	定义放大最大比例，它必须大于或等于 minimum-scale 设置
user-scalable	yes/no	定义是否允许用户手动缩放页面，默认值为 yes

【示例】下面示例在页面中输入一个标题和两段文本，如果没有设置文档视口，则在移动设备中所呈现效果如图 2.2 所示，而设置了文档视口之后，所呈现效果如图 2.3 所示。

```
<!doctype html>
<html>
<head>
<meta charset="utf-8">
<title>设置文档视口</title>
<meta name="viewport" content="width=device-width, initial-scale=1">
</head>
<body>
<h1>width=device-width, initial-scale=1</h1>
<p>width=device-width 将 layout viewport（布局视口）的宽度设置  ideal viewport（理想视口）的宽度。</p>
<p>initial-scale=1 表示将 layout viewport（布局视口）的宽度设置为  ideal viewport（理想视口）的宽度，</p>
```

Note

```
</body>
</html>
```

💡 提示：ideal viewport（理想视口）通常就是我们说的设备的屏幕分辨率。

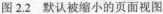

图 2.2　默认被缩小的页面视图

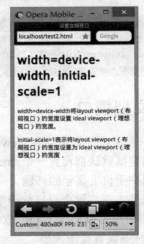

图 2.3　保持正常的布局视图

2.1.4　最新 head 指南

线 上 阅 读

　　本节为线上拓展内容，介绍 2017 年最新的 head 元素使用指南。本节内容相对专业，适合专业开发人员阅读或参考，对于初级读者来说，建议有选择性地跳读，或者作为案头参考资料，需要时备查使用。详细内容请扫码阅读。

2.1.5　移动端 HTML5 head 头部信息说明

线 上 阅 读

　　本节为线上拓展内容，介绍移动端 HTML5 head 头部信息设置说明。本节内容相对专业，适合专业开发人员阅读或参考，对于初级读者来说，建议有选择性地跳读，或者作为案头参考资料，需要时备查使用。详细内容请扫码阅读。

2.2　构建网页通用结构

　　HTML 文档的主体部分包括了要在浏览器中显示的所有信息。这些信息需要在特定的结构中呈现，下面介绍网页通用结构的设计方法。

2.2.1　定义文档结构

视 频 讲 解

　　HTML5 包含一百多个标签，大部分继承自 HTML4，新增加 30 个标签。这些标签基本上都被放置在主体区域（<body>）内，我们将在各章节中逐一进行说明。

　　正确选用 HTML5 标签可以避免代码冗余。在设计网页时不仅需要使用<div>标签来构建网页通用结构，还要使用下面几类标签完善网页结构。

- ☑ <h1>、<h2>、<h3>、<h4>、<h5>、<h6>：定义文档标题，1 表示一级标题，6 表示六级标题，常用标题包括一级、二级和三级。
- ☑ <p>：定义段落文本。
- ☑ <ul>、<ol>、<li>等：定义信息列表、导航列表、榜单结构等。
- ☑ <table>、<tr>、<td>等：定义表格结构。
- ☑ <form>、<input>、<textarea>等：定义表单结构。
- ☑ <span>：定义行内包含框。

【示例】下面示例是一个简单的 HTML 页面，使用了少量 HTML 标签。它演示了一个简单的文档应该包含的内容，以及主体内容是如何在浏览器中显示的。

第 1 步，新建文本文件，输入下面代码。

```
<html>
    <head>
        <meta charset="utf-8">
        <title>一个简单的文档包含内容</title>
    </head>
    <body>
        <h1>我的第一个网页文档</h1>
        <p>HTML 文档必须包含三个部分：</p>
        <ul>
            <li>html——网页包含框</li>
            <li>head——头部区域</li>
            <li>body——主体内容</li>
        </ul>
    </body>
</html>
```

第 2 步，保存文本文件，命名为 test，设置扩展名为.html。

第 3 步，使用浏览器打开这个文件，则可以看到如图 2.4 所示的预览效果。

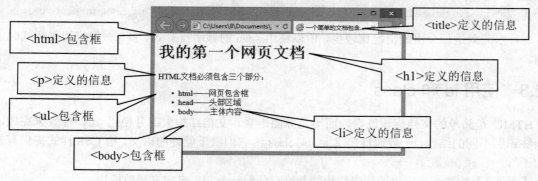

图 2.4　网页文档演示效果

为了更好地选用标签，读者可以参考 w3school 网站的 http://www.w3school. com.cn/tags/index.asp 页面信息。其中 DTD 列描述标签在哪一种 DOCTYPE 文档类型是允许使用的：S=Strict，T=Transitional，F=Frameset。

【课后福利】

感兴趣的读者可以扫码查看一份完整的 HTML5 结构模板。

线上阅读

2.2.2　使用 div 和 span

文档结构基本构成元素是 div。div 表示区块（division）的意思，通过将指定结构内容包围在 div 中，并分配 id 或 class，就可以在文档中添加有意义的结构。

【示例1】为了减少不必要的标签，应该避免随意嵌套。例如，在设计导航列表时，就没有必要将<ul>再包裹一层<div>标签。

```
<div id="nav">
    <ul>
        <li><a href="#">首页</a></li>
        <li><a href="#">关于</a></li>
        <li><a href="#">联系</a></li>
    </ul>
</div>
```

可以完全删除 div，直接在 ul 上设置 id。

```
<ul id="nav">
    <li><a href="#">首页</a></li>
    <li><a href="#">关于</a></li>
    <li><a href="#">联系</a></li>
</ul>
```

过度使用 div 是结构不合理的一种表现，也容易造成结构复杂化。

与 div 不同，span 元素可以用来对行内元素进行分组。

【示例2】在下面代码中为段落文本中部分信息进行分隔显示，以便应用不同的类样式。

```
<h1>新闻标题</h1>
<p>新闻内容</p>
<p>……</p>
<p>发布于<span class="date">2016 年 12 月</span>，由<span class="author">张三</span>编辑</p>
```

对行内元素进行分组的情况比较少，所以使用 span 的频率没有 div 多。一般应用类样式时才会用到。

2.2.3　使用 id 和 class

HTML 是简单的文档标识语言，而不是界面语言。文档结构大部分使用<div>标签来完成，为了能够识别不同的结构，一般通过定义 id 或 class 给它们赋予额外的语义，给 CSS 样式提供有效的"钩子"。

【示例1】构建一个简单的列表结构，并给它分配一个 id，自定义导航模块。

```
<ul id="nav">
    <li><a href="#">首页</a></li>
    <li><a href="#">关于</a></li>
    <li><a href="#">联系</a></li>
</ul>
```

使用 id 标识页面上的元素时，id 名必须是唯一的。id 可以用来标识持久的结构性元素，例如主导航或内容区域；id 还可以用来标识一次性元素，如某个链接或表单元素。

在整个网站上，id 名应该应用于语义相似的元素以避免混淆。例如，如果联系人表单和联系人详细信息在不同的页面上，那么可以给它们分配同样的 id 名 contact，但是如果在外部样式表中给它们定义样式，就会遇到问题，因此使用不同的 id 名（如 contact_form 和 contact_details）就会简单得多。

与 id 不同，同一个 class 可以应用于页面上任意数量的元素，因此 class 非常适合标识样式相同的对象。例如，设计一个新闻页面，其中包含每条新闻的日期。此时不必给每个日期分配不同的 id，而是可以给所有日期分配类名 date。

> 提示：id 和 class 的名称一定要保持语义性，并与表现方式无关。例如，可以给导航元素分配 id 名为 right_nav，因为希望它出现在右边。但是，如果以后将它的位置改到左边，那么 CSS 和 HTML 就会产生歧义。所以，将这个元素命名为 sub_nav 或 nav_main 更合适。这种名称解释就不再涉及如何表现它。
>
> 对于 class 名称，也是如此。例如，如果定义所有错误消息以红色显示，不要使用类名 red，而应该选择更有意义的名称，如 error 或 feedback。

> 注意：class 和 id 名称需要区分大小写，虽然 CSS 不区分大小写，但是在标签中是否区分大小写取决于 HTML 文档类型。如果使用 XHTML 严谨型文档，那么 class 和 id 名是区分大小写的。最好的方式是保持一致的命名约定，如果在 HTML 中使用驼峰命名法，那么在 CSS 中也采用这种形式。

【示例 2】在实际设计中，class 被广泛使用，这就容易产生滥用现象。例如，很多初学者在所有的元素上添加类，以更方便地控制它们。这种现象被称为"多类症"，在某种程度上，这和使用基于表格的布局一样糟糕，因为它在文档中添加了无意义的代码。

```
<h1 class="newsHead">标题新闻</h1>
<p class="newsText">新闻内容</p>
<p>……</p>
<p class="newsText"><a href="news.php" class="newsLink">更多</a></p>
```

【示例 3】在上面示例中，每个元素都使用一个与新闻相关的类名进行标识。这使新闻标题和正文可以采用与页面其他部分不同的样式。但是，不需要用这么多类来区分每个元素。可以将新闻条目放在一个包含框中，并加上类名 news，从而标识整个新闻条目。然后，可以使用包含框选择器识别新闻标题或文本。

```
<div class="news">
    <h1>标题新闻</h1>
    <p>新闻内容</p>
    <p>……</p>
    <p><a href="news.php">更多</a></p>
</div>
```

以这种方式删除不必要的类有助于简化代码，使页面更简洁。过度依赖类名是不必要的，我们只需要在不适合使用 id 的情况下对元素应用类，而且尽可能少使用类。实际上，创建大多数文档常常只需要添加几个类。如果初学者发现自己添加了许多类，那么这很可能意味着自己创建的 HTML 文档结构有问题。

2.3　构建 HTML5 新结构

HTML5 新增多个结构化元素，以方便用户创建更友好的页面主体框架，下面来详细学习。

2.3.1　定义文章块

article 表示文章，用来标识页面中一块完整的、独立的、可以被转发的内容。例如，报纸文章、论坛帖子、用户评论、博客条目等。

> 提示：一些交互式小部件或小工具，或任何其他可独立的内容，原则上都可以作为 article 块，如日期选择器组件，但这些内容不是 HTML5 新增 article 元素的主要目的，故不建议使用。

【示例 1】article 内容块通常包含标题，放在 header 元素里面，有时还包含 footer，定义附加信息。下面示例演示了如何使用 article 设计一篇新闻稿。

```
<article>
    <header>
        <h1>首届 Web 高层论坛（Web Executive Forum）将于 2017 年 11 月在美国旧金山举行 </h1>
        <time pubdate="pubdate">2017 年 9 月 26 日消息</time>
    </header>
    <p>W3C 将于 2017 年 11 月 8 日在美国加州旧金山举行首届 W3C Web 高层论坛（Web Executive Forum），
来自支付宝（Alipay）、美国运通（American Express）、彭博（Bloomberg）、哈曼（HARMAN）、谷歌（Google）、
英特尔（Intel）、Mozilla、三星（Samsung）、南内华达地区交通局（Southern Nevada Regional Transportation Agency）、
悉尼大学（University of Sydney）、Worldpay、Yubico 等机构的代表将与 W3C 的发明人、W3C 理事长 Tim Berners
Lee 一起，探讨 Web 的技术趋势及对行业产业的影响。这是 W3C 首次举办此类论坛，论坛将与 W3C TPAC 2017
会议同期举行。</p>
    <footer>
        <p>来自<a href="http://www.chinaw3c.org/archives/1980/" target="_blank">W3C 中国</a></p>
    </footer>
</article>
```

上面示例是一篇互联网新闻的文章，在 header 元素中嵌入了文章的标题部分，在这部分中，文章的标题被镶嵌在 h1 元素中，文章的发表日期镶嵌在 time 元素中。在标题下部的 p 元素中嵌入了一大段文章的正文，在结尾处的 footer 元素中作为脚注，嵌入了文章的来源。整个文章块的内容相对比较独立、完整，因此对这部分内容使用了 article 元素。

【示例 2】article 元素可以嵌套使用，原则上内层的内容要与外层的内容相关联。例如，在一篇互联网新闻中，针对该新闻的相关评论就可以使用嵌套 article 元素设计，用来呈现评论的 article 元素被包含在外层 article 元素里面。

```
<article>
    <header>[省略]</header>
    <p>[请参考示例 1]</p>
    <footer>……</footer>
    <section>
        <h2>评论</h2>
        <article>
```

```
        <header>
            <h3>网友昵称 1</h3>
            <p>
                <time pubdate datetime="2017-9-26 19:40-08:00"> 1 小时前 </time>
            </p>
        </header>
        <p>ok</p>
    </article>
    <article>[参考第一条评论的结构]</article>
    <article>[每条评论作为一个相对独立的内容块]</article>
    <article>[内层 article 块与外层 article 块相关联]</article>
    ……

    </section>
</article>
```

上面示例的内容比示例 1 的内容更加丰富，它添加了评论内容。具体来说，section 把正文与评论部分进行了区分，在 section 元素中嵌入了评论的内容，评论中每个人的评论相对来说又是比较独立、完整的，因此每条评论都使用一个 article，在评论中又可以分为标题和评论内容两个部分，分别放在 header 元素与 p 元素中。

2.3.2 定义区块

section 表示区块，用于标识文档中的节，在页面上多对内容进行分区。例如，章节、页眉、页脚或文档中的其他部分。

【辨析】

div 元素也可以用来对页面进行分区，但 section 元素并非一个普通的容器。当一个容器需要被直接定义样式或通过脚本定义行为时，推荐使用 div，而非 section 元素。

div 元素关注结构的独立性，而 section 元素关注内容的独立性，section 元素包含的内容可以单独存储到数据库中，或输出到 Word 文档中。

【示例 1】一个 section 区块通常由标题和内容组成。下面示例使用 section 元素包裹排行版的内容，作为一个独立的内容块进行定义。

视频讲解

```
<section cite="http://music.baidu.com/">
    <h1>新歌榜</h1>
    <ol>
        <li><a href="#">爸爸去哪儿<p class="ui-li-aside"> 群星</p></a></li>
        <li><a href="#">爱，不解释<p class="ui-li-aside"> 张杰</p></a></li>
        <li><a href="#">爱无反顾<p class="ui-li-aside"> 姚贝娜</p></a></li>
        <li><a href="#">房间<p class="ui-li-aside"> 刘瑞琦</p></a></li>
        <li><a href="#">动人的传说<p class="ui-li-aside"> 杭娇</p></a></li>
        <li><a href="#">泼墨<p class="ui-li-aside"> 周华健</p></a></li>
        <li><a href="#">一起摇摆<p class="ui-li-aside"> 汪峰</p></a></li>
        <li><a href="#">就当是你<p class="ui-li-aside"> 许诺</p> </a></li>
        <li><a href="#">summer time<p class="ui-li-aside"> 吉克隽逸</p></a></li>
        <li><a href="#">不值得<p class="ui-li-aside"> 曾一鸣</p></a></li>
    </ol>
</section>
```

section 元素包含 cite 属性，用来定义 section 的 URL。如果 section 摘自 Web，可以设置该属性。

Note

【辨析】

article 和 section 都是 HTML5 新增的元素，它们都是用来区分不同内容，用法也相似，从语义角度分析两者区分很大。

- ☑ article 代表文档、页面或者应用程序中独立、完整的，可以被外部引用的内容。因为 article 是一段独立的内容，所以 article 通常包含 header 和 footer 结构。
- ☑ section 用于对网站或者应用程序中页面上的内容进行分块。一个 section 通常由内容和标题组成。因此，需要包含一个标题，一般不用包含 header 或者 footer 结构。

通常使用 section 元素为那些有标题的内容进行分段，类似文章分段操作。相邻的 section 内容应当是相关的，而不像 article 之间各自独立。

【示例 2】下面示例混用 article 和 section 元素，从语义上比较两者不同。article 内容强调独立性、完整性，section 内容强调相关性。

```
<article>
    <header>
        <h1>蝶恋花</h1>
        <h2>晏殊</h2>
    </header>
    <p>槛菊愁烟兰泣露，罗幕轻寒，燕子双飞去。明月不谙离恨苦，斜光到晓穿朱户。</p>
    <p>昨夜西风凋碧树，独上高楼，望尽天涯路。欲寄彩笺兼尺素，山长水阔知何处。</p>
    <section>
        <h2>解析</h2>
        <article>
            <h3>注释</h3>
            <p>槛：栏杆。</p>
            <p>罗幕：丝罗的帷幕，富贵人家所用。</p>
            <p>朱户：犹言朱门，指大户人家。</p>
            <p>尺素：书信的代称。</p>
        </article>
        <article>
            <h3>评析</h3>
            <p>此词经疏澹的笔墨、温婉的格调、谨严的章法，传达出作者的暮秋怀人之情。</p>
            <p>上片由苑中景物起笔，下片写登楼望远。以无可奈何的怅问作结，给人情也悠悠、恨也悠悠之感。</p>
        </article>
    </section>
</article>
```

【追问】

既然 article、section 是用来划分区域的，又是 HTML5 的新元素，那么是否可以用 article、section 取代 div 来布局网页呢？

答案是否定的，div 的用处就是用来布局网页，划分大的区域，所以我们习惯性地把 div 当成了一个容器。而 HTML5 改变了这种用法，它让 div 的工作更纯正。div 就是用来布局的，在不同的内容块中，我们按照需求添加 article、section 等内容块，并且显示其中的内容，这样才是合理地使用这些元素。

因此，在使用 section 元素时应该注意几个问题：

- ☑　不要将 section 元素当作设置样式的结构容器，对于此类操作应该使用 div 元素实现。
- ☑　如果 article、aside 或 nav 元素更符合语义使用条件，不要首选使用 section 元素。
- ☑　不要为没有标题的内容区块使用 section 元素。

【补充】

使用 HTML5 大纲工具（http://gsnedders.html5.org/outliner/）来检查页面中是否有没有标题的 section，如果使用该工具进行检查后，发现某个 section 的说明中有"untitled section"（没有标题的 section）文字，这个 section 就有可能使用不当，但是 nav 元素和 aside 元素没有标题是合理的。

【示例 3】 下面示例进一步描述了 article 和 section 混用的情景。

```
<article>
    <h1>W3C</h1>
    <p>万维网联盟（World Wide Web Consortium，W3C），又称 W3C 理事会。1994 年 10 月在麻省理工学院计算机科学实验室成立。建立者是万维网的发明者蒂姆&middot;伯纳斯-李。</p>
    <section>
        <h2>CSS</h2>
        <p>全称 Cascading Style Sheet，级联样式表，通常又称为"风格样式表（Style Sheet）"，它是用来进行网页风格设计的。</p>
    </section>
    <section>
        <h2>HTML</h2>
        <p>全称 Hypertext Markup Language，超文本标记语言，用于描述网页文档的一种标记语言。</p>
    </section>
</article>
```

在上面示例中，首先可以看到整个版块是一段独立的、完整的内容，因此使用 article 元素标识。该内容是一篇关于 W3C 的简介，该文章分为 3 段，每一段都有一个独立的标题，因此使用了两个 section 元素区分。

【追问】

为什么没有对第一段使用 section 元素呢？

其实是可以使用的，但是由于其结构比较清晰，浏览器能够识别第一段内容在一个 section 内，所以也可以将第一个 section 元素省略，但是如果第一个 section 元素里还要包含子 section 元素或子 article 元素，那么就必须标识 section 元素。

【示例 4】 下面是一个包含 article 元素的 section 元素示例。

```
<section>
    <h1>W3C</h1>
    <article>
        <h2>CSS</h2>
        <p>全称 Cascading Style Sheet，级联样式表，通常又称为"风格样式表（Style Sheet）"，它是用来进行网页风格设计的。</p>
    </article>
    <h2>HTML</h2>
    <p>全称 Hypertext Markup Language，超文本标记语言，用于描述网页文档的一种标记语言。</p>
</section>
```

这个示例比示例 1 复杂了一些。首先，它是一篇文章中的一段，因此没有使用 article 元素。但是，在这一段中有几块独立的内容，所以嵌入了几个独立的 article 元素。

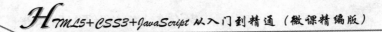

Note

视频讲解

在 HTML5 中，article 可以是一种特殊功能的 section 元素，它比 section 元素更强调独立性。即 section 元素强调分段或分块，而 article 强调独立性。具体来说，如果一块内容相对来说比较独立、完整的时候，应该使用 article 元素，但是如果想将一块内容分成几段的时候，应该使用 section 元素。

在 HTML5 中，div 变成了一种容器，当应用 CSS 样式的时候，可以对这个容器进行一个总体的 CSS 样式的套用。因此，可以将页面的所有从属部分，如导航条、菜单、版权说明等，包含在一个统一的页面结构中，以便统一使用 CSS 样式来进行装饰。

2.3.3　定义导航条

nav 表示导航条，用来标识页面导航的链接组。一个页面中可以拥有多个 nav，作为页面整体或不同部分的导航。具体应用场景如下：

☑　主菜单导航。一般网站都设置有不同层级的导航条，其作用是在站内快速切换，如主菜单、置顶导航条、主导航图标等。

☑　侧边栏导航。现在在主流博客网站及商品网站上都有侧边栏导航，其作用是将页面从当前文章或当前商品跳转到相关文章或商品页面上去。

☑　页内导航。就是页内锚点链接，其作用是在本页面几个主要的组成部分之间进行跳转。

☑　翻页操作。翻页操作是指在多个页面的前后页或博客网站的前后篇文章滚动。

并不是所有的链接组都要被放进 nav 中，只需要将主要的、基本的链接组放进 nav 元素即可。例如，在页脚中通常会有一组链接，包括服务条款、首页、版权声明等，这时使用 footer 元素是最恰当的。

【示例 1】在 HTML5 中，只要是导航性质的链接，我们就可以很方便地将其放入 nav 元素中。该元素可以在一个文档中多次出现，作为页面或部分区域的导航。

```
<nav draggable="true">
    <a href="index.html">首页</a>
    <a href="book.html">图书</a>
    <a href="bbs.html">论坛</a>
</nav>
```

上述代码创建了一个可以拖动的导航区域，nav 元素中包含了三个用于导航的超链接，即"首页""图书""论坛"。该导航可用于全局导航，也可放在某个段落，作为区域导航。

【示例 2】下面示例页面由多部分组成，每部分都带有链接，但只将最主要的链接放入了 nav 元素中。

```
<h1>技术资料</h1>
<nav>
    <ul>
        <li><a href="/">主页</a></li>
        <li><a href="/blog">博客</a></li>
    </ul>
</nav>
<article>
    <header>
        <h1>HTML5+CSS3</h1>
        <nav>
            <ul>
                <li><a href="#HTML5">HTML5</a></li>
```

```html
            <li><a href="#CSS3">CSS3</a></li>
        </ul>
    </nav>
</header>
<section id="HTML5">
    <h1>HTML5</h1>
    <p>HTML5 特性说明</p>
</section>
<section id="CSS3">
    <h1>CSS3</h1>
    <p>CSS3 特性说明。</p>
</section>
<footer>
    <p> <a href="?edit">编辑</a> | <a href="?delete">删除</a> | <a href="?add">添加</a> </p>
</footer>
</article>
<footer>
    <p><small>版权信息</small></p>
</footer>
```

在这个例子中，第一个 nav 元素用于页面导航，将页面跳转到其他页面上去，如跳转到网站主页或博客页面；第二个 nav 元素放置在 article 元素中，表示在文章内进行导航。除此之外，nav 元素也可以用于其他所有你觉得是重要的、基本的导航链接组中。

📢 注意：不要用 menu 元素代替 nav 元素。menu 主要用在一系列交互命令的菜单上，如快捷菜单。

2.3.4 定义边栏

aside 表示侧边，用来标识所处内容之外的内容。aside 内容应该与所处的附近内容相关。例如，当前页面或文章的附属信息部分，它可以包含与当前页面或主要内容相关的引用、侧边广告、导航条，以及其他类似的有别于主要内容的部分。

aside 元素主要有两种用法：

☑ 作为主体内容的附属信息部分，包含在 article 中，aside 内容可以是与当前内容有关的参考资料、名词解释等。

视频讲解

【示例 1】下面示例设计一篇文章，文章标题放在 header 中，在 header 后面将所有关于文章的部分放在了一个 article 中，将文章正文放在一个 p 元素中。该文章包含一个名词注释的附属部分，因此在正文下面放置了一个 aside 元素，用来存放名词解释的内容。

```html
<header>
    <h1>HTML5</h1>
</header>
<article>
    <h1>HTML5 历史</h1>
    <p>HTML5 草案的前身名为 Web Applications 1.0，于 2004 年被 WHATWG 提出，于 2007 年被 W3C 接
纳，并成立了新的 HTML 工作团队。HTML5 的第一份正式草案已于 2008 年 1 月 22 日公布。2014 年 10 月 28
日，W3C 的 HTML 工作组正式发布了 HTML5 的官方推荐标准。</p>
    <aside>
        <h1>名词解释</h1>
        <dl>
```

```
        <dt>WHATWG</dt>
        <dd>Web Hypertext Application Technology Working Group，HTML 工作开发组的简称，目前与
W3C 组织同时研发 HTML5。</dd>
        </dl>
        <dl>
        <dt>W3C</dt>
        <dd>World Wide Web Consortium，万维网联盟，万维网联盟是国际著名的标准化组织。1994
年成立后，至今已发布近百项相关万维网的标准，对万维网发展做出了杰出的贡献。</dd>
        </dl>
    </aside>
</article>
```

这个 aside 被放置在一个 article 内部，因此引擎将这个 aside 内容理解为与 article 内容相关联的。

☑ 作为页面或站点辅助功能部分，在 article 之外使用。最典型的形式是侧边栏，其中的内容可以是友情链接、最新文章列表、最新评论列表、历史存档、日历等。

【示例 2】下面代码使用 aside 元素为个人博客添加一个友情链接辅助版块。

```
<aside>
    <nav>
        <h2>友情链接</h2>
        <ul>
            <li> <a href="#">网站 1</a></li>
            <li> <a href="#">网站 2</a></li>
            <li> <a href="#">网站 3</a></li>
        </ul>
    </nav>
</aside>
```

友情链接在博客网站中比较常见，一般放在左右两侧的边栏中，因此可以使用 aside 来实现，但是这个版块又具有导航作用，因此嵌套了一个 nav 元素，该侧边栏的标题是"友情链接"，放在了 h2 元素中，在标题之后使用了一个 ul 列表，用来存放具体的导航链接列表。

2.3.5　定义主要区域

main 表示主要，用来标识网页中的主要内容。main 内容对于文档来说应当是唯一的，它不应包含在网页中重复出现的内容，如侧栏、导航栏、版权信息、站点标志或搜索表单等。

简单来说，在一个页面中，不能出现一个以上的 main 元素。main 元素不能被包裹在 article、aside、footer、header 或 nav 中。

视频讲解

提示：由于 main 元素不对页面内容进行分区或分块，所以不会对网页大纲产生影响。

【示例】下面示例使用 main 元素包裹页面主要区域，这样更有利于网页内容的语义分区，同时搜索引擎也能够主动抓取主要信息，避免被次要信息干扰。

```
<header>
    <nav>
        <ul>
            <li><a href="#">首页</a></li>
            <li><a href="#">站内新闻</a></li>
            <li><a href="#">站外新闻</a></li>
```

```
            </ul>
        </nav>
    </header>
    <main>
        <h1>站内新闻</h1>
        <nav>
            <ul>
                <li><a href="#">HTML5</a></li>
                <li><a href="#">CSS3</a></li>
                <li><a href="#">JavaScript</a></li>
            </ul>
        </nav>
        <H2 id="web">W3C</H2>
        <h3>W3C 中国区会员沙龙在北京航空航天大学举行</h3>
        <p>2017 年 9 月 14 日，W3C 在北京航空航天大学举办了中国区会员沙龙活动，向到会的中国区会员代
表介绍 W3C 目前标准工作进展及计划，并提供一个新老朋友参与 W3C 及其他相关话题问答与互动讨论的交流
平台。</p>
        <h2 id="new">最新新闻</h2>
        <ul>
            <li>W3C 发布 ODRL 信息模型、ODRL 词汇表及表达两份候选推荐标准 征集参考实现及审阅意见
</li>
            <li>W3C 技术研讨会：Web 虚拟现实编著—机遇与挑战</li>
            <li>W3C 发布核心无障碍 API 映射（Core-AAM）1.1 版候选推荐标准 征集参考实现</li>
        </ul>
        <h2 id="blog">W3C 官方博客</h2>
        <ul>
            <li>W3C 启动 WebAssembly 工作组</li>
            <li>W3C 数据的未来方向</li>
            <li>W3C 数字出版主要进展</li>
        </ul>
    </main>
    <footer>本站由北京航空航天大学(W3C/Beihang)维护 京 ICP 备 05004617-3 文保网安备案号
1101080018</footer>
```

2.3.6 定义标题栏

header 表示页眉，用来标识页面标题栏。header 元素是一种具有引导和导航作用的结构元素，通常用来放置整个页面，或者一个内容块的标题。

header 也可以包含其他内容，如数据表格、表单或相关的 LOGO 信息，一般整个页面的标题应该放在页面的前面。

【示例 1】在一个网页内可以多次使用 header 元素，下面示例显示为每个内容区块添加一个 header。

视频讲解

```
<header>
    <h1>网页标题</h1>
</header>
<article>
    <header>
        <h1>文章标题</h1>
```

```
        </header>
        <p>文章正文</p>
    </article>
```

在 HTML5 中，header 内部可以包含 h1～h6 元素，也可以包含 hgroup、table、form、nav 等元素，只要应该显示在头部区域的标签，都可以包含在 header 元素中。

【示例 2】下面示例是个人博客首页的头部区域，整个头部内容都放在 header 元素中。

```
<header>
    <hgroup>
        <h1>LOGO</h1>
        <a href="#">[URL]</a> <a href="#">[订阅]</a> <a href="#">[手机订阅]</a> </hgroup>
    <nav>
        <ul>
            <li>首页</li>
            <li><a href="#">目录</a></li>
            <li><a href="#">社区</a></li>
            <li><a href="#">微博我</a></li>
        </ul>
    </nav>
</header>
```

视频讲解

2.3.7 定义标题组

hgroup 表示标题分组，用来为标题或子标题进行分组。通常 hgroup 与 h1～h6 元素组合使用，一个内容块中的标题及其子标题可以通过 hgroup 组成一组。但是，如果文章只有一个主标题，则不需要 hgroup 元素。注意，W3C 将 hgroup 的元素从 HTML5.1 规范中移除，不再建议使用。

【示例】下面示例显示如何使用 hgroup 元素把主标题、副标题和标题说明进行分组，以便让引擎更容易识别标题块。

```
<article>
    <header>
        <hgroup>
            <h1>首届 Web 高层论坛将于 2017 年 11 月在美国旧金山举行</h1>
            <h2>September 26, 2017</h2>
            <h3>国际新闻,TPAC 及 AC,博客文章,技术活动 </h3>
        </hgroup>
    </header>
    <p>本次论坛的议程包括一系列圆桌讨论（Panel Discussion）和高端对话：</p>
    <ul>
        <li>Web 支付的未来（Future of Payments on the Web）</li>
        <li>网联汽车、城市和 Web（Connected Cars、Cities and Web）</li>
        <li>Web 新兴技术（Emerging Technologies）</li>
        <li>对话：Web 的未来，嘉宾：Brad Stone （彭博）、Sir Tim Berners Lee （W3C） </li>
    </ul>
    </p>
</article>
```

2.3.8　定义页脚栏

footer 表示脚注，用来标识文档或节的页脚。footer 元素应当含有其包含元素的信息。例如，页脚通常包含文档的作者、版权信息、使用条款链接、联系信息等。

【示例 1】在 HTML4 中，一般使用<div id="footer">包裹页脚信息，现在使用 footer 元素来替代，更富有语义。下面示例使用 footer 元素为页面添加版权信息栏目。

```
<article>
……
</article>
<footer>
    <ul>
        <li>关于</li>
        <li>导航</li>
        <li>联系</li>
    </ul>
</footer>
```

【示例 2】在一个页面中，可以使用多个 footer 元素。同时，可以为 article 或 section 内容添加 footer。下面示例分别在 article、section 和 body 区域内添加 footer 信息。

```
<header>
    <h1>网页标题</h1>
</header>
<article>
    <h2>文章标题</h2>
    <p>文章内容正文</p>
    <footer>注释</footer>
</article>
<section>
    <h2>段落标题</h2>
    <p>正文</p>
    <footer>段落标记</footer>
</section>
<footer>网页版权信息</footer>
```

2.4　案例实战

本节将借助 HTML5 新元素设计一个博客首页。

【操作步骤】

第 1 步，新建 HTML5 文档，保存为 test1.html。

第 2 步，根据上面各节介绍的知识，开始构建个人博客首页的框架结构。在设计结构时，最大限度地选用 HTML5 新结构元素，所设计的模板页面基本结构如下所示。

```
<header>
    <h1>[网页标题]</h1>
    <h2>[次级标题]</h2>
```

```
                <h4>[标题提示]</h4>
        </header>
        <main>
                <nav>
                        <h3>[导航栏]</h3>
                        <a href="#">链接 1</a> <a href="#">链接 2</a> <a href="#">链接 3</a>
                </nav>
                <section>
                        <h2>[文章块]</h2>
                        <article>
                                <header>
                                        <h1>[文章标题]</h1>
                                </header>
                                <p>[文章内容]</p>
                                <footer>
                                        <h2>[文章脚注]</h2>
                                </footer>
                        </article>
                </section>
                <aside>
                        <h3>[辅助信息]</h3>
                </aside>
                <footer>
                        <h2>[网页脚注]</h2>
                </footer>
        </main>
```

整个页面包括两部分：标题部分和主要内容部分。标题部分包括网站标题、副标题和提示性标题信息；主要内容部分包括 4 部分：导航、文章块、侧边栏、脚注。文章块包括 3 部分：标题部分、正文部分和脚注部分。

第 3 步，在模板页面基础上，开始细化本示例博客首页。下面仅给出本例首页的静态页面结构，如果用户需要后台动态生成内容，则可以考虑在模板结构基础上另外设计。把 test1.html 另存为 test2.html，细化后的静态首页效果如图 2.5 所示。

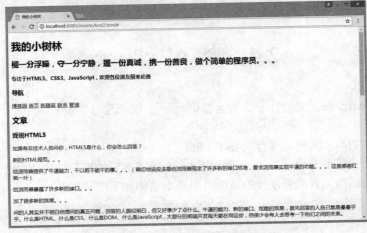

图 2.5　细化后的首页效果

> 提示：限于篇幅，本节没有展示完整的页面代码，读者可以通过本节示例源代码了解完整的页面
> 结构。

第 4 步，设计页面样式部分代码。这里主要使用了 CSS3 的一些新特性，如圆角（border-radius）
和旋转变换等，通过 CSS 设计的页面显示效果如图 2.6 所示。相关 CSS3 技术介绍请参阅下面章节
内容。

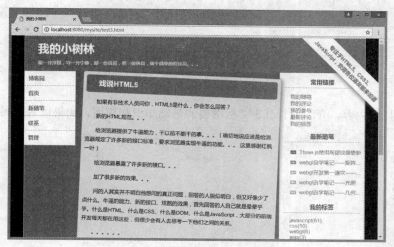

图 2.6　博客首页的页面完成效果

示 例 效 果

> 提示：考虑到本章重点学习 HTML5 新元素的应用，所以本节示例不再深入讲解 CSS 样式代码
> 的设计过程，感兴趣的读者可以参考本节示例源代码中的 test3.html 文档。

第 5 步，对于早期版本浏览器，或者不支持 HTML5 的浏览器中，需要添加一个 CSS 样式，因为
未知元素默认为行内显示（display:inline），对于 HTML5 结构元素来说，我们需要让它们默认为块状
显示。

```css
article, section, nav, aside, main, header, hgroup, footer {
    display: block;
}
```

第 6 步，一些浏览器不允许样式化不支持的元素。这种情形出现在 IE8 及以前的浏览器中，因此
还需要使用下面的 JavaScript 脚本进行兼容。

```html
<!--[if lt IE 9]>
  <script>
    document.createElement("article");
    document.createElement("section");
    document.createElement("nav"      );
    document.createElement("aside"    );
    document.createElement("main"     );
    document.createElement("header"  );
     document.createElement("hgroup" );
    document.createElement("footer"  );
  </script>
<![endif]-->
```

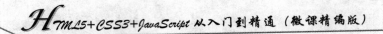

第 7 步，如果浏览器禁用了脚本，则不会显示，可能会出问题。因为这些元素定义整个页面的结构。为了预防这种情况，可以加上<noscript>标签进行提示。

```
<noscript>
    <h1>警告</h1>
    <p>因为你的浏览器不支持 HTML5，一些元素是模拟使用 JavaScript。不幸的是，您的浏览器已禁用脚本。请启用它以显示此页。</p>
</noscript>
```

2.5 扫 码 阅 读

本节为线上拓展内容，介绍 HTML5 文档纲要的基础知识和应用，如果读者感兴趣，可以扫码深度阅读。

线 上 阅 读

2.6 在 线 练 习

使用 HTML 结构标签设计各种网页模块。

在 线 练 习

第 **3** 章

网页文本和版式

文字是网页中最基本的信息载体，文字通过不同的排版方式、不同的设计风格排列在网页上，提供了丰富的信息。文字的控制与布局在网页设计中占了很大比例，因此掌握好文字的使用，对于网页制作来说是最基本的任务。HTML5 新增了很多新的文本标签，它们都有特殊的含义，以便定义不同语义的文本。本章分类介绍 HTML 文本标签的使用，帮助初学者有效使用文本标签设计各类信息。

【学习要点】

▶▶ 熟悉 HTML4 定义的格式化文本标签。

▶▶ 掌握 HTML5 新增的文本标签。

▶▶ 正确选用标签设计网页文本信息。

3.1　结构化文本

设计符合语义的结构会增强信息可读性和扩展性，同时也降低了结构的维护成本，为跨平台信息交流和阅读打下基础。

3.1.1　定义标题文本

<h1>、<h2>、<h3>、<h4>、<h5>、<h6>标签可定义标题，按级别高低从大到小分别为 h1、h2、h3、h4、h5、h6，它们包含的信息依据重要性逐渐递减。其中 h1 表示最重要的信息，而 h6 表示最次要的信息。

【示例 1】在网页中，标题信息比正文信息重要，因为不仅浏览者要看标题，搜索引擎也同样要先检索标题。下面的做法是不妥的，用户应使用 CSS 样式来设计显示效果。

```
<div id="header1">一级标题</div>
<div id="header2">二级标题</div>
<div id="header3">三级标题</div>
```

【示例 2】很多用户在选用标题元素时不规范，不讲究网页结构的层次轻重，如图 3.1 所示。

```
<div id="wrapper">
    <h1>模块标题</h1>
    <div id="box1">
        <h1>子栏目标题</h1>
        <p>正文</p>
    </div>
    <div id="box2">
        <h1>子栏目标题</h1>
        <p>正文</p>
    </div>
</div>
```

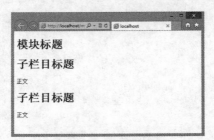

图 3.1　标题与正文的信息重要性比较

在一个节段中，h1 元素被重复使用了 3 次，显然是不合适的。

【示例 3】下面示例中层次清晰、语义合理的结构对于阅读者和机器来说都是很友好的。除了 h1 元素外，h2、h3 和 h4 等标题元素在一篇文档中可以重复使用多次。但是如果把 h2 作为网页副标题之后，应该只能够使用一次，因为网页的副标题只有一个。

```
<div id="wrapper">
   <h1>网页标题</h1>
   <h2>网页副标题</h2>
      <div id="box1">
          <h3>栏目标题</h3>
          <p>正文</p>
      </div>
      <div id="box2">
          <h3>栏目标题</h3>
          <div id="sub_box1">
            <h4>子栏目标题</h4>
            <p>正文</p>
          </div>
          <div id="sub_box2">
            <h4>子栏目标题</h4>
            <p>正文</p>
          </div>
      </div>
</div>
```

h1、h2 和 h3 元素比较常用，h4、h5 和 h6 元素不是很常用，除非在结构层级比较深的文档中才会考虑选用，因为一般文档的标题层次在三级左右。

对于标题元素的位置，应该出现在正文内容的顶部，一般置于第一行的位置。

3.1.2 定义段落文本

<p>标签定义段落文本，在段落文本前后会创建一定距离的空白，浏览器会自动添加这些空间，用户可以根据需要使用 CSS 重置这些样式。

> 注意：传统用户习惯使用<div>或
标签来分段文本，这样会带来歧义，妨碍搜索引擎对信息的检索。

视频讲解

【示例】下面代码使用语义化的元素构建文章的结构。其中使用 div 元素定义文章包含框，使用 h1 定义文章标题，使用 h2 定义文章的作者，使用 p 定义段落文本，使用 cite 定义转载地址。所显示的结构效果如图 3.2 所示。

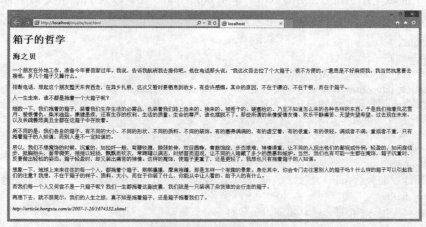

图 3.2　文档结构图效果

```
<div id="article">
    <h1 title="哲学散文">箱子的哲学</h1>
    <h2 title="作者">海之贝</h2>
    <p>一个朋友在外地工作，准备今年要回家过年。我说，告诉我航班我去接你吧。他在电话那头说："我
这次回去拉了个大箱子，很不方便的。"意思是不好麻烦我。我当然执意要去接他，多几个箱子又算什么。</p>
    <p>挂断电话，想起这个朋友整天东奔西走，在异乡扎根，这次又暂时要栖息到故乡，有些许感慨。其
中的原因，不在于漂泊，不在于根，而在于箱子。</p>
    <p>人一生走来，谁不都是拖着一个大箱子？</p>
    <p>细数一下，我们拖着的箱子，装着我们生存生活的必需品，也装着我们路上捡来的、换来的、被授
予的、硬塞给的，乃至不知道怎么来的各种各样的东西。于是我们拖着风花雪月、爱恨情仇、柴米油盐、康健患
疾，还有生存的权利、生活的质量、生命的尊严，谁也摆脱不了。那些所谓的亲情爱情友情、欢乐平静痛苦、无
望失望希望、过去现在未来，以及亲疏善恶美丑全都在这箱子中存放着。</p>
    ……
    <cite title="转载地址">http://article.hongxiu.com/a/2007-1-26/1674332.shtml </cite>
</div>
```

3.1.3　定义引用文本

<q>标签定义短的引用，浏览器经常在引用的内容周围添加引号；<blockquote>标签定义块引用，
其包含的所有文本都会从常规文本中分离出来，左、右两侧会缩进显示，有时会显示为斜体。

从语义角度分析，<q>标签与<blockquote>标签是一样的。不同之处在于它们的显示和应用。<q>
标签用于简短的行内引用。如果需要从周围内容分离出来比较长的部分，应使用<blockquote>标签。

> 💡 **提示**：一段文本不可以直接放在 blockquote 元素中，应包含在一个块元素中，如 p 元素。
>
> <q>标签包含一个 cite 属性，该属性定义引用的出处或来源。<blockquote>标签也包含一
> 个 cite 属性，定义引用的来源 URL。
>
> <cite>标签定义参考文献的引用，如书籍或杂志的标题，引用的文本将以斜体显示。常与
> <a>标签配合使用，定义一个超链接指向参考文的联机版本。
>
> <cite>标签还有一个隐藏的功能：从文档中自动摘录参考书目。浏览器能够根据它自动整
> 理引用表格，并把它们作为脚注，或者独立的文档来显示。

【示例】下面这个结构综合展示了 cite、q 和 blockquote 元素以及 cite 引文属性的用法，演示效
果如图 3.3 所示。

```
<div id="article">
    <h1>智慧到底是什么呢？</h1>
    <h2>《卖拐》智慧摘录</h2>
    <blockquote cite="http://www.szbf.net/Article_Show.asp?ArticleID=1249">
        <p>有人把它说成是知识，以为知识越多，就越有智慧。我们今天无时无处不在受到信息的包围和
信息的轰炸，似乎所有的信息都是真理，仿佛离开了这些信息，就不能生存下去了。但是你掌握的信息越多，只
能说明你知识的丰富，并不等于你掌握了智慧。有的人，知识丰富，智慧不足，难有大用；有的人，知识不多，
但却无所不能，成为奇才。</p>
    </blockquote>
    <p>下面让我们看看<cite>大忽悠</cite>赵本山的这段台词，从中可以体会到语言的智慧。</p>
    <div id="dialog">
        <p>赵本山：<q>对头，就是你的腿有病，一条腿短！</q></p>
        <p>范　伟：<q>没那个事儿！我要一条腿长，一条腿短的话，那卖裤子人就告诉我了！</q></p>
```

```
        <p>赵本山：<q> 卖裤子的告诉你你还买裤子吗，谁像我心眼这么好哇？这老余，我给你调调。信
不信，你的腿随着我的手往高抬，能抬多高抬多高，往下使劲落，好不好？信不信？腿指定有病，右腿短！来，
起来！</q> </p>
        <p class="action">（范伟配合做动作）</p>
        <p>赵本山：<q>停！麻没？</q> </p>
        <p>范　伟：<q>麻了 </q> </p>
        <p>高秀敏：<q>哎，他咋麻了呢？</q> </p>
        <p>赵本山：<q>你踩，你也麻！</q> </p>
    </div>
</div>
```

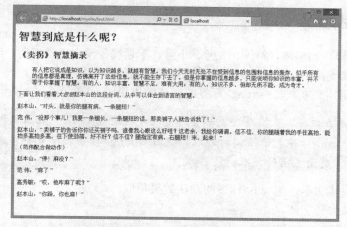

图 3.3　引用信息的语义结构效果

3.2　描述性文本

在 HTML4 中，有一些侧重描述的文本标签，用户习惯用它们来设置文字以特殊的方式显示，如
粗体、斜体和上下标等。在 HTML5 中，淡化了标签的修饰功能，强调其固有语义性，对于极个别过
时的纯样式标签，不再建议使用，如<basefont>、<font>、<center>、<s>、<strike>、<u>等。

3.2.1　定义强调文本

<em>标签用于强调文本，其包含的文字默认显示为斜体；<strong>标签也用于强调文本，但它强
调的程度更强一些，其包含文字通常以粗体进行显示。

> 注意：粗体和斜体效果不代表强调的语义，用户可以根据需要使用 CSS 重置标签样式。在正文
> 中，<em>和<strong>标签使用的次数不应太频繁，且<strong>应该比<em>更少。

> 提示：<em>标签除强调之外，当引入新的术语，或者在引用特定类型的术语、概念时，作为固
> 定样式的时候，也可以考虑使用<em>标签，以便把这些名称和其他斜体字区别开来。

【示例】对于下面这段信息，分别使用<strong>和<em>标签来强调部分词语，所显示的效果如
图 3.4 所示。其中 em 强调信息以斜体显示，而 strong 强调的信息以粗体显示。

视频讲解

视频讲解

```html
<p>没有<em>最好</em>只有<strong>更好</strong>!</p>
```

图 3.4　强调信息的语义结构效果

3.2.2　定义格式文本

文本格式多种多样，如粗体、斜体、大号、小号、下划线、预定义、高亮、反白等效果。为了排版需要，HTML5 继续支持 HTML4 中部分纯格式标签，具体说明如下：

☑　<b>：定义粗体文本。与<strong>标签的默认效果相似。

提示： 根据 HTML5 规范，在没有合适标签的情况才选用<b>标签。应该使用<h1>～<h6>表示标题，使用<em>标签表示强调的文本，使用<strong>标签表示重要文本，使用<mark>标签表示标注、突出显示的文本。

☑　<i>：定义斜体文本。与<em>标签的默认效果相似。
☑　<big>：定义大号字体。

提示： <big>标签包含的文字字体比周围的文字要大一号，如果文字已经是最大号字体，则<big>标签将不起任何作用。用户可以嵌套使用<big>标签逐步放大文本，每一个 <big> 标签都可以使字体放大一号，直到上限 7 号文本。

☑　<small>：定义小号字体。

提示： 与<big>标签类似，<small>标签也可以嵌套，从而连续地把文字缩小，每个<small>标签都把文本的字体变小一号，直到达到下限的 1 号字。

☑　<sup>：定义上标文本。以当前文本流中字符高度的一半显示，但是与当前文本流中文字的字体和字号都是一样的。

提示： 当添加脚注，以及表示方程式中的指数值时，<sup>很有用。如果和<a>标签结合起来使用，就可以创建超链接脚注。

☑　<sub>：定义下标文本。

提示： 无论是<sub>标签，还是对应的<sup>标签，在数学等式、科学符号和化学公式中都非常有用。

【示例】 对于下面这个数学解题演示的段落文本，使用格式化语义结构能够很好地解决数学公式中各种特殊格式的要求。对于机器来说，也能够很好地理解它们的用途，效果如图 3.5 所示。

```html
<div id="maths">
    <h1>解一元二次方程</h1>
```

```
        <p>一元二次方程求解有四种方法：</p>
        <ul>
                <li>直接开平方法 </li>
                <li>配方法 </li>
                <li>公式法 </li>
                <li>分解因式法</li>
        </ul>
        <p>例如，针对下面这个一元二次方程：</p>
        <p><i>x</i><sup>2</sup>-<b>5</b><i>x</i>+<b>4</b>=0</p>
        <p>我们使用<big><b>分解因式法</b></big>来演示解题思路如下：</p>
        <p><small>由：</small>(<i>x</i>-1)(<i>x</i>-4)=0</p>
        <p><small>得：</small><br />
                <i>x</i><sub>1</sub>=1<br />
                <i>x</i><sub>2</sub>=4</p>
</div>
```

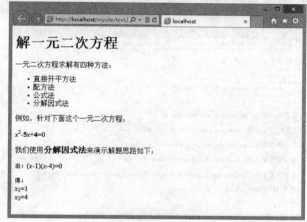

图 3.5 格式化文本的语义结构效果

在上面代码中，使用 i 元素定义变量 x 以斜体显示；使用 sup 元素定义二元一次方程中二次方；使用 b 元素加粗显示常量值；使用 big 元素和 b 元素加大加粗显示"分解因式法"这个短语；使用 small 元素缩写操作谓词"由"和"得"的字体大小；使用 sub 元素定义方程的两个解的下标。

3.2.3 定义输出文本

HTML 元素提供了很多输出信息的标签，如下所示。

- ☑ `<code>`：表示代码字体，即显示源代码。
- ☑ `<pre>`：表示预定义格式的源代码，即保留源代码显示中的空格大小。
- ☑ `<tt>`：表示打印机字体。
- ☑ `<kbd>`：表示键盘字体。
- ☑ `<dfn>`：表示定义的术语。
- ☑ `<var>`：表示变量字体。
- ☑ `<samp>`：表示代码范例。

【示例】下面这个示例中演示了每种输出信息的演示效果，如图 3.6 所示。虽然它们的显示效果不同，但是对于机器来说其语义是比较清晰的。

视频讲解

```
<div id="output">
    <p>表示预定义格式的源代码：</p>
    <pre>
var count = 0;
while (count < 10) {
    document.write(count + "&lt;br&gt;");
    count++;
}
</pre>
    <p>表示代码字体：<code>Specifies a code sample</code></p>
    <p>表示打印机字体：<tt>Renders text in a fixed-width font</tt></p>
    <p>表示键盘字体：<kbd>Renders text in a fixed-width font</kbd></p>
    <p>表示定义的术语：<dfn>Indicates the defining instance of a term</dfn></p>
    <p>表示变量字体：<var>Defines a programming variable. Typically renders in an italic font style</var></p>
    <p>表示代码范例：<samp>Specifies a code sample</samp></p>
</div>
```

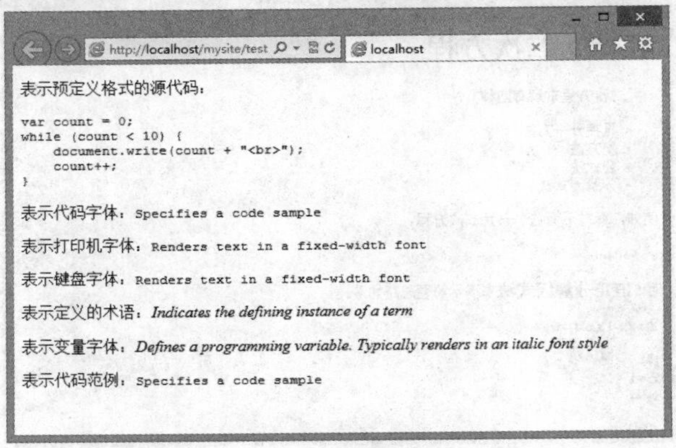

图3.6　输出信息的语义结构效果

3.2.4　定义缩写文本

视频讲解

<abbr>标签可以定义简称或缩写，通过对缩写进行标记，能够为浏览器、拼写检查和搜索引擎提供有用的信息。例如，dfn 是 Defines a Definition Term 的简称，kbd 是 Keyboard Text 的简称，samp 是 Sample 的简称，var 是 Variable 的简称。

<acronym>标签可以定义首字母缩写。例如，CSS 是 Cascading Style Sheets 短语的首字母缩写，HTML 是 Hypertext Markup Language 短语的首字母缩写等。

注意：HTML5 不支持<acronym>标签，建议使用<abbr>标签代替。在<abbr>标签中可以使用全局属性 title，设置在鼠标指针移动到<abbr>上时显示完整版本。

【示例1】下面示例比较了 abbr 和 acronym 元素在文档中的应用。

```
<p><abbr title="Abbreviation">abbr</abbr>元素最初是在 HTML3.0 中引入的，表示它所包含的文本是一个更长的单词或短语的缩写形式。浏览器可能会根据这个信息改变对这些文本的显示方式，或者用其他文本代替。</p>
<p><acronym title="Hypertext Markup Language">HTML</acronym>是目前网络上应用最为广泛的语言，也是构成网页文档的主要语言。</p>
```

【**示例 2**】IE6 及其以下版本的浏览器不支持 abbr 元素，如果要实现在 IE 低版本浏览器中正确显示，不妨在 abbr 元素外包含一个 span 元素。

> `<p><span title="Abbreviation"><abbr title="Abbreviation">abbr</abbr></span>`元素最初是在 HTML3.0 中引入的，表示它所包含的文本是一个更长的单词或短语的缩写形式。浏览器可能会根据这个信息改变对这些文本的显示方式，或者用其他文本代替。`</p>`

视频讲解

3.2.5　定义插入和删除文本

`<ins>`标签定义插入到文档中的文本，`<del>`标签定义文档中已被删除的文本。一般可以配合使用这两个标签，来描述文档中的更新和修正。

`<ins>`和`<del>`标签都支持下面两个专用属性，简单说明如下：

☑ cite：指向另外一个文档的 URL，该文档可解释文本被删除的原因。

☑ datetime：定义文本被删除的日期和时间，格式为 YYYYMMDD。

【**示例**】下面演示示例的显示效果如图 3.7 所示。

> `<p> <cite>`因 为 懂 得 ， 所 以 慈 悲 `</cite>` 。 `<ins cite="http://news.sanwen8.cn/a/2014-07-13/9518.html" datetime="2014-8-1">`这是张爱玲对胡兰成说的话`</ins>`。`</p>`
>
> `<p> <cite>`笑，全世界便与你同笑；哭，你便独自哭`</cite>`。`<del datetime="2014-8-8">`出自冰心的《遥寄印度哲人泰戈尔》`</del>`，`<ins cite="http://news.sanwen8.cn/a/2014-07-13/9518.html" datetime="2014-8-1">`出自张爱玲的小说《花凋》`</ins>` `</p>`

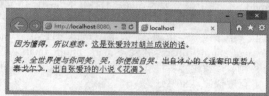

图 3.7　插入和删除信息的语义结构效果

3.2.6　定义文本方向

如果在 HTML 页面中混合了从左到右书写的字符（如大多数语言所用的拉丁字符）和从右到左书写的字符（如阿拉伯语或希伯来语字符），就可能要用到 bdi 和 bdo 元素。

要使用 bdo，必须包含 dir 属性，取值包括 ltr（由左至右）或 rtl（由右至左），指定希望呈现的显示方向。

bdo 适用于段落里的短语或句子，不能用它包围多个段落。bdi 元素是 HTML5 中新加的元素，用于内容的方向未知的情况，不必包含 dir 属性，因为默认已设为自动判断。

【**示例**】下面示例使用`<bdo>`标签让唐诗反向显示。

> `<bdo dir="rtl">`床前明月光，疑是地上霜。举头望明月，低头思故乡。`</bdo>`

上面示例演示效果如图 3.8 所示。目前，只有 Firefox 和 Chrome 浏览器支持`<bdi>`标签。

视频讲解

图 3.8　定义反向显示文本

视频讲解

3.3 功能性文本

HTML5 为标识特定功能的信息，新增加多个文本标签，具体说明如下。

3.3.1 定义标记文本

<mark>标签定义带有记号的文本，表示页面中需要突出显示或高亮显示的信息，对于当前用户具有参考作用的一段文字。通常在引用原文的时候使用 mark 元素，目的是引起当前用户的注意。mark 元素是对原文内容进行补充，它应该用在一段原文作者不认为是重要的，但是现在为了与原文作者不相关的其他目的而需要突出显示或高亮显示的文字上面。所以，该元素通常能够对当前用户具有很好的帮助作用。

最能体现 mark 元素作用的应用：在网页中检索某个关键词时呈现的检索结果，现在许多搜索引擎都用其他方法实现了 mark 元素的功能。

【示例 1】下面示例使用 mark 元素高亮显示对"HTML5"关键词的搜索结果，演示效果如图 3.9 所示。

```
<article>
    <h2><mark>HTML5</mark>中国:中国最大的<mark>HTML5</mark>中文门户 - Powered by Discuz!官
网</h2>
    <p><mark>HTML5</mark>中国，是中国最大的<mark>HTML5</mark>中文门户。为广大
<mark>html5</mark>开发者提供<mark>html5</mark>教程、<mark>html5</mark>开发工具、<mark>html5</mark>
网站示例、<mark>html5</mark>视频、js 教程等多种<mark>html5</mark>在线学习资源。</p>
    <p>www.html5cn.org/   - 百度快照 - 86%好评</p>
</article>
```

mark 元素还可以用于标识引用原文，为了某种特殊目的而把原文作者没有重点强调的内容标示出来。

【示例 2】下面示例使用 mark 元素将唐诗中的韵脚特意高亮显示出来，效果如图 3.10 所示。

```
<article>
    <h2>静夜思 </h2>
    <h3>李白</h3>
    <p>床前明月<mark>光</mark>，疑是地上<mark>霜</mark>。</p>
    <p>举头望明月，低头思故<mark>乡</mark>。</p>
</article>
```

图 3.9　使用 mark 元素高亮显示关键字

图 3.10　使用 mark 元素高亮显示韵脚

> 📢 **注意:** 在 HTML4 中, 用户习惯使用 em 或 strong 元素来突出显示文字, 但是 mark 元素的作用与这两个元素的作用是有区别的, 不能混用。
>
> mark 元素的标示目的与原文作者无关, 或者说它不是被原文作者用来标示文字的, 而是后来被引用时添加上去的, 它的目的是吸引当前用户的注意力, 供用户参考, 希望能够对用户有帮助。而 strong 是原文作者用来强调一段文字的重要性的, 如错误信息等, em 元素是作者为了突出文章重点文字而使用的。

> 💡 **提示:** 目前, 所有最新版本的浏览器都支持该元素。IE8 以及更早的版本不支持 mark 元素。

3.3.2 定义进度信息

<progress>标签可以标识任务的进度（进程）。这个进度可以是不确定的, 表示进度正在进行, 但不清楚还有多少进度没有完成, 也可以用 0 到某个最大数字（如 100）之间的数字来表示进度完成情况。

progress 元素包含两个新增属性, 表示当前任务完成情况, 简单说明如下:

☑ max: 定义任务一共需要多少工作量。工作量的单位是随意的, 不用指定。

☑ value: 定义已经完成多任务。

在设置属性的时候, value 和 max 属性只能指定为有效的浮点数, value 属性的值必须大于 0、小于或等于 max 属性值, max 属性的值必须大于 0。

目前, Firefox 8+、Opera11+、IE 10+、Chrome 6+、Safari 5.2+ 版本的浏览器都以不同的表现形式对 progress 元素提供了支持。

图 3.11 使用 progress 元素

【示例】 下面示例简单演示了如何使用 progress 元素, 演示效果如图 3.11 所示。

```
<section>
    <p>百分比进度: <progress id="progress" max="100"><span>0</span>%</progress></p>
    <input type="button" onclick="click1()"    value="显示进度"/>
</section>
<script>
function click1(){
    var progress = document.getElementById('progress');
    progress.getElementsByTagName('span')[0].textContent ="0";
    for(var i=0;i<=100;i++)
        updateProgress(i);
}
function updateProgress(newValue){
    var progress = document.getElementById('progress');
    progress.value = newValue;
    progress.getElementsByTagName('span')[0].textContent = newValue;
}
</script>
```

> 📢 **注意:** progress 元素不适合用来表示度量衡, 例如, 磁盘空间使用情况或查询结果。如需表示度量衡, 应使用 meter 元素。

3.3.3 定义刻度信息

<meter>标签定义已知范围或分数值内的标量、进度。例如，磁盘用量、查询结果的相关性等。

 注意：meter 元素不应用于指示进度（在进度条中）。如果标记进度条，应使用 progress 元素。

meter 元素包含 7 个属性，简单说明如下：

☑ value：在元素中特别标示出来的实际值。该属性值默认为 0，可以为该属性指定一个浮点小数值。

☑ min：设置规定范围时，允许使用的最小值，默认为 0，设定的值不能小于 0。

☑ max：设置规定范围时，允许使用的最大值。如果设定时，该属性值小于 min 属性的值，那么把 min 属性的值视为最大值。max 属性的默认值为 1。

☑ low：设置范围的下限值，必须小于或等于 high 属性的值。同样，如果 low 属性值小于 min 属性的值，那么把 min 属性的值视为 low 属性的值。

☑ high：设置范围的上限值。如果该属性值小于 low 属性的值，那么把 low 属性的值视为 high 属性的值。同样，如果该属性值大于 max 属性的值，那么把 max 属性的值视为 high 属性的值。

☑ optimum：设置最佳值，该属性值必须在 min 属性值与 max 属性值之间，可以大于 high 属性值。

☑ form：设置 meter 元素所属的一个或多个表单。

【示例】下面示例简单演示了如何使用 meter 元素，效果如图 3.12 所示。

```
<meter value="3" min="0" max="10">十分之三</meter>
<meter value="0.6">60%</meter>
```

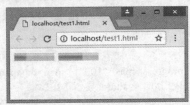

图 3.12　使用 meter 元素

提示：目前，Safari 5.2+、Chrome 6+、Opera 11+、Firefox 16+版本的浏览器支持 meter 元素。

3.3.4 定义时间信息

<time>标签定义公历的时间（24 小时制）或日期，时间和时区偏移是可选的。该元素能够以机器可读的方式对日期和时间进行编码。例如，用户代理能够把生日提醒或排定的事件添加到用户日程表中，搜索引擎也能够生成更智能的搜索结果。

【示例 1】time 元素代表 24 小时中的某个时刻或某个日期，表示时刻时允许带有时差。它可以定义很多格式的日期和时间，如下所示：

```
<time datetime="2017-11-13">2017 年 11 月 13 日</time>
<time datetime="2017-11-13">11 月 13 日</time>
<time datetime="2017-11-13">我的生日</time>
```

```
<time datetime="2017-11-13T20:00">我生日的晚上 8 点</time>
<time datetime="2017-11-13T20:00Z">我生日的晚上 8 点</time>
<time datetime="2017-11-13T20:00+09:00">我生日的晚上 8 点的美国时间</time>
```

编码时引擎读到的部分在 datetime 属性里，而元素的开始标记与结束标记中间的部分是显示在网页上的。datetime 属性中日期与时间之间要用"T"文字分隔，"T"表示时间。

📢 **注意**：倒数第二行，时间加上 Z 文字表示给机器编码时使用 UTC 标准时间，倒数第一行则加上了时差，表示向机器编码另一地区时间。如果是编码本地时间，则不需要添加时差。

<time>标签包含两个属性，简单说明如下：
- ☑ datetime：定义日期和时间，否则由元素的内容给定日期和时间。
- ☑ pubdate：定义<time>标签中的日期和时间是文档或<article>标签的发布日期。

pubdate 属性是一个可选的布尔值属性，它可以用在 article 元素中的 time 元素上，意思是 time 元素代表了文章（artilce 元素的内容）或整个网页的发布日期。注意，在 HTML5.1 规范中不再支持该属性，建议不要大范围应用。

【**示例 2**】下面示例使用 pubdate 属性为文档添加引擎检索的发布日期。

```
<article>
    <header>
        <h1>科技公司都变成了数据公司：但你真的了解什么是"数据工程师"吗？</h1>
        <p>发布日期<time datetime="2016-12-30" pubdate>2016-12-30 09:19</time></p>
    </header>
    <p>在和国内外顶尖公司交流的过程中，我发现他们多数都很骄傲有一支极其专业的数据团队。这些公
司花了大量的时间和精力把数据工程这件事情做到了极致，有不小规模的工程师团队，开源了大量数据技术。
Linkedin 有 kafka、samza，Facebook 有 hive、presto，Airbnb 有 airflow、superset，我所熟悉的 Yelp 也有 mrjob……
这些公司在数据领域的精益求精，为后来的大步前进奠定了基石。
    </p>
    <footer>
        <p>https://www.huxiu.com/article/176523.html</p>
    </footer>
</article>
```

由于 time 元素不仅仅表示发布时间，而且还可以表示其他用途的时间，如通知、约会等。

【**示例 3**】为了避免引擎误解发布日期，使用 pubdate 属性可以显式告诉引擎文章中哪个是真正的发布时间。

```
<article>
    <header>
        <h1>科技公司都变成了数据公司：但你真的了解什么是"数据工程师"吗？</h1>
        <p>发布日期<time datetime="2016-12-30" pubdate>2016-12-30 09:19</time></p>
        <p>关于<time datetime=2017-1-1>1 月 1 日</time>更正通知</p>
    </header>
    <p>在和国内外顶尖公司交流的过程中，我发现他们多数都很骄傲有一支极其专业的数据团队。这些公
司花了大量的时间和精力把数据工程这件事情做到了极致，有不小规模的工程师团队，开源了大量数据技术。
Linkedin 有 kafka、samza，Facebook 有 hive、presto，Airbnb 有 airflow、superset，我所熟悉的 Yelp 也有 mrjob……
这些公司在数据领域的精益求精，为后来的大步前进奠定了基石。
    </p>
    <footer>
        <p>https://www.huxiu.com/article/176523.html</p>
    </footer>
</article>
```

在这个例子中有两个 time 元素，分别定义了两个日期：更正日期和发布日期。由于都使用了 time 元素，所以需要使用 pubdate 属性表明哪个 time 元素代表了新闻的发布日期。

3.3.5　定义联系文本

<address>标签定义文档或文章的作者、拥有者的联系信息，其包含文本通常显示为斜体，大部分浏览器会在 address 元素前后添加折行。

- ☑　如果<address>标签位于<body>标签内，它表示文档联系信息。
- ☑　如果<address>标签位于<article>标签内，它表示文章的联系信息。

> 提示：<address>标签不应描述通信地址，除非它是联系信息的一部分。一般<address>被包含在<footer>标签中。

【示例 1】address 元素的用途不仅仅是用来描述电子邮箱或真实地址，还可以描述与文档相关的联系人的所有联系信息。下面代码展示了博客侧栏中的一些技术参考网站的网址链接。

```
<address>
    <a href="http://www.w3.org/">W3C</a>
    <a href="http://www.whatwg.org/">WHATWG</a>
    <a href="http://www.mhtml5.com/">HTML5 研究小组</a>
</address>
```

【示例 2】也可以把 footer 元素、time 元素与 address 元素结合起来使用，以实现设计一个比较复杂的版块结构。

```
<footer>
    <section>
        <address>
        <a title="作者：MDN" href="https://developer.mozilla.org/zh-CN/docs/Web/Guide/HTML/HTML5">
HTML5 - Web 开发者指南</a>
        </address>
        <p> 发布于：
            <time datetime="2017-6-1">2017 年 6 月 1 日</time>
        </p>
    </section>
</footer>
```

在这个示例中，把博客文章的作者、博客的主页链接作为作者信息放在了 address 元素中，把文章发表日期放在了 time 元素中，把这个 address 元素与 time 元素中的总体内容作为脚注信息放在了 footer 元素中。

3.3.6　定义换行断点

<wbr>标签定义在文本中的何处适合添加换行符。如果单词太长，或者担心浏览器会在错误的位置换行，那么可以使用<wbr>标签来添加单词换行点，避免浏览器随意换行。

目前，除了 IE 浏览器外，其他主流浏览器都支持<wbr>标签。

【示例】下面示例为 URL 字符串添加换行符标签，这样当窗口宽度变化时，浏览器会自动根据断点确定换行位置，效果如图 3.13 所示。

```
<p>本站旧地址为：https:<wbr>//<wbr>www.old_site.com/，新地址为：https:<wbr>//<wbr>www.new_site.com/。
</p>
```

IE 中换行断点无效

Chrome 中换行断点有效

图 3.13 定义换行断点

视频讲解

3.3.7 定义文本注释

<ruby>标签可以定义 ruby 注释，即中文注音或字符。<ruby>需要与<rt>标签或<rp>标签一同使用，其中<rt>标签和<rp>标签必须位于<ruby>标签内。

☑　<rt>标签定义字符（中文注音或字符）的解释或发音。

☑　<rp>标签定义当浏览器不支持 ruby 元素的显示内容。

目前，IE 9+、Firefox、Opera、Chrome 和 Safari 都支持这 3 个标签。

【示例】下面示例演示如何使用<ruby>和<rt>标签为唐诗诗句注音，效果如图 3.14 所示。

```
<style type="text/css">
ruby { font-size: 40px; }
</style>
<ruby>
少<rt>shào</rt>小<rt>xiǎo</rt>离<rt>lí</rt>家<rt>jiā</rt>老<rt>lǎo</rt>大<rt>dà</rt>回<rt>huí</rt>
</ruby>，
<ruby>
乡<rt>xiāng</rt>音<rt>yīn</rt>无<rt>wú</rt>改<rt>gǎi</rt>鬓<rt>bin</rt>毛<rt>máo</rt>衰<rt>cuī</rt>
</ruby>。
```

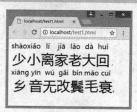

图 3.14 给唐诗注音

3.4 案例实战

本案例将尝试以手写代码的形式在网页中显示如下内容。

☑　在网页标题栏中显示"自我介绍"文本信息。

视频讲解

☑ 以一级标题的形式显示"自我介绍"文本信息。

☑ 以定义列表的形式介绍个人基本情况，包括姓名、性别、住址、兴趣或爱好等。

☑ 在信息列表下面以图像的形式插入个人的头像，如果图像太大，使用 width 属性适当缩小图像。

☑ 以段落文本的形式显示个人简历，文本内容可酌情输入。

示例效果如图 3.15 所示。

图 3.15　设计简单的自我介绍页面效果

示例完整代码如下：

```html
<html>
    <head>
        <title>自我介绍</title>
    </head>
    <body>
        <h1>自我介绍</h1>
        <dl>
            <dt>姓名</dt>
            <dd>张涛</dd>
            <dt>性别</dt>
            <dd>女</dd>
            <dt>住址</dt>
            <dd>北京亚运村</dd>
            <dt>爱好</dt>
            <dd>网页设计、听歌曲、上微博</dd>
        </dl>
    <img src="images/head.jpg" width="50%">
        <p>大家好，我的网名是艾莉莎，现在我将简单介绍一下我自己,我是 21 岁,出生在中国东北。爱一个
人好难，爱两个人正常，爱三个人好玩，爱四个人好平凡，爱五个人罢蛮，爱六个人了不得拦，爱七个人是天才。
但是我就只爱我的凡客&rarr;艾莉莎，冒犯。</p>
    </body>
</html>
```

> 提示：网页为什么会出现乱码？网页乱码是因为网页没有明确设置字符编码，出现乱码后的网页
> 效果如图 3.16 所示。

图 3.16　出现乱码的网页效果

示 例 效 果

有时候用户在网页中没有明确指明网页的字符编码，但是网页能够正确显示，这是因为网页字符的编码与浏览器解析网页时默认采用的编码一致，所以不会出现乱码。如果浏览器的默认编码与网页的字符编码不一致，而网页又没有明确定义字符编码，则浏览器依然使用默认的字符编码来解析，这时候就会出现乱码现象。

解决方法：

在 Dreamweaver 中打开该文档，选择【修改】|【页面属性】菜单命令，在打开的【页面属性】对话框中设置"编码"为"简体中文(GB2312)"，然后单击"确定"按钮即可。

此时在 HTML 文档中会添加如下一行代码：

```html
<html>
<head>
    <title>自我介绍</title>
    <meta http-equiv="Content-Type" content="text/html; charset=gb2312">
</head>
<body>
</body>
</html>
```

读者也可以直接在 HTML 文档中手工输入代码定义网页的字符编码。

最后，重新在浏览器中预览，就不会出现上述乱码现象了。

【拓展】

下面为线上拓展内容，介绍 HTML 文档转换为 XHTML 的基本方法。如果你有进一步求知的欲望，请扫码拓展阅读。

线 上 阅 读

3.5　扫 码 阅 读

本节为线上拓展内容，介绍标签的语义化解析。HTML 提供了丰富的标签元素，每个元素都有特

殊的含义。本节将从语义化角度讲解 HTML 标签使用以及页面设计，帮助读者有效设计显示信息的
网页结构。如果你有进一步求知的欲望，请扫码深度阅读。

线 上 阅 读

3.6　在线练习

使用 HTML5 语义标签灵活定义网页文本。

在 线 练 习

第4章

使用网页图像和多媒体信息

除了文本，图像、音频和视频也是网页中不可缺少的信息源，巧妙地在网页中使用多媒体信息可以为网页增色不少。HTML5 在 HTML4 基础上新增了两个多媒体元素：audio 和 video，其中 audio 元素专门用来播放网络音频数据，而 video 元素专门用来播放网络视频或电影。

【学习要点】

▶▶ 插入图像。

▶▶ 在网页中插入音频和视频。

▶▶ 使用<audio>和<video>标签。

▶▶ 了解 audio 和 video 对象的属性、方法和事件。

▶▶ 能够使用 audio 和 video 设计视频和音频播放界面。

4.1 使 用 图 像

网页美化最简单、最直接的方法就是在网页上添加图像，图像不但使网页更加美观、形象和生动，而且使网页中的内容更加丰富多彩。利用图像创建精美网页，能够给网页增加生机，从而吸引更多的浏览者。

4.1.1 插入图像

在 HTML5 中，使用<img>标签可以把图像插入到网页中，具体用法如下：

```
<img src="URL"  alt="替代文本" />
```

img 元素向网页中嵌入一幅图像，从技术上分析，<img>标签并不会在网页中插入图像，而是从网页上链接图像，<img>标签创建的是被引用图像的占位空间。

> 提示：<img>标签有两个必需的属性：src 属性和 alt 属性。具体说明如下：
> （1）alt：设置图像的替代文本。
> （2）src：定义显示图像的 URL。

【示例】在下面示例中，在页面中插入一幅照片，在浏览器中预览效果如图 4.1 所示。

```
<img src="images/1.jpg" width="400"  alt="读书女生"/>
```

HTML5 为<img>标签定义了多个可选属性，简单说明如下。

- ☑ height：定义图像的高度。取值单位可以是像素或者百分比。
- ☑ width：定义图像的宽度。取值单位可以是像素或者百分比。
- ☑ ismap：将图像定义为服务器端图像映射。
- ☑ usemap：将图像定义为客户端图像映射。
- ☑ longdesc：指向包含长的图像描述文档的 URL。

其中，不再推荐使用 HTML4 中的部分属性，如 align（水平对齐方式）、border（边框粗细）、hspace（左右空白）、vspace（上下空白），对于这些属性，HTML5 建议使用 CSS 属性代替使用。

图 4.1　在网页中插入图像

4.1.2 案例：图文混排

在网页中经常会看到图文混排的版式，不管是单图或者是多图，也不管是简单的文字介绍或者是大段正文，图文版式的处理方式也很简单。在本节示例中所展示的图文混排效果，主要是文字围绕在图片的旁边进行显示。

【操作步骤】
第 1 步，启动 Dreamweaver，新建网页，保存为 test.html，在<body>标签内输入以下代码。

```
<div class="pic_news">
    <h1>雨巷</h1>
    <h2>戴望舒</h2>
    <p><img src="images/1.jpg" alt="" /></p>
    <p> 撑着油纸伞，独自
            彷徨在悠长、悠长
            又寂寥的雨巷，
            我希望逢着
            一个丁香一样的
            结着愁怨的姑娘。 </p>
    <p>她是有
        丁香一样的颜色，
        丁香一样的芬芳，
        丁香一样的忧愁，
        在雨中哀怨，
        哀怨又彷徨； </p>
        ……
        <!--省略部分结构雷同的文本，请参考示例源代码-->
</div>
```

第 2 步，在<head>标签内添加<style type="text/css">标签，定义一个内部样式表，然后输入下面样式，设置图片的属性，将其控制到内容区域的左上角。

```
.pic_news { width: 800px; /* 控制内容区域的宽度，根据实际情况考虑，也可以不需要 */ }
.pic_news h2 {/* 定义标题样式 */
    font-family: "隶书"; font-size: 24px; /* 字体样式：隶书、大小为 24 像素 */
    text-align: right;         /* 标题 2 居右显示 */
}
.pic_news img {/* 定义图片样式 */
    float: left; /* 使图片旁边的文字产生浮动效果 */
    margin-right: 5px; /* 增加图片与文字的间距 */
    height: 250px; /* 控制图片大小 */
}
```

第 3 步，在浏览器中预览，效果如图 4.2 所示。简单几行 CSS 样式代码就能实现图文混排的页面效果，其中重点内容就是将图片设置浮动，float:left 就是将图片向左浮动。

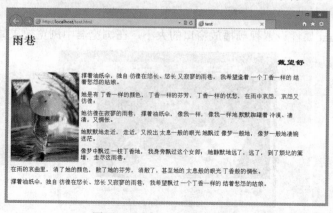

图 4.2　图文混排的页面效果

示 例 效 果

4.2　使用多媒体插件

插件是浏览器专用功能扩展模块，它增强了浏览器的对外接口能力，实现对多种媒体对象的播放支持。

4.2.1　使用<embed>标签

<embed>标签可以定义嵌入插件，以便播放多媒体信息。用法如下：

```
<embed src="helloworld.swf" />
```

src 属性必须设置，用来指定媒体源。<embed>标签包含的属性说明如表 4.1 所示。

表 4.1　<embed>标签属性

属　　性	值	描　　述
height	pixels（像素）	设置嵌入内容的高度
src	url	嵌入内容的 URL
type	type	定义嵌入内容的类型
width	pixels（像素）	设置嵌入内容的宽度

【示例 1】设计背景音乐。打开本小节备用练习文档 test1.html，另存为 test2.html。在<body>标签内输入下面代码：

```
<embed src="images/bg.mp3" width="307" height="32" hidden="true" autostart="true" loop="infinite"></embed>
```

指定背景音乐为"images/bg.mp3"，通过 hidden="true"属性隐藏插件显示，使用 autostart="true"设置背景音乐自动播放，使用 loop="infinite"设置背景音乐循环播放。设置完毕属性，在浏览器中浏览，这时就可以边浏览网页，边听着背景音乐播放的小夜曲。

提示：要正确使用，需要浏览器支持对应的插件。

【示例 2】也可以播放视频。新建 test3.html，在<body>标签内输入下面代码：

```
<embed src="images/vid2.avi" width="413" height="292"></embed>
```

使用 width 和 height 属性设置视频播放窗口的大小，在浏览器中浏览效果如图 4.3 所示。

图 4.3　插入视频

4.2.2　使用<object>标签

使用<object>标签可以定义一个嵌入对象，主要用于在网页中插入多媒体信息，如图像、音频、视频、Java applets、ActiveX、PDF 和 Flash。

<object>标签包含大量属性，说明如表 4.2 所示。

表 4.2　<embed>标签属性

属　　性	值	描　　　　述
data	URL	定义引用对象数据的 URL。如果有需要对象处理的数据文件，要用 data 属性来指定这些数据文件
form	form_id	规定对象所属的一个或多个表单
height	pixels	定义对象的高度
name	unique_name	为对象定义唯一的名称（以便在脚本中使用）
type	MIME_type	定义被规定在 data 属性中指定的文件中出现的数据的 MIME 类型
usemap	URL	规定与对象一同使用的客户端图像映射的 URL
width	pixels	定义对象的宽度

【示例 1】下面代码使用<object>标签在页面中嵌入一幅图片，效果如图 4.4 所示。

```
<object width="100%" type="image/jpeg" data="images/1.jpg"></object>
```

【示例 2】下面代码使用<object>标签在页面中嵌入网页，效果如图 4.5 所示。

```
<object type="text/html" height="100%" width="100%" data="https://www.baidu.com/"></object>
```

图 4.4　嵌入图片

图 4.5　嵌入网页

【示例 3】下面代码使用<object>标签在页面中嵌入音频，效果如图 4.6 所示。

```
<object width="100%"    classid="clsid:22D6F312-B0F6-11D0-94AB-0080C74C7E95">
    <param name="AutoStart" value="1" />
    <param name="FileName" value="images/bg.mp3" />
</object>
```

提示：<param>标签必须包含在<object>标签内，用来定义嵌入对象的配置参数，通过名/值对属性来设置，name 属性设置配置项目，value 属性设置项目值。

【示例 4】下面代码演示了如何使用<object>标签在页面中嵌入一个 Flash 网站，效果如图 4.7 所示。

图 4.6　嵌入音频　　　　　　　　图 4.7　嵌入 Flash 网站

```
    <object  classid="clsid:D27CDB6E-AE6D-11cf-96B8-444553540000"  width="980"  height="750"  id="FlashID"
accesskey="h" tabindex="1" title="网站首页">
        <param name="movie" value="flash/index.swf">
        <param name="quality" value="high">
        <param name="wmode" value="opaque">
        <!-- 此 param 标签提示使用 Flash Player 6.0 r65 和更高版本的用户下载最新版本的 Flash Player。如
果您不想让用户看到该提示，请将其删除。 -->
        <param name="swfversion" value="9.0.115.0">
        <!-- 下一个对象标签用于非 IE 浏览器。所以使用 IECC 将其从 IE 隐藏。 -->
        <!--[if !IE]>-->
        <object type="application/x-shockwave-flash" data="flash/index.swf" width="980" height="750">
            <!--<![endif]-->
            <param name="quality" value="high">
            <param name="wmode" value="opaque">
            <param name="swfversion" value="9.0.115.0">
            <param name="expressinstall" value="Scripts/expressInstall.swf">
            <!-- 浏览器将以下替代内容显示给使用 Flash Player 6.0 和更低版本的用户。 -->
            <div>
                <h4>此页面上的内容需要较新版本的 Adobe Flash Player。</h4>
                <p><a  href="http://www.adobe.com/go/getflashplayer"><img  src="http://www.adobe.com/images/
shared/download_buttons/get_flash_player.gif" alt="获取 Adobe Flash Player" width="112" height="33" /></a></p>
            </div>
            <!--[if !IE]>-->
        </object>
        <!--<![endif]-->
    </object>
```

object 功能很强大，初衷是取代 img 和 applet 元素。不过由于漏洞以及缺乏浏览器支持，并未完全实现，同时主流浏览器都使用不同的代码来加载相同的对象。如果浏览器不能够显示 object 元素，就会执行位于<object>和</object>之间的代码，通过这种方式，我们针对不同的浏览器嵌套多个 object 元素，或者嵌套 embed、img 等元素。

4.3 使用 HTML5 音频和视频

现代浏览器都支持 HTML5 的 audio 元素和 video 元素，如 IE 9.0+、Firefox 3.5+、Opera 10.5+、Chrome 3.0+、Safari 3.2+等。

4.3.1 使用<audio>标签

<audio>标签可以播放声音文件或音频流，支持 Ogg Vorbis、MP3、WAV 等音频格式，其用法如下。

```
<audio src="samplesong.mp3" controls="controls"></audio>
```

其中 src 属性用于指定要播放的声音文件，controls 属性用于设置是否显示工具条。<audio>标签可用的属性如表 4.3 所示。

表 4.3 <audio>标签支持属性

属 性	值	说 明
autoplay	autoplay	如果出现该属性，则音频在就绪后马上播放
controls	controls	如果出现该属性，则向用户显示控件，比如播放按钮
loop	loop	如果出现该属性，则每当音频结束时重新开始播放
preload	preload	如果出现该属性，则音频在页面加载时进行加载，并预备播放。如果，使用 autoplay，则忽略该属性
src	url	要播放的音频的 URL

> 提示：如果浏览器不支持<audio>标签，可以在<audio>与</audio>标识符之间嵌入替换的 HTML 字符串，这样旧的浏览器就可以显示这些信息。例如：
> <audio src=" test.mp3" controls="controls">
> 您的浏览器不支持 audio 标签。
> </audio>

替换内容可以是简单的提示信息，也可以是一些备用音频插件，或者是音频文件的链接等。

【示例 1】<audio>标签可以包裹多个<source>标签，用来导入不同的音频文件，浏览器会自动选择第一个可以识别的格式进行播放。

```
<audio controls="controls">
    <source src="medias/test.ogg" type="audio/ogg">
    <source src="medias/test.mp3" type="audio/mpeg">
您的浏览器不支持 audio 标签。
</audio>
```

以上代码在 Chrome 浏览器中的运行结果如图 4.8 所示，可以看到出现一个比较简单的音频播放器，包含了播放、暂停、位置、时间显示、音量控制等常用控件按钮。

图 4.8 播放音频

Note

【补充】

<source>标签可以为<video>和<audio>标签定义多媒体资源，它必须包裹在<video>或<audio>标识符内。<source>标签包含 3 个可用属性：

- ☑ media：定义媒体资源的类型。
- ☑ src：定义媒体文件的 URL。
- ☑ type：定义媒体资源的 MIME 类型。如果媒体类型与源文件不匹配，浏览器可能会拒绝播放。可以省略 type 属性，让浏览器自动检测编码方式。

为了兼容不同浏览器，一般使用多个<source>标签包含多种媒体资源。对于数据源，浏览器会按照声明顺序进行选择，如果支持的不止一种，那么浏览器会优先播放位置靠前的媒体资源。数据源列表的排放顺序应按照用户体验由高到低，或者服务器消耗由低到高列出。

【示例 2】 下面示例演示了如何在页面中插入背景音乐：在<audio>标签中设置 autoplay 和 loop 属性，详细代码如下所示。

```
<audio autoplay loop>
    <source src="medias/test.ogg" type="audio/ogg">
    <source src="medias/test.mp3" type="audio/mpeg">
您的浏览器不支持 audio 标签。
</audio>
```

4.3.2 使用<video>标签

视频讲解

<video>标签可以播放视频文件或视频流，支持 Ogg、MPEG 4、WebM 等视频格式，其用法如下。

```
<video src="samplemovie.mp4" controls="controls"></video>
```

其中，src 属性用于指定要播放的视频文件，controls 属性用于提供播放、暂停和音量控件。<video>标签可用的属性如表 4.4 所示。

表 4.4 <video>标签支持属性

属　　性	值	描　　述
autoplay	autoplay	如果出现该属性，则视频在就绪后马上播放
controls	controls	如果出现该属性，则向用户显示控件，如播放按钮
height	pixels	设置视频播放器的高度
loop	loop	如果出现该属性，则当媒介文件完成播放后再次开始播放
muted	muted	设置视频的音频输出应该被静音
poster	URL	设置视频下载时显示的图像，或者在用户单击播放按钮前显示的图像
preload	preload	如果出现该属性，则视频在页面加载时进行加载，并预备播放。如果使用 autoplay，则忽略该属性
src	url	要播放的视频的 URL
width	pixels	设置视频播放器的宽度

【补充】

HTML5 的<video>标签支持 3 种常用的视频格式，简单说明如下。

- ☑ Ogg：带有 Theora 视频编码和 Vorbis 音频编码的 Ogg 文件。
- ☑ MPEG 4：带有 H.264 视频编码和 AAC 音频编码的 MPEG 4 文件。

☑ WebM：带有 VP 8 视频编码和 Vorbis 音频编码的 WebM 文件。

浏览器支持情况：Safari 3+、Firefox 4+、Opera 10+、Chrome 3+、IE 9+等。

提示：如果浏览器不支持<video>标签，可以在<video>与</video>标识符之间嵌入替换的 HTML 字符串，这样旧的浏览器就可以显示这些信息。例如：

```
<video src=" test.mp4" controls="controls">
您的浏览器不支持 video 标签。
</video>
```

【示例 1】 下面示例使用<video>标签在页面中嵌入一段视频，然后使用<source>标签链接不同的视频文件，浏览器会自己选择第一个可以识别的格式。

```
<video controls>
    <source src="medias/trailer.ogg" type="video/ogg">
    <source src="medias/trailer.mp4" type="video/mp4">
您的浏览器不支持 video 标签。
</video >
```

以上代码在 Chrome 浏览器中运行时，当鼠标经过播放画面，可以看到出现一个比较简单的视频播放控制条，包含了播放、暂停、位置、时间显示、音量控制等常用控件，如图 4.9 所示。

当为<video>标签设置 controls 属性，可以在页面上以默认方式进行播放控制。如果不设置 controls 属性，那么在播放的时候就不会显示控制条界面。

【示例 2】 通过设置 autoplay 属性，不需要播放控制条，音频或视频文件就会在加载完成后自动播放。

图 4.9 播放视频

```
<video autoplay>
    <source src="medias/trailer.ogg" type="video/ogg">
    <source src="medias/trailer.mp4" type="video/mp4">
您的浏览器不支持 video 标签。
</video >
```

也可以使用 JavaScript 脚本控制媒体播放，简单说明如下：

☑ load()：可以加载音频或者视频文件。

☑ play()：可以加载并播放音频或视频文件，除非已经暂停，否则默认从开头播放。

☑ pause()：暂停处于播放状态的音频或视频文件。

☑ canPlayType(type)：检测 video 元素是否支持给定 MIME 类型的文件。

【示例 3】 下面示例演示如何通过移动鼠标来触发视频的 play 和 pause 功能。设计当用户移动鼠标光标到视频界面上时，播放视频；如果移出鼠标光标，则暂停视频播放。

```
<video id="movies" onmouseover="this.play()" onmouseout="this.pause()" autobuffer="true"
    width="400px" height="300px">
    <source src="medias/trailer.ogv" type='video/ogg; codecs="theora, vorbis"'>
    <source src="medias/trailer.mp4" type='video/mp4'>
</video>
```

上面代码在浏览器中预览，显示效果如图 4.10 所示。

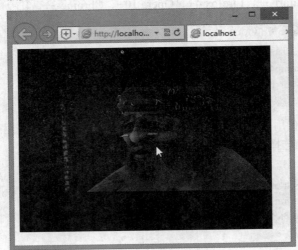

图 4.10　使用鼠标控制视频播放

4.4　案 例 实 战

本节将通过多个案例练习如何使用图像标签，如何灵活使用 JavaScript 脚本控制 HTML5 多媒体播放。

4.4.1　设计图文新闻

本节示例将设计一个图文新闻页面，通过添加图片，重新设计，优化新闻内容页的页面版式，使其结构更符合标准，以适应大型新闻站的自动化编排需要，同时让页面设计更具专业性，更适合新闻阅读习惯。

 注意：本例需要 CSS 知识，如果读者暂时不熟悉 CSS，建议先跳过本节，等学习完 CSS 之后，回头再学习。

【操作步骤】
第 1 步，启动 Dreamweaver，新建网页，保存为 index.html，在<body>标签内输入以下代码。

```
<div class="news-box">
    <!-- 新闻标题 S -->
    <h1>北京将公务员酒后驾车列入年度考核</h1>
    <!-- 新闻标题 E -->
    <!-- 新闻相关信息 S -->
    <div class="info"> <span class="date">2014-05-23 19:05:37</span> <span class="from">来源:<a href="#">
新华网</a></span> <a href="#" class="comments_num">跟贴 23 条</a> <a href="#">手机看新闻</a> </div>
    <!-- 新闻相关信息 E -->
    <!-- 新闻摘要 S -->
    <div class="summary">
```

```
        <h2>新闻摘要: </h2>
            <p>核心提示: 北京日前规定, 公务员酒后驾车等交通安全违法行为将列入年度考核。纪委给予交
通违法人相应处分、诫勉谈话或通报批评。</p>
        </div>
        <!-- 新闻摘要  E -->
        <!-- 新闻内容  S -->
        <div class="content">
            <h2>新闻内容: </h2>
            <img src="images/new_pic.jpg" alt="新闻图片" class="news_pic">
            <p><strong>新华网 5 月 23 日电</strong> 北京市纪委、组织部、公安局、监察局日前联合作出规
定: 机关、事业单位工作人员严重道路交通安全违法行为, 向当事人所在单位抄告, 并列入干部年度考核的依据
之一。</p>
            <p>北京市纪委认定的严重道路交通安全违法行为主要有: 无驾驶证驾驶机动车辆, 发生道路交通
事故后逃逸、故意破坏现场或者冒名顶替, 饮酒后或醉酒驾驶机动车辆, 因抗拒或阻碍道路交通管理而受到行政
处罚, 因交通安全违法行为受到行政拘留处罚。</p>
            <p>省略部分内容, 信息来源于网络! <span class="editor">(本文来源: <a href="#">新华网</a> 作
者: 张和平)</span></p>
        </div>
        <!-- 新闻内容  E -->
        <!-- 新闻评论  S -->
        <div class="comments"><a href="#">【已有<em>23</em>位网友发表了看法, 点击查看。】</a></div>
        <!-- 新闻评论  E -->
    </div>
```

设计新闻内容页面结构, 初步效果如图 4.11 所示。

图 4.11   未添加图片效果的新闻内容页

示 例 效 果

为了能实现图文并茂的新闻内容页面, 我们需要在页面内容中插入图片, 而需要修饰的背景图片
只需要通过 CSS 的 background 属性调用即可。因此需要修改 HTML 页面结构, 通过<img>标签插入
需要在页面中出现的图片。

第 2 步, 在<head>标签内添加<style type="text/css">标签, 定义一个内部样式表, 然后准备定义
样式。

第 3 步，如果本例继续使用上一节中提到的样式设计方法，会发现该页面中新闻图片独占一行，而且并不是居中显示，对于视觉效果来说并不是很理想，如图 4.12 所示。

图 4.12　初步 CSS 混排效果

第 4 步，图文新闻内容页面的页面效果大概的外观已经呈现出来了，但为了能使页面效果更佳，希望在新闻标题后面添加一个代表新闻内容为图文新闻的图标并且将内容区域中的图片居中显示。

```
.news-box h1 {
    float:left; /* 不设置宽度的情况下使用浮动，使其自适应宽度 */
    height:20px;
    padding:5px 20px 5px 0; /* 添加右边的内补丁，增加空白的空间显示背景图片 */
    line-height:26px;
    overflow:hidden; /* 行高比高度的属性值要大，设置 overflow:hidden;使超过的部分隐藏 */
    font-size:20px;
    background:url(images/ico.gif) no-repeat right 10px; /* 添加背景图，并将其控制在标题的右边中间的位置 */
} /* 设置新闻标题的样式高度为 30px，宽度为默认值 auto，并添加行高以及设置文字大小 */
.news-box .info {
    clear:both; /* 清除标题的浮动，避免新闻信息的内容错位 */
    height:20px;
    margin-bottom:15px;
    font-size:12px;} /* 设置新闻相关信息的样式，添加外补丁，使其与内容信息产生间距 */
......
.news-box .content {
    text-align:center; /* 新闻内容区域居中显示 */}
.news-box .content p {
    margin-bottom:10px;
    line-height:22px;
    text-indent:2em;
    text-align:left; /* 调整新闻内容区域文字居左显示 */
} /* 新闻内容区域的每个段落加大行间距（行高），并首行缩进，段落与段落之间存在一点间距 */
```

第 5 步，修改 CSS 样式表中的部分代码，最终在浏览器中会看到如图 4.13 所示的效果。

　　第 6 步，在上图中，可以看到新闻图片的宽高比较小，而继续使用居中的方式显示图文新闻内容页，将会使图片的周围显得很空阔。这时可以考虑使用图文环绕的版式设计图文新闻内容页，如图 4.14 所示。

　　第 7 步，在图 4.13 中，将图片由原来的大图变更为一张小图，因此在 HTML 页面结构中修改<img>标签中的文件名。

```
<img src="images/new_pic_s.jpg" alt="新闻图片" />
```

图 4.13　增加图片效果后的图文新闻内容页

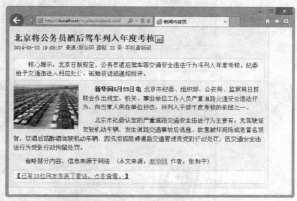

图 4.14　文字围绕着图片的图文新闻内容页

　　第 8 步，基于原有的图文新闻内容页的 CSS 样式，需要将.news-box .content 部分的 CSS 样式全部去掉，已经不需要再设置新闻内容区域的居中显示，并设置图片浮动（float）属性，使图片周围的文字能围绕着图片。

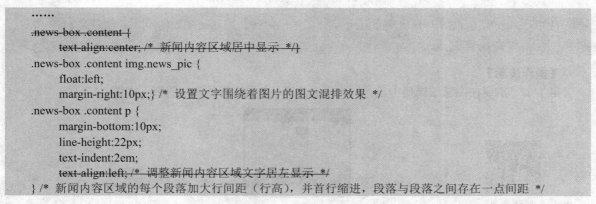

```
......
.news-box .content {
    text-align:center; /* 新闻内容区域居中显示 */}
.news-box .content img.news_pic {
    float:left;
    margin-right:10px;} /* 设置文字围绕着图片的图文混排效果 */
.news-box .content p {
    margin-bottom:10px;
    line-height:22px;
    text-indent:2em;
    text-align:left; /* 调整新闻内容区域文字居左显示 */
} /* 新闻内容区域的每个段落加大行间距（行高），并首行缩进，段落与段落之间存在一点间距 */
```

　　简单几句 CSS 样式代码即可设计漂亮的页面布局效果。不过图文混排的页面效果只能设置图片居左或者居右显示，无法实现当图片在文字内容中间时文字围绕图片左右显示的页面效果。

4.4.2　设计阴影白边

本例设计为 img 元素定义一个默认的阴影样式，这样当在网页中插入一个图像时，它会自动显示为阴影效果，如图 4.15 所示。与设置前插入的图像效果比较之后，如图 4.16 所示，会发现这种定义有阴影效果的图像更真实而富有立体感，特别适用于网上照片发布页面。

图 4.15　为图像定义默认的阴影样式

图 4.16　图像未定义阴影样式效果

📢 注意：本例需要 CSS 知识，如果读者暂时不熟悉 CSS，建议先跳过本节，等学习完 CSS 之后，回头再学习。

【操作步骤】

第 1 步，需要在图像编辑器中设计一个 4 像素高、1 像素宽的渐变阴影，如图 4.17 所示。

示 例 效 果

图 4.17　设计一个渐变阴影图像

第 2 步，在网页<head>标签中定义如下样式。

```
<style type="text/css">
body { background: #F0EADA; }
```

```
img {
    background: white;                /* 白色背景 */
    padding: 5px 5px 9px 5px;         /* 增加内边距 */
    background: white url(images/shad_bottom.gif) repeat-x bottom left; /* 底边阴影 */
    border-left: 2px solid #dcd7c8;   /* 左侧浅阴影 */
    border-right: 2px solid #dcd7c8;  /* 右侧浅阴影 */
}
</style>
```

注意： 在定义底边内边距，考虑到底边阴影背景图像可能要占用 4 个像素的高度，因此要多设置 4 像素。左右两侧的阴影颜色可以根据网页背景色时适当调整深浅。

第 3 步，在页面<body>标签内插入任意多个图像即可，演示效果如图 4.17 所示。

```
<img src="images/1.jpg" width="200">
<img src="images/2.jpg" width="300">
<img src="images/3.jpg" width="400">
```

4.4.3　设计音乐播放器

如果需要在页面上播放一段音频，同时又不想被默认的控制界面影响显示效果，则可创建一个隐藏的 audio 元素，即不设置 controls 属性，或将其设置为 false，然后用自定义控制界面控制音频的播放。

视 频 讲 解

本例主要代码如下：

```
<style type="text/css">
body { background:url(images/bg.jpg) no-repeat;}
#toggle { position: absolute; left: 93px; top: 396px;}
</style>
<audio id="music">
    <source src="medias/wlh.ogg">
    <source src="medias/wlh.mp3">
</audio>
<button id="toggle" onclick="toggleSound()">播放</button>
<script type="text/javascript">
function toggleSound() {
    var music = document.getElementById("music");
    var toggle = document.getElementById("toggle");
    if (music.paused) {
        music.play();
        toggle.innerHTML = "暂停";
    }else {
        music.pause();
        toggle.innerHTML ="播放";
    }
}
</script>
```

演示效果如图 4.18 所示。

示例效果

图 4.18　用脚本控制音乐播放

在上面示例中，先隐藏了用户控制界面，也没有将其设置为加载后自动播放，而是创建了一个具有切换功能的按钮，以脚本的方式控制音频播放：

```
<button id="toggle" onclick="toggleSound()">播放</button>
```

按钮在初始化时会提示用户单击它以播放音频。每次单击时，都会触发 toggleSound()函数。在 toggleSound()函数中，首先访问 DOM 中的 audio 元素和 button 元素。

```
function toggleSound() {
    var music = document.getElementById("music");
    var toggle = document.getElementById("toggle");
    if (music.paused) {
        music.play();
        toggle.innerHTML = "暂停";
    }
}
```

通过访问 audio 元素的 paused 属性，可以检测到用户是否已经暂停播放。如果音频还没开始播放，那么 paused 属性默认值为 true，这种情况在用户第一次单击按钮的时候遇到。此时，需要调用 play()函数播放音频，同时修改按钮上的文字，提示再次单击就会暂停。

```
else {
    music.pause();
    toggle.innerHTML ="播放";
}
```

相反，如果音频没有暂停，则会使用 pause()函数将它暂停，然后更新按钮上的文字为"播放"，让用户知道下次单击的时候音频将继续播放。

视频讲解

Note

4.4.4 设计视频播放器

本例将设计一个视频播放器，用到 HTML5 提供的 video 元素和 HTML5 提供的多媒体 API 的扩展，示例演示效果如图 4.19 所示。

示 例 效 果

图 4.19 设计视频播放器

使用 JavaScript 控制播放控件的行为（自定义播放控件），实现如下功能：

☑ 利用 HTML+CSS 制作一个自己的播放控件条，然后定位到视频最下方。

☑ 视频加载 loading 效果。

☑ 播放、暂停。

☑ 总时长和当前播放时长显示。

☑ 播放进度条。

☑ 全屏显示。

【操作步骤】

第 1 步，设计播放控件。

```
<figure>
    <figcaption>视频播放器</figcaption>
    <div class="player">
        <video src="./video/mv.mp4"></video>
        <div class="controls">
            <!-- 播放/暂停 -->
            <a href="javascript:;" class="switch fa fa-play"></a>
            <!-- 全屏 -->
            <a href="javascript:;" class="expand fa fa-expand"></a>
            <!-- 进度条 -->
            <div class="progress">
                <div class="loaded"></div>
                <div class="line"></div>
                <div class="bar"></div>
            </div>
            <!-- 时间 -->
            <div class="timer">
                <span class="current">00:00:00</span>
```

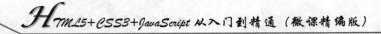

Note

```
                <span class="total">00:00:00</span>
            </div>
            <!-- 声音 -->
        </div>
    </div>
</figure>
```

上面是全部 HTML 代码，.controls 类就是播放控件 HTML，引用 CSS 外部样式表：

```
<link rel="stylesheet" href="css/font-awesome.css">
<link rel="stylesheet" href="css/player.css">
```

为了显示播放按钮等图标，本例使用了字体图标。

第 2 步，设计视频加载 loading 效果。先隐藏视频，用一个背景图片替代，等视频加载完毕之后，再显示并播放视频。

```
.player {
    width: 720px; height: 360px;
    margin: 0 auto; position: relative;
    background: #000 url(images/loading.gif) center/300px no-repeat;
}
video {
    display: none; margin: 0 auto;
    height: 100%;
}
```

第 3 步，设计播放功能。在 JavaScript 脚本中，先获取要用到的 DOM 元素。

```
var video = document.querySelector("video");
var isPlay = document.querySelector(".switch");
var expand = document.querySelector(".expand");
var progress = document.querySelector(".progress");
var loaded = document.querySelector(".progress > .loaded");
var currPlayTime = document.querySelector(".timer > .current");
var totalTime = document.querySelector(".timer > .total");
```

当视频可以播放时，显示视频：

```
//当视频可播放的时候
video.oncanplay = function(){
        //显示视频
        this.style.display = "block";
        //显示视频总时长
        totalTime.innerHTML = getFormatTime(this.duration);
};
```

第 4 步，设计播放、暂停按钮。当单击播放按钮时，显示暂停图标，在播放和暂停状态之间切换图标。

```
//播放按钮控制
isPlay.onclick = function(){
        if(video.paused) {
                video.play();
        } else {
```

```
            video.pause();
        }
        this.classList.toggle("fa-pause");
};
```

第 5 步，获取并显示总时长和当前播放时长。前面代码中其实已经设置了相关代码，此时只需要把获取到的毫秒数转换成需要的时间格式即可。先定义 getFormatTime()函数，用于转换时间格式。

```
function getFormatTime(time) {
    var time = time//0;
    var h = parseInt(time/3600),
        m = parseInt(time%3600/60),
        s = parseInt(time%60);
    h = h < 10 ? "0"+h : h;
    m = m < 10 ? "0"+m : m;
    s = s < 10 ? "0"+s : s;
    return h+":"+m+":"+s;
}
```

第 6 步，设计播放进度条。

```
video.ontimeupdate = function(){
    var currTime = this.currentTime,          //当前播放时间
        duration = this.duration;             //视频总时长
    //百分比
    var pre = currTime / duration * 100 + "%";
    //显示进度条
    loaded.style.width = pre;
    //显示当前播放进度时间
    currPlayTime.innerHTML = getFormatTime(currTime);
};
```

这样就可以实时显示进度条了，此时，还需要单击进度条进行跳跃播放，即单击任意时间点视频跳转到当前时间点播放。

```
//跳跃播放
progress.onclick = function(e){
    var event = e    window.event;
    video.currentTime = (event.offsetX / this.offsetWidth) * video.duration;
};
```

第 7 步，设计全屏显示。这个功能可以使用 HTML5 提供的全局 API：webkitRequestFullScreen 实现，与 video 元素无关，经测试在 Firefox、IE 浏览器下全屏功能不可用，仅针对 webkit 内核浏览器可用。

```
//全屏
expand.onclick = function(){
    video.webkitRequestFullScreen();
};
```

Note

4.5　HTML5 多媒体 API

本节为线上拓展内容，介绍 HTML5 多媒体 API 的基础知识和应用。

4.5.1　设置属性

线 上 阅 读

audio 和 video 元素拥有相同的脚本属性，下面对这些属性进行简单介绍。详细说明请扫码阅读。

4.5.2　设置方法

线 上 阅 读　　视 频 讲 解

audio 和 video 元素拥有相同的脚本方法，下面简单介绍这些方法。详细说明请扫码阅读。

4.5.3　设置事件

线 上 阅 读　　视 频 讲 解

audio 和 video 元素支持 HTML5 的媒体事件，使用 JavaScript 脚本可以捕捉这些事件并对其进行处理。处理这些事件一般有下面两种方式。详细说明请扫码阅读。

4.5.4　访问多媒体属性、方法和事件

线 上 阅 读　　视 频 讲 解

本节通过一个综合示例整合 HTML5 多媒体 API 中各种属性、方法和事件，演示如何在一个视频中实现对这些信息进行访问和操控。详细说明请扫码阅读。

4.6　在线练习

使用多媒体标签丰富网站内容，突出网站的重点。

在 线 练 习

第 5 章

设计列表和超链接

在网页中，大部分信息都需要列表结构来进行管理，如菜单栏、图文列表、分类导航、列表页、栏目列表等。HTML5 定义了一套列表标签，通过列表结构实现对网页信息的合理排版。另外，网页中还会包含大量超链接，通过它实现页面或位置跳转，最终把整个网站、整个互联网连在一起。列表结构与超链接关系紧密，因此本章将对这两类对象进行详细讲解。

【学习要点】

▶▶ 正确使用各种列表标签。

▶▶ 根据网页具体内容编排列表版式。

▶▶ 能够正确定义各种类型的超链接。

5.1 新建列表

HTML 列表结构可以分为两种基本类型：有序列表和无序列表。无序列表使用项目符号来标识列表，而有序列表则使用编号来标识列表的项目顺序。

5.1.1 无序列表

无序列表是一种不分排序的列表结构，使用<ul>标签定义，在<ul>标签中可以包含多个<li>标签定义的列表项目。

【示例 1】下面示例使用无序列表定义一元二次方程的求解方法，预览效果如图 5.1 所示。

```
<h1>解一元二次方程</h1>
<p>一元二次方程求解有四种方法：</p>
<ul>
    <li>直接开平方法 </li>
    <li>配方法 </li>
    <li>公式法 </li>
    <li>分解因式法</li>
</ul>
```

无序列表可以分为一级无序列表和多级无序列表，一级无序列表在浏览器中解析后，会在每个列表项目前面添加一个小黑点的修饰符，而多级无序列表则会根据级数调整列表项目修饰符。

【示例 2】下面示例在页面中设计了三层嵌套的多级列表结构，浏览器默认解析时显示效果如图 5.2 所示。

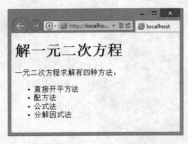

图 5.1　定义无序列表

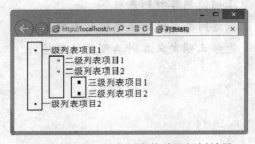

图 5.2　多级无序列表的默认解析效果

```
<ul>
    <li>一级列表项目 1
        <ul>
            <li>二级列表项目 1</li>
            <li>二级列表项目 2
                <ul>
                    <li>三级列表项目 1</li>
                    <li>三级列表项目 2</li>
                </ul>
            </li>
        </ul>
    </li>
</ul>
```

```
    </li>
    <li>一级列表项目 2</li>
</ul>
```

通过观察图 5.2，可以发现无序列表在嵌套结构中随着其所包含的列表级数的增加而逐渐缩进，并且随着列表级数的增加而改变不同的修饰符。合理使用列表结构能让页面的结构更加清晰。

📢 **注意**：以下几种无序列表的用法是不规范的，应该避免出现。

☑ 在<ul>标签跟<li>标签之间插入了其他标签。

```
<ul>
    <li>列表项目 1</li>
    <li>列表项目 2</li>
    <div>错误的无序列表嵌套结构</div>
</ul>
```

对于上面代码，应该将<div>标签放到<ul>标签的外面，或者删除。

☑ 不规范的多层<ul>标签嵌套。

```
<ul>
    <li>列表项目 1</li>
    <ul>
        <li>错误的无序列表嵌套结构</li>
    </ul>
</ul>
```

对于上面代码，应该将<ul>标签放在<li>标签内。

```
<ul>
    <li><ul>
        <li>嵌套列表项目</li>
    </ul></li>
</ul>
```

☑ <li>标签未关闭。

```
<ul>
    <li>列表项目 1
    <ul>
        <li>错误的无序列表嵌套结构</li>
    </ul>
    <li>列表项目 2</li>
</ul>
```

对于上面代码，应该使用结束标签</li>为第一个<li>标签关闭标识。

5.1.2 有序列表

视频讲解

有序列表是一种在意排序位置的列表结构，使用<ol>标签定义，其中包含多个<li>列表项目标签构成。

一般网页设计中，列表结构可以互用有序或无序列表标签。但是，在强调项目排序的栏目中，选用有序列表会更科学，如新闻列表（根据新闻时间排序）、排行榜（强调项目的名次）等。

【示例 1】列表结构在网页中比较常见，其应用范畴比较宽泛，可以是新闻列表、产品列表，也可以是导航、菜单、图表等。下面示例显示 3 种列表应用样式，效果如图 5.3 所示。

```
<h1>列表应用</h1>
<h2>百度互联网新闻分类列表</h2>
```

```
<ol>
    <li>网友热论网络文学：渐入主流还是刹那流星？</li>
    <li>电信封杀路由器？消费者质疑：强迫交易</li>
    <li>大学生创业俱乐部为大学生自主创业助力</li>
</ol>
<h2>焊机产品型号列表</h2>
<ul>
    <li>直流氩弧焊机系列 </li>
    <li>空气等离子切割机系列</li>
    <li>氩焊/手弧/切割三用机系列</li>
</ul>
<h2>站点导航菜单列表</h2>
<ul>
    <li>微博</li>
    <li>社区</li>
    <li>新闻</li>
</ul>
```

【示例2】有序列表也可分为一级有序列表和多级有序列表，浏览器默认解析时都是将有序列表以阿拉伯数字表示，并增加缩进，如图5.4所示。

```
<ol>
    <li>一级列表项目 1
        <ol>
            <li>二级列表项目 1</li>
            <li>二级列表项目 2
                <ol>
                    <li>三级列表项目 1</li>
                    <li>三级列表项目 2</li>
                </ol>
            </li>
        </ol>
    </li>
    <li>一级列表项目 2</li>
</ol>
```

图 5.3　列表的应用形式

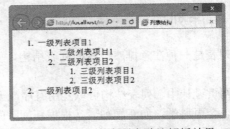

图 5.4　多级有序列表默认解析效果

<ol>标签包含 3 个比较实用的属性，这些属性同时获得 HTML5 支持，且其中 reversed 为新增属性。具体说明如表 5.1 所示。

表 5.1　<ol>标签属性

属　　性	取　　值	说　　明
reversed	reversed	定义列表顺序为降序，如 9、8、7……
start	number	定义有序列表的起始值
type	1、A、a、I、i	定义在列表中使用的标记类型

【示例 3】下面示例设计有序列表降序显示，序列的起始值为 5，类型为大写罗马数字，效果如图 5.5 所示。

```
<ol type="I" start="5" reversed >
    <li>黄鹤楼  <span>崔颢</span> </li>
    <li>送元二使安西  <span>王维</span> </li>
    <li>凉州词（黄河远上）  <span>王之涣</span> </li>
    <li> 登鹳雀楼  <span>王之涣</span> </li>
    <li> 登岳阳楼  <span>杜甫</span> </li>
</ol>
```

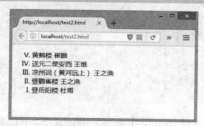

图 5.5　在 Firefox 浏览器中预览效果

5.1.3　描述列表

描述列表是一种特殊的结构，它包括词条和解释两块内容。包含的标签说明如下：

☑　<dl>...</dl>：标识描述列表。

☑　<dt>...</dt>：标识词条。

☑　<dd>...</dd>：标识解释。

视频讲解

【示例 1】下面示例定义了一个中药词条列表。

```
<h2>中药词条列表</h2>
<dl>
    <dt>丹皮</dt>
    <dd>为毛茛科多年生落叶小灌木植物牡丹的根皮。产于安徽、山东等地。秋季采收，晒干。生用或炒用。</dd>
</dl>
```

在上面结构中，"丹皮"是词条，而"为毛茛科多年生落叶小灌木植物牡丹的根皮。产于安徽、山东等地。秋季采收，晒干。生用或炒用。"是对词条进行的描述（或解释）。

【示例 2】下面示例使用描述列表显示两个成语的解释。

```
<h1>成语词条列表</h1>
<dl>
    <dt>知无不言，言无不尽</dt>
    <dd>知道的就说，要说就毫无保留。</dd>
```

```
<dt>智者千虑，必有一失</dt>
<dd>不管多聪明的人，在很多次的考虑中，也一定会出现个别错误。</dd>
</dl>
```

📢 **提示：** 描述列表与无序列表和有序列表存在着结构上的差异性，相同点就是 HTML 结构必须是如下形式：

```
<dl>
    <dt>描述列表标题</dt>
    <dd>描述列表内容</dd>
</dl>
```

或者：

```
<dl>
    <dt>描述列表标题 1</dt>
    <dd>描述列表内容 1.1</dd>
    <dd>描述列表内容 1.2</dd>
</dl>
```

也可以是多个组合形式：

```
<dl>
    <dt>描述列表标题 1</dt>
    <dd>描述列表内容 1</dd>
    <dt>描述列表标题 2</dt>
    <dd>描述列表内容 2</dd>
</dl>
```

【示例 3】 同一个 dl 元素中可以包含多个词条。例如，在下面这个描述列表中包含了两个词条，介绍花圃中花的种类，列表结构代码如下。

```
<div class="flowers">
    <h1>花圃中的花</h1>
    <dl>
        <dt>玫瑰花</dt>
        <dd>玫瑰花，一名赤蔷薇，为蔷薇科落叶灌木。茎多刺。花有紫、白两种，形似蔷薇和月季。一
般用作蜜饯、糕点等食品的配料。花瓣、根均作药用，入药多用紫玫瑰。</dd>
        <dt>杜鹃花</dt>
        <dd>中国十大名花之一。在所有观赏花木之中，称得上花、叶兼美，地栽、盆栽皆宜，用途最为
广泛。白居易赞曰："闲折二枝持在手，细看不似人间有，花中此物是西施，鞭蓉芍药皆嫫母"。在世界杜鹃花的
自然分布中，种类之多、数量之巨，没有一个能与中国匹敌，中国，乃世界杜鹃花资源的宝库！今江西、安徽、
贵州以杜鹃为省花，定为市花的城市多达七八个，足见人们对杜鹃花的厚爱。杜鹃花盛开之时，恰值杜鹃鸟啼之
时，古人留下许多诗句和优美、动人的传说，并有以花为节的习俗。杜鹃花多为灌木或小乔木，因生态环境不同，
有各自的生活习性和形状。最小的植株只有几厘米高，呈垫状，贴地面生。最大的高达数丈，巍然挺立，蔚为壮
观。</dd>
    </dl>
</div>
```

当列表结构的内容集中时，可以适当添加一个标题，描述列表内部主要通过定义标题以及定义内容项帮助浏览者明白该列表中所存在的关系以及相关介绍。

当介绍花圃中花的品种时，先说明主题，其次再分别介绍花的种类以及针对不同种类的花进行详细介绍，演示效果如图 5.6 所示。

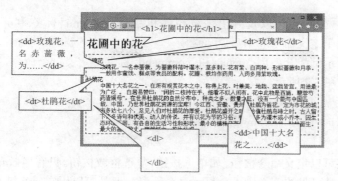

图 5.6 描述列表结构分析图

dl、dt 和 dd 元素不仅仅是为了解释词条，在语义结构中，不再把描述列表看作是一种词条解释结构。至于 dt 元素包含的内容是一个真正意义上的词条，还是 dd 元素包含的是一个真正意义上的解释，对于和搜索引擎来说都不重要了。

一般来说，搜索引擎仅认为 dt 元素包含的是抽象、概括或简练的内容，对应的 dd 元素包含的是与 dt 内容相关联的具体、详细或生动说明。

【示例 4】下面代码使用<ul>标签设计一个列表结构。

```
<ul>
    <li>小时代  2.6.3.10</li>
    <li>软件大小：2431 KB</li>
    <li>软件语言：简体中文</li>
    <li>软件类别：国产软件/免费软件/文件共享</li>
</ul>
```

【示例 5】从结构分析，示例 4 的代码设计没有问题，在表现效果上也许会更容易控制。不过从语义角度来考虑，对于这类的信息使用定义结构会更恰当一些。

```
<dl>
    <dt>软件名称</dt>
    <dd>小时代 2.6.3.10</dd>
    <dt>软件大小</dt>
    <dd>2431 KB</dd>
    <dt>软件语言</dt>
    <dd>简体中文</dd>
    <dt>软件类别</dt>
    <dd>国产软件/免费软件/文件共享</dd>
</dl>
```

对于“<li>软件大小：2431 KB </li>”这个项目，它实际上包含了两部分信息：第一部分是信息的名称（即“软件大小”），第二部分是信息的具体内容（即“2431 KB”）。对于描述列表来说，当自动检索到“<dt>软件大小</dt>”时，立即知道它是一个标题，而检索到“<dd>2431 KB</dd>”时就知道它是上面标题对应的具体信息。

5.1.4 菜单列表

HTML5 重新定义了被 HTML4 弃用的<menu>标签。使用<menu>标签可以定义命令的列表或菜

视频讲解

Note

单，如上下文菜单、工具栏，以及列出表单控件和命令。<menu>标签中可以包含<command>和<menuitem>标签，用于定义命令和项目。

【示例 1】 下面示例配合使用<menu>和<command>标签，定义一个命令，当单击该命令时，将弹出提示对话框，如图 5.7 所示。

```
<menu>
    <command onclick="alert('Hello World')">命令</command>
</menu>
```

<command>标签可以定义命令按钮，如单选按钮、复选框或按钮。只有当 command 元素位于 menu 元素内时，该元素才是可见的，否则不会显示这个元素，但是可以用它定义键盘快捷键。

目前，只有 IE 9（更早或更晚的版本都不支持）和最新版本的 Firefox 支持<command>标签。

<command>标签包含很多属性，专门用来定制命令的显示样式和行为，说明如表 5.2 所示。

表 5.2　<command>标签属性

属　　性	取　　值	说　　明
checked	checked	定义是否被选中。仅用于 radio 或 checkbox 类型
disabled	disabled	定义 command 是否可用
icon	url	定义作为 command 来显示的图像的 url
label	text	为 command 定义可见的 label
radiogroup	groupname	定义 command 所属的组名。仅在类型为 radio 时使用
type	checkbox、command、radio	定义该 command 的类型。默认值为 command

【示例 2】 下面示例使用<command>标签各种属性定义一组单选按钮命令组，演示效果如图 5.8 所示。目前还没有浏览器完全支持这些属性。

```
<menu>
    <command icon="images/1.png" onclick="alert('男士')" type="radio" radiogroup="group1" label="男士">男士</command>
    <command icon="images/2.png" onclick="alert('女士')" type="radio" radiogroup="group1" label="女士">女士</command>
    <command icon="images/3.png" onclick="alert('未知')" type="radio" radiogroup="group1" label="未知">未知</command>
</menu>
```

图 5.7　定义菜单命令　　　　图 5.8　定义单选按钮命令组

<menu>标签也包含两个专用属性，简单说明如下：

☑　label：定义菜单的可见标签。

☑ type：定义要显示哪种菜单类型，取值说明如下。

    ❖ list：默认值，描述列表菜单。一个用户可执行或激活的命令列表（li 元素）。

    ❖ context：定义上下文菜单。该菜单必须在用户能够与命令进行交互之前被激活。

    ❖ toolbar：定义工具栏菜单。活动式命令，允许用户立即与命令进行交互。

【示例 3】下面示例使用 type 属性定义了两组工具条按钮，演示效果如图 5.9 所示。

```html
<menu type="toolbar">
    <li>
        <menu label="File" type="toolbar">
            <button type="button" onclick="file_new()">新建...</button>
            <button type="button" onclick="file_open()">打开...</button>
            <button type="button" onclick="file_save()">保存</button>
        </menu>
    </li>
    <li>
        <menu label="Edit" type="toolbar">
            <button type="button" onclick="edit_cut()">剪切</button>
            <button type="button" onclick="edit_copy()">复制</button>
            <button type="button" onclick="edit_paste()">粘贴</button>
        </menu>
    </li>
</menu>
```

图 5.9 定义工具条命令组

5.1.5 快捷菜单

<menuitem>标签用来定义菜单项目，这些菜单项目仅用作弹出菜单的命令，方便用户快捷调用。目前，仅有 Firefox 8.0+版本浏览器支持<menuitem>标签。

【示例 1】menu 和 menuitem 元素一起使用，将把新的菜单合并到本地的上下文菜单中。例如，给 body 添加一个"Hello World"的菜单。

```html
<style type="text/css">
html, body{ height:100%;}
</style>

<body contextmenu="new-context-menu">
<menu id="new-context-menu" type="context">
    <menuitem>Hello World</menuitem>
</menu>
```

在上面示例代码中，包含的基本属性有 id、type 和 contextmenu，指定了菜单类型是 context，同

视 频 讲 解

时也指定了新的菜单项应该被显示的区域。在本示例中，当右击后，新的菜单项将出现在文档的任何地方，效果如图 5.10 所示。

【示例 2】也可以通过在特定的元素上给 contextmenu 属性赋值，来限制新菜单项的作用区域。下面示例将为<h1>标签绑定一个上下文菜单。

```
<h1 contextmenu="new-context-menu">使用&lt;menuitem&gt;标签设计弹出菜单</h1>
<menu id="new-context-menu" type="context">
    <menuitem>Hello World</menuitem>
</menu>
```

当在 Firefox 中查看时，会发现新添加的菜单项被添加到右键快捷菜单最顶部。

【示例 3】为快捷菜单添加子菜单和图标。子菜单由一组相似或相互的菜单项组成。下面示例演示如何使用 menu 添加 4 个子菜单，演示效果如图 5.11 所示。

```
<img src="images/1.png" width="500"    contextmenu="demo-image" />
<menu id="demo-image" type="context">
    <menu label="旋转图像">
        <menuitem>旋转 90 度</menuitem>
        <menuitem>旋转 180 度</menuitem>
        <menuitem>水平翻转</menuitem>
        <menuitem>垂直翻转</menuitem>
    </menu>
</menu>
```

图 5.10　为 body 添加上下文菜单　　　　　图 5.11　为图片添加子菜单项目

<menuitem>标签包含很多属性，具体说明如表 5.3 所示。

表 5.3　<menuitem>标签属性

属　　性	值	描　　述
checked	checked	定义在页面加载后选中命令/菜单项目。仅适用于 type="radio" 或 type="checkbox"
default	default	把命令/菜单项设置为默认命令
disabled	disabled	定义命令/菜单项应该被禁用
icon	URL	定义命令/菜单项的图标

续表

属 性	值	描 述
open	open	定义 details 是否可见
label	text	必需。定义命令/菜单项的名称，以向用户显示
radiogroup	groupname	定义命令组的名称，命令组会在命令/菜单项本身被切换时进行切换。仅适用于 type="radio"
type	checkbox、command、radio	定义命令/菜单项的类型

【示例 4】下面示例使用 icon 属性在菜单的旁边添加图标，演示效果如图 5.12 所示。

```
<img src="images/1.png" width="500"   contextmenu="demo-image" />
<menu id="demo-image" type="context">
    <menu label="旋转图像">
        <menuitem icon="images/icon1.png">旋转 90 度</menuitem>
        <menuitem icon="images/icon2.png">旋转 180 度</menuitem>
        <menuitem icon="images/icon4.png">水平翻转</menuitem>
        <menuitem icon="images/icon3.png">垂直翻转</menuitem>
    </menu>
</menu>
```

图 5.12 为菜单项目添加图标

注意：icon 属性只能在 menuitem 元素中使用。

5.2 定义超链接

在网页中定义超链接需要两个基本要素：设置为超链接的网页对象，为超链接指向的目标地址 URL。

5.2.1 超链接分类

1. 根据链接目标

如果根据 URL 不同，网页中的超链接一般可以分为 3 种类型：

☑ 内部链接。

☑ 锚点链接。

☑ 外部链接。

Note

内部链接所链接的目标一般位于同一个网站中，对于内部链接来说，可以使用相对路径和绝对路径。所谓相对路径就是 URL 中没有指定超链接的协议和互联网位置，仅指定相对位置关系。

例如，如果 a.html 和 b.html 位于同一目录下，则直接指定文件（b.html）即可，因为它们的相对位置关系是平等的。如果 b.html 位于本目录的下一级目录（sub）中，则可以使用"sub／b.html"相对路径即可。如果 b.html 位于上一级目录（father）中，则可以使用"../b.html"相对路径即可，其中".."符号表示父级目录。还可以使用"/"来定义站点根目录，如"/b.html"就表示链接到站点根目录下的 b.html 文件。

外部链接所链接的目标一般为外部网站目标，当然也可以是网站内部目标。外部链接一般要指定链接所使用的协议和网站地址，例如，http://www.mysite.cn/web2_nav/index.html，其中 http 是传输协议，www.mysite.cn 表示网站地址，后面跟随字符是站点相对地址。

锚点链接是一种特殊的链接方式，实际上它是在内部链接或外部链接基础上增加锚标记后缀（#标记名），例如，http://www.mysite.cn/web2_nav/index.html#anchor，就表示跳转到 index.htm 页面中标记为 anchor 的锚点位置。

2. 根据链接对象

如果根据超链接包裹的对象的不同，网页中的链接又可以分为文本超链接、图像超链接、E-mail 链接、锚点链接、多媒体文件链接、空链接等。

【补充】

URL（Uniform Resource Locator，统一资源定位器）主要用于指定网上资源的位置和方式。一个 URL 一般由下列 3 部分组成。

☑ 第 1 部分：协议（或服务方式）。

☑ 第 2 部分：存有该资源的主机 IP 地址（有时也包括端口号）。

☑ 第 3 部分：主机资源的具体地址，如目录和文件名等。

例如，protocol://machinename[:port]/directory/filename，其中 protocol 是访问该资源所采用的协议，即访问该资源的方法，简单说明如下：

☑ http://：超文本传输协议，表示该资源是 HTML 文件。

☑ ftp://：文件传输协议，表示用 FTP 传输方式访问该资源。

☑ mailto::表示该资源是电子邮件（不需要两条斜杠）。

☑ file://：表示本地文件。

machinename 表示存放该资源的主机的 IP 地址，通常以字符形式出现，如 www.china.com.port。其中 port 是服务器在该主机所使用的端口号，一般情况下不需要指定，只有当服务器所使用的不是默认的端口号时才指定。directory 和 filename 是该资源的路径和文件名。

5.2.2　使用<a>标签

HTML5 使用<a>标签定义超链接，设计从一个页面链接到另一个页面。<a>最重要的属性是 href 属性，它指示链接的目标。用法如下：

```
<a href="#">链接文本</a>
```

视 频 讲 解

【示例1】下面代码定义一个超链接文本，单击该文本将跳转到百度首页。

```
<a href="https://www.baidu.com/">百度一下</a>
```

<a>标签包含众多属性，其中被 HTML5 支持的属性如表 5.4 所示。

表 5.4 <a>标签属性

属　性	取　值	说　明
download	filename	规定被下载的超链接目标
href	URL	规定链接指向的页面的 URL
hreflang	language_code	规定被链接文档的语言
media	media_query	规定被链接文档是为何种媒介/设备优化的
rel	text	规定当前文档与被链接文档之间的关系
target	_blank、_parent、_self、_top、framename	规定在何处打开链接文档
type	MIME type	规定被链接文档的 MIME 类型

提示：如果不使用 href 属性，则不可以使用如下属性：download、hreflang、media、rel、target 以及 type 属性。

在默认状态下，被链接页面会显示在当前浏览器窗口中，可以使用 target 属性改变页面显示的窗口。

【示例2】下面代码定义一个超链接文本，当单击该文本时将在新的标签页中显示百度首页。

```
<a href="https://www.baidu.com/" target="_blank">百度一下</a>
```

提示：在 HTML4 中，<a>标签可以定义超链接，或者定义锚点。但是在 HTML5 中，<a>标签只能定义超链接，如果未设置 href 属性，则只是超链接的占位符，而不再是一个锚点。

用来定义超链接的对象，可以是一段文本，或者是一个图片，甚至是页面任何对象。当浏览者单击已经链接的文字或图片后，被链接的目标将显示在浏览器上，并且根据目标的类型来打开或运行。

【示例3】下面示例为图像绑定一个超链接，这样当用户单击图像时，会跳转到指定的网址，效果如图 5.13 所示。

```
<a href="https://www.baidu.com/" target="_blank">
    <img src="images/logo.png" width="300" />
</a>
```

图 5.13 为图像定义超链接效果

视频讲解

Note

5.2.3　定义锚点链接

锚点链接是指定向同一页面或者其他页面中的特定位置的链接。例如，在一个很长的页面，在页面的底部设置一个锚点，单击后可以跳转到页面顶部，这样避免了上下滚动的麻烦。

例如，在页面内容的标题上设置锚点，然后在页面顶部设置锚点的链接，这样就可以通过链接快速地浏览具体内容。

创建锚点链接的步骤如下：

第 1 步，创建用于链接的锚点。任何被定义了 ID 值的元素都可以作为锚点标记，就可以定义指向该位置点的锚点链接了。注意，给页面标签的 ID 锚点命名时不要含有空格，同时不要置于绝对定位元素内。

第 2 步，在当前页面或者其他页面不同位置定义超链接，为<a>标签设置 href 属性，属性值为"#+锚点名称"，如输入"#p4"。如果链接到不同的页面，如 test.html，则输入"test.html#p4"，可以使用绝对路径，也可以使用相对路径。注意，锚点名称是区分大小写的。

【示例】下面示例定义一个锚链接，链接到同一个页面的不同位置，效果如图 5.14 所示。当单击网页顶部的文本链接后，会跳转到页面底部的图片 4 所在的位置。

```html
<!doctype html>
<body>
<p><a href="#p4">查看图片 4</a> </p>
<h2>图片 1</h2>
<p><img src="images/1.jpg" /></p>
<h2>图片 2</h2>
<p><img src="images/2.jpg" /></p>
<h2>图片 3</h2>
<p><img src="images/3.jpg" /></p>
<h2 id="p4">图片 4</h2>
<p><img src="images/4.jpg" /></p>
<h2>图片 5</h2>
<p><img src="images/5.jpg" /></p>
<h2>图片 6</h2>
<p><img src="images/6.jpg" /></p>
</body>
```

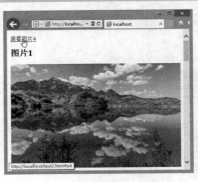

跳转前

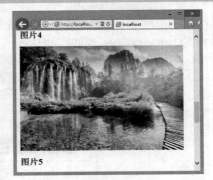

跳转后

图 5.14　定义锚链接

Note

5.2.4　定义目标链接

超链接指向的目标对象可以是不同的网页，也可以是相同网页内的不同位置，还可以是一张图片、一个电子邮件地址、一个文件、FTP 服务器，甚至是一个应用程序，也可以是一段 JavaScript 脚本。

【示例 1】<a>标签的 href 属性指向链接的目标可以是各种类型的文件。如果是浏览器能够识别的类型，会直接在浏览器中显示；如果是浏览器不能识别的类型，会弹出"文件下载"对话框，允许用户下载到本地，演示效果如图 5.15 所示。

```
<p><a href="images/1.jpg">链接到图片</a> </p>
<p><a href="demo.html">链接到网页</a> </p>
<p><a href="demo.docx">链接到 Word 文档</a> </p>
```

图 5.15　下载 Word 文档

定义超链接地址为邮箱地址即为 E-mail 链接。通过 E-mail 链接可以为用户提供方便的反馈与交流机会。当浏览者单击邮件链接时，会自动打开客户端浏览器默认的电子邮件处理程序（如 Outlook Express），收件人邮件地址被电子邮件链接中指定的地址自动更新，浏览者不用手工输入。

创建 E-mail 链接方法：为<a>标签设置 href 属性，属性值为"mailto:+电子邮件地址+?+subject=+邮件主题"，其中 subject 表示邮件主题，为可选项目，例如，mailto:namee@mysite.cn?subject=意见和建议。

【示例 2】下面示例使用<a>标签创建电子邮件链接。

```
<a href="mailto:namee@mysite.cn">namee@mysite.cn</a>
```

◀)) 注意：如果为 href 属性设置"#"，则表示一个空链接，单击空链接，页面不会发生变化。
```
<a href="#">空链接</a>
```
　如果为 href 属性设置 JavaScript 脚本，单击脚本链接，将会执行脚本。
```
<a href="javascript:alert(&quot;谢谢关注，投票已结束。&quot);">我要投票</a>
```

5.2.5　定义下载链接

当被链接的文件不被浏览器解析时，如二进制文件、压缩文件等，便被浏览器直接下载到本地计算机中，这种链接形式就是下载链接。

对于能够被浏览器解析的目标对象，用户可以使用 HTML5 新增属性 download 强制浏览器执行下载操作。

【示例】下面示例比较了超链接使用 download 和不使用 download 的区别。

```
<p><a href="images/1.jpg" download >下载图片</a></p>
<p><a href="images/1.jpg" >浏览图片</a></p>
```

Note

提示：目前，只有 Firefox 和 Chrome 浏览器支持 download 属性。

5.2.6 定义图像热点

图像热点就是为图像的局部区域定义超链接，当单击该热点区域时会触发超链接，并跳转到其他网页或网页的某个位置。

图像热点是一种特殊的超链接形式，常用来在图像中设置导航。在一幅图上定义多个热点区域，以实现单击不同的热区链接到不同页面。

定义图像热点，需要<map>和<area>标签配合使用。具体说明如下：

☑ <map>：定义热点区域。包含必需的 id 属性，定义热点区域的 ID，或者定义可选的 name 属性，也可以作为一个句柄，与热点图像进行绑定。

☑ <img>中的 usemap 属性可引用<map>中的 id 或 name 属性（根据浏览器），所以应同时向<map>添加 id 和 name 属性，且设置相同的值。

☑ <area>：定义图像映射中的区域，area 元素必须嵌套在<map>标签中。该标签包含一个必须设置的属性 alt，定义热点区域的替换文本。该标签还包含多个可选属性，说明如表 5.5 所示。

表 5.5　<area>标签属性

属 性	取 值	说 明
coords	坐标值	定义可单击区域（对鼠标敏感的区域）的坐标
href	URL	定义此区域的目标 URL
nohref	nohref	从图像映射排除某个区域
shape	default、rect（矩形）、circ（圆形）、poly（多边形）	定义区域的形状
target	_blank、_parent、_self、top	规定在何处打开 href 属性指定的目标 URL

【示例】下面示例具体演示了如何为一幅图片定义多个热点区域，演示效果如图 5.16 所示。

```
<img src="images/bg.jpg" width="1003" height="1053" usemap="#Map" border="0">
<map name="Map" id="Map">
    <area shape="rect" coords="798,57,894,121" href="http://wo.2126.com/?tmcid=187" target="_blank" alt="沃尔学院">
    <area shape="rect" coords="697,57,793,121" href="http://web.2126.com/ddt/" target="_blank" alt="弹弹堂">
    <area shape="rect" coords="591,57,687,121" href="http://hero.61.com/" target="_blank" alt="摩尔勇士">
    <area shape="rect" coords="488,57,584,121" href="http://hua.61.com/" target="_blank" alt="小花仙">
    <area shape="rect" coords="384,57,480,121" href="http://gf.61.com/" target="_blank" alt="功夫派">
    <area shape="rect" coords="279,57,375,121" href="http://seer2.61.com/" target="_blank" alt="赛尔号 2">
    <area shape="rect" coords="69,57,165,121" href="http://v.61.com/" target="_blank" alt="淘米视频">
    <area shape="rect" coords="175,57,271,121" href="http://seer.61.com/" target="_blank" alt="赛尔号">
</map>
```

提示：定义图像热点，建议用户借助 Dreamweaver 可视化设计视图快速实现，因为设置坐标是一件费力不讨好的烦琐工作，可视化操作如图 5.17 所示。

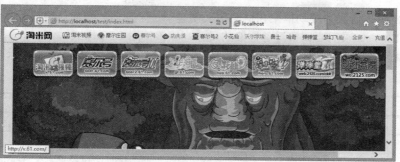

图 5.16 定义热点区域

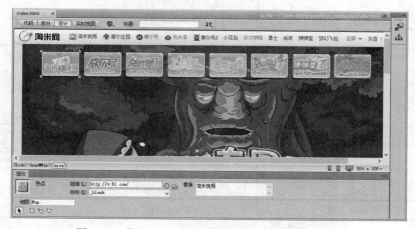

图 5.17 借助 Dreamweaver 快速定义热点区域

5.2.7 定义框架链接

视频讲解

HTML5 已经不支持 frameset 框架，但是它仍然支持 iframe 浮动框架的使用。浮动框架可以自由控制窗口大小，可以配合网页布局在任何位置插入窗口，实际上就是在窗口中再创建一个窗口。

使用 iframe 创建浮动框架的用法如下：

```
<iframe src="URL">
```

src 表示浮动框架中显示网页的路径，可以是绝对路径，也可以是相对路径。

【示例】下面示例是在浮动框架中链接到百度首页，显示效果如图 5.18 所示。

```
<iframe src="http://www.baidu.com"></iframe>
```

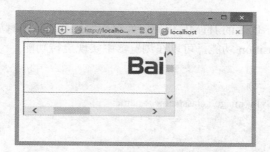

图 5.18 使用浮动框架

Note

从图 5.18 可以看到，浮动框架在页面中又创建了一个窗口。在默认情况下，浮动框架的宽度和高度为 220×120。如果需要调整浮动框架的尺寸，应该使用 CSS 样式。

<iframe>标签包含多个属性，其中被 HTML5 支持或新增的属性如表 5.6 所示。

表 5.6 <iframe>标签属性

属 性	取 值	说 明
frameborder	1、0	规定是否显示框架周围的边框
height	pixels、%	规定 iframe 的高度
longdesc	URL	规定一个页面，该页面包含了有关 iframe 的较长描述
marginheight	pixels	定义<iframe>的顶部和底部的边距
marginwidth	pixels	定义<iframe>的左侧和右侧的边距
name	frame_name	规定<iframe>的名称
sandbox	"" allow-forms allow-same-origin allow-scripts allow-top-navigation	启用一系列对<iframe>中内容的额外限制
scrolling	yes、no、auto	规定是否在<iframe>中显示滚动条
seamless	seamless	规定<iframe>看上去像是包含文档的一部分
src	URL	规定在<iframe>中显示的文档的 URL
srcdoc	HTML_code	规定在<iframe>中显示的页面的 HTML 内容
width	pixels、%	定义<iframe>的宽度

5.3　案例实战

下面通过几个案例演示如何在页面中应用列表结构和超链接。

注意：本节示例涉及 CSS3 和 JavaScript 基础知识，如果读者不熟悉 CSS3 和 JavaScript，建议先跳过本节内容，当学习完本书后面章节内容之后，再回头补学本节内容。

视频讲解

5.3.1　为快捷菜单添加命令

在 5.1.5 节中，构建了弹出菜单的示例，但是没有任何功能，本节将介绍如何使用 JavaScript 实现这些功能。

【示例】针对 5.1.5 节示例 3 的 HTML 代码，为它添加一个当单击时旋转图像的功能。本例将使用 CSS3 的 transform 和 transition 功能，可以在浏览器中实现旋转功能。

```
<script>
function imageRotation(name) {
    document.getElementById('image').className = name;
}
</script>
<style>
.rotate-90 { transform: rotate(90deg)}
```

Note

```
.rotate-180 { transform: rotate(180deg)}
.flip-horizontal { transform: scaleX(-1)}
.flip-vertical { transform: scaleY(-1)}
</style>

<img src="images/1.png" width="500"   contextmenu="demo-image" id="image" />
<menu id="demo-image" type="context">
    <menu label="旋转图像">
        <menuitem icon="images/icon1.png" onclick="imageRotation('rotate-90')" >旋转 90 度</menuitem>
        <menuitem icon="images/icon2.png" onclick="imageRotation('rotate-180')">旋转 180 度</menuitem>
        <menuitem icon="images/icon4.png" onclick="imageRotation('flip-horizontal')">水平翻转</menuitem>
        <menuitem icon="images/icon3.png" onclick="imageRotation('flip-vertical')">垂直翻转</menuitem>
    </menu>
</menu>
```

在上面示例中定义了 4 个类样式，分别设计将图像旋转指定度数。例如，旋转 90 度的类样式如此：

```
.rotate-90 { transform: rotate(90deg);}
```

为了使用这个样式，需要写一个函数将它应用到图像。

```
function imageRotation(name) {
    document.getElementById('image').className = name;
}
```

把这个函数和每一个 menuitem 的 onclick 事件处理函数捆绑在一起，并且传递一个参数：'rotate-90'。

```
<menuitem icon="images/icon1.png" onclick="imageRotation('rotate-90')" >旋转 90 度</menuitem>
```

完成这个之后，再创建将图片旋转 180 度和翻转图片的样式，将每一个函数添加到独立的 menuitem 中，必须要传递参数。最后，在 Firefox 浏览器中预览，显示效果如图 5.19 所示。

旋转 90 度

垂直翻转

图 5.19　为图片添加快捷旋转功能

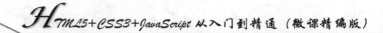

5.3.2 设计快捷分享命令

本节示例设计一个更实用的分享功能，设计效果如图 5.20 所示。右击页面中的文本，在弹出的快捷菜单中选择"下载文件"命令，可以下载本词相关作者画像；选择"查看源文件"命令，可以在新窗口中直接浏览作者画像；选择"分享|反馈"命令，可以询问是否向指定网址反馈信息；选择"分享|Email"命令，可以在地址栏中发送信息，也可以向指定邮箱发送信息。

下载文件

分享信息

图 5.20　定义快捷菜单

本例主要代码如下所示：

```
<script>
var post = {
    "source" : "images/liuyong.rar",
    "demo" : "images/liuyong.jpg",
    "feed" : "http://www.weibo.com/"
};
function downloadSource() {
    window.open(post.source, '_self');
}
function viewDemo() {
    window.open(post.demo, '_blank');
}
function getFeed() {
    window.prompt('发送地址:', post.feed);
}
function sendEmail() {
    var url   = document.URL;
    var body = '分享地址: ' + url +'';
    window.location.href = 'mailto:?subject='+ document.title +'&body='+ body +'';
}
</script>

<section id="on-a-blog" contextmenu="download">
    <header class="section-header">
        <h3>雨霖铃</h3>
    </header>
```

```
    <p>寒蝉凄切，对长亭晚，骤雨初歇。都门帐饮无绪，留恋处，兰舟催发。执手相看泪眼，竟无语凝噎。
念去去，千里烟波，暮霭沉沉楚天阔。   多情自古伤离别，更那堪，冷落清秋节。今宵酒醒何处?杨柳岸，晓风
残月。此去经年，应是良辰好景虚设。便纵有千种风情，更与何人说? </p>
    </section>
    <menu id="download" type="context">
        <menuitem onclick="downloadSource()" icon="images/icon1.png">下载文件</menuitem>
        <menuitem onclick="viewDemo()" icon="images/icon2.png">查看源文件</menuitem>
        <menu label="我要分享...">
            <menuitem onclick="getFeed()" icon="images/icon3.png">反馈</menuitem>
            <menuitem onclick="sendEmail()" icon="images/icon4.png">Email</menuitem>
        </menu>
    </menu>
```

5.3.3　设计任务列表命令

　　本节示例设计一个动态添加列表项目的功能，设计效果如图 5.21 所示。右击项目列表文本，在
弹出的快捷菜单中选择"添加新任务"命令，可以快速为当前列表添加新的列表项目。

图 5.21　添加新的列表项目

　　本例主要代码如下所示：

```
<script>
function addNewTask() {
    var list = document.createElement('li');
    list.className = 'task-item';
    list.innerHTML = '<input type="checkbox" name="" value="done">新任务';
    var taskList = document.getElementById('task');
    taskList.appendChild(list);
}
</script>

<section id="on-web-app" contextmenu="add_task">
    <header>
        <h3>任务列表</h3>
    </header>
    <ul id="task">
        <li class="task-item"><input type="checkbox" name="" value="done">任务一</li>
        <li class="task-item"><input type="checkbox" name="" value="done">任务二</li>
        <li class="task-item"><input type="checkbox" name="" value="done">任务三</li>
    </ul>
</section>
<menu id="add_task" type="context">
```

```
    <menuitem onclick="addNewTask()" icon="images/add.png">添加新任务</menuitem>
  </menu>
```

5.3.4 设计排行榜列表结构

音乐排行榜，主要体现的是当前某个时间段中某些歌曲的排名情况。如图 5.22 所示为本节示例的效果图，该例展示音乐排行榜在网页中的基本设计样式。

视频讲解

示例效果

图 5.22 音乐排行榜栏目

【操作步骤】

第 1 步，新建网页，保存为 index.html，在<body>标签内编写如下结构，构建 HTML 文档。

```
<div class="music_sort">
<h1>音乐排行榜</h1>
<div class="content">
    <ol>
        <li><strong>浪人情歌</strong> <span>伍佰</span></li>
        <li><strong>K 歌之王</strong> <span>陈奕迅</span></li>
        <li><strong>心如刀割</strong> <span>张学友</span></li>
        <li><strong>零（战神 主题曲）</strong> <span>柯有伦</span></li>
        <li><strong>双子星</strong> <span>光良</span></li>
        <li><strong>离歌</strong> <span>信乐团</span></li>
        <li><strong>海阔天空</strong> <span>信乐团</span></li>
        <li><strong>天高地厚</strong> <span>信乐团</span></li>
        <li><strong>边走边爱</strong> <span>谢霆锋</span></li>
        <li><strong>想到和做到的</strong> <span>马天宇</span></li>
    </ol>
</div>
</div>
```

第 2 步，厘清设计思路。首先，将默认的显示效果与通过 CSS 样式修饰过的显示效果进行对比，如图 5.23 所示，可以发现两者不同之处。

☑ 文字的大小。

☑ 榜单排名序号的样式。

☑ 背景色和边框色的修饰。

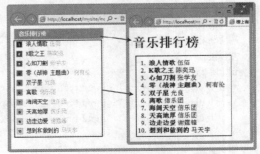

图 5.23 CSS 样式修饰后（左）与无 CSS 样式修饰（右）

通过对比可见，数字序号已经不再是普通的常见文字了，而是经过特殊处理的文字效果，换言之就是这个数字必须使用图片才可以达到预期效果。这个数字图片在列表中处理方式也就是本例中需要讲解的部分，在讲解之前先思考下面两个问题：

☑ 10 个数字，也就是 10 张图片，可不可以将这 10 张图片合并成一张图片；

☑ 将 10 张图片合并成一张图片，但 HTML 结构中又没有针对每个列表<li>标签添加 Class 类名，怎么将图片指定到相对应的排名中。

第 3 步，在<head>标签内添加<style type="text/css">标签，定义一个内部样式表。

第 4 步，针对第 2 步分析的两个主要问题，编写如下 CSS 样式：

```css
.music_sort {
    width:200px;
    border:1px solid #E8E8E8;}
.music_sort * {/* 清除.music_sort 容器中所有元素的空格，并设置文字相关属性 */
    margin:0; padding:0;
    font:normal 12px/22px "宋体", Verdana,Lucida, Arial, Helvetica, sans-serif;}
.music_sort h1 {
    height:24px;
    text-indent:10px; /* 标题文字缩进，增加空间感 */
    font-weight:bold;
    color:#FFFFFF; background-color:#999999;}
.music_sort ol {
    height:220px; /* 固定榜单列表的整体高度 */
    padding-left:26px; /* 利用内补丁增加 ol 容器的空间显示背景图片 */
    list-style:none; /* 去除默认的列表修饰符 */
    background:url(images/number.gif) no-repeat 0 0;}
.music_sort li {
    width:100%; height:22px;
    list-style:none; /* 去除默认的列表修饰符 */}
.music_sort li span {color:#CCCCCC; /* 将列表中的歌手名字设置为灰色 */}
```

这段 CSS 样式就是为了实现最终效果而写的，代码设计思路如下：

将有序列表<ol>标签的高度属性值设定一个固定值，这个固定值为列表<li>标签的 10 倍；并将列表所有的默认样式修饰符取消；利用有序列表<ol>标签中增加左补丁的空间显示合并后的数字背景图。

简单的方法代替了给不同的列表<li>标签添加不同背景图片的麻烦步骤。但这种处理方式的缺陷就是必须调整好背景图片中 10 个数字图片的间距，而且如果增加了每个列表<li>标签的高度，那么就需要重新修改背景图片中 10 个数字图片的间距。

第 5 步，保存页面之后，在浏览器中预览，演示效果如图 5.22 所示（index.html）。

5.3.5 设计图文列表栏目

图文列表的结构就是将列表内容以图片的形式在页面中显示，简单理解就是图片列表信息附带简短的文字说明。在图中展示的内容主要包含列表标题、图片和图片相关说明的文字。下面结合示例进行说明。

【操作步骤】

第 1 步，新建网页，保存为 index.html，在<body>标签内编写如下结构，构建 HTML 文档。

视频讲解

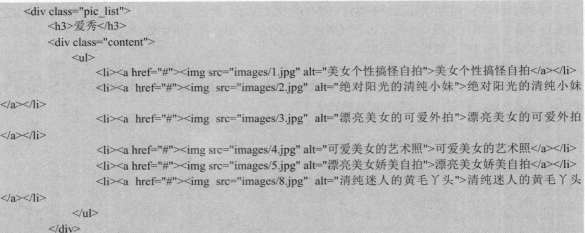

```
<div class="pic_list">
    <h3>爱秀</h3>
    <div class="content">
        <ul>
            <li><a href="#"><img src="images/1.jpg" alt="美女个性搞怪自拍">美女个性搞怪自拍</a></li>
            <li><a href="#"><img src="images/2.jpg" alt="绝对阳光的清纯小妹">绝对阳光的清纯小妹</a></li>
            <li><a href="#"><img src="images/3.jpg" alt="漂亮美女的可爱外拍">漂亮美女的可爱外拍</a></li>
            <li><a href="#"><img src="images/4.jpg" alt="可爱美女的艺术照">可爱美女的艺术照</a></li>
            <li><a href="#"><img src="images/5.jpg" alt="漂亮美女娇美自拍">漂亮美女娇美自拍</a></li>
            <li><a href="#"><img src="images/8.jpg" alt="清纯迷人的黄毛丫头">清纯迷人的黄毛丫头</a></li>
        </ul>
    </div>
</div>
```

第 2 步，梳理结构。对于列表的内容不再细解，细心的用户应该发现：这个列表的 HTML 结构如图 5.24 所示，结构层次清晰而富有条理。

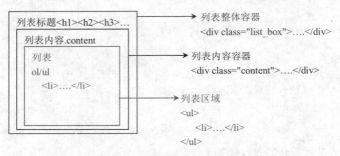

图 5.24　列表结构的分析示意图

该结构不仅在 HTML 代码中能很好体现页面结构层次，而且更方便后期使用 CSS 设计。

第 3 步，梳理设计思路。图文列表的排列方式最讲究的是：宽度属性的计算。横向排列的列表，当整体的列表（有序列表或者无序列表）横向空间不足以将所有列表横向显示时，浏览器会将列表换行显示。这样的情况只有在宽度计算正确时，才足够将所有列表横向排列显示并且不会产生空间的浪费，如图 5.25 所示。

图 5.25　列表宽度计算不正确导致的结果

这种情况是必须要避免的，因此准确计算列表内容区域所需要的空间是有必要的。

第 4 步，设计栏目宽度。在本例中，每张图片的宽度为 134px，左右内补丁分别为 3px，左右边框分别为 1px 宽度的线条，且图片列表与图片列表的间距为 15px（即右外补丁为 15px），根据盒模型的计算方式，最终列表<li>标签的盒模型宽度值为　1px+3px+134px+3px+1px+15px=157px，因此图文列表区域总宽度值为 157px×6=942px。

第 5 步，在<head>标签内添加<style type="text/css">标签，定义一个内部样式表。

第 6 步，编写图文列表区域的相关 CSS 样式代码：

```
.pic_list .content {
    width:942px;
    height:150px;
    overflow:hidden; /* 设置图文列表内容区域的宽度和高度，超过部分隐藏 */
    padding:22px 0 0 15px; /* 利用内补丁增加列表内容区域与其他元素的间距 */
}
.pic_list .content li {
    float:left;
    width:142px;
    margin-right:15px; /* 列表<li>标签设置浮动后，所有列表将根据盒模型的计算方式计算列表宽度，并
且并排显示 */
    display:inline; /* 设置浮动后并且增加了左右外补丁，IE6 会产生双倍间距的 bug，利用该属性解决 */}
```

.pic_list .content 作为图文列表内容区域，增加相应的内补丁使其与整体之间有空间感，这个是视觉效果中必然会处理的一个问题。

.pic_list .content li 因为具有浮动属性，并且有左右外补丁中一个外补丁属性，在 IE6 浏览器中会产生双倍间距的 bug 问题。而神奇的是，添加 display:inline 可以解决该问题，并且不会对其他浏览器产生任何影响。

第 7 步，主要的内容设置成功之后就可以对图文列表的整体效果做 CSS 样式的修饰，例如图文列表的背景和边框以及图文列表标题的高度、文字样式和背景等。

```
.pic_list {
    width:960px; /* 设置图文列表整体的宽度 */
    border:1px solid #D9E5F5; /* 添加图文列表的边框 */
    background:url(images/wrap.jpg) repeat-x 0 0; /* 添加图文列表整体的背景图片 */
}
.pic_list * {/* 重置图文列表内部所有基本样式 */
    margin:0;
    padding:0;
    list-style:none;
    font:normal 12px/1.5em "宋体", Verdana,Lucida, Arial, Helvetica, sans-serif;
}
.pic_list h3 { /* 设置图文列表的标题的高度、行高、文字样式和背景图片 */
    height:34px;
    line-height:34px;
    font-size:14px;
    text-indent:12px;
    font-weight:bold;
    color:#223A6D;
    background:url(images/h3bg.jpg) no-repeat 0 0;
}
```

第 8 步，调整图文列表信息细节以及用户体验的把握，例如图片的边框、背景和文字的颜色等，并且还要考虑当用户在鼠标经过图片时，为了能更好地体现视觉效果，给用户一个全新的体验，添加当鼠标经过图片列表信息时图片以及文字的样式变化。

```
.pic_list .content li a {
    display:block; /* 将内联元素 a 元素转换为块元素使其具备宽高属性 */
    width:142px; /* 设置转换为块元素后的 a 元素的宽度 */
    text-align:center; /* 文本居中显示 */
    text-decoration:none; /* 文本下划线 */
    color:#333333; /* 文本的颜色 */
}
.pic_list .content li a img {
    display:block; /* 当图片设置为块元素时，可以解决 IE6 中图片底部几个空白像素的 bug */
    width:134px;
    height:101px;
    padding:3px; /* 设置图片的宽高属性以及内补丁属性 */
    margin-bottom:8px; /* 将图片的底部外补丁设置 8px，使其与文字之间产生一定间距 */
    border:1px solid #CCCCCC;
    background-color:#FFFFFF; /* 背景颜色将通过内补丁的空间显示 */
}
.pic_list .content li a:hover {
    text-decoration:underline;
    color:#CC0000; /* 当鼠标经过图文列表时，文字有下划线并且改变颜色 */
}
.pic_list .content li a:hover img {
    background-color:#22407E; /* 当鼠标经过图文列表时，图片的背景颜色改变 */
}
```

第 9 步，保存页面之后，在浏览器中预览，演示效果如图 5.26 所示。

示例效果

图 5.26　图文信息列表页面效果

5.4　在线练习

使用 CSS3 设计各种超链接样式，强化基本功训练。

在线练习

第 **6** 章

设计表格

在网页设计中，表格的主要功能是显示二维数据，即包含行、列结构的数据，表格结构特别适合显示大容量的记录，也可以辅助网页布局。本章详细介绍表格在网页设计中的应用，包括设计符合标准化的表格结构，能够正确设置表格属性。

【学习要点】

▶▶ 正确使用表格标签。

▶▶ 设置表格属性。

▶▶ 设置单元格属性。

6.1　认识表格结构

表格由行、列、单元格 3 部分组成。单元格是行与列交叉的部分，它组成表格的最小单位，数据的输入和修改都是在单元格中进行的。单元格可以拆分，也可以合并。以 Excel 为例，用户可以很清晰地了解表格的各个组成部分，如图 6.1 所示。

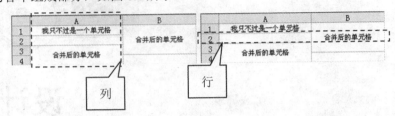

图 6.1　表格结构分析

在 HTML 中，表格由<table>标签来定义，每个表格均有若干行，行由<tr>标签定义，每行被分割为若干单元格，单元格由<td>标签定义。字母 td 表示表格数据（table data），即数据单元格的内容，数据单元格可以包含文本、图片、列表、段落、表单、水平线、表格等。

设计符合标准的表格结构，用户应该注意每个标签的语义性和使用规则，简单说明如下所示。

- ☑ <table>：定义表格。在 <table>标签内部可以放置表格的标题、表格行、表格列、表格单元以及其他表格对象。
- ☑ <caption>：定义表格标题。<caption>标签必须紧随 <table>标签之后。只能为每个表格定义一个标题。通常这个标题会被居中显示在表格之上。
- ☑ <th>：定义表头单元格。<th>标签内部的文本通常会呈现为粗体、居中显示。
- ☑ <tr>：在表格中定义一行。
- ☑ <td>：在表格中定义一个单元格。
- ☑ <thead>：定义表头结构。
- ☑ <tbody>：定义表格主体结构。
- ☑ <tfoot>：定义表格的页脚结构。
- ☑ <col>：在表格中定义针对一个或多个列的属性值。只能在<table>或 <colgroup>标签中使用。
- ☑ <colgroup>：定义表格列的分组。通过该标签，可以对列组进行格式化。只能在<table>标签中使用。

【示例】下面示例使用上述表格标签对象，设计一个符合标准的表格结构，代码如下所示。

```
<table>
    <caption>符合标准的表格结构</caption>
    <tr>
        <th>标题 1</th>
        <th>标题 2</th>
    </tr>
    <tr>
        <td>数据 1</td>
        <td>数据 2</td>
```

```
    </tr>
</table>
```

在符合标准的表格结构中很少见到各种表格属性，代码简洁，数据明了，表格功能单一。

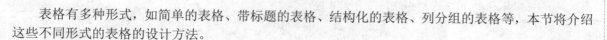

6.2 新 建 表 格

表格有多种形式，如简单的表格、带标题的表格、结构化的表格、列分组的表格等，本节将介绍这些不同形式的表格的设计方法。

6.2.1 定义普通表格

使用 table 元素可以定义 HTML 表格。简单的 HTML 表格由一个 table 元素，以及一个或多个 tr 和 td 元素组成，其中 tr 元素定义表格行，td 元素定义表格的单元格。

【示例】下面示例设计一个简单的 HTML 表格，包含两行两列，演示效果如图 6.2 所示。

```
<table>
    <tr>
        <td>月落乌啼霜满天，</td>
        <td>江枫渔火对愁眠。</td>
    </tr>
    <tr>
        <td>姑苏城外寒山寺，</td>
        <td>夜半钟声到客船。</td>
    </tr>
</table>
```

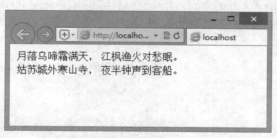

图 6.2 设计简单的表格

6.2.2 定义列标题

在数据表格中，每列可以包含一个标题，这在数据库中被称为字段，在 HTML 中被称为表头单元格。使用 th 元素定义表头单元格。

提示：HTML 表格中有两种类型的单元格：
- ☑ 表头单元格：包含表头信息，由 th 元素创建。
- ☑ 标准单元格：包含数据，由 td 元素创建。

在默认状态下，th 元素内部的文本呈现为居中、粗体显示，而 td 元素内通常是左对齐的普通文本。

Note

【**示例 1**】下面示例设计一个含有表头信息的 HTML 表格，包含两行两列，演示效果如图 6.3 所示。

```
<table>
    <tr>
        <th>用户名</th><th>电子邮箱</th>
    </tr>
    <tr>
        <td>张三</td><td>zhangsan@163.com</td>
    </tr>
</table>
```

表头单元格一般位于表格的第一行，当然，用户可以根据需要把表头单元格放在表格中的任意位置。例如，第一行或最后一行，第一列或最后一列等。也可以定义多重表头。

【**示例 2**】下面示例设计了一个简单的课程表，表格中包含行标题和列标题，即表格被定义了两类表头单元格，演示效果如图 6.4 所示。

```
<table>
    <tr>
        <th> </th>
        <th>星期一</th><th>星期二</th><th>星期三</th><th>星期四</th><th>星期五</th>
    </tr>
    <tr>
        <th>第 1 节</th>
        <td>语文</td><td>物理</td> <td>数学</td><td>语文</td> <td>美术</td>
    </tr>
    <tr>
        <th>第 2 节</th>
        <td>数学</td><td>语文</td> <td>体育</td> <td>英语</td><td>音乐</td>
    </tr>
    <tr>
        <th>第 3 节</th>
        <td>语文</td><td>体育</td><td>数学</td><td>英语</td><td>地理</td>
    </tr>
    <tr>
        <th>第 4 节</th>
        <td>地理</td><td>化学</td> <td>语文</td><td>语文</td><td>美术</td>
    </tr>
</table>
```

图 6.3　设计带有表头的表格

图 6.4　设计双表头的表格

Note

6.2.3 定义表格标题

有时为了方便浏览，用户需要为表格添加一个标题。使用 caption 元素可以定义表格标题。

📢 **注意：** 须紧随 table 元素之后，只能对每个表格定义一个标题。

【示例】以上节示例 1 为基础，下面示例为上节示例 1 的表格添加一个标题，演示效果如图 6.5 所示。

```html
<table>
    <caption>通讯录</caption>
    <tr>
        <th>用户名</th>
        <th>电子邮箱</th>
    </tr>
    <tr>
        <td>张三</td>
        <td>zhangsan@163.com</td>
    </tr>
</table>
```

图 6.5 设计带有标题的表格

从图 6.5 中可以看到，在默认状态下这个标题位于表格上面居中显示。

💡 **提示：** 在 HTML4 中，可以使用 align 属性设置标题的对齐方式，取值包括 left、right、top、bottom。在 HTML5 中不建议使用，建议使用 CSS 样式取而代之。

6.2.4 表格行分组

thead、tfoot 和 tbody 元素可以对表格中的行进行分组。当创建表格时，如果希望拥有一个标题行，一些带有数据的行，以及位于底部的一个总计行，这样可以设计独立于表格标题和页脚的表格正文滚动。当长的表格被打印时，表格的表头和页脚可被打印在包含表格数据的每张页面上。

使用 thead 元素可以定义表格的表头，该标签用于组合 HTML 表格的表头内容，一般与 tbody 和 tfoot 元素结合起来使用。其中 tbody 元素用于对 HTML 表格中的主体内容进行分组，而 tfoot 元素用于对 HTML 表格中的表注（页脚）内容进行分组。

【示例】下面示例使用上述各种表格标签对象，设计一个符合标准的表格结构，代码如下所示。

```html
<style type="text/css">
table { width: 100%; }
caption { font-size: 24px; margin: 12px; color: blue; }
```

```
th, td { border: solid 1px blue; padding: 8px; }
tfoot td { text-align: right; color: red; }
</style>
<table>
    <caption>结构化表格标签</caption>
    <thead>
        <tr><th>标签</th><th>说明</th></tr>
    </thead>
    <tfoot>
        <tr><td colspan="2">* 在表格中，上述标签属于可选标签。</td></tr>
    </tfoot>
    <tbody>
        <tr><td>&lt;thead&gt;</td> <td>定义表头结构。</td></tr>
        <tr><td>&lt;tbody&gt;</td> <td>定义表格主体结构。</td></tr>
        <tr><td>&lt;tfoot&gt;</td> <td>定义表格的页脚结构。</td></tr>
    </tbody>
</table>
```

在上面示例代码中，可以看到<tfoot>是放在<thead>和<tbody>之间，而最终在浏览器中会发现<tfoot>中的内容显示在表格底部。在<tfoot>标签中有一个 colspan 属性，该属性的主要功能是横向合并单元格，将表格底部的两个单元格合并为一个单元格，示例效果如图 6.6 所示。

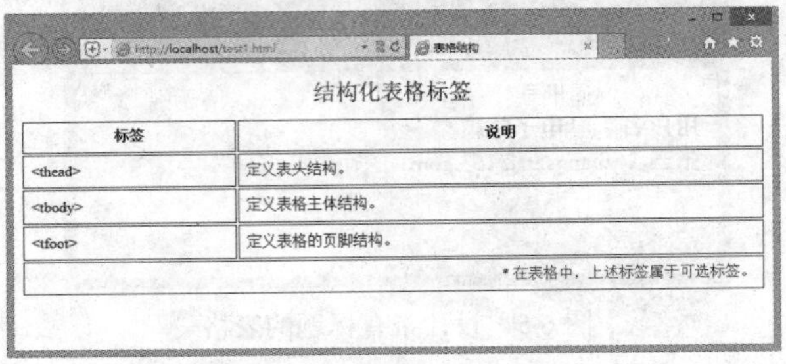

图 6.6　表格结构效果

> **注意：** 当使用 thead、tfoot 和 tbody 元素时，必须使用全部的元素，排列次序是 thead、tfoot、tbody，这样浏览器就可以在收到所有数据前呈现页脚，且这些元素必须在 table 元素内部使用。在默认情况下，这些元素不会影响到表格的布局。不过，用户可以使用 CSS 使这些元素改变表格的外观。在<thead>标签内部必须包含<tr>标签。

6.2.5　表格列分组

ccol 和 colgroup 元素可以对表格中的列进行分组。

其中使用<col>标签可以为表格中一个或多个列定义属性值。如果需要对全部列应用样式，<col>标签很有用，这样就不需要对各个单元格和各行重复应用样式了。

【**示例 1**】下面示例使用 col 元素为表格中的三列设置不同的对齐方式，效果如图 6.7 所示。

```
<table width="100%" border="1">
    <col align="left" />
    <col align="center" />
    <col align="right" />
```

```
<tr><td>慈母手中线，</td><td>游子身上衣。</td><td>临行密密缝，</td></tr>
<tr><td>意恐迟迟归。</td><td>谁言寸草心，</td><td>报得三春晖。</td></tr>
</table>
```

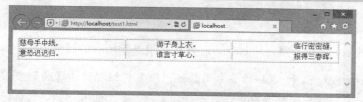

图 6.7 表格列分组样式

在上面示例中，使用 3 个 col 元素为表格中三列分别定义不同的对齐方式。这里使用 HTML 标签属性 align 设置对齐方式，取值包括 right（右对齐）、left（左对齐）、center（居中对齐）、justify（两端对齐）和 char（对准指定字符）。由于浏览器支持不统一，不建议使用 align 属性。

提示： 只能在 table 或 colgroup 元素中使用 col 元素。col 元素是仅包含属性的空元素，不能够包含任何信息。如要创建列，就必须在 tr 元素内嵌入 td 元素。

使用<colgroup>标签也可以对表格中的列进行组合，以便对其进行格式化。如果需要对全部列应用样式，<colgroup>标签很有用，这样就不需要对各个单元和各行重复应用样式了。

【示例 2】 下面示例使用 colgroup 元素为表格中每列定义不同的宽度，效果如图 6.8 所示。

```
<style type="text/css">
.col1 { width:25%; color:red; font-size:16px; }
.col2 { width:50%; color:blue; }
</style>
<table width="100%" border="1">
    <colgroup span="2" class="col1"></colgroup>
    <colgroup class="col2"></colgroup>
    <tr><td>慈母手中线，</td><td>游子身上衣。</td><td>临行密密缝，</td></tr>
    <tr><td>意恐迟迟归。</td><td>谁言寸草心，</td><td>报得三春晖。</td></tr>
</table>
```

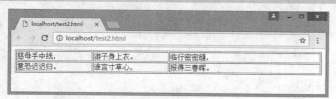

图 6.8 定义表格列分组样式

<colgroup>标签只能在 table 元素中使用。

为列分组定义样式时，建议为<colgroup>或<col>标签添加 class 属性，然后使用 CSS 类样式定义列的对齐方式、宽度和背景色等样式。

【示例 3】 从上面两个示例可以看到，<colgroup>和<col>标签具有相同的功能，同时也可以把<col>标签嵌入到<colgroup>标签中使用。

```
<table width="100%" border="1">
    <colgroup>
        <col span="2" class="col1" />
```

```
        <col class="col2" />
    </colgroup>
    <tr><td>慈母手中线，</td><td>游子身上衣。</td><td>临行密密缝，</td></tr>
    <tr><td>意恐迟迟归。</td><td>谁言寸草心，</td><td>报得三春晖。</td></tr>
</table>
```

如果没有对应的 col 元素，列会从 colgroup 元素那里继承所有的属性值。

提示： span 是<colgroup>和<col>标签专用属性，规定列组应该横跨的列数，取值为正整数。例如，在一个包含 6 列的表格中，第一组有 4 列，第二组有 2 列，这样的表格在列上进行分组，如下所示：

```
<colgroup span="4"></colgroup>
<colgroup span="2"></colgroup>
```

浏览器将表格的单元格合成列时，会将每行前四个单元格合成第一个列组，将接下来的两个单元格合成第二个列组。这样，<colgroup>标签的其他属性就可以用于该列组包含的列中了。

如果没有设置 span 属性，则每个<colgroup>或<col>标签代表一列，按顺序排列。

注意： 现代浏览器都支持<colgroup>和<col>标签，但是 Firefox、Chrome 和 Safari 浏览器仅支持 col 和 colgroup 元素的 span 和 width 属性。也就是说，用户只能够通过列分组为表格的列定义统一的宽度，另外也可以定义背景色，但是其他 CSS 样式不支持。虽然 IE 支持，但是不建议用户去应用。通过示例 2，用户也能够看到 CSS 类样式中的 "color:red;" 和 "font-size:16px;" 都没有发挥作用。

【示例 4】 下面示例定义如下几个类样式，然后分别应用到<col>列标签中，显示效果如图 6.9 所示。

```
<style type="text/css">
table { /* 表格默认样式 */
    border:solid 1px #99CCFF;
    border-collapse:collapse;}
.bg_th { /* 标题行类样式 */
    background:#0000FF;
    color:#fff;}
.bg_even1 { /* 列 1 类样式 */
    background:#CCCCFF;}
.bg_even2 { /* 列 2 类样式 */
    background:#FFFFCC;}
</style>
<table>
 <caption>IE 浏览器发展大事记</caption>
    <colgroup>
        <col class="bg_even1" id="verson" />
        <col class="bg_even2" id="postTime" />
        <col class="bg_even1" id="OS" />
    </colgroup>
    <tr class="bg_th">
        <th>版本</th><th>发布时间</th><th>绑定系统</th>
    </tr>
    <tr>
```

```
        <td>Internet Explorer 1</td><td>1995 年 8 月</td><td>Windows 95 Plus! Pack</td>
    </tr>
    ……
</table>
```

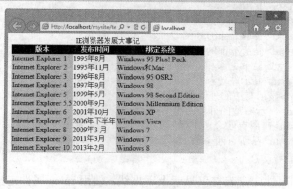

图 6.9 设计隔列变色的样式效果

6.3 设置<table>属性

表格标签包含大量属性，其中大部分属性都可以使用 CSS 属性代替使用，也有几个专用属性无法使用 CSS 实现。HTML5 支持的<table>标签属性说明如表 6.1 所示。

表 6.1 HTML5 支持的<table>标签属性

属 性	说 明
border	定义表格边框，值为整数，单位为像素。当值为 0 时，表示好隐藏表格边框线。功能类似 CSS 中的 border 属性，但是没有 CSS 提供的边框属性强大
cellpadding	定义数据表单元格的补白。功能类似 CSS 中的 padding 属性，但是功能比较弱
cellspacing	定义数据表单元格的边界。功能类似 CSS 中的 margin 属性，但是功能比较弱
width	定义数据表的宽度。功能类似 CSS 中的 width 属性
frame	设置数据表的外边框线显示，实际上它是对 border 属性的功能扩展。 取值包括：void（不显示任一边框线）、above（顶端边框线）、below（底部边框线）、hsides（顶部和底部边框线）、lhs（左边框线）、rhs（右边框线）、vsides（左边和右边的框线）、box（所有四周的边框线）、border（所有四周的边框线）
rules	设置数据表的内边线显示，实际上它是对 border 属性的功能扩展。 取值包括：none（禁止显示内边线）、groups（仅显示分组内边线）、rows（显示每行的水平线）、cols（显示每列的垂直线）、all（显示所有行和列的内边线）
summary	定义表格的摘要，没有 CSS 对应属性

6.3.1 定义单线表格

rules 和 frame 是两个特殊的表格样式属性，用于定义表格的各个内、外边框线是否显示。由于使用 CSS 的 border 属性可以实现相同的效果，所以不建议用户选用。这两个属性的取值可以参考表 6.1 的说明。

视频讲解

Note

【示例】在下面示例中，借助表格标签的 frame 和 rules 属性定义表格以单行线的形式进行显示。

```
<table border="1" frame="hsides"  rules="rows" width="100%">
    <caption>frame 属性取值说明</caption>
    <tr><th>值</th><th>说明</th></tr>
    <tr><td>void</td><td>不显示外侧边框。</td></tr>
    <tr><td>above</td><td>显示上部的外侧边框。</td></tr>
    <tr><td>below</td><td>显示下部的外侧边框。</td></tr>
    <tr><td>hsides</td><td>显示上部和下部的外侧边框。</td></tr>
    <tr><td>vsides</td><td>显示左边和右边的外侧边框。</td></tr>
    <tr><td>lhs</td><td>显示左边的外侧边框。</td></tr>
    <tr><td>rhs</td><td>显示右边的外侧边框。</td></tr>
    <tr><td>box</td> <td>在所有四个边上显示外侧边框。</td></tr>
    <tr><td>border</td><td>在所有四个边上显示外侧边框。</td></tr>
</table>
```

上面示例通过 frame 属性定义表格仅显示上下框线，使用 rules 属性定义表格仅显示水平内边线，从而设计出单行线数据表格效果。在使用 frame 和 rules 属性时，同时定义 border 属性，指定数据表显示边框线。在浏览器中预览，则显示效果如图 6.10 所示。

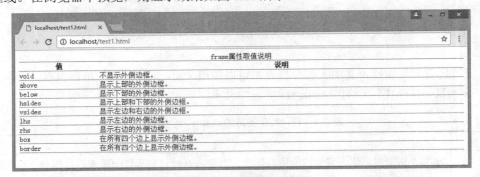

图 6.10　定义单线表格样式

6.3.2　定义分离单元格

cellpadding 属性用于定义单元格边沿与其内容之间的空白，cellspacing 属性定义单元格之间的空间。这两个属性的取值单位为像素或者百分比。

【示例】下面示例设计井字形状的表格。

```
<table border="1" frame="void" cellpadding="6" cellspacing="16">
    <caption>rules 属性取值说明</caption>
    <tr><th>值</th><th>说明</th></tr>
    <tr><td>none</td><td>没有线条。</td></tr>
    <tr><td>groups</td><td>位于行组和列组之间的线条。</td></tr>
    <tr><td>rows</td><td>位于行之间的线条。</td></tr>
    <tr><td>cols</td><td>位于列之间的线条。</td></tr>
    <tr><td>all</td><td>位于行和列之间的线条。</td></tr>
</table>
```

上面示例通过 frame 属性隐藏表格外框，然后使用 cellpadding 属性定义单元格内容的边距为 6 像素，单元格之间的距离为 16 像素，则在浏览器中预览效果如图 6.11 所示。

视频讲解

图 6.11 定义分离单元格样式

Note

> 💡 提示：cellpadding 属性定义的效果，可以使用 CSS 的 padding 样式属性代替，建议不要直接使用 cellpadding 属性。

6.3.3 定义细线边框

使用<table>标签的 border 属性可以定义表格的边框粗细，取值单位为像素，当值为 0 时表示隐藏边框线。

【示例】如果直接为<table>标签设置 border="1"，则表格呈现的边框线效果如图 6.12 所示。下面示例配合使用 border 和 rules 属性，可以设计细线表格。

```
<table border="1" rules="all" width="100%">
    <caption>rules 属性取值说明</caption>
    <tr><th>值</th><th>说明</th></tr>
    <tr><td>none</td><td>没有线条。</td></tr>
    <tr><td>groups</td><td>位于行组和列组之间的线条。</td></tr>
    <tr><td>rows</td><td>位于行之间的线条。</td></tr>
    <tr><td>cols</td><td>位于列之间的线条。</td></tr>
    <tr><td>all</td><td>位于行和列之间的线条。</td></tr>
</table>
```

上面示例定义<table>标签的 border 属性值为 1，同时设置 rules 属性值为"all"，则显示效果如图 6.13 所示。

视频讲解

图 6.12 表格默认边框样式

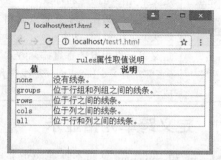

图 6.13 设计细线边框效果

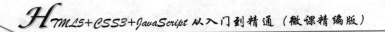

视频讲解

Note

6.3.4　添加表格说明

使用<table>标签的 summary 属性可以设置表格内容的摘要，该属性的值不会显示，但是屏幕阅读器可以利用该属性，也方便机器进行表格内容检索。

【示例】下面示例使用 summary 属性为表格添加一个简单的内容说明，以方便搜索引擎检索。

```
<table border="1"  rules="all" width="100%" summary="rules 属性取值说明">
    <tr><th>值</th><th>说明</th></tr>
    <tr><td>none</td><td>没有线条。</td></tr>
    <tr><td>groups</td><td>位于行组和列组之间的线条。</td></tr>
    <tr><td>rows</td><td>位于行之间的线条。</td></tr>
    <tr><td>cols</td><td>位于列之间的线条。</td></tr>
    <tr><td>all</td><td>位于行和列之间的线条。</td></tr>
</table>
```

6.4　设置<td>和<th>属性

单元格标签（<td>和<th>）也包含大量属性，其中大部分属性都可以使用 CSS 属性代替使用，也有几个专用属性无法使用 CSS 实现。HTML5 支持的<td>和<th>标签属性说明如表 6.2 所示。

表 6.2　HTML5 支持的<td>和<th>标签属性

属　　性	说　　明
abbr	定义单元格中内容的缩写版本
align	定义单元格内容的水平对齐方式。取值包括：right（右对齐）、left（左对齐）、center（居中对齐）、justify（两端对齐）和 char（对准指定字符）。功能类似 CSS 中的 text-align 属性，建议使用 CSS 完成设计
axis	对单元格进行分类。取值为一个类名
char	定义根据哪个字符来进行内容的对齐
charoff	定义对齐字符的偏移量
colspan	定义单元格可横跨的列数
headers	定义与单元格相关的表头
rowspan	定义单元格可横跨的行数
scope	定义将表头数据与单元格数据相关联的方法。取值包括：col（列的表头）、colgroup（列组的表头）、row（行的表头）、rowgroup（行组的表头）
valign	定义单元格内容的垂直排列方式。取值包括：top（顶部对齐）、middle（居中对齐）、bottom（底部对齐）、baseline（基线对齐）。功能类似 CSS 中的 vertical-align 属性，建议使用 CSS 完成设计

6.4.1　定义跨单元格显示

colspan 和 rowspan 是两个重要的单元格属性，分别用来定义单元格可跨列或跨行显示。取值为正整数，如果取值为 0，则表示浏览器横跨到列组的最后一列，或者行组的最后一行。

【示例】下面示例使用 colspan=5 属性，定义单元格跨列显示，效果如图 6.14 所示。

视频讲解

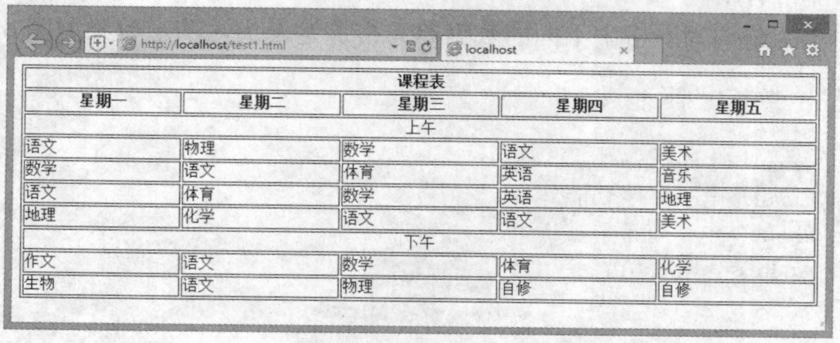

```
<table border=1>
    <tr>
        <th align=center colspan=5>课程表</th>
    </tr>
    <tr>
        <th>星期一</th><th>星期二</th> <th>星期三</th><th>星期四</th><th>星期五</th>
    </tr>
    <tr>
        <td align=center colspan=5>上午</td>
    </tr>
    <tr>
        <td>语文</td><td>物理</td> <td>数学</td> <td>语文</td><td>美术</td>
    </tr>
    <tr>
        <td>数学</td><td>语文</td><td>体育</td> <td>英语</td><td>音乐</td>
    </tr>
    <tr>
        <td>语文</td> <td>体育</td><td>数学</td><td>英语</td><td>地理</td>
    </tr>
    <tr>
        <td>地理</td><td>化学</td><td>语文</td> <td>语文</td><td>美术</td>
    </tr>
    <tr>
        <td align=center colspan=5>下午</td>
    </tr>
    <tr>
        <td>作文</td><td>语文</td><td>数学</td><td>体育</td><td>化学</td>
    </tr>
    <tr>
        <td>生物</td><td>语文</td><td>物理</td><td>自修</td><td>自修</td>
    </tr>
</table>
```

Note

课程表				
星期一	星期二	星期三	星期四	星期五
上午				
语文	物理	数学	语文	美术
数学	语文	体育	英语	音乐
语文	体育	数学	英语	地理
地理	化学	语文	语文	美术
下午				
作文	语文	数学	体育	化学
生物	语文	物理	自修	自修

图 6.14　定义单元格跨列显示

6.4.2　定义表头单元格

视频讲解

使用 scope 属性，可以将单元格与表头单元格联系起来。其中属性值 row，表示将当前行的所有单元格和表头单元格绑定起来；属性值 col，表示将当前列的所有单元格和表头单元格绑定起来；属

性值 rowgroup，表示将单元格所在的行组（由<thead>、<tbody> 或 <tfoot> 标签定义）和表头单元格绑定起来；属性值 colgroup，表示将单元格所在的列组（由<col>或<colgroup>标签定义）和表头单元格绑定起来。

【示例】下面示例将两个 th 元素标识为列的表头，将两个 td 元素标识为行的表头。

```
<table border="1">
    <tr>
        <th></th>
        <th scope="col">月份</th>
        <th scope="col">金额</th>
    </tr>
    <tr>
        <td scope="row">1</td>
        <td>9</td>
        <td>$100.00</td>
    </tr>
    <tr>
        <td scope="row">2</td>
        <td>4/td>
        <td>$10.00</td>
    </tr>
</table>
```

提示：由于不会在普通浏览器中产生任何视觉效果，很难判断浏览器是否支持 scope 属性。

6.4.3 为单元格指定表头

使用 headers 属性可以为单元格指定表头，该属性的值是一个表头名称的字符串，这些名称是用 id 属性定义的不同表头单元格的名称。

headers 属性对非可视化的浏览器，也就是那些在显示出相关数据单元格内容之前就显示表头单元格内容的浏览器非常有用。

【示例】下面示例分别为表格中不同的数据单元格绑定表头，演示效果如图 6.15 所示。

```
<table border="1" width="100%">
    <tr>
        <th id="name">姓名</th>
        <th id="Email">电子邮件</th>
        <th id="Phone">电话</th>
        <th id="Address">地址</th>
    </tr>
    <tr>
        <td headers="name">张三</td>
        <td headers="Email">zhangsan@163.com</td>
        <td headers="Phone">13522228888</td>
        <td headers="Address">北京长安街 38 号</td>
    </tr>
</table>
```

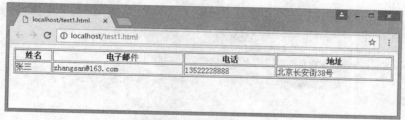

图 6.15　为数据单元格定义表头

6.4.4　定义信息缩写

使用 abbr 属性可以为单元格中的内容定义缩写版本。abbr 属性不会在 Web 浏览器中产生任何视觉效果方面的变化，主要为机器检索服务。

【示例】下面示例演示了如何在 HTML 中使用 abbr 属性。

```
<table border="1">
    <tr>
        <th>名称</th>
        <th>说明</th>
    </tr>
    <tr>
        <td abbr="HTML">HyperText Markup Language</td>
        <td>超级文本标记语言</td>
    </tr>
    <tr>
        <td abbr="CSS">Cascading Style Sheets</td>
        <td>层叠样式表</td>
    </tr>
</table>
```

6.4.5　单元格分类

使用 axis 属性可以对单元格进行分类，用于对相关的信息列进行组合。在一个大型数据表格中，表格里通常保存有大量数据，通过分类属性 axis，浏览器可以快速检索特定信息。

axis 属性的值是引号包括的一列类型的名称，这些名称可以用来形成一个查询。例如，如果在一个食物购物的单元格中使用 axis=meals，浏览器能够找到那些单元格，获取它的值，并且计算出总数。目前，还没有浏览器支持该属性。

【示例】下面示例使用 axis 属性为表格中每列数据进行分类。

```
<table border="1" width="100%">
    <tr>
        <th axis="name">姓名</th>
        <th axis="Email">电子邮件</th>
        <th axis="Phone">电话</th>
        <th axis="Address">地址</th>
    </tr>
    <tr>
```

HTML5+CSS3+JavaScript 从入门到精通（微课精编版）

```
            <td axis="name">张三</td>
            <td axis="Email">zhangsan@163.com</td>
            <td axis="Phone">13522228888</td>
            <td axis="Address">北京长安街 38 号</td>
        </tr>
</table>
```

Note

6.5　案例实战

本节将通过拆解、分析 CSS Zen Garden（CSS 禅意花园）网站的结构，帮助读者进一步实践 HTML5 网页设计的基本方法。本例没有涉及表格技术，主要针对前面几章的基础知识做一次阶段性集训。

6.5.1　网站预览

CSS Zen Garden（http://www.csszengarden.com/）是 Dave Shea 于 2003 年创建的 CSS 标准推广小站，但这个小站却闻名全球，获得众多奖项。站长 Dave Shea 是一位图像设计师，致力于推广标准 Web 设计。

该站被台湾设计师薛良斌和李士杰汉化为中文繁体版之后，于是就有人把它称为 CSS 禅意花园，从此禅意花园就成了 CSS Zen Garden 网站的代名词。CSS 禅意花园早期设计效果如图 6.16 所示。整个页面通过左上、右下对顶角定义背景图像，这些荷花、梅花以及汉字形体修饰配合右上顶角的宗教建筑，完全把人带入禅意的后花园之中。

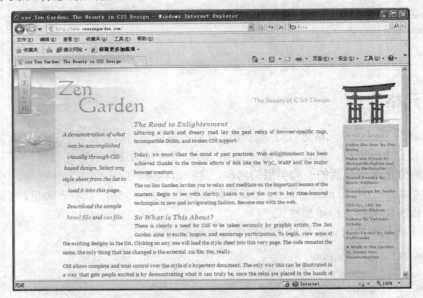

图 6.16　CSS Zen Garden 早期首页设计效果

新版 CSS 禅意花园去除了中国禅意元素，完全融入响应式网页设计风格之中，界面趋于简洁，如图 6.17 所示。

Note

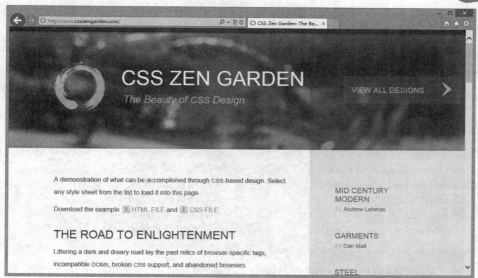

图 6.17　CSS Zen Garden 新版首页设计效果

　　整个页面内容简单、结构简洁，样式也很朴实。仔细查看它的结构，会发现整个页面的信息一目了然，结构层次清晰明了。信息从上到下，按照网页标题、网页菜单、主体栏目信息、次要导航和页脚信息有顺序地排列在一起，页面的结构如图 6.18 所示。

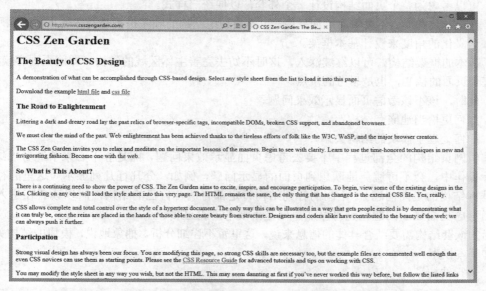

图 6.18　禁用全部 CSS 样式后的首页结构

　　整个页面没有一幅图片，这是完美结构的基础。CSS 禅意花园的标题层级明晰，从网页标题（一级标题）、网页副标题（二级标题）到栏目标题（三级标题）都一目了然。另外，段落信息（P）和列表信息（ul）占据了整个页面信息结构。

　　从 SEO 设计的角度来考察，可以看到 Dave 把所有导航菜单等功能信息全部放在结构的后面，很值得学习。

6.5.2 设计方法

Note

对于普通网站来说，一般页面都会存在很多共同的信息模块，如标题（Logo）、广告（Banner）、导航（Menu）、功能（Serve）、内容（Content）和版权（Copyright）等信息。而不同类型的网站有不同的页面需求，对于各种公共信息模块的取舍多少会略有不同，这时就应该具体情况具体分析。

在设计网页基本结构时，不妨根据信息需求的简单分析和信息的重要性来对页面各个模块进行适当排序，然后设计出基本的框架。例如：

```html
<div class="wrapper">                                <!-- 网页结构外套 -->
    <header role ="header"></ header>                 <!-- 网页标题模块 -->
    <nav role="navigation"> </nav>                    <!-- 网页菜单模块 -->
    <main role ="content"></main>                     <!-- 网页信息模块 -->
    <aside role="complementary"></aside>              <!-- 次要导航模块 -->
    <footer></footer>                                 <!-- 版权信息模块 -->
</div>
```

构建基本结构应该注意以下几个问题。

☑ 在设计基本框架时，应优先考虑 HTML5 新结构标签，把 div 元素作为最后的备选。

☑ 使用 role（HTML5 新增属性）增强标签的语义性，告诉辅助设备（如屏幕阅读器）当前元素所扮演的角色，以增强用户体验。

☑ 根据需要为基本结构设置 id 和 class 属性，作为钩子，以便后期 CSS 和 JavaScript 控制。

☑ 可以考虑为整个页面结构设计一个外套，以便统一样式。

☑ 在设计结构时，不要考虑后期呈现，也不要顾虑结构的顺序是不是会影响页面的显示，从纯语义化的角度来设计基本框架。

有了基本的框架结构，可以继续深入，这时不妨去完善主体区域的结构（即网页内容模块），这部分是整个页面的核心，也是思考的重点。

☑ 此时，该不该考虑页面显示效果问题？

☑ 如何更恰当地嵌套结构？

☑ 如何处理子模块的结构关系？

在编辑网页结构的全部过程中不要去考虑页面显示效果问题，而是静下心来单纯考虑结构。但是在实际操作中，会不可避免地联想到页面的显示问题，例如，分几行几列显示（这里的行和列是指网页基本结构的走向问题）。不同的行列结构肯定都有适合自己的结构，所以读者在进入这一步时，适当考虑页面显示问题也无可厚非，但是不要考虑得过多。

恰当的嵌套结构需要结合具体的信息来说，这里暂不详细分析。抽象地说，模块的结构关系可以分为 3 种基本模型。

☑ 平行结构。

```html
<div id="A"></div>
<div id="B"></div>
<div id="C"></div>
```

☑ 包含结构。

```html
<div id="A">
    <div id="B"></div>
    <div id="C"></div>
</div>
```

☑ 嵌套结构。

```
<div id="A"></div>
<div>
    <div id="B"></div>
    <div id="C"></div>
</div>
```

具体采用哪种结构都不重要，可以根据信息的结构关系来进行设计。如果<div id="latest">和<div id="m2">两个信息模块内容比较接近，而<div id="subcol">模块与它们在内容上相差很远，不妨采用嵌套结构。如果这些栏目的信息类型雷同，使用并列式会更方便。

6.5.3 设计思路

禅意花园犹如一篇散文，整个页面包含 3 部分。
☑ 站点介绍。
☑ 支持文本。
☑ 链接列表。

1. 站点介绍

站点介绍部分犹如抒情散文，召唤你赶紧加入 CSS 标准设计中来，该部分包含 3 部分。
☑ 标题，包括网站主副标题。
☑ 概述，呼唤网友赶紧加入进来。
☑ 序言，回忆和总结当前标准之路的艰巨性和紧迫性。

2. 支持文本

支持文本部分犹如叙事散文，娓娓道来，详细介绍活动的内容，用户参与的条件、支持、好处等。
☑ 这是什么？
☑ 邀您参与。
☑ 参与好处。
☑ 参与要求。
另外，末尾还包含了各种技术参考网站。

3. 链接信息

第三部分很简洁地列出了所有超链接信息。该部分也包含 3 小块链接信息。

6.5.4 构建基本框架

根据信息进行分类，然后根据分类进行分块，下面就可以来建立禅意花园的基本框架了：一个网页包含框包含了 3 个平行的结构。

```
<div class="page-wrapper">                          <!-- 网页结构外套 -->
<section class="intro" id="zen-intro"></section>    <!-- 站点介绍-->
<div class="main supporting" id="zen-supporting" role="main"></div>    <!-- 支持文本-->
<aside class="sidebar" role="complementary"></aside>    <!-- 链接列表-->
</div>
```

继续拓展结构，完成三级基本结构的设计。

```
<div class="page-wrapper">
<section class="intro" id="zen-intro">
        <!-- 网页标题信息块 -->
    <header role="banner"></header>
        <!-- 概述 -->
    <div class="summary" id="zen-summary" role="article"></div>
        <!-- 序言 -->
    <div class="preamble" id="zen-preamble" role="article"></div>
</section>
<div class="main supporting" id="zen-supporting" role="main">
        <!-- 这是什么？ -->
    <div class="explanation" id="zen-explanation" role="article"></div>
        <!-- 邀您参与 -->
    <div class="participation" id="zen-participation" role="article"></div>
        <!-- 参与好处 -->
    <div class="benefits" id="zen-benefits" role="article"></div>
        <!-- 参与要求 -->
    <div class="requirements" id="zen-requirements" role="article"></div>
        <!-- 各种技术参考网站 -->
    <footer></footer>
</div>
<aside class="sidebar" role="complementary">
        <!-- 内嵌包含框 -->
    <div class="wrapper">
            <!-- 优秀作品列表 -->
        <div class="design-selection" id="design-selection"></div>
            <!-- 存档列表 -->
        <div class="design-archives" id="design-archives"></div>
            <!-- 资源链接信息 -->
        <div class="zen-resources" id="zen-resources"></div>
    </div>
</aside>
</div>
```

在构建基本结构时，应该考虑 SEO 设计，把重要信息放在前面，而对于功能性信息放在结构的末尾。

6.5.5 完善网页结构

禅意花园的结构非常简洁，主要使用了 section、header、footer、nav、h1、h2、h3、p、ul、li、a、abbr、span 元素，语义明晰，没有冗余的标签和无用的嵌套结构。具体分析如下。

第 1 步，首先看一下标题信息：标题使用恰当，层次清晰。例如，在标题栏 header 中，使用 h1 和 h2 定义网站标题，以及描述信息。

```
<header role="banner">
    <h1>CSS Zen Garden</h1>
    <h2>The Beauty of <abbr title="Cascading Style Sheets">CSS</abbr> Design</h2>
</header>
```

然后，在下面各个子栏目中，使用 h3 定义子栏目标题，例如：

```
<div class="preamble" id="zen-preamble" role="article">
    <h3>The Road to Enlightenment</h3>
    <p>……</p>
    <p>……</p>
    <p>……</p>
</div>
```

上面是"序言"子栏目的标题，下面跟随 3 段文本，设计了一个子文章块。后面的各个子栏目设计都遵循这样的结构和思路。

一般网页只能够有一个一级标题，用于网页题目，然后根据结构的层次关系有序使用不同级别标题，这一点很多设计师都忽略了。从 SEO 的角度来考虑，合理使用标题是非常重要的，因为搜索引擎对于不同级别标题的敏感性是不同的，级别越大，检索的机会就越大。

第 2 步，再来看一下 footer 信息，代码如下：

```
<footer>
    <a href="http://validator.w3.org/check/referer" title="Check the validity of this site&#8217;s HTML" class="zen-validate-html">HTML</a>
    <a href="http://jigsaw.w3.org/css-validator/check/referer" title="Check the validity of this site&#8217;s CSS" class="zen-validate-css">CSS</a>
    <a href="http://creativecommons.org/licenses/by-nc-sa/3.0/" title="View the Creative Commons license of this site: Attribution-NonCommercial-ShareAlike." class="zen-license">CC</a>
    <a href="http://mezzoblue.com/zengarden/faq/#aaa" title="Read about the accessibility of this site" class="zen-accessibility">A11y</a>
    <a href="https://github.com/mezzoblue/csszengarden.com" title="Fork this site on Github" class="zen-github">GH</a>
</footer>
```

整个版面除了必要的链接文本外，没有任何多余的标签，每个超链接包含必要的 href、title 和 class 属性，比较简洁。用户可以根据页面风格来设计 footer 信息的样式和位置，默认效果如图 6.19 所示。

图 6.19　版权信息图标

第 3 步，导航列表信息使用 nav 定义，包含在 ul 列表中，例如：

```
<div class="design-archives" id="design-archives">
    <h3 class="archives">Archives:</h3>
    <nav role="navigation">
        <ul>
            <li class="next">
```

```
                    <a href="/214/page1">Next Designs <span class="indicator">&rsaquo;</span></a>
                </li>
                <li class="viewall">
                    <a href="http://www.mezzoblue.com/zengarden/alldesigns/" title="View every submission to
the Zen Garden."> View All Designs</a>
                </li>
            </ul>
        </nav>
    </div>
```

页面中还有多处类似结构，不再一一列举。

第 4 步，禅意花园把正文版式设计得精简至极，总共使用了 a、span 和 abbr 三个行内元素。其中使用 a 来定义文本内超链接信息，在超链接中添加了提示文本。例如：

```
<a href="/examples/index" title="This page's source HTML code, not to be modified.">html file</a>
```

使用 span 为部分文本定义样式类，例如：

```
<a href="/214/page1">Next Designs <span class="indicator">&rsaquo;</span></a>
```

使用 abbr 截取首字母缩写，例如：

```
<abbr title="Cascading Style Sheets">CSS</abbr>
```

由于页面结构主要提供基本文字信息，因此作者没有使用 img 元素在结构中嵌入图像，如果用户需要图像来装饰页面，仅使用 CSS 即可，不必破坏文档结构。

在设计版式结构中，标准设计的一般原则如下。

☑ 包含信息的图像应该使用 img 元素插入，如新闻图片、欣赏性质的图像，传递某种信息的图案、图示等。

☑ 不包含任何有用的信息，仅负责页面版式或功能的修饰，则应该以背景图像的方式显示。

第 5 步，网站为了方便设计师艺术设计，特意在文档尾部预留了 6 个 div 结构接口。

```
<div class="extra1" role="presentation"></div>
<div class="extra2" role="presentation"></div>
<div class="extra3" role="presentation"></div>
<div class="extra4" role="presentation"></div>
<div class="extra5" role="presentation"></div>
<div class="extra6" role="presentation"></div>
```

这些多余的 div 作为备用结构标签，最初提供的目的是：方便设计师增加额外信息，它们相当于程序的接口，如果不用可以隐藏。

但是随着 CSS3 功能的完善，我们完全可以使用::before 和::after 伪对象进行支持，因此不再建议使用这些代替。这些只保留历史设计的兼容性，未来很可能会被 Dave Shea 删除。

6.6 在线练习

在线练习

练习设计各种表格的样式。

第**7**章

设计表单

HTML5 对 HTML4 表单模块进行了全面升级，在保持简便、易用的基础上，新增了很多控件和属性，减少开发人员的代码编写强度。本章将详细介绍 HTML5 表单结构的设计。

【学习要点】

▶▶ 熟悉不同类型的表单控件。

▶▶ 正确设置表单控件的属性。

▶▶ 能够设计 HTML5 表单页面。

7.1 新建表单

表单是用户与网站进行对话的窗口，主要包括输入框、下拉框、单选按钮、复选框和按钮等对象，每类对象在表单中所起到的作用各不相同，每个表单元素在浏览器中的呈现效果也不同。下面介绍如何设计基本的表单结构。

7.1.1 使用<form>标签

<form>标签用于为用户输入创建 HTML 表单。表单包含各种输入控件，如文本框、复选框、单选按钮、提交按钮等，它能够向服务器传输数据。

【示例】新建 HTML5 文档，保存为 test.html，在<body>内使用<form>标签包含两个<input>标签和一个提交按钮，并使用<p>标签把按钮和文本框分行显示。

```
<h2>会员登录</h2>
<form action="#" method="get" id="form1" name="form1">
    <p>会员：<input name="user" id="user" type="text" /></p>
    <p>密码：<input name="password" id="password" type="text" /></p>
    <p><input type="submit" value="登录"/></p>
</form>
```

在 IE 浏览器中预览，演示效果如图 7.1 所示。

图 7.1　表单的基本效果

从上面代码可以看到，一个完整的表单结构包含 3 部分内容：

☑ 表单框（<form>标签）：从结构上分析，<form>标签是一个包含框，里面包含所有表单控件。<form>负责向服务器提交数据，因此需要设置提交信息的字符编码、与服务器交互的程序、HTTP 提交方式等信息。

☑ 表单域（<input>、<select>等标签）：用于采集用户输入的各种控件，如文本框、文本区域、密码框、隐藏域、单选按钮、复选框、下拉选择框及文件上传框等。

☑ 表单按钮（<input>、<button>标签）：用于触发交互事情的按钮，如提交、复位，以及不包含任何行为的一般按钮。

<form>标签包含很多属性，其中 HTML5 支持的属性如表 7.1 所示。

如果让表单正确提交数据，与服务器进行对话，需要设置下面 3 个基本属性。

☑ action：定义服务器端处理程序，程序 URL 可以是相对地址或是绝对地址。当设置为action="#"时，表示提交给当前页面的处理程序。

☑ enctype：定义 HTTP 字符编码格式。主要包括 3 种格式：

- ❖ application/x-www-form-urlencoded：默认值，以名/值对的形式编码表单数据。
- ❖ multipart/form-data：以消息的形式编码表单数据。当提交二进制文件时，必须设置为该值。
- ❖ text/plain：以纯文本形式进行编码。发送邮件时需要设置该编码类型。
- ☑ method：定义 HTTP 传输方式，主要包括两种方式：get 和 post，在数据传输过程中分别对应 HTTP 协议中的 GET 和 POST 方法。
  - ❖ get：HTTP 协议以 GET 方法传输数据，当提交数据时，在浏览器地址栏中可以看到提交的字符串。这种方式适合传输简单、非机密的信息。
  - ❖ post：HTTP 协议以 POST 方法传输数据，这种方法适合传输大量数据。

表 7.1 HTML5 支持的<form>标签属性

属　　性	值	说　　明
accept-charset	charset_list	规定服务器可处理的表单数据字符集
action	URL	规定当提交表单时向何处发送表单数据
autocomplete	on、off	规定是否启用表单的自动完成功能
enctype	参考下面说明	规定在发送表单数据之前如何对其进行编码
method	get、post	规定用于发送 form-data 的 HTTP 方法
name	form_name	规定表单的名称
novalidate	novalidate	如果使用该属性，则提交表单时不进行验证
target	_blank、_self、_parent_top、framename	规定在何处打开 action URL

7.1.2　使用<input>标签

视频讲解

<input>标签用于搜集用户信息。根据不同的 type 属性值，输入字段拥有多种形式，如文本框、复选框、单选按钮、图像域、文件域、提交按钮等。<input>标签基本用法如下所示：

```
<input type=" " />
```

type 属性定义输入框的类型，如果没有设置 type 属性，默认显示为单行文本框。type 取值包括：button（按钮）、checkbox（复选框）、file（文件域）、hidden（隐藏域）、image（图像域）、password（密码框）、radio（单选按钮）、reset（重置按钮）、submit（提交按钮）、text（文本框）。

提示：HTML5 新增了大量 type 新值，我们将在下面一节内详细说明。

【示例 1】新建一个网页，保存为 test1.html，在<body>内使用<form>标签包含 3 个<input>标签，分别使用 3 种方式定义文本框。

```
<form action="server.php" method="get" id="form1" name="form1">
    <p>第一种方式  <input /></p>
    <p>第二种方式  <input type="" /></p>
    <p>第三种方式  <input type="text" /></p>
</form>
```

在 IE 浏览器中预览，则演示效果如图 7.2 所示。虽然结果是一致的，但是为保持良好的代码书写习惯，应遵循 HTML 标准，按照第三种方式设计文本框。

<form>标签包含大量属性，感兴趣的读者可以扫码查看所有 HTML5 支持的属性。

线上阅读

下面简单介绍一下常用属性：

☑ maxlength：设置输入字符的最大长度，例如，在下面的代码中设置最多输入三个字符，当输入第四个字符时，光标无法继续移动，即无法输入。

```
<input type="text" maxlength="3" />
```

☑ value：设置默认值。例如，在下面代码中设置默认值为"输入用户名"。

```
<input type="text" value="输入用户名" />
```

☑ size：设置输入框的宽度，建议使用 CSS 的 width 属性代替控制。

```
<input type="text" value="输入用户名" size="50" maxlength="100"/>
```

☑ readonly 和 disabled：布尔值，其中 readonly 定义表单对象为只读状态，disabled 定义表单对象为不可用状态。

```
只读文本框：<input type="text"    readonly   />
不可用文本框：<input type="text"    disabled   />
```

【示例 2】新建一个网页，保存为 test2.html，在<body>标签内输入如下代码。

```
<input type="password" value="请输入密码" >
```

将<input>标签的 type 属性设置为 password，文本域将变为密码输入框，此时输入的字符以星号或圆点显示，密码输入框的主要作用是在输入密码时防止别人偷看。

【示例 3】新建一个网页，保存为 test3.html，在<body>标签内输入如下代码。

```
<input type=" hidden" value="123456" >
```

隐藏域（type="hidden"）就是在网页中不显示的信息，当提交表单时，它包含的信息也被提供给服务器。注意，隐藏域只包含一个 value 属性，使用该属性可以传递固定值到服务器。

【示例 4】新建一个网页，保存为 test4.html，在<body>标签内输入如下代码。

```
<form action="server.php" method="get" id="form1" name="form1">
    <p>上传照片：<input name="" type="file" /></p>
    <p><input type="submit" value="上传图片"/></p>
</form>
```

在浏览器中演示效果如图 7.3 所示。

图 7.2　单行文本框<input>标签书写方式

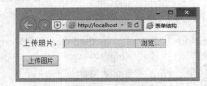

图 7.3　文件上传组件

文件上传组件包括文本框和浏览按钮。文件上传（type="file"）可以将本文件以二进制数据的形式上传到服务器。

使用文本区域（<textarea>）可以允许用户输入大容量信息。主要应用在用户留言或者聊天窗口等表单中。

【示例5】 新建一个网页，保存为 test5.html，在<body>标签内输入如下代码。

```
<form>
    <table width="600" align="center">
        <tr> <td>客户留言方式一：</td><td>客户留言方式二：</td></tr>
        <tr>
            <td><textarea name="" cols="40" rows="6" readonly="readonly" >输入内容</textarea></td>
            <td><textarea name="" cols="40" rows="6" disabled="disabled" >输入内容</textarea></td>
        </tr>
    </table>
</form>
```

在上面示例中，为客户提供留言输入框，定义了输入的字符宽度和显示的行数，并分别使用了 readonly、disabled 属性，比较效果如图 7.4 所示。

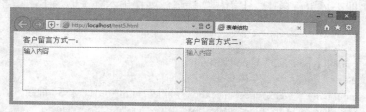

图 7.4 为文本区域分别设置 readonly 和 disabled 属性

提示：<textarea>标签包含 cols、wrap、rows 3 个专有属性，简单说明如下。
- ☑ cols：设置文本区域内可见字符宽度。建议使用 CSS 的 width 属性代替控制。
- ☑ rows：设置文本区域内可见行数。建议使用 CSS 的 height 属性代替控制。
- ☑ wrap：定义输入内容大于文本区域宽度时显示的方式。
  - ❖ soft：默认值，当在表单中提交时，textarea 中的文本不换行。
  - ❖ hard：当在表单中提交时，textarea 中的文本换行（包含换行符）。当使用 hard 时，必须设置 cols 属性。

7.1.3 使用选项控件

HTML5 定义 3 类可供选项操作的输入控件：单选按钮、复选框和列表框，它们各有不同的用途和优点，下面结合示例进行说明。

使用<input type="radio">可以定义单选按钮，多个 name 属性值相同的单选按钮可以合并为一组，称为单选按钮组。在单选按钮组中，只能选择一个，不能够空选或多选。

【示例1】 新建一个网页，保存为 test.html，在<body>内使用<form>标签包含 3 个单选按钮。

```
<h2>会员登录</h2>
<form action="#" method="get" id="form1" name="form1">
    <p>会员：<input name="user" id="user" type="text" /></p>
    <p>密码：<input name="password" id="password" type="text" /></p>
    <p>类型：
        <label><input type="radio" name="grade" value="1"
                                    checked="checked" />普通会员</label>
        <label><input type="radio" name="grade" value="2" /> VIP 会员</label>
        <label><input type="radio" name="grade" value="3" /> 管理员</label>
    </p>
```

视频讲解

```
        <p><input type="submit" value="登录"/></p>
    </form>
```

在 IE 浏览器中预览，演示效果如图 7.5 所示。

注意：在设计单选按钮组时，应该设置单选按钮组的默认值，即为其中一个单选按钮设置 checked 属性。如果不设置初始的默认值，会引发歧义：用户以为不需要选择，影响表单最后数据提交。

使用<input type="checkbox">可以定义复选框，多个 name 属性值相同的复选框可以合并为一组，称为复选框组。在复选框组中，允许用户不选或者多选。也可以使用 checked 属性设置默认选项项目。

【**示例 2**】在下面示例中，设计一个多项选择题：选择个人选学的技术，包含 3 个选项，演示效果如图 7.6 所示。

```
<form>
    <p>学员 ID： <input type="text" value="" /></p>
    <p>选学的技术：
        <label><input name="web" type="checkbox" value="html" /> HTML5</label>
        <label><input name="web" type="checkbox" value="css" />CSS3</label>
        <label><input name="web" type="checkbox" value="js" /> JavaScript</label>
    </p>
    <p><input type="submit" value="提交"/></p>
</form>
```

图 7.5　单选按钮组效果

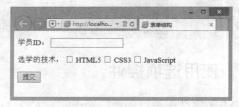

图 7.6　复选框组效果

使用<select>标签可以设计选择框，在<select>标签内包含一个或多个<option>标签，使用它可以定义选择项目。

使用<optgroup>标签可以对选择项目进行分组，一个<optgroup>标签包含多个<option>标签，然后使用 label 属性设置分类标题，分类标题是一个不可选的伪标题。

选择框可以显示为两种形式：

☑ 下拉菜单：当在选择框中只能够选择一个项目时，选择框呈现为下拉菜单样式，这样可以节省网页空间。

☑ 列表框：当设置多选时，选择框呈现为列表框样式，可以设置它的高度。如果项目数超出列表框的高度，会显示滚动条，通过拖动滚动条查看并选择多个选项。

【**示例 3**】在下面的示例中，通过下拉菜单设计城市列表，让用户选择，通过<optgroup>标签将城市进行分组，方便对城市进行分类，使用 selected 属性设置下拉菜单的默认值为"青岛"。如果没有定义该属性，则将显示为第一个选项，即"潍坊"。

```
<form>
    <p>姓名：<input type="text" value="" /></p>
    <p>所在城市：
        <select name="city">
            <optgroup label="山东省">
                <option value="潍坊">潍坊</option>
                <option value="青岛" selected="selected">青岛</option>
            </optgroup>
            <optgroup label="山西省">
                <option value="太原">太原</option>
                <option value="榆次">榆次</option>
            </optgroup>
        </select></p>
    <p><input type="submit" value="提交"/></p>
</form>
```

页面演示效果如图 7.7 所示。

选择　　　　　　　　　　　　　　　　　显示

图 7.7　下拉菜单效果

【拓展】

<select>标签包含两个专有属性，简单说明如下。

- ☑　size：定义列表框可以显示的项目数，<optgroup>标签也计算在其中。
- ☑　multiple：定义选择框可以多选。

7.1.4　使用辅助控件

表单包含多个辅助控件，用于辅助设计表单结构，简单说明如下：

- ☑　<fieldset>：为表单对象进行分组，一个表单可以包含多个<fieldset>标签。默认状态下，分组的表单对象外面会显示一个包围框。
- ☑　<legend>：定义每组的标题，默认显示在<fieldset>包含框的左上角。
- ☑　<label>：定义表单对象的提示信息。通过 for 属性，可将提示信息与表单对象绑定在一起。当用户单击提示信息时，将会激活对应的表单对象。如果不使用 for 属性，通过<label>标签包含表单对象，也可以实现相同的设计目的。

【示例】新建网页，保存为 test.html，在<body>内使用<form>标签设计一个复杂的表单结构。借助各种辅助控件实现对表单进行分组，代码如下所示。

视 频 讲 解

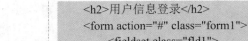

```
<h2>用户信息登录</h2>
<form action="#" class="form1">
    <fieldset class="fld1">
        <legend>个人信息</legend>
        <p><label for="name">姓名</label><input id="name"></p>
        <p><label for="address">地址</label><input id="address"></p>
        <p><label for="sex">性别</label>
            <select id="sex">
                <option value="female">女</option>
                <option value="male">男</option>
            </select>
        </p>
    </fieldset>
    <hr>
    <fieldset class="fld2">
        <legend>其他信息</legend>
        <p><fieldset>
            <legend>你喜欢什么运动?</legend>
            <label for="football">
                <input id="football" name="yundong" type="checkbox">足球</label>
            <label for="basketball">
                <input id="basketball" name="yundong" type="checkbox">篮球</label>
            <label for="ping">
                <input id="ping" name="yundong" type="checkbox">乒乓球</label>
        </fieldset></p>
        <p><fieldset>
            <legend>请写下你的建议? </legend>
            <label for="comments">
                <textarea id="comments" rows="7" cols="25"></textarea></label>
        </fieldset></p>
    </fieldset>
    <input value="提交个人信息" type="submit">
</form>
```

演示效果如图 7.8 所示。

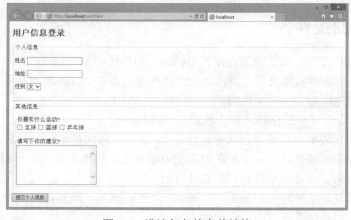

图 7.8　设计复杂的表单结构

用户在设计表单时，常常为选用何种表单对象而烦恼，如对于国别项是使用输入文本框好，还是使用下拉菜单好，日期选项是让用户自己输入，还是允许用户进行选择？如此等等，关于这个问题，我们可以给出一点建议：

☑ 不确定答案可以建议用户输入，而不是让用户选择。例如，姓名、地址、电话等常用信息，使用输入的方式收集会比使用选择的方式收集更加自然且简单。

☑ 对于容易记错的答案不妨让用户选择，此时就不适合让用户使用输入框来输入，如国家、年、月、日、星座等，采用形式可以使用单选按钮组、复选框、列表框、下拉菜单等。

☑ 为控件设置默认值，建议采用一些提示性说明文字或常用值，能够提醒用户输入，这是一个很人性化的设计，用户应该考虑。

☑ 对于单选按钮组、复选框或下拉菜单时，设计控件的 value 属性值或显示值应从用户的角度考虑，努力使用户浏览选项的时候更方便、简单，避免出现歧义或误解的值。

☑ 对于单选、复选的选项，减少选项的数量，同时也可以使用短语来作为选项。

☑ 对于选项的排列顺序，最好遵循合理的逻辑顺序，如按首字母排列、按声母排列，并根据普遍情况确定默认值。

☑ 用户在设计表单时，还应该避免使用多种表单控件，使用多种表单控件能够使页面看起来更好看，而实际上不利于用户的操作。

对于选择控件，使用时还应该注意下面几个问题：

☑ 当用户进行选择时，如果要希望用户浏览所有选项，则应该使用单选按钮组或复选框，而不应该使用下拉菜单。下拉菜单会隐藏部分选项，对于用户来说，可能不会耐心地单击下拉菜单逐个浏览每个菜单项。

☑ 当选项很少时，不妨考虑使用单选按钮组或复选框，而设计过多的选项时，使用单选按钮组或复选框会占用很大的页面，此时不妨考虑使用下拉菜单。

☑ 多项选择可以有两种设计方法：使用复选框和使用列表框。使用复选框要比使用列表框更直观，不清楚列表框的作用和操作方法，这时就需要加上说明性文字，显然这样做就没有复选框那样简单。

7.2 设计新型输入框

HTML5 新增了多个输入型表单控件，通过使用这些新增的表单输入类型，可以实现更好的输入体验。目前，Opera 浏览器支持最好，不过在所有主流浏览器中都可以使用，即使不被支持，仍然可以显示为普通的文本框。

提示： 可以访问 https://caniuse.com/或者 www.wufoo.com/html5 详细了解浏览器支持信息。

7.2.1 定义 Email 框

email 类型的 input 元素是一种专门用于输入 Email 地址的文本框，在提交表单的时候会自动验证 Email 输入框的值。如果不是一个有效的电子邮件地址，则该输入框不允许提交该表单。

【示例】下面是 email 类型的一个应用示例。

```
<form action="demo_form.php" method="get">
请输入您的 Email 地址：<input type="email" name="user_email" /><br />
```

视 频 讲 解

```
<input type="submit" />
</form>
```

以上代码在 Chrome 浏览器中的运行结果如图 7.9 所示。如果输入了错误的 Email 地址格式，单击"提交"按钮时会出现如图 7.10 所示的"请输入电子邮件地址"的提示。

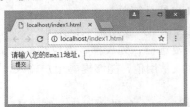

图 7.9　email 类型的 input 元素示例　　　　图 7.10　检测到不是有效的 Email 地址

对于不支持 type="email"的浏览器来说，将会以 type="text"来处理，所以并不妨碍旧版浏览器浏览采用 HTML5 中 type="email"输入框的网页。

7.2.2　定义 URL 框

url 类型的 input 元素提供用于输入 url 地址的文本框。当提交表单时，如果所输入的是 url 地址格式的字符串，则会提交服务器，如果不是，则不允许提交。

【示例】下面是 url 类型的一个应用示例。

```
<form action="demo_form.php" method="get">
请输入网址：<input type="url" name="user_url" /><br/>
<input type="submit" />
</form>
```

以上代码在 Chrome 浏览器中的运行结果如图 7.11 所示。如果输入了错误的 url 地址格式，单击"提交"按钮时会出现如图 7.12 所示的"请输入网址"的提示。注意，www.baidu.com 并不是有效的 URL，因为 URL 必须以 http://或 https://开头。这里最好使用占位符提示访问者。另外，还可以在该字段下面的解释文本中指出合法的格式。

图 7.11　url 类型的 input 元素示例　　　　图 7.12　检测到不是有效的 url 地址

对于不支持 type="url"的浏览器，将会以 type="text"来处理。

7.2.3　定义数字框

number 类型的 input 元素提供用于输入数值的文本框。用户还可以设定对所接收的数字的限制，包括允许的最大值和最小值、合法的数字间隔或默认值等。如果所输入的数字不在限定范围之内，则会提示错误信息。

number 类型使用下面的属性来规定对数字类型的限定，说明如表 7.2 所示。

表 7.2　number 类型的属性

属　　性	值	描　　述
max	*number*	规定允许的最大值
min	*number*	规定允许的最小值
step	*number*	规定合法的数字间隔（如果 step="4"，则合法的数是 −4、0、4、8 等）
value	*number*	规定默认值

【示例】下面是 number 类型的一个应用示例。

```
<form action="demo_form.php" method="get">
请输入数值：<input type="number" name="number1" min="1" max="20" step="4">
<input type="submit" />
</form>
```

以上代码在 Chrome 浏览器中的运行结果如图 7.13 所示。如果输入了不在限定范围之内的数字，单击"提交"按钮时会出现如图 7.14 所示的提示。

图 7.13　number 类型的 input 元素示例　　　　图 7.14　检测到输入了不在限定范围之内的数字

图 7.14 所示为输入了大于规定的最大值时所出现的提示。同样的，如果违反了其他限定，也会出现相关提示。例如，如果输入数值 15，则单击"提交"按钮时会出现"值无效"的提示，如图 7.15 所示。这是因为限定了合法的数字间隔为 4，在输入时只能输入 4 的倍数，如 4、8、16 等。又如，如果输入数值−12，则会提示"值必须大于或等于 1"，如图 7.16 所示。

图 7.15　出现"值无效"的提示　　　　　　图 7.16　提示"值必须大于或等于 1"

7.2.4　定义范围框

range 类型的 input 元素提供用于输入包含一定范围内数字值的文本框，在网页中显示为滑动条。用户可以设定对所接收的数字的限制，包括规定允许的最大值和最小值、合法的数字间隔或默认值等。如果所输入的数字不在限定范围之内，则会出现错误提示。

range 类型使用下面的属性来规定对数字类型的限定，说明如表 7.3 所示。

视频讲解

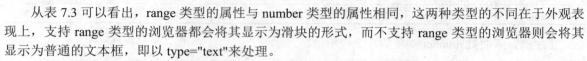

表 7.3　range 类型的属性

属　　性	值	描　　述
max	*number*	规定允许的最大值
min	*number*	规定允许的最小值
step	*number*	规定合法的数字间隔（如果 step="4"，则合法的数是 −4、0、4、8 等）
value	*number*	规定默认值

从表 7.3 可以看出，range 类型的属性与 number 类型的属性相同，这两种类型的不同在于外观表现上，支持 range 类型的浏览器都会将其显示为滑块的形式，而不支持 range 类型的浏览器则会将其显示为普通的文本框，即以 type="text" 来处理。

【示例】下面是 range 类型的一个应用示例。

```
<form action="demo_form.php" method="get">
请输入数值： <input type="range" name="range1" min="1" max="30" />
<input type="submit" />
</form>
```

以上代码在 Chrome 浏览器中的运行结果如图 7.17 所示。range 类型的 input 元素在不同浏览器中的外观也不同，例如在 Opera 浏览器中的外观如图 7.18 所示，会在滑块下方显示出额外的数字间隔短线。

图 7.17　range 类型的 input 元素示例

图 7.18　range 类型的 input 元素在 Opera 浏览器中的外观

7.2.5　定义日期选择器

日期选择器（Date Pickers）是网页中经常要用到的一种控件，在 HTML5 之前版本中并没有提供任何形式的日期选择器控件，多采用一些 JavaScript 框架来实现日期选择器控件的功能，如 jQuery UI、YUI 等，在具体使用时会比较麻烦。

HTML5 提供了多个可用于选取日期和时间的输入类型，即 6 种日期选择器控件，分别用于选择以下日期格式：日期、月、星期、时间、日期+时间、日期+时间+时区，如表 7.4 所示。

表 7.4　日期选择器类型

输　入　类　型	HTML 代码	功能与说明
date	<input type="date">	选取日、月、年
month	<input type="month">	选取月、年
week	<input type="week">	选取周和年
time	<input type="time">	选取时间（小时和分钟）
datetime	<input type="datetime">	选取时间、日、月、年（UTC 时间）
datetime-local	<input type="datetime-local">	选取时间、日、月、年（本地时间）

> 提示：UTC 时间就是 0 时区的时间，而本地时间就是本地时区的时间。例如，如果北京时间为早上 8 点，则 UTC 时间为 0 点，也就是说，UTC 时间比北京时间晚 8 小时。

1. date 类型

date 类型的日期选择器用于选取日、月、年，即选择一个具体的日期，例如 2018 年 8 月 8 日，选择后会以 2018-08-08 的形式显示。

【示例 1】下面是 date 类型的一个应用示例。

```
<form action="demo_form.php" method="get">
请输入日期： <input type="date" name=" date1" />
<input type="submit" />
</form>
```

以上代码在 Chrome 浏览器中的运行结果如图 7.19 所示，在 Opera 浏览器中的运行结果如图 7.20 所示。Chrome 浏览器中显示为右侧带有微调按钮的数字输入框，可见该浏览器并不支持日期选择器控件。而 Opera 浏览器中单击右侧小箭头时会显示出日期控件，用户可以使用控件来选择具体日期。

图 7.19　在 Chrome 浏览器中的运行结果

图 7.20　在 Opera 浏览器中的运行结果

2. month 类型

month 类型的日期选择器用于选取月、年，即选择一个具体的月份，例如 2018 年 8 月，选择后会以 2018-08 的形式显示。

【示例 2】下面是 month 类型的一个应用示例。

```
<form action="demo_form.php" method="get">
请输入月份： <input type="month" name=" month1" />
<input type="submit" />
</form>
```

以上代码在 Chrome 浏览器中的运行结果如图 7.21 所示，在 Opera 浏览器中的运行结果如图 7.22 所示。Chrome 浏览器中显示为右侧带有微调按钮的数字输入框，输入或微调时会只显示到月份，而不会显示日期。Opera 浏览器中单击右侧小箭头时会显示出日期控件，用户可以使用控件来选择具体月份，但不能选择具体日期。可以看到，整个月份中的日期都会以深灰色显示，单击该区域可以选择整个月份。

3. week 类型

week 类型的日期选择器用于选取周和年，即选择一个具体的哪一周，例如 2017 年 10 月第 42 周，选择后会以"2017 年第 42 周"的形式显示。

Note

图 7.21 在 Chrome 浏览器中的运行结果

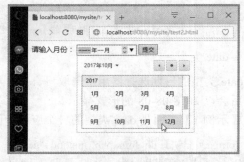

图 7.22 在 Opera 浏览器中的运行结果

【示例 3】下面是 week 类型的一个应用示例。

```
<form action="demo_form.php" method="get">
请选择年份和周数：　<input type="week" name="week1" />
<input type="submit" />
</form>
```

以上代码在 Chrome 浏览器中的运行结果如图 7.23 所示，在 Opera 浏览器中的运行结果如图 7.24 所示。Chrome 浏览器中显示为右侧带有微调按钮的数字输入框，输入或微调时会显示年份和周数，而不会显示日期。Opera 浏览器中单击右侧小箭头时会显示出日期控件，用户可以使用控件来选择具体的年份和周数，但不能选择具体日期。可以看到，整个月份中的日期都会以深灰色显示按周数显示，单击该区域可以选择某一周。

图 7.23 在 Chrome 浏览器中的运行结果

图 7.24 在 Opera 浏览器中的运行结果

4. time 类型

time 类型的日期选择器用于选取时间，具体到小时和分钟，例如，选择后会以 22:59 的形式显示。

【示例 4】下面是 time 类型的一个应用示例。

```
<form action="demo_form.php" method="get">
请选择或输入时间：　<input type="time" name="time1" />
<input type="submit" />
</form>
```

以上代码在 Chrome 浏览器中的运行结果如图 7.25 所示，在 Opera 浏览器中的运行结果如图 7.26 所示。

图 7.25　在 Chrome 浏览器中的运行结果

图 7.26　在 Opera 浏览器中的运行结果

除了可以使用微调按钮之外，还可以直接输入时间值。如果输入了错误的时间格式并单击"提交"按钮，则在 Chrome 浏览器中会自动更正为最接近的合法值，而在 IE 10 浏览器中则以普通的文本框显示，如图 7.27 所示。

time 类型支持使用一些属性来限定时间的大小范围或合法的时间间隔，如表 7.5 所示。

表 7.5　time 类型的属性

属　　性	值	描　　述
max	*time*	规定允许的最大值
min	*time*	规定允许的最小值
step	*number*	规定合法的时间间隔
value	*time*	规定默认值

【示例 5】可以使用下列代码来限定时间。

```
<form action="demo_form.php" method="get">
请选择或输入时间： <input type="time" name="time1" step="5" value="09:00">
<input type="submit" />
</form>
```

以上代码在 Chrome 浏览器中的运行结果如图 7.28 所示，可以看到，在输入框中出现设置的默认值"09:00"，并且当单击微调按钮时，会以 5 秒钟为单位递增或递减。当然，用户还可以使用 min 和 max 属性指定时间的范围。

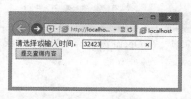

图 7.27　IE 10 浏览器不支持该类型输入框

图 7.28　使用属性值限定时间类型

在 date 类型、month 类型、week 类型中也支持使用上述属性值。

5. datetime 类型

datetime 类型的日期选择器用于选取时间、日、月、年，其中时间为 UTC 时间。

【示例 6】下面是 datetime 类型的一个应用示例。

```
<form action="demo_form.php" method="get">
```

```
请选择或输入时间：<input type="datetime" name="datetime1" />
<input type="submit" />
</form>
```

以上代码在 Safari 浏览器中的运行结果如图 7.29 所示。

图 7.29　在 Safari 浏览器中的运行结果

注意：IE、Firefox 和 Chrome 最新版本不再支持<input type="datetime">元素，Chrome 和 Safari 部分版本支持。Opera 12 以及更早的版本中完全支持。

6. datetime-local 类型

datetime-local 类型的日期选择器用于选取时间、日、月、年，其中时间为本地时间。

【示例 7】下面是 datetime-local 类型的一个应用示例。

```
<form action="demo_form.php" method="get">
请选择或输入时间：<input type="datetime-local" name="datetime-local1" />
<input type="submit" />
</form>
```

以上代码在 Chrome 浏览器中的运行结果如图 7.30 所示，在 Opera 浏览器中的运行结果如图 7.31 所示。

图 7.30　在 Chrome 浏览器中的运行结果

图 7.31　在 Opera 浏览器中的运行结果

7.2.6　定义搜索框

视频讲解

search 类型的 input 元素提供用于输入搜索关键词的文本框。在外观上看起来，search 类型的 input 元素与普通的 text 类型的区别：当输入内容时，右侧会出现一个"×"图标，单击即可清除搜索框。

【示例】下面是 search 类型的一个应用示例。

```
<form action="demo_form.php" method="get">
请输入搜索关键词：<input type="search" name="search1" />
<input type="submit" value="Go"/>
</form>
```

以上代码在 Chrome 浏览器中的运行结果如图 7.32 所示。如果在搜索框中输入要搜索的关键词，在搜索框右侧就会出现一个"×"按钮，单击该按钮可以清除已经输入的内容。在 Windows 系统中，新版的 IE、Chrome、Opera 浏览器支持"×"按钮这一功能，Firefox 浏览器则不支持，如图 7.33 所示。

图 7.32　search 类型的应用 　　　　　　 图 7.33　Firefox 浏览器中没有"×"按钮

> 提示：在默认情况下，为 Chrome、Safari 和 Mobile Safari 等浏览器中的搜索框设置样式是受到限制的。如果要消除这一约束，重新获得 CSS 的控制权，可以使用专有的 -webkit-appearance: none; 声明，例如：
>
> ```
> input[type="search"] {
>     -webkit-appearance: none;
> }
> ```
>
> 注意，appearance 属性并不是官方的 CSS，因此不同浏览器的行为有可能不一样。更多信息（包括对 Firefox 的支持）可以参考 http://css-tricks.com/almanac/properties/a/appearance/。

7.2.7　定义电话号码框

tel 类型的 input 元素提供专门用于输入电话号码的文本框。它并不限定只输入数字，因为很多的电话号码还包括其他字符，如"+""-""("")"等，例如 86-0536-8888888。

【示例】下面是 tel 类型的一个应用示例。

```
<form action="demo_form.php" method="get">
请输入电话号码：<input type="tel" name="tel1" />
<input type="submit" value="提交"/>
</form>
```

以上代码在 Chrome 浏览器中的运行结果如图 7.34 所示。从某种程度上来说，所有的浏览器都支持 tel 类型的 input 元素，因为它们都会将其作为一个普通的文本框来显示。HTML5 规则并不需要浏览器执行任何特定的电话号码语法或以任何特别的方式来显示电话号码。

图 7.34　tel 类型的应用

7.2.8　定义拾色器

color 类型的 input 元素提供专门用于选择颜色的文本框。当 color 类型文本框获取焦点后，会自

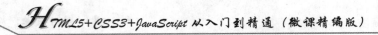

Note

动调用系统的颜色窗口，包括苹果系统也能弹出相应的系统色盘。

【示例】下面是 color 类型的一个应用示例。

```
<form action="demo_form.php" method="get">
请选择一种颜色： <input type="color" name="color1" />
<input type="submit" value="提交"/>
</form>
```

以上代码在 Opera 浏览器中的运行结果如图 7.35 所示，单击颜色文本框，会打开 Windows 系统中的"颜色"对话框，如图 7.36 所示，选择一种颜色之后，单击"确定"按钮返回网页，这时可以看到颜色文本框显示对应颜色效果，如图 7.37 所示。

提示：IE 和 Safari 浏览器暂不支持该控件。

图 7.35　color 类型的应用

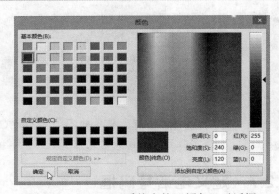

图 7.36　Windows 系统中的"颜色"对话框

图 7.37　设置颜色后效果

7.3　设置输入框属性

HTML5 为 input 元素新增了多个属性，用于限制输入行为或格式。

7.3.1　定义自动完成

视 频 讲 解

autocomplete 属性可以帮助用户在输入框中实现自动完成输入，取值包括 on 和 off，用法如下所示。

```
<input type="email" name="email" autocomplete="off" />
```

提示：autocomplete 属性适用 input 类型包括：text、search、url、telephone、email、password、datepickers、range 和 color。

autocomplete 属性也适用于 form 元素，默认状态下表单的 autocomplete 属性处于打开状态，其包含的输入域会自动继承 autocomplete 状态，也可以为某个输入域单独设置 autocomplete 状态。

注意：在某些浏览器中需要先启用浏览器本身的自动完成功能，才能使 autocomplete 属性起作用。

【示例】设置 autocomplete 为 "on" 时，可以使用 HTML5 新增的 datalist 元素和 list 属性提供一个数据列表供用户进行选择。下面示例演示如何应用 autocomplete 属性、datalist 元素和 list 属性实现自动完成。

```
<h2>输入你最喜欢的城市名称</h2>
<form autocompelete="on">
    <input type="text" id="city" list="cityList">
    <datalist id="cityList" style="display:none;">
        <option value="BeiJing">BeiJing</option>
        <option value="QingDao">QingDao</option>
        <option value="QingZhou">QingZhou</option>
        <option value="QingHai">QingHai</option>
    </datalist>
</form>
```

在浏览器中预览，当用户将焦点定位到文本框中，会自动出现一个城市列表供用户选择，如图 7.38 所示。而当用户单击页面的其他位置时，这个列表就会消失。

当用户输入时，该列表会随用户的输入自动更新。例如，当输入字母 q 时会自动更新列表，只列出以 q 开头的城市名称，如图 7.39 所示。随着用户不断地输入新的字母，下面的列表还会随之变化。

图 7.38　自动完成数据列表

图 7.39　数据列表随用户输入而更新

提示：多数浏览器都带有辅助用户完成输入的自动完成功能，只要开启了该功能，浏览器会自动记录用户所输入的信息，当再次输入相同的内容时，浏览器就会自动完成内容的输入。从安全性和隐私的角度考虑，这个功能存在较大的隐患，如果不希望浏览器自动记录这些信息，则可以为 form 或 form 中的 input 元素设置 autocomplete 属性，关闭该功能。

7.3.2　定义自动获取焦点

autofocus 属性可以实现在页面加载时，让表单控件自动获得焦点。用法如下所示。

视频讲解

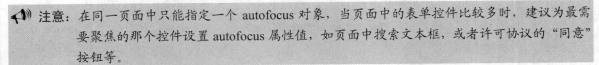

```
<input type="text" name="fname" autofocus="autofocus" />
```

autocomplete 属性适用于所有<input>标签的类型，如文本框、复选框、单选按钮、普通按钮等。

📢 **注意：** 在同一页面中只能指定一个 autofocus 对象，当页面中的表单控件比较多时，建议为最需要聚焦的那个控件设置 autofocus 属性值，如页面中搜索文本框，或者许可协议的"同意"按钮等。

【**示例 1**】下面示例演示如何应用 autofocus 属性。

```
<form>
    <p>请仔细阅读许可协议：</p>
    <p>
        <label for="textarea1"></label>
        <textarea name="textarea1" id="textarea1" cols="45" rows="5">许可协议具体内容......</textarea>
    </p>
    <p>
        <input type="submit" value="同意" autofocus>
        <input type="submit" value="拒绝">
    </p>
</form>
```

以上代码在 Chrome 浏览器中的运行结果如图 7.40 所示。页面载入后，"同意"按钮自动获得焦点，因为通常希望用户直接单击该按钮。如果将"拒绝"按钮的 autofocus 属性值设置为"on"，则页面载入后焦点就会在"拒绝"按钮上，如图 7.41 所示，但从页面功用的角度来说却并不合适。

图 7.40　"同意"按钮自动获得焦点

图 7.41　"拒绝"按钮自动获得焦点

【**示例 2**】如果浏览器不支持 autofocus 属性，可以使用 JavaScript 实现相同的功能。在下面脚本中，先检测浏览器是否支持 autofocus 属性，如果不支持则获取指定的表单域，为其调用 focus()方法，强迫其获取焦点。

```
<script>
if (!("autofocus" in document.createElement("input"))) {
    document.getElementById("ok").focus();
}
</script>
```

7.3.3　定义所属表单

form 属性可以设置表单控件归属的表单，适用于所有<input>标签的类型。

提示：在 HTML4 中，用户必须把相关的控件放在表单内部，即<form>和</form>之间。在提交表单时，在<form>和</form>之外的控件将被忽略。

【示例】form 属性必须引用所属表单的 id，如果一个 form 属性要引用两个或两个以上的表单，则需要使用空格将表单的 id 值分隔开。下面是一个 form 属性应用。

```
<form action="" method="get" id="form1">
请输入姓名：<input type="text" name="name1" autofocus/>
<input type="submit"  value="提交"/>
</form>
请输入住址：<input type="text" name="address1" form="form1" />
```

以上代码在 Chrome 浏览器中的运行结果如图 7.42 所示。如果填写姓名和住址并单击"提交"按钮，则 name1 和 address1 分别会被赋值为所填写的值。例如，如果在姓名处填写"zhangsan"，住址处填写"北京"，则单击"提交"按钮后，服务器端会接收到"name1=zhangsan"和"address1=北京"。用户也可以在提交后观察浏览器的地址栏，可以看到有"name1=zhangsan&address1=北京"字样，如图 7.43 所示。

图 7.42　form 属性的应用

图 7.43　地址中要提交的数据

7.3.4　定义表单重写

HTML5 新增 5 个表单重写属性，用于重写<form>标签属性设置，简单说明如下：

☑　formaction：重写<form>标签的 action 属性。
☑　formenctype：重写<form>标签的 enctype 属性。
☑　formmethod：重写<form>标签的 method 属性。
☑　formnovalidate：重写<form>标签的 novalidate 属性。
☑　formtarget：重写<form>标签的 target 属性。

注意：表单重写属性仅适用于 submit 和 image 类型的 input 元素。

【示例】下面示例设计通过 formaction 属性，实现将表单提交到不同的服务器页面。

```
<form action="1.asp" id="testform">
请输入电子邮件地址：<input type="email" name="userid" /><br />
    <input type="submit" value="提交到页面 1" formaction="1.asp" />
    <input type="submit" value="提交到页面 2" formaction="2.asp" />
    <input type="submit" value="提交到页面 3" formaction="3.asp" />
</form>
```

视频讲解

7.3.5 定义高和宽

height 和 width 属性仅用于设置<input type="image">标签的图像高度和宽度。

【示例】下面示例演示了 height 与 width 属性的应用。

```
<form action="testform.asp" method="get">
请输入用户名: <input type="text" name="user_name" /><br />
<input type="image" src="images/submit.png" width="72" height="26" />
</form>
```

原图像的大小为 288×104 像素，使用以上代码将其大小限制为 72×267 像素，在 Chrome 浏览器中的运行结果如图 7.44 所示。

图 7.44　form 属性的应用

7.3.6 定义列表选项

list 属性用于设置输入域的 datalist。datalist 是输入域的选项列表，该属性适用于以下类型的<input>标签：text、search、url、telephone、email、date pickers、number、range 和 color。

演示示例可参考 7.4 节 datalist 元素介绍。

注意：目前最新的主流浏览器都已支持 list 属性，不过呈现形式略有不同。

7.3.7 定义最小值、最大值和步长

min、max 和 step 属性用于为包含数字或日期的 input 输入类型设置限值，适用于 date pickers、number 和 range 类型的<input>标签。具体说明如下。

☑ max 属性：设置输入框所允许的最大值。

☑ min 属性：设置输入框所允许的最小值。

☑ step 属性：为输入框设置合法的数字间隔（步长）。例如，step="4"，则合法值包括-4、0、4 等。

【示例】下面示例设计一个数字输入框，并规定该输入框接收介于 0 到 12 之间的值，且数字间隔为 4。

```
<form action="testform.asp" method="get">
    请输入数值: <input type="number" name="number1" min="0" max="12" step="4" />
    <input type="submit" value="提交" />
</form>
```

在 Chrome 浏览器中运行时，如果单击数字输入框右侧的微调按钮，则可以看到数字以 4 为步进值递增，如图 7.45 所示；如果输入不合法的数值，如 5，单击"提交"按钮时会显示错误提示，如图 7.46 所示。

图 7.45 list 属性应用

图 7.46 显示错误提示

视频讲解

7.3.8 定义多选

multiple 属性可以设置输入域一次选择多个值，适用于 email 和 file 类型的<input>标签。

【示例】下面在页面中插入了一个文件域，使用 multiple 属性允许用户一次可提交多个文件。

```
<form action="testform.asp" method="get">
    请选择要上传的多个文件：<input type="file" name="img" multiple />
    <input type="submit" value="提交" />
</form>
```

在 Chrome 浏览器中的运行结果如图 7.47 所示。如果单击"选择文件"按钮，则会允许在打开的对话框中选择多个文件。选择文件并单击"打开"按钮后会关闭对话框，同时在页面中会显示选中文件的个数，如图 7.48 所示。

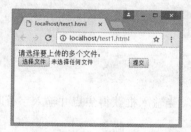

图 7.47 multiple 属性的应用

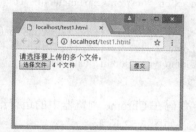

图 7.48 显示被选中文件的个数

7.3.9 定义匹配模式

视频讲解

pattern 属性规定用于验证 input 域的模式（pattern）。模式就是 JavaScript 正则表达式，通过自定义的正则表达式匹配用户输入的内容，以便进行验证。该属性适用于 text、search、url、telephone、email 和 password 类型的<input>标签。

> **提示**：读者可以在 http://html5pattern.com 上面找到一些常用的正则表达式，并将它们复制、粘贴到自己的 pattern 属性中进行应用。

【示例】下面示例使用 pattern 属性设置文本框必须输入 6 位数的邮政编码。

```
<form action="/testform.asp" method="get">
    请输入邮政编码: <input type="text" name="zip_code" pattern="[0-9]{6}"
                                        title="请输入 6 位数的邮政编码" />
    <input type="submit" value="提交" />
</form>
```

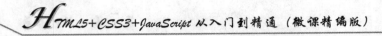

在 Chrome 浏览器中的运行结果如图 7.49 所示。如果输入的数字不是 6 位，则会出现错误提示，如图 7.50 所示。如果输入的并非规定的数字，而是字母，也会出现这样的错误提示，因为 pattern="[0-9]{6}" 中规定了必须输入 0~9 这样的阿拉伯数字，并且必须为 6 位数。

图 7.49　pattern 属性的应用

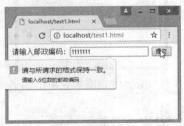

图 7.50　出现错误提示

7.3.10　定义替换文本

placeholder 属性用于为 input 类型的输入框提供一种文本提示，这些提示可以描述输入框期待用户输入的内容，在输入框为空时显示，而当输入框获取焦点时自动消失。placeholder 属性适用于 text、search、url、telephone、email 和 password 类型的 `<input>` 标签。

【示例】下面是 placeholder 属性的一个应用示例。请注意比较本例与 7.3.9 节示例提示方法的不同。

```
<form action="/testform.asp" method="get">
    请输入邮政编码：
    <input type="text" name="zip_code" pattern="[0-9]{6}"
placeholder="请输入 6 位数的邮政编码" />
    <input type="submit" value="提交" />
</form>
```

以上代码在 Chrome 浏览器中的运行结果如图 7.51 所示。当输入框获得焦点并输入字符时，提示文字消失，如图 7.52 所示。

图 7.51　placeholder 属性的应用

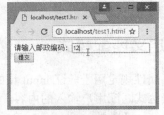

图 7.52　提示消失

7.3.11　定义必填

required 属性用于定义输入框填写的内容不能为空，否则不允许提交表单。该属性适用于 text、search、url、telephone、email、password、date pickers、number、checkbox、radio 和 file 类型的 `<input>` 标签。

【示例】下面示例使用 required 属性规定文本框必须输入内容。

```
<form action="/testform.asp" method="get">
    请输入姓名: <input type="text" name="usr_name" required="required" />
    <input type="submit" value="提交" />
</form>
```

在 Chrome 浏览器中的运行结果如图 7.53 所示。当输入框内容为空并单击"提交"按钮时，会出现"请填写此字段"的提示，只有输入内容之后才允许提交表单。

图 7.53 提示"请填写此字段"

7.4 使用新表单对象

HTML5 新增 3 个表单元素：datalist、keygen 和 output，下面分别进行说明。

7.4.1 定义数据列表

视频讲解

datalist 元素用于为输入框提供一个可选的列表，供用户输入匹配或直接选择。如果不想从列表中选择，也可以自行输入内容。

datalist 元素需要与 option 元素配合使用，每个 option 选项都必须设置 value 属性值。其中<datalist>标签用于定义列表框，<option>标签用于定义列表项。如果要把 datalist 提供的列表绑定到某输入框上，还需要使用输入框的 list 属性来引用 datalist 元素的 id。

【示例】下面示例演示了 datalist 元素和 list 属性如何配合使用。

```
<form action="testform.asp" method="get">
    请输入网址: <input type="url" list="url_list" name="weblink" />
    <datalist id="url_list">
        <option label="新浪" value="http://www.sina.com.cn" />
        <option label="搜狐" value="http://www.sohu.com" />
        <option label="网易" value="http://www.163.com" />
    </datalist>
    <input type="submit" value="提交" />
</form>
```

在 Chrome 浏览器中运行时，当用户单击输入框之后，就会弹出一个下拉网址列表，供用户选择，效果如图 7.54 所示。

图 7.54 list 属性应用

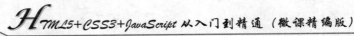

7.4.2 定义密钥对生成器

keygen 元素的作用是提供一种验证用户的可靠方法。

作为密钥对生成器，当提交表单时，keygen 元素会生成两个键：私钥和公钥。私钥存储于客户端；公钥被发送到服务器，公钥可用于之后验证用户的客户端证书。

目前，浏览器对该元素的支持不是很理想。

【示例】下面是 keygen 属性的一个应用示例。

```
<form action="/testform.asp" method="get">
    请输入用户名: <input type="text" name="usr_name" /><br>
    请选择加密强度: <keygen name="security" /><br>
    <input type="submit" value="提交" />
</form>
```

以上代码在 Chrome 浏览器中的运行结果如图 7.55 所示。在"请选择加密强度"右侧的 keygen 元素中可以选择一种密钥强度，有 2048（高强度）和 1024（中等强度）两种，在 Firefox 浏览器中也提供两个选项，如图 7.56 所示。

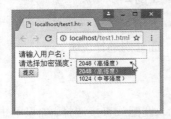

图 7.55 Chrome 浏览器提供的密钥等级　　　　图 7.56 Firefox 浏览器提供的密钥等级

7.4.3 定义输出结果

output 元素用于在浏览器中显示计算结果或脚本输出，其语法如下。

```
<output name="">Text</output>
```

【示例】下面是 output 元素的一个应用示例。该示例计算用户输入的两个数字的乘积。

```
<script type="text/javascript">
function multi(){
    a=parseInt(prompt("请输入第 1 个数字。",0));
    b=parseInt(prompt("请输入第 2 个数字。",0));
    document.forms["form"]["result"].value=a*b;
}
</script>

<body onload="multi()">
<form action="testform.asp" method="get" name="form">
    两数的乘积为: <output name="result"></output>
</form>
</body>
```

以上代码在 Chrome 浏览器中的运行结果如图 7.57 和图 7.58 所示。当页面载入时，会首先提示

"请输入第 1 个数字"，输入并单击"确定"按钮后再根据提示输入第 2 个数字。再次单击"确定"按钮后，显示计算结果，如图 7.59 所示。

图 7.57　提示输入第 1 个数字

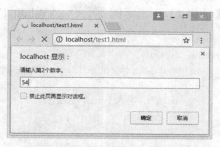

图 7.58　提示输入第 2 个数字

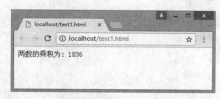

图 7.59　显示计算结果

7.5　设置表单属性

HTML5 为 form 元素新增了两个属性：autocomplete 和 novalidate，下面分别进行说明。

7.5.1　定义自动完成

视频讲解

autocomplete 属性用于规定 form 中所有元素都拥有自动完成功能。该属性在介绍 input 属性时已经介绍过，用法与之相同。

但是当 autocomplete 属性用于整个 form 时，所有从属于该 form 的控件都具备自动完成功能。如果要关闭部分控件的自动完成功能，则需要单独设置 autocomplete="off"，具体示例可参考 autocomplete 属性的介绍。

7.5.2　定义禁止验证

视频讲解

novalidate 属性规定在提交表单时不应该验证 form 或 input 域。适用于<form>标签，以及 text、search、url、telephone、email、password、date pickers、range 和 color 类型的<input>标签。

【示例 1】下面示例使用 novalidate 属性取消了整个表单的验证。

```
<form action="testform.asp" method="get" novalidate>
    请输入电子邮件地址: <input type="email" name="user_email" />
    <input type="submit" value="提交" />
</form>
```

【补充】

HTML5 为 form、input、select 和 textarea 元素定义了一个 checkValidity()方法。调用该方法，可

HTML5+CSS3+JavaScript 从入门到精通（微课精编版）

以显式地对表单内所有元素内容或单个元素内容进行有效性验证。checkValidity()方法将返回布尔值，以提示是否通过验证。

【示例2】下面示例使用 checkValidity()方法，主动验证用户输入的 Email 地址是否有效。

```
<script>
function check(){
    var email = document.getElementById("email");
    if(email.value==""){
        alert("请输入 Email 地址");
        return false;
    }
    else if(!email.checkValidity()){
        alert("请输入正确的 Email 地址");
        return false;
    }
    else
        alert("您输入的 Email 地址有效");
}
</script>

<form id=testform onsubmit="return check();" novalidate>
    <label for=email>Email</label>
    <input name=email id=email type=email /><br/>
    <input type=submit>
</form>
```

提示：在 HTML5 中，form 和 input 元素都有一个 validity 属性，该属性返回一个 ValidityState 对象。该对象具有很多属性，其中最简单、最重要的属性为 valid 属性，它表示表单内所有元素内容是否有效或单个 input 元素内容是否有效。

7.6 在线练习

练习表单结构设计和基本行为的控制。

在 线 练 习

综合演练：设计网站结构

本章主要通过一个博客网站的制作，展示如何合理运用 HTML5 中各种结构元素搭建一个语义清晰、结构分明的网站。由于本章所涉及的内容比较多，因此仅对主要结构和设计思路进行介绍，详细内容以源代码为准。

【学习要点】

▶▶ 熟悉 HTML5 网站搭建流程。

▶▶ 正确使用 HTML5 结构标签。

8.1 准 备 工 作

掌握了 HTML5 的文档结构、结构元素，以及大纲的生成原则之后，读者就可以学习如何使用这些基础知识来搭建一个语义清晰、结构分明的 HTML5 网站了。

本例主要演示了一个使用 HTML5 中的各种结构元素来构建博客网站，旨在通过该案例帮助读者触类旁通，充分了解 HTML5 中的各种结构元素的作用、使用场合，以及使用方法，从而构建出与之相类似的、结构分明的、语义清晰的 HTML5 网站。

在学习本章案例之前，读者需要先熟悉 HTML5 网页结构、HTML5 新增的结构元素，这些结构元素的作用与使用场合是什么，HTML5 中的网页大纲是什么，这些结构元素会在网页大纲的生成过程中起到什么样的作用，一份网页大纲是根据什么原则生成的。详细讲解可以参考第 2 章内容。

8.2 设 计 首 页

本节重点介绍首页的设计过程，以及代码实现。

8.2.1 首页分析

视频讲解

下面先来看一下本例博客首页在浏览器中的显示效果，如图 8.1 所示。

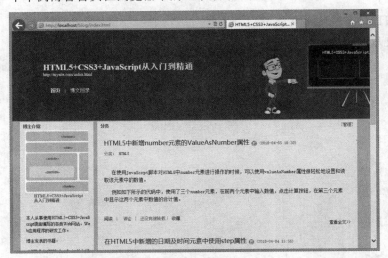

图 8.1 博客首页

首页主要分为 4 个部分：第一部分为网页标题部分，显示该博客网站的网站标题与网站导航链接；第二部分为网页侧边栏，显示博主自我介绍内容、博客中文章的所有分类链接，以及网友对博客中文章的最新评论；第三部分为由博客中文章摘要组成的文章列表，即该博客首页中的主要内容；第四部分为页面底部的版权信息显示部分。该页面的主体结构如图 8.2 所示。

在 http://gsnedders.html5.org/outliner/页面在线提交本示例文档，梳理文档的层次结构，则形成如图 8.3 所示的大纲。

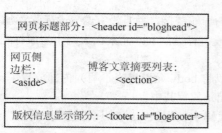

图 8.2 博客首页的结构图

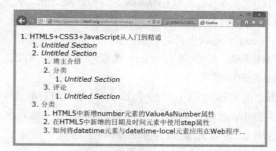

图 8.3 博客首页生成的大纲

接下来将详细介绍如何在首页中使用各种结构元素来搭建整体网页结构，以及在大纲中为什么会有几个说明为"Untitled Section"的节，出现这样的节是否是正常的、合理的。

8.2.2 构建网页标题

首先来看一下首页中用来显示网站标题与网站导航的网页标题部分，该部分的页面显示效果如图 8.4 所示。

图 8.4 博客首页标题部分效果图

根据第 2 章所学知识，header 元素是一种具有引导和导航作用的结构元素，通常用来放置整个页面或页面内的一个 article 元素或 section 元素的标题。在博客首页中，一般将博客的标题与整个网站的导航链接作为整体网页的标题放置在 header 元素中。

另外，在 header 元素内部使用了一个 nav 元素。如前所述，nav 元素是一个可以作为页面导航的链接组，其中的导航元素链接到其他页面，或者当前页面的其他部分，这里将整个网站的导航链接放在该 nav 元素中。该部分的结构代码如下所示。

```html
<header id="bloghead">
    <div id="blogTitle">
        <h1 id="blogname">HTML5+CSS3+JavaScript 从入门到精通</h1>
        <div id="bloglink">http://mysite.com/index.html</div>
    </div>
    <nav id="blognav">
        <ul id="blognavInfo">
            <li><a href="http://mysite.com/index.html" id="on">首页</a></li>
            <li><a href="http://mysite.com/list.html">博文目录</a></li>
        </ul>
    </nav>
</header>
```

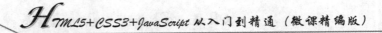

由于该网页使用了一个 header 元素来显示网页标题，并且在 header 元素的内部使用了 h1 元素，元素中的文字为"HTML5+CSS3+JavaScript 从入门到精通"，因此整个大纲的标题为"1. HTML5+CSS3+JavaScript 从入门到精通"。

在 header 元素内部，使用 nav 元素来显示整个网站的导航链接，并且没有给 nav 元素添加标题，在 HTML 5 中，并不强求对 nav 元素添加标题，所以这个没有标题的 nav 元素在大纲中生成标题为"1. Untitled Section"的节。

在上面这段代码中，整个 body 元素（HTML5 中可以将 body 元素省略不写）内部放置了一个作为容器的 div 元素，以显示该网页的背景图，然后将 header 放置其中。

使用 ul 列表元素来显示网站导航链接，并在样式代码中使用 list-style 属性控制列表编号不被显示。

8.2.3　构建侧边栏

接下来看一下该网页中用来显示博主介绍、博客中所有文章分类，以及网友评论的侧边栏部分。该部分在浏览器中的显示结果如图 8.5 所示。

图 8.5　博客侧边栏效果图

该部分的结构如下所示：

```html
<aside>
    <section id="conn1">
        <header id="connHead1">
            <h1>子栏目标题</h1>
        </header>
        <div id="connBody1">
            ……
        </div>
        <div id="connFoot1"></div>
    </section>
    ……
</aside>
```

前面介绍过，在 HTML5 中，aside 元素专门用来表示当前页面或文章的附属信息部分，它可以包含与当前页面或主要内容相关的引用、侧边栏、广告、导航条，以及有别于主要内容的部分。

在博客首页中，可以将博主介绍、博主的联系信息、博客文章的分类、最近访问的网友信息、网友对博客文章的评论、相关文章的链接、其他网站的友情链接等很多与网站相关的，但不能包含在当前网页的主体内容中的其他附属内容，放置在 aside 元素中。

在本例中，将博主介绍、博客文章分类，及其链接，当单击这个链接后，将主画面跳转到该分类的文章目录显示画面；网友评论，及其链接，当单击这个链接后，将跳转到被评论的文章显示画面，放在了侧边栏中。

侧边栏详细代码请参考本节示例源代码中的 index.html。

HTML5 会根据一个 aside 元素在大纲中生成与之对应的一个节。在本例中，由于没有对侧边栏添加标题，因为在 HTML5 中不强求对侧边栏添加标题，而且侧边栏位于整体网页结构中的第二部分，因此在大纲中生成标题为 "2. Untitled Section" 的节。

在 aside 元素中，因为使用了 3 个 section 元素，分别显示博主介绍、博客文章分类、网友评论这 3 个栏目的内容，并且 3 个 section 元素内部都有一个 header 元素，在 header 元素内部都使用了 h1 标题元素，标题文字分别为 "博主介绍" "分类" "评论"，所以在大纲中的侧边栏一节内部分别生成 3 个标题的节，如图 8.6 所示。

在博客文章分类栏目与网友评论栏目中使用了两个 nav 元素来分别显示博客文章的分类及其链接与网友的评论及其链接，所以在大纲中，根据两个 nav 元素分别生成两个标题为 "1. Untitled Section" 的节。

在博主介绍栏目中，使用 figure 元素来显示博主头像。在 HTML5 中，figure 元素用来表示网页上一块独立的内容，将其从网页上移除后不会对网页上的其他内容产生任何影响。figure 元素所表示的内容可以是图片、统计图或代码示例。

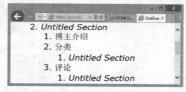

图 8.6　侧边栏的 3 个标题节

figcaption 元素表示 figure 元素的标题，它从属于 figure 元素，必须书写在 figure 元素内部，可以书写在 figure 元素内的其他从属元素的前面或后面。一个 figure 元素内最多允许放置一个 figcaption 元素，但允许放置多个其他元素。

本例中 figure 元素中的代码如下所示。

```
<figure> <img src="images\html5.jpg" alt="HTML5+CSS3+JavaScript 从入门到精通">
    <figcaption>HTML5+CSS3+JavaScript 从入门到精通</figcaption>
</figure>
```

可以在样式代码中分别指定 figure 元素与 figcaption 元素的样式。

在网友评论栏目中，使用 time 元素与 pubdate 属性来显示每篇评论的发布时间。在 HTML5 中，time 元素代表 24 小时中的某个时刻或某个日期，time 元素的 putdate 属性代表了评论的发布日期和时间，代码类似下面所示。

```
<time datetime="2018-04-01T16:59" pubdate>04-01 16:59</time>
```

整个侧边栏放置于<div id="blogbody">容器中，使用它将该网页中第二行（包括左边的侧边栏区域与右边的文章摘要列表区域）与网页顶部的标题区域，以及网页底部的脚注区域（显示版权信息的 footer 元素）区分开来。

在<div id="blogbody">容器内部，又使用<div id="column_1">子容器，将左边的侧边栏部分与右边的网页主体部分进行区分。结构位置关系如下面代码：

视频讲解

```
<div id="blog">
    <header id="bloghead">[标题栏]</header>
    <div id="blogbody">
        <div id="column_1">
            <aside>[侧边栏]</aside>
        </div>
        <div id="column_2">[主体内容区域]</div>
    </div>
    <footer    id="blogfooter">[版权栏]</footer>
</div>
```

8.2.4　构建主体内容

博客首页中的主体内容部分在浏览器中的显示结果如图 8.7 所示。

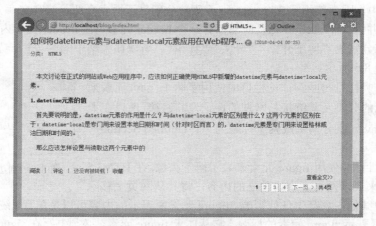

图 8.7　主体内容区域效果

该部分的整体内容被放置在一个 section 元素中，即文章摘要列表显示部分。该部分 section 元素的内部结构如下所示。

```
<div id="column_2">
    <section id="conn4">
        <header id="connHead4">
            <h1>分类</h1>
            <span id="edit2"><a href="#">[<cite>管理</cite>]</a></span> </header>
        <div id="connBody4">
            <div id="bloglist">
                <section>
                    <header>
                        <div id="blog_title_h1">
                            <h1 id="blog_title1"> <a href="#" target="_blank"></a> </h1>
                            <img title="此博文包含图片" src="#" id="icon1">
                            <time datetime="2018-04-05T18:30" pubdate> </time>
                        </div>
                        <div id="articleTag1"> <span id="txtb1">分类：</span> <a href="#"> </a> </div>
                    </header>
                    <div id="content1">
```

```
                        <p></p>
                    </div>
                    <footer id="tagMore1">
                        <div id="tag_txtc1"> <a href="#">阅读</a>  ┊   <a href="#">评论
</a>  ┊  还没有被转载 ┊  <a href="#">收藏</a>  </div>
                        <div id="more1"> <span id="smore1"><a href="#">查看全文</a>&gt;&gt;</span> </div>
                    </footer>
                </section>
                    ……
                </div>
            </div>
            <div id="connFoot4"> </div>
        </section>
    </div>
```

在这个 section 元素内部，使用 1 个 header 元素、4 个 section 元素、1 个 footer 元素，其中 header 元素的标题为"分类"，所以在大纲中生成标题为"3. 分类"的节。

这个 section 元素内部的 3 个 section 子元素中又各自有一个 header 元素，其中都存放了一个显示标题的 h1 的元素，标题分别显示为文章标题的名称，所以在大纲中分别生成标题如图 8.8 所示的 3 个节。

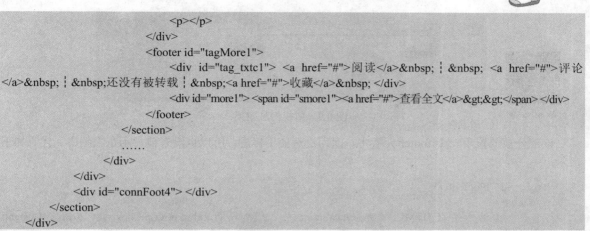

图 8.8 主体内容区域大纲结构

另外，3 个 section 元素中又各自有一个 footer 元素，存放每篇文章的阅读链接（单击链接后打开该文章）、评论链接（单击链接后打开该文章并跳转到评论部分）、被转载次数与收藏链接（单击链接后收藏该文章）。

在显示网页主体内容部分的 section 元素的结尾处又使用了一个 footer 元素，显示对文章摘要列表进行分页。由于 footer 元素中没有标题元素用于生成大纲，所以在大纲中没有根据这些 footer 元素生成任何节。代码如下所示：

```
<footer   id="SG_page">
    <ul id="SG_pages">
        <li id="SG_pgon" title="当前所在页">1</li>
        <li title="跳转至第 2 页"><a href="#">2</a></li>
        <li title="跳转至第 3 页"><a href="#">3</a></li>
        <li title="跳转至第 4 页"><a href="#">4</a></li>
        <li id="SG_pgnext" title="跳转至第 2 页"><a href="#">下 1 页 &gt;</a></li>
        <li id="SG_pgttl" title="">共 4 页</li>
    </ul>
</footer>
```

8.2.5　构建版权信息

最后来看一下该页面中位于网页底部的版权信息显示部分，该部分在浏览器中的显示效果如图 8.9 所示。

视频讲解

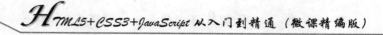

示例效果

图 8.9　版权信息效果

该部分被放置于一个 footer 元素中，因为没有使用标题，所以也没有被显示在大纲中。代码如下所示：

```
<footer  id="blogfooter">
    <div>
        <p>版权所有:HTML5+CSS3+JavaScript 从入门到精通  Copyright 2018 All Rights
Reserved</p>
    </div>
    <div>联系 QQ:66668888  联系电话：13066668888</div>
</footer>
```

8.3　设计详细页

视频讲解

在博客网站中打开某篇文章时，将显示该文章的详细显示页面，该页面在浏览器中的显示效果如图 8.10 所示。

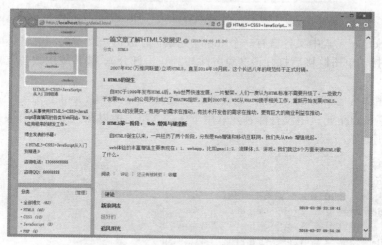

图 8.10　详细页效果

该页面与博客首页的结构基本相似，主要分为 4 个部分：

第 1 部分为网页标题部分，显示该博客网站的网站标题、网站链接与网站导航。第二部分为网页侧边栏，显示博主自我介绍内容、博客文章的所有分类链接，以及网友对博客中文章的最新评论。这两部分与首页中的网页标题部分及侧边栏部分完全相同。第三部分为查看文章的内容，及网友评论部分，也是该页面的主要内容。第四部分为页面底部显示的版权信息内容部分。

该页面的主体结构也与博客首页的主体结构大致相同，只是在博客首页中使用 section 元素来显示文章摘要列表，而在文章显示页面中使用 section 元素来显示文章内容与网友的评论内容。该页面的主体结构如下所示：

```
<div id="blog">
    <header id="bloghead">
        <div id="blogTitle">
            <h1 id="blogname">[标题栏]</h1>
        </div>
        <nav id="blognav">
            <ul id="blognavInfo">
                <li>[导航栏]</li>
            </ul>
        </nav>
    </header>
    <div id="blogbody">
        <div id="column_1">
            <aside>[侧边栏]</aside>
        </div>
        <div id="column_2">
            <section id="conn4">
                <header id="connHead4">
                    <h1>分类</h1>
                </header>
                <div id="connBody5">
                    <article id="bloglist">
                        <header>
                            <div id="blog_title_h1">
                                <h1 id="blog_title1">[文章标题栏]</h1>
                            </div>
                        </header>
                        <div id="content1">
                            <p>[文章正文]</p>
                        </div>
                        <div id="tagMore1">
                        </div>
                        <section>
                            <div id="allComm">
                                <div id="allCommTit1"><strong>
                                    <h4>[评论标题栏]</h4>
                                    </strong> </div>
                                <ul id="cmp_revert">
                                    <li id="linedot1">[评论列表]</li>
                                </ul>
                            </div>
                            <div id="writeComm">
                                <iframe src="writeComm.html" width="90%" height="300"> </iframe>
                            </div>
                        </section>
                    </article>
                </div>
```

```
                    </section>
                </div>
            </div>
            <footer   id="blogfooter">
                <div>
                    <p>[版权信息]</p>
                </div>
            </footer>
        </div>
```

根据文章显示页面生成的大纲如图 8.11 所示。

示例效果

图 8.11　详细页大纲

网页标题部分与侧边栏部分如何生成大纲，在上面已经介绍过，这里不再赘述。接下来介绍该页面中的主体部分，即文章内容及网友评论部分中是如何使用各种结构元素来搭建该部分的组织结构，并生成这个大纲的。

该部分的整体内容被放置在 1 个 section 元素中，该 section 元素的内部结构如下面代码所示。

```html
<section id="conn4">
    <header id="connHead4">
        <h1>分类</h1>
        <span id="edit1"><a href="#">[<cite>管理</cite>]</a></span> </header>
    <div id="connBody5">
        <article id="bloglist">
            <header>
                <div id="blog_title_h1">
                    <h1 id="blog_title1"> <a href="#">1 篇文章了解 HTML5 发展史</a> </h1>
                    <img title="此博文包含图片" src="images/preview.gif" id="icon1">
                    <time datetime="2018-04-05T18:30" pubdate>(2018-04-05 18:30)</time>
                </div>
                <div id="articleTag1"> <span id="txtb1">分类： </span> <a href="#">HTML5</a> </div>
            </header>
            <div id="content1">
                <p>   2007 年 W3C(万维网联盟)立项 HTML5，直至 2014 年 10 月底，
这个长达八年的规范终于正式封稿。</p>
                ……
            </div>
            <div id="tagMore1">
                <div id="tag_txtc1"> <a href="#">阅读</a> ┊   <a href="#">评论</a> ┊
 还没有被转载 ┊  <a href="javascript:;" onclick="return false;">收藏</a>  </div>
            </div>
            <section>
```

```
            <div id="allComm">
                <div id="allCommTit1"> <strong>
                    <h4>评论</h4>
                    </strong> </div>
                <ul id="cmp_revert">
                    <li id="linedot1">
                        <div id="revert_Cont1">
                            <p> <span id="revert_Tit1">新浪网友</span> <span id="revert_Time1">
                                <time datetime="2018-03-26T23:18:41" pubdate>2018-03-26
                                    23:18:41</time>
                                  </span> </p>
                            <div id="revert_Inner_txtb1">挺好的</div>
                        </div>
                    </li>
                    ……
                </ul>
            </div>
            <div id="writeComm">
                <iframe src="writeComm.html" width="90%" height="300"> </iframe>
            </div>
        </section>
    </article>
</div>
</section>
```

在显示文章内容与评论部分的 section 元素中，首先使用了 1 个 header 元素，在该元素内部使用了 1 个文字为"分类"的标题元素 h1，所以在大纲中生成 1 个标题为"3. 分类"的节。

在 header 元素后面紧接着使用了 1 个 article 元素，用来显示文章内容与网友评论。在这个 article 元素内部使用了 1 个 header 元素，在该元素内部又使用了 1 个标题元素 h1，所以在大纲中生成 1 个标题为"1.1 篇文章了解 HTML5 发展史"的节。

在 article 元素内部，在 header 元素后面显示了标题为"1 篇文章了解 HTML5 发展史"的文章的全部内容，在文章叙述完毕之后使用了 1 个 section 元素，在这个元素内部又使用了 1 个 header 元素。在这个 header 元素之中又使用了 1 个文字为"评论"的标题元素 h4，所以在大纲中生成 1 个标题为"1.评论"的节。

另外，在标题为"评论"的 section 元素中使用了 1 个 iframe 内嵌网页，在该网页中使用了 1 个表单，在该表单中放置了 1 个用来写评论内容的 textarea 元素，以及 1 个用来提交评论内容的"发评论"按钮。

8.4 在 线 练 习

练习使用 HTML5 元素设计网页文档的各种技巧。

在 线 练 习

第 **9** 章

CSS3 基础

CSS（Cascading Style Sheet）表示层叠样式表，定义如何渲染 HTML 标签，设计网页显示效果。使用 CSS 可以实现网页内容与表现的分离，以便提升网页执行效率，方便后期管理和代码维护。

【学习要点】
▶▶ 了解 CSS 发展历史。
▶▶ 熟悉 CSS 基本语法和用法。
▶▶ 灵活使用 CSS 选择器。
▶▶ 了解 CSS 基本特性。

9.1 CSS 历史

早期的 HTML 结构和样式是混在一起的，通过 HTML 标签组织内容，通过标签属性设置显示效果，这就造成了网页代码混乱不堪，代码维护也变得不堪重负。

1994 年年初，哈坤·利提出了 CSS 的最初建议。伯特·波斯（Bert Bos）当时正在设计一款 Argo 浏览器，于是他们一拍即合，决定共同开发 CSS。

1994 年年底，哈坤在芝加哥的一次会议上第一次展示了 CSS 的建议，1995 年他与波斯一起再次展示这个建议。当时 W3C（World Wide Web Consortium，万维网联盟）组织刚刚成立，W3C 对 CSS 的前途很感兴趣，为此组织了一次讨论会，哈坤和波斯是这个项目的主要技术负责人。

1996 年年底，CSS 语言正式设计完成，同年 12 月 CSS 的第一版本被正式发布（http://www.w3.org/TR/CSS1/）。

1997 年年初，W3C 组织专门负责 CSS 的工作组，负责人是克里斯·里雷。于是该工作组开始讨论第一个版本中没有涉及的问题。

1998 年 5 月，CSS2 版本正式发布（http://www.w3.org/TR/CSS2/）。

2002 年，W3C 的 CSS 工作组启动了 CSS2.1 开发。这是 CSS2 的修订版，它纠正 CSS2.0 版本中的一些错误，并且更精确地描述了 CSS 的浏览器实现。

2004 年，CSS2.1 正式发布。

2006 年年底，进一步完善 CSS2.1。CSS2.1 也成为目前最流行、获得浏览器支持最完整的版本，它更准确地反映了 CSS 当前的状态。

CSS3 开发工作在 2000 年之前就开始了，但是距离最终的发布还有相当长的路要走，为了提高开发速度，也为了方便各主流浏览器根据需要渐进式支持，CSS3 按模块化进行全新设计，这些模块可以独立发布和实现，这也为日后 CSS 的扩展奠定了基础。

到目前为止，CSS3 还没有推出正式的完整版，但是已经陆续推出了不同的模块，这些模块已经被大部分浏览器支持或部分实现。

CSS3 属性支持情况请访问 http://fmbip.com/litmus/详细了解。可以看出，完全支持 CSS3 属性的浏览器包括 Chrome 和 Safari。

CSS3 选择器支持情况请访问 http://fmbip.com/litmus/详细了解。除了 IE 早期版本和 Firefox 3，其他主流浏览器几乎全部支持，如 Chrome、Safari、Firefox、Opera。

> **提示：** 部分浏览器允许使用私有属性支持 CSS3 的新特性，简单说明如下：
> ☑ Webkit 类型浏览器的（如 Safari、Chrome）的私有属性是以-webkit-前缀开始。
> ☑ Gecko 类型的浏览器（如 Firefox）的私有属性是以-moz-前缀开始。
> ☑ Konqueror 类型的浏览器的私有属性是以-khtml-前缀开始。
> ☑ Opera 浏览器的私有属性是以-o-前缀开始。
> ☑ Internet Explorer 浏览器的私有属性是以-ms-前缀开始，IE 8+支持-ms-前缀。

9.2 初用 CSS

CSS 是一种标识语言，可以在任何文本编辑器中编辑。下面简单介绍 CSS 的基本用法。

9.2.1 CSS 样式

CSS 的语法单元是样式，每个样式包含两部分内容：选择器和声明（或称为规则），如图 9.1 所示。

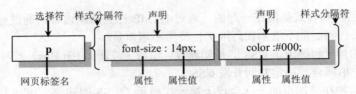

图 9.1 CSS 样式基本格式

☑ 选择器（Selector）：指定样式作用于哪些对象，这些对象可以是某个标签、指定 Class 或 ID 值的元素等。浏览器在解析这个样式时，根据选择器来渲染对象的显示效果。

☑ 声明（Declaration）：指定浏览器如何渲染选择器匹配的对象。声明包括两部分：属性和属性值，并用分号来标识一个声明的结束，在一个样式中最后一个声明可以省略分号。所有声明被放置在一对大括号内，然后位于选择器的后面。

☑ 属性（Property）：CSS 预设的样式选项。属性名是一个单词或多个单词组成，多个单词之间通过连字符相连。这样能够很直观地了解属性所要设置样式的类型。

☑ 属性值（Value）：定义显示效果的值，包括值和单位，或者仅定义一个关键字。

【示例】下面示例简单演示了如何在网页中设计 CSS 样式。

第 1 步，启动 Dreamweaver，新建一个网页，保存为 test.html。

第 2 步，在<head>标签内添加<style type="text/css">标签，定义一个内部样式表。

第 3 步，在<style>标签内输入下面样式代码，定义网页字体大小为 24 像素，字体颜色为白色。

```
body{font-size: 24px; color: #fff;}
```

第 4 步，输入下面样式代码，定义段落文本的背景色为蓝色。

```
p { background-color: #00F; }
```

第 5 步，在<body>标签内输入下面一段话，然后在浏览器中预览，则效果如图 9.2 所示。

图 9.2 使用 CSS 定义段落文本样式

```
<body>
<p>莫等闲，白了少年头，空悲切。 </p>
</body>
```

9.2.2 引入 CSS 样式

在网页中，有 3 种方法可以正确引入 CSS 样式，让浏览器能够识别和解析。

☑ 行内样式

把 CSS 样式代码置于标签的 style 属性中，例如：

```
<span style="color:red;">红色字体</span>
<div style="border:solid 1px blue; width:200px; height:200px;"></div>
```

这种用法没有真正把 HTML 结构与 CSS 样式分离出来，一般不建议大规模使用。除非为页面中某个元素临时设置特定样式。

☑ 内部样式

```
<style type="text/css">
body {/*页面基本属性*/
    font-size: 12px;
    color: #CCCCCC;
}
/*段落文本基础属性*/
p { background-color: #FF00FF; }
</style>
```

把 CSS 样式代码放在<style>标签内。这种用法也称为网页内部样式。该方法适合为单页面定义 CSS 样式，不适合为一个网站，或多个页面定义样式。

内部样式一般位于网页的头部区域，目的是让 CSS 源代码早于页面源代码下载并被解析，避免当网页下载之后，还无法正常显示。

☑ 外部样式

把样式放在独立的文件中，然后使用<link>标签或者@import 关键字导入。一般网站都采用这种方法来设计样式，真正实现 HTML 结构和 CSS 样式的分离，以便统筹规划、设计、编辑和管理 CSS 样式。

9.2.3 CSS 样式表

样式表是一个或多个 CSS 样式组成的样式代码段。样式表包括内部样式表和外部样式表，它们没有本质不同，只是存放位置不同。

视频讲解

内部样式表包含在<style>标签内，一个<style>标签就表示一个内部样式表，而通过标签的 style 属性定义的样式属性就不是样式表。如果一个网页文档中包含多个<style>标签，就表示该文档包含了多个内部样式表。

如果 CSS 样式被放置在网页文档外部的文件中，则称为外部样式表，一个 CSS 样式表文档就表示一个外部样式表。实际上，外部样式表也就是一个文本文件，其扩展名为.css。当把不同的样式复制到一个文本文件中后，另存为为.css 文件，它就是一个外部样式表。

在外部样式表文件顶部可以定义 CSS 源代码的字符编码。例如，下面代码定义样式表文件的字符编码为中文简体。

```
@charset "gb2312";
```

如果不设置 CSS 文件的字符编码，可以保留默认设置，则浏览器会根据 HTML 文件的字符编码来解析 CSS 代码。

9.2.4 导入外部样式表

外部样式表文件可以通过两种方法导入到 HTML 文档中。

1. 使用\<link\>标签

使用\<link\>标签导入外部样式表文件的代码如下：

```
<link href="001.css" rel="stylesheet" type="text/css" />
```

该标签必须设置的属性说明如下：
- ☑ href：定义样式表文件 URL。
- ☑ type：定义导入文件类型，同 style 元素一样。
- ☑ rel：用于定义文档关联，这里表示关联样式表。

2. 使用@import 关键字

在\<style\>标签内使用@import 关键字导入外部样式表文件的方法如下：

```
<style type="text/css">
@import url("001.css");
</style>
```

在@import 关键字后面，利用 url()函数包含具体的外部样式表文件的地址。

9.2.5　CSS 格式化

在 CSS 中增加注释很简单，所有被放在"/*"和"*/"分隔符之间的文本信息都被称为注释。例如：

```
/* 注释 */
```

或

```
/*
注释
*/
```

在 CSS 中，各种空格是不被解析的，因此用户可以利用 Tab 键、空格键对样式表和样式代码进行格式化排版，以方便阅读和管理。

9.2.6　CSS 属性

CSS 属性众多，在 W3C CSS2.0 版本中共有 122 个标准属性（http://www.w3.org/TR/CSS2/propidx.html），在 W3C CSS2.1 版本中共有 115 个标准属性（http://www.w3.org/TR/CSS21/propidx.html），其中删除了 CSS2.0 版本中的 7 个属性：font-size-adjust、font-stretch、marker-offset、marks、page、size 和 text-shadow。在 W3C CSS3 版本中又新增加了 20 多个属性（http://www.w3.org/Style/CSS/current-work#CSS3）。

本节不准备逐个介绍每个属性的用法，我们将在后面各章节中详细说明，用户也可以参考 CSS3 参考手册具体了解。

9.2.7　CSS 属性值

CSS 属性取值比较多，具体类型包括长度、角度、时间、频率、布局、分辨率、颜色、文本、函数、生成内容、图像和数字等。常用的是长度值，其他类型值将在相应属性中具体说明。

下面重点介绍一下长度值，长度值包括两类：

1．绝对值

绝对值在网页中很少使用，一般用在特殊的场合。常见绝对单位包括：

☑　英寸（in）：使用最广泛的长度单位。

☑　厘米（cm）：最常用的长度单位。

☑　毫米（mm）：在研究领域使用广泛。

☑　磅（pt）：也称点，在印刷领域使用广泛。

☑　pica（pc）：在印刷领域使用广泛。

2．相对值

根据屏幕分辨率、可视区域、浏览器设置，以及相关元素的大小等因素确定值的大小。常见相对单位包括：

（1）em

em 表示字体高度，它能够根据字体的 font-size 值来确定大小，例如：

```
p{/*设置段落文本属性*/
    font-size:12px;
    line-height:2em;/*行高为 24px*/
}
```

从上面样式代码中可以看出：一个 em 等于 font-size 的属性值，如果设置 font-size:12pt，则 line-height:2em 就会等于 24pt。如果设置 font-size 属性的单位为 em，则 em 的值将根据父元素的 font-size 属性值来确定。例如，定义如下 HTML 局部结构。

```
<div id="main">
    <p>em 相对长度单位使用</p>
</div>
```

再定义如下样式：

```
#main {    font-size:12px;}
p {font-size:2em;} /*字体大小将显示为 24px*/
```

同理，如果父对象的 font-size 属性的单位也为 em，则将依次向上级元素寻找参考的 font-size 属性值，如果都没有定义，则会根据浏览器默认字体进行换算，默认字体一般为 16px。

（2）ex

ex 表示字母 x 的高度。

（3）px

px 根据屏幕像素点来确定大小。这样不同的显示分辨率就会使相同取值的 px 单位所显示出来的效果截然不同。

（4）%

%（百分比）也是一个相对单位值。百分比值总是通过另一个值来确定当前值，一般参考父对象中相同属性的值。例如，如果父元素宽度为 500px，子元素的宽度为 50%，则子元素的实际宽度为 250px。

9.3　元素选择器

元素选择器包括标签选择器、类选择器、ID 选择器和通配选择器。

9.3.1　标签选择器

标签选择器也称为类型选择器，它直接引用 HTML 标签名称，用来匹配同名的所有标签。

☑　优点：使用简单，直接引用，不需要为标签添加属性。

☑　缺点：匹配的范围过大，精度不够。

因此，一般常用标签选择器重置各个标签的默认样式。

【示例】下面示例统一定义网页中段落文本的样式为：段落内文本字体大小为 12 像素，字体颜色为红色。实现该效果，可以考虑选用标签选择器定义如下样式。

```css
p {
    font-size:12px;                    /* 字体大小为 12 像素 */
    color:red;                         /* 字体颜色为红色 */
}
```

9.3.2　类选择器

类选择器以点号（.）为前缀，后面是一个类名。应用方法：在标签中定义 class 属性，然后设置属性值为类选择器的名称。

☑　优点：能够为不同标签定义相同样式；使用灵活，可以为同一个标签定义多个类样式。

☑　缺点：需要为标签定义 class 属性，影响文档结构，操作相对麻烦。

【示例】下面示例演示如何在对象中应用多个样式类。

第 1 步，新建 HTML5 文档，保存为 test.html。

第 2 步，在<head>标签内添加<style type="text/css">标签，定义一个内部样式表。

第 3 步，在<style>标签内输入下面样式代码，定义 3 个类样式：red、underline 和 italic。

```css
/* 颜色类 */
.red { color: red; }                       /* 红色 */
/* 下划线类 */
.underline { text-decoration: underline; }  /*下划线 */
/* 斜体类 */
.italic { font-style: italic; }
```

第 4 步，在段落文本中分别引用这些类，其中第 2 段文本标签引用了 3 个类，演示效果如图 9.3 所示。

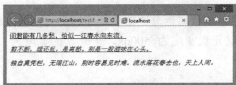

图 9.3　多类应用效果

```
<p class="underline">问君能有几多愁，恰似一江春水向东流。</p>
<p class="red italic underline">剪不断，理还乱，是离愁。别是一般滋味在心头。</p>
<p class="italic">独自莫凭栏，无限江山，别时容易见时难。流水落花春去也，天上人间。</p>
```

9.3.3 ID 选择器

ID 选择器以井号（#）为前缀，后面是一个 ID 名。应用方法：在标签中定义 id 属性，然后设置属性值为 ID 选择器的名称。

☑ 优点：精准匹配。

☑ 缺点：需要为标签定义 id 属性，影响文档结构，相对于类选择器，缺乏灵活性。

【示例】下面示例演示如何在文档中应用 ID 选择器。

第 1 步，启动 Dreamweaver，新建一个网页，在<body>标签内输入<div>标签。

```
<div id="box">问君能有几多愁，恰似一江春水向东流。</div>
```

第 2 步，在<head>标签内添加<style type="text/css">标签，定义一个内部样式表。

第 3 步，输入下面样式代码，为该盒子定义固定的宽和高，并设置背景图像，以及边框和内边距大小。

```
#box {/* ID 样式   */
    background:url(images/1.png) center bottom;        /* 定义背景图像并居中、底部对齐 */
    height:200px;                                      /* 固定盒子的高度 */
    width:400px;                                       /* 固定盒子的宽度 */
    border:solid 2px red;                              /* 边框样式 */
    padding:100px;                                     /* 增加内边距 */
}
```

第 4 步，在浏览器中预览，效果如图 9.4 所示。

图 9.4 ID 选择器的应用

提示：不管是类选择器，还是 ID 选择器，都可以指定一个限定标签名，用于限定它们的应用范围。例如，针对上面示例，在 ID 选择器前面增加一个 div 标签，这样 div#box 选择器的优先级会大于#box 选择器的优先级。在同等条件下，浏览器会优先解析 div#box 选择器定义的样式。对于类选择器，也可以使用这种方式限制类选择器的应用范围，并增加其优先级。

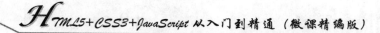

9.3.4　通配选择器

通配选择器使用星号（*）表示，用来匹配文档中的所有标签。

【示例】使用下面样式可以清除所有标签的边距。

```
* { margin: 0; padding: 0; }
```

9.4　关系选择器

当把两个简单的选择器组合在一起就形成了一个复杂的关系选择器，通过关系选择器可以精确匹配 HTML 结构中特定范围的元素。

9.4.1　包含选择器

包含选择器通过空格连接两个简单的选择器，前面选择器表示包含的对象，后面选择器表示被包含的对象。

- ☑　优点：可以缩小匹配范围。
- ☑　缺点：匹配范围相对较大，影响的层级不受限制。

【示例】启动 Dreamweaver，新建一个网页，在\<body\>标签内输入如下结构：

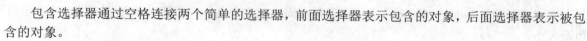

```
<div id="wrap">
    <div id="header">
        <p>头部区域段落文本</p>
    </div>
    <div id="main">
        <p>主体区域段落文本</p>
    </div>
</div>
```

在\<head\>标签内添加\<style type="text/css"\>标签，定义一个内部样式表。然后定义样式，希望实现如下设计目标：

- ☑　定义\<div id="header"\>包含框内的段落文本字体大小为 14 像素。
- ☑　定义\<div id="main"\>包含框内的段落文本字体大小为 12 像素。

这时可以利用包含选择器来快速定义样式，代码如下：

```
#header p { font-size:14px;}
#main p {font-size:12px;}
```

9.4.2　子选择器

子选择器使用尖角号（>）连接两个简单的选择器，前面选择器表示包含的父对象，后面选择器表示被包含的子对象。

- ☑　优点：相对包含选择器，匹配的范围更小，从层级结构上看，匹配目标更明确。
- ☑　缺点：相对于包含选择器，匹配范围有限，需要熟悉文档结构。

【示例】新建网页，在<body>标签内输入如下结构：

```
<h2><span>虞美人·春花秋月何时了</span></h2>
<div><span>春花秋月何时了？往事知多少。小楼昨夜又东风，故国不堪回首月明中。雕栏玉砌应犹在，只
是朱颜改。问君能有几多愁？恰似一江春水向东流。</span></div>
```

在<head>标签内添加<style type="text/css">标签，在内部样式表中定义所有 span 元素的字体大小
为 18 像素，再用子选择器定义 h2 元素包含的 span 子元素的字体大小为 28 像素。

```
span { font-size: 18px; }
h2 > span { font-size: 28px; }
```

在浏览器中预览，显示效果如图 9.5 所示。

图 9.5 子选择器应用

9.4.3 相邻选择器

相邻选择器使用加号（+）连接两个简单的选择器，前面选择器指定相邻的前面一个元素，后面
选择器指定相邻的后面一个元素。

☑ 优点：在结构中能够快速、准确地找到同级、相邻元素。

☑ 缺点：使用前需要熟悉文档结构。

【示例】下面示例通过相邻选择器快速匹配出标题下面相邻的 p 元素，并设计其包含的文本居中
显示，效果如图 9.6 所示。

```
<style type="text/css">
h2, h2 + p { text-align: center; }
</style>
<h2>虞美人·春花秋月何时了</h2>
<p>李煜 </p>
<p>春花秋月何时了？往事知多少。小楼昨夜又东风，故国不堪回首月明中。 </p>
<p>雕栏玉砌应犹在，只是朱颜改。问君能有几多愁？恰似一江春水向东流。 </p>
```

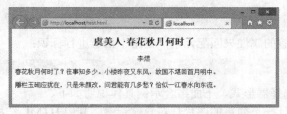

图 9.6 相邻选择器的应用

如果不使用相邻选择器，用户需要使用类选择器来设计，这样就相对麻烦很多。

视频讲解

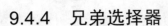

9.4.4　兄弟选择器

兄弟选择器使用波浪符号（~）连接两个简单的选择器，前面选择器指定同级的前置元素，后面选择器指定其后同级所有匹配的元素。

☑　优点：在结构中能够快速、准确地找到同级靠后的元素。

☑　缺点：使用前需要熟悉文档结构，匹配精度没有相邻选择器具体。

【示例】以 9.4.3 节示例为基础，添加如下样式，定义标题后面所有段落文本的字体大小为 14 像素，字体颜色为红色。

```
h2 ~ p { font-size: 14px; color:red; }
```

在浏览器中预览，页面效果如图 9.7 所示，可以看到兄弟选择器匹配的范围包含了相邻选择器匹配的元素。

图 9.7　兄弟选择器的应用

9.4.5　分组选择器

分组选择器使用逗号（,）连接两个简单的选择器，前面选择器匹配的元素与后面选择器匹配的元素混合在一起作为分组选择器的结果集。

☑　优点：可以合并相同样式，减少代码冗余。

☑　缺点：不方便个性管理和编辑。

【示例】下面示例使用分组将所有标题元素统一样式。

```
h1, h2, h3, h4, h5, h5, h6 {
    margin: 0;                    /* 清除标题的默认外边距 */
    margin-bottom: 10px;          /* 使用下边距拉开标题距离 */
}
```

9.5　属性选择器

属性选择器是根据标签的属性来匹配元素，使用中括号进行标识：

```
[属性表达式]
```

CSS3 包括 7 种属性选择器形式，下面结合示例具体说明如下。

【示例】下面示例设计一个简单的图片灯箱导航示例。其中 HTML 结构如下。

```
<div class="pic_box">
    <img src="images/bg1.jpg" />
```

```
<div class="nav">
    <a href="#1" class="links item first" title="w3cplus" target="_blank" id="first" >1</a>
    <a href="#2" class="links active item" title="test website" target="_blank" lang="zh">2</a>
    <a href="#3" class="links item" title="this is a link" lang="zh-cn">3</a>
    <a href="#4" class="links item" target="_balnk" lang="zh-tw">4</a>
    <a href="#5" class="links item" title="zh-cn">5</a>
    <a href="#6" class="links item" title="website link" lang="zh">6</a>
    <a href="#7" class="links item" title="open the website" lang="cn">7</a>
    <a href="#8" class="links item" title="close the website" lang="en-zh">8</a>
    <a href="#9" class="links item" title="http://www.baidu.com">9</a>
    <a href="#10" class="links item last" id="last">10</a>
    </div>
</div>
```

使用 CSS 适当美化，具体样式代码请参考本节示例源代码，初始预览效果如图 9.8 所示。

图 9.8　设计的灯箱广告效果

1. E[attr]

选择具有 attr 属性的 E 元素。例如：

`.nav a[id] {background: blue; color:yellow;font-weight:bold;}`

上面代码表示：选择 div.nav 下所有带有 id 属性的 a 元素，并在这个元素上使用背景色为蓝色，前景色为黄色，字体加粗的样式。对照上面的 HTML 结构，不难发现，只有第一个和最后一个链接使用了 id 属性，所以选中了这两个 a 元素，效果如图 9.9 所示。

也可以指定多属性：

`.nav a[href][title] {background: yellow; color:green;}`

上面代码表示的是选择 div.nav 下的同时具有 href 和 title 两个属性的 a 元素，效果如图 9.10 所示。

图 9.9　属性快速匹配

图 9.10　多属性快速匹配

2. E [attr="value"]

选择具有 attr 属性，且属性值等于 value 的 E 元素。例如：

`.nav a[id="first"] {background: blue; color:yellow;font-weight:bold;}`

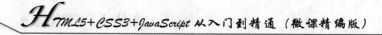

选中 div.nav 中的 a 元素，且这个元素有一个 id="first" 属性值，则预览效果如图 9.11 所示。

E[attr="value"]属性选择器也可以多个属性并写，进一步缩小选择范围，用法如下所示，则预览效果如图 9.12 所示。

```
.nav a[href="#1"][title] {background: yellow; color:green;}
```

图 9.11　属性值快速匹配　　　　　　　　图 9.12　多属性值快速匹配

3. E[attr~="value"]

选择具有 attr 属性，且属性值为用空格分隔的字词列表，其中一个等于 value 的 E 元素。包含有一个值，且该值等于 val 的情况。例如：

```
.nav a[title~="website"]{background:orange;color:green;}
```

在 div.nav 下的 a 元素的 title 属性中，只要其属性值中含有"website"就会被选择，结果 a 元素中"2""6""7""8"这四个 a 元素的 title 中都含有，所以被选中，如图 9.13 所示。

4. E[attr^="value"]

选择具有 attr 属性，且属性值为以 value 开头的字符串的 E 元素。例如：

```
.nav a[title^="http://"]{background:orange;color:green;}
.nav a[title^="mailto:"]{background:green;color:orange;}
```

上面代码表示的是选择了以 title 属性，并且以"http://"和"mailto:"开头的属性值的所有 a 元素，匹配效果如图 9.14 所示。

图 9.13　属性值局部词匹配　　　　　　　图 9.14　匹配属性值开头字符串的元素

5. E[attr$="value"]

选择具有 attr 属性，且属性值为以 value 结尾的字符串的 E 元素。例如：

```
.nav a[href$="png"]{background:orange;color:green;}
```

上面代码表示选择 div.nav 中元素有 href 属性，并以为"png"结尾的 a 元素。

6. E[attr*="value"]

选择具有 attr 属性，且属性值为包含 value 的字符串的 E 元素。例如：

```
.nav a[title*="site"]{background:black;color:white;}
```

上面代码表示选择 div.nav 中 a 元素的 title 属性中只要有"site"字符串就可以。上面样式的预览效果如图 9.15 所示。

7. E[attr|="value"]

选择具有 attr 属性，其值是以 value 开头，并用连接符"-"分隔的字符串的 E 元素；如果值仅为 value，也将被选择。例如：

.nav a[lang|="zh"]{background:gray;color:yellow;}

上面代码会选中 div.nav 中 lang 属性等于 zh 或以 zh-开头的所有 a 元素，如图 9.16 所示。

图 9.15　匹配属性值中的特定子串

图 9.16　匹配属性值开头字符串的元素

示例效果

9.6　伪选择器

伪选择器包括伪类选择器和伪对象选择器。伪选择器能够根据元素或对象的特征、状态、行为进行匹配。

伪选择器以冒号（:）作为前缀标识符。冒号前可以添加限定选择符，限定伪类应用的范围，冒号后为伪类和伪对象名，冒号前后没有空格。

CSS 伪类选择器有两种用法方式：

☑　单纯式

E:pseudo-class { property:value}

其中 E 为元素，pseudo-class 为伪类名称，property 是 CSS 的属性，value 为 CSS 的属性值。例如：

a:link {color:red;}

☑　混用式

E.class:pseudo-class{property:value}

其中.class 表示类选择符。把类选择符与伪类选择符组成一个混合式的选择器，能够设计更复杂的样式，以精准匹配元素。例如：

a.selected:hover {color: blue;}

CSS3 支持的伪类选择器具体说明如表 9.1 所示，CSS3 支持的伪对象选择器具体说明如表 9.2 所示。

表 9.1　伪类选择器列表

选　择　器	说　　　明
E:link	设置超链接 a 在未被访问前的样式
E:visited	设置超链接 a 在其链接地址已被访问过时的样式
E:hover	设置元素在其鼠标悬停时的样式
E:active	设置元素在被用户激活（在鼠标单击与释放之间发生的事件）时的样式
E:focus	设置对象在成为输入焦点时的样式
E:lang(fr)	匹配使用特殊语言的 E 元素
E:not(s)	匹配不含有 s 选择符的元素 E。**CSS3 新增**
E:root	匹配 E 元素在文档的根元素。在 HTML 中，根元素永远是 HTML。**CSS3 新增**

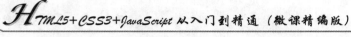

续表

选　择　器	说　　　明
E:first-child	匹配父元素的第一个子元素 E。**CSS3 新增**
E:last-child	匹配父元素的最后一个子元素 E。**CSS3 新增**
E:only-child	匹配父元素仅有的一个子元素 E。**CSS3 新增**
E:nth-child(n)	匹配父元素的第 n 个子元素 E，假设该子元素不是 E，则选择符无效。**CSS3 新增**
E:nth-last-child(n)	匹配父元素的倒数第 n 个子元素 E，假设该子元素不是 E，则选择符无效。**CSS3 新增**
E:first-of-type	匹配同类型中的第一个同级兄弟元素 E。**CSS3 新增**
E:last-of-type	匹配同类型中的最后一个同级兄弟元素 E。**CSS3 新增**
E:only-of-type	匹配同类型中唯一的一个同级兄弟元素 E。**CSS3 新增**
E:nth-of-type(n)	匹配同类型中的第 n 个同级兄弟元素 E。**CSS3 新增**
E:nth-last-of-type(n)	匹配同类型中的倒数第 n 个同级兄弟元素 E。**CSS3 新增**
E:empty	匹配没有任何子元素（包括 text 节点）的元素 E。**CSS3 新增**
E:checked	匹配用户界面处于选中状态的元素 E。注意，用于 input 的 type 为 radio 与 checkbox 时。**CSS3 新增**
E:enabled	匹配用户界面上处于可用状态的元素 E。**CSS3 新增**
E:disabled	匹配用户界面上处于禁用状态的元素 E。**CSS3 新增**
E:target	匹配相关 URL 指向的 E 元素。**CSS3 新增**
@page :first	设置在打印时页面容器第一页使用的样式。注意，仅用于 @page 规则
@page :left	设置页面容器位于装订线左边的所有页面使用的样式。注意，仅用于 @page 规则
@page :right	设置页面容器位于装订线右边的所有页面使用的样式。注意，仅用于 @page 规则

表 9.2　伪对象选择器列表

选　择　器	说　　　明
E:first-letter/E::first-letter	设置对象内的第一个字符的样式。注意，仅作用于块对象。**CSS3 完善**
E:first-line/E::first-line	设置对象内的第一行的样式。注意，仅作用于块对象。**CSS3 完善**
E:before/E::before	设置在对象前发生的内容。与 content 属性一起使用，且必须定义 content 属性。**CSS3 完善**
E:after/E::after	设置在对象后发生的内容。与 content 属性一起使用，且必须定义 content 属性。**CSS3 完善**
E::placeholder	设置对象文字占位符的样式。**CSS3 新增**
E::selection	设置对象被选择时的样式。**CSS3 新增**

由于 CSS3 伪选择器众多，下面仅针对 CSS3 中新增的伪类选择器进行说明，其他选择器请读者参考 CSS3 参考手册详细了解。

9.6.1　结构伪类

结构伪类是根据文档结构的相互关系来匹配特定的元素，从而减少文档元素的 class 属性和 ID 属性的无序设置，使得文档更加简洁。

结构伪类形式多样，但用法固定，以便设计各种特殊样式效果，结构伪类主要包括下面几种，简单说明如下所示：

☑　:fist-child：第一个子元素。

☑ :last-child：最后一个子元素。

☑ :nth-child()：按正序匹配特定子元素。

☑ :nth-last-child()：按倒序匹配特定子元素。

☑ :nth-of-type()：在同类型中匹配特定子元素。

☑ :nth-last-of-type()：按倒序在同类型中匹配特定子元素。

☑ :first-of-type：第一个同类型子元素。

☑ :last-of-type：最后一个同类型子元素。

☑ :only-child：唯一子元素。

☑ :only-of-type：同类型的唯一子元素。

☑ :empty：空元素。

【示例 1】下面示例设计排行榜栏目列表样式，设计效果如图 9.17 所示。在列表框中为每个列表项定义相同的背景图像。

设计列表结构如下：

图 9.17 设计推荐栏目样式

```
<div id="wrap">
    <ul id="container">
        <li><a href="#">送君千里 终须一别</a></li>
        <li><a href="#">旅行的意义</a></li>
        <li><a href="#">南师虽去，精神永存</a></li>
        <li><a href="#">榴莲糯米糍</a></li>
        <li><a href="#">阿尔及利亚 天命之年</a></li>
        <li><a href="#">白菜鸡肉粉丝包</a></li>
        <li><a href="#">《展望塔上的杀人》</a></li>
        <li><a href="#">我们，只会在路上相遇</a></li>
    </ul>
</div>
```

设计的列表样式请参考本节示例源代码。下面结合本示例分析结构伪类选择器的用法。

1. :first-child

【示例 2】如果设计第一个列表项前的图标为 1，且字体加粗显示，则使用:first-child 匹配。

```
#wrap li:first-child {
    background-position:2px 10px;
    font-weight:bold;
}
```

2. :last-child

【示例 3】如果单独给最后一个列表项定义样式，就可以使用:last-child 来匹配。

```
#wrap li:last-child {background-position:2px -277px;}
```

显示效果如图 9.18 所示。

3. :nth-child()

:nth-child()可以选择一个或多个特定的子元素。该函数有多种用法：

```
:nth-child(length);        /*参数是具体数字*/
:nth-child(n);             /*参数是 n,n 从 0 开始计算*/
```

Note

```
:nth-child(n*length);        /*n 的倍数选择，n 从 0 开始算*/
:nth-child(n+length);        /*选择大于或等于 length 的元素*/
:nth-child(-n+length);       /*选择小于或等于 length 的元素*/
:nth-child(n*length+1);      /*表示隔几选一*/
```

在:nth-child()函数中，参数 length 为一个整数，n 表示一个从 0 开始的自然数。

:nth-child()可以定义值，值可以是整数，也可以是表达式，用来选择特定的子元素。

【示例 4】下面 6 个样式分别匹配列表中第 2 个到第 7 个列表项，并分别定义它们的背景图像 Y 轴坐标位置，显示效果如图 9.19 所示。

```
#wrap li:nth-child(2) { background-position: 2px -31px; }
#wrap li:nth-child(3) { background-position: 2px -72px; }
#wrap li:nth-child(4) { background-position: 2px -113px; }
#wrap li:nth-child(5) { background-position: 2px -154px; }
#wrap li:nth-child(6) { background-position: 2px -195px; }
#wrap li:nth-child(7) { background-position: 2px -236px; }
```

图 9.18　设计最后一个列表项样式

图 9.19　设计每个列表项样式

注意：这种函数参数用法不能引用负值，也就是说，li:nth-child(-3)是不正确的使用方法。

☑　:nth-child(n)

在:nth-child(n)中，n 是一个简单的表达式，它的取值是从 0 开始计算的，到什么时候结束是不确定的，需结合文档结构而定，如果在实际应用中直接这样使用，将会选中所有子元素。

【示例 5】在上面示例中，如果在 li 中使用:nth-child(n)，那么将选中所有的 li 元素。

```
#wrap li:nth-child(n) {text-decoration:underline;}
```

则这个样式类似于：

```
#wrap li {text-decoration:underline;}
```

其实，:nth-child()是这样计算的：

n=0：表示没有选择元素。

n=1：表示选择第一个 li。

n=2：表示选择第二个 li。

依此类推，这样下来就选中了所有的 li。

☑　:nth-child(2n)

【示例 6】:nth-child(2n)是:nth-child(n)的一种变体，使用它可以选择 n 的 2 倍数，当然，其中的 2

可以换成需要的数字，分别表示不同的倍数。

```
#wrap li:nth-child(2n) {font-weight:bold;}
```

等价于：

```
#wrap li:nth-child(even) {font-weight:bold;}
```

预览效果如图 9.20 所示。

来看一下其实现过程：

当 n=0，则 2n=0，表示没有选中任何元素；

当 n=1，则 2n=2，表示选择了第 2 个 li；

当 n=2，则 n＝4，表示选择了第 4 个 li。

依此类推。

如果是 2n，则与使用 even 命名 class 定义样式所起到的效果是一样的。

☑　:nth-child(2n-1)

【示例 7】:nth-child(2n-1)这个选择器是在:nth-child(2n)基础上演变来的，既然:nth-child(2n)表示选择偶数，那么在它的基础上减去 1 就变成奇数选择。

```
#wrap li:nth-child(2n-1) {font-weight:bold;}
```

等价于：

```
#wrap li:nth-child(odd) {font-weight:bold;}
```

来看看其实现过程：

当 n=0，则 2n-1=-1，表示也没有选中任何元素；

当 n=1，则 2n-1=1，表示选择第 1 个 li；

当 n=2，则 2n-1=3，表示选择第 3 个 li。

依此类推。

其实，还可以使用:nth-child(2n+1)和:nth-child(odd)来实现这种奇数效果。

☑　:nth-child(n+5)

【示例 8】:nth-child(n+5)这个选择器是从第 5 个子元素开始选择。

```
li:nth-child(n+5) {font-weight:bold;}
```

其实现过程如下：

当 n=0，则 n+5=5，表示选中第 5 个 li；

当 n=1，则 n+5=6，表示选择第 6 个 li。

依此类推。

可以使用这种方法选择需要开始选择的元素位置，也就是说，换了数字，起始位置就变了。

☑　:nth-child(-n+5)

【示例 9】:nth-child(-n+5)选择器刚好和:nth-child(n+5)选择器相反，这个是选择第 5 个前面的子元素。

```
li:nth-child(-n+5) {font-weight:bold;}
```

其实现过程如下：

当 n=0，则-n+5=5，表示选择了第 5 个 li；

Note

当 n=1，则-n+5=4，表示选择了第 4 个 li；
当 n=2，则-n+5=3，表示选择了第 3 个 li；
当 n=3，则-n+5=2，表示选择了第 2 个 li；
当 n=4，则-n+5=1，表示选择了第 1 个 li；
当 n=5，则-n+5=0，表示没有选择任何元素。

☑ :nth-child(5n+1)
:nth-child(5n+1)选择器是实现隔几选一的效果。

【示例 10】如果是隔三选一，则定义的样式如下：

```
li:nth-child(3n+1) {font-weight:bold;}
```

其实现过程如下：
当 n=0，则 3n+1=1，表示选择了第 1 个 li；
当 n=1，则 3n+1=4，表示选择了第 4 个 li；
当 n=2，则 3n+1=7，表示选择了第 7 个 li。
设计效果如图 9.21 所示。

示例效果

图 9.20　设计偶数行列表项样式　　　　图 9.21　设计隔三选一行列表项样式

4. :nth-last-child()

【示例 11】:nth-last-child()选择器与:nth-child()相似，但作用与:nth-child()不一样，:nth-last-child()只是从最后一个元素开始计算来选择特定元素。

```
li:nth-last-child(4) {font-weight:bold;}
```

上面代码表示选择倒数第 4 个列表项。

其中:nth-last-child(1)和:last-child 所起作用是一样的，都表示选择最后一个元素。

另外，:nth-last-child()与:nth-child()用法相同，可以使用表达式来选择特定元素，下面来看几个特殊的表达式所起的作用：

:nth-last-child(2n)表示从元素后面计算，选择的是偶数个数，从而反过来说就是选择元素的奇数，与前面的:nth-child(2n+1)、:nth-child(2n-1)、:nth-child(odd)所起的作用是一样的。例如：

```
li:nth-last-child(2n) { font-weight:bold;}
li:nth-last-child(even) {font-weight:bold;}
```

等价于：

```
li:nth-child(2n+1) {font-weight:bold;}
```

```
li:nth-child(2n-1) {font-weight:bold;}
li:nth-child(odd) {font-weight:bold;}
```

:nth-last-child(2n-1)选择器刚好与上面的相反，从后面计算选择的是奇数，而从前面计算选择的就是偶数位了。例如：

```
li:nth-last-child(2n+1) {font-weight:bold;}
li:nth-last-child(2n-1) {font-weight:bold;}
li:nth-last-child(odd) {font-weight:bold;}
```

等价于：

```
li:nth-child(2n) {font-weight:bold;}
li:nth-child(even) {font-weight:bold;}
```

总之，:nth-last-child()和 nth-child()的计算方法是一样的，只不过它们的区别是：:nth-child()是从元素的第一个开始计算，而:nth-last-child()是从元素的最后一个开始计算。

5. :nth-of-type()

:nth-of-type()类似:nth-child()，不同的是它只计算选择器中指定的那个元素。

【示例 12】在 div#wrap 中包含有很多 p、li、img 等元素，但现在只需要选择 p 元素，并让它每隔一个 p 元素就有不同的样式，那就可以简单地写成：

```
div#wrap p:nth-of-type(even) { font-weight:bold;}
```

其实这种用法与:nth-child()是一样的，也可以使用:nth-child()的表达式来实现，唯一不同的是:nth-of-type()指定了元素的类型。

6. :nth-last-of-type()

:nth-last-of-type()与:nth-last-child()用法相同，但它指定了子元素的类型，除此之外，语法形式和用法基本相同。

7. :first-of-type 和:last-of-type

:first-of-type 和:last-of-type 这两个选择器类似于:first-child 和:last-child，不同之处就是它们指定了元素的类型。

8. :only-child 和:only-of-type

:only-child 表示的是一个元素是它的父元素的唯一一个子元素。

【示例 13】在文档中设计如下 HTML 结构。

```
<div class="post">
    <p>第一段文本内容</p>
    <p>第二段文本内容</p>
</div>
<div class="post">
    <p>第三段文本内容</p>
</div>
```

如果需要在 div.post 只有一个 p 元素的时候改变这个 p 的样式，那么现在就可以使用:only-child选择器来实现。

```
.post p {font-weight:bold;}
```

```
.post p:only-child {background: red;}
```

此时 div.post 只有一个子元素 p，它的背景色将会显示为红色。

:only-of-type 表示一个元素包含有很多个子元素，而其中只有一个子元素是唯一的，那么使用这种选择方法就可以选中这个唯一的子元素。例如：

```
<div class="post">
    <div>子块一</div>
    <p>文本段</p>
    <div>子块二</div>
</div>
```

如果只想选择上面结构块中的 p 元素，就可以这样写：

```
.post p:only-of-type{background-color:red;}
```

9. :empty

:empty 是用来选择没有任何内容的元素，这里没有内容指的是一点内容都没有，包括空格。

【示例 14】这里有 3 个段落，其中一个段落什么都没有，完全是空的：

```
<div class="post">
    <p>第一段文本内容</p>
    <p>第二段文本内容</p>
</div>
<div class="post">
    <p> </p>
</div>
```

如果想设计这个 p 不显示，那就可以这样来写：

```
.post p:empty {display: none;}
```

9.6.2　否定伪类

:not()表示否定选择器，即过滤掉 not()函数匹配的特定元素。

【示例】下面示例为页面中所有段落文本设置字体大小为 24 像素，然后使用:not(.author)排出第一段文本，设置其他段落文本的字体大小为 14 像素，显示效果如图 9.22 所示。

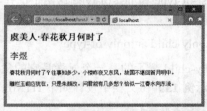

图 9.22　否定伪类的应用

```
<style type="text/css">
p { font-size: 24px; }
p:not(.author){ font-size: 14px; }
</style>
<h2>虞美人·春花秋月何时了</h2>
<p class="author">李煜 </p>
<p>春花秋月何时了？往事知多少。小楼昨夜又东风，故国不堪回首月明中。 </p>
<p>雕栏玉砌应犹在，只是朱颜改。问君能有几多愁？恰似一江春水向东流。 </p>
```

9.6.3　状态伪类

CSS3 包含 3 个 UI 状态伪类选择器，简单说明如下：

- ☑　:enabled：匹配指定范围内所有可用 UI 元素。
- ☑　:disabled：匹配指定范围内所有不可用 UI 元素。
- ☑　:checked：匹配指定范围内所有可用 UI 元素。

【示例】下面示例设计一个简单的登录表单，效果如图 9.23 所示。在实际应用中，当用户登录完毕，不妨通过脚本把文本框设置为不可用（disabled="disabled"）状态，这时可以通过:disabled 选择器让文本框显示为灰色，以告诉用户该文本框不可用了，这样就不用设计"不可用"样式类，并把该类添加到 HTML 结构中。

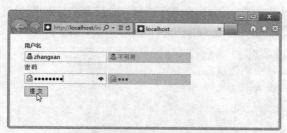

图 9.23　设计登录表单样式

示 例 效 果

【操作步骤】

第 1 步，新建一个文档，在文档中构建一个简单的登录表单结构。

```
<form action="#">
    <label for="username">用户名</label>
    <input type="text" name="username" id="username" />
    <input type="text" name="username1" disabled="disabled" value="不可用" />
    <label for="password">密　码</label>
    <input type="password" name="password" id="password"　/>
    <input type="password" name="password1" disabled="disabled" value="不可用"　/>
    <input type="submit" value="提　交" />
</form>
```

在这个表单结构中，使用 HTML 的 disabled 属性分别定义了两个不可用的文本框对象。

第 2 步，内建一个内部样式表，使用属性选择器定义文本框和密码域的基本样式。

```
input[type="text"], input[type="password"] {
    border:1px solid #0f0;
    width:160px;
    height:22px;
    padding-left:20px;
    margin:6px 0;
    line-height:20px;}
```

第 3 步，利用属性选择器分别为文本框和密码域定义内嵌标识图标。

```
input[type="text"] { background:url(images/name.gif) no-repeat 2px 2px; }
input[type="password"] { background:url(images/password.gif) no-repeat 2px 2px; }
```

第 4 步，使用状态伪类选择器，定义不可用表单对象显示为灰色，以提示用户该表单对象不可用。

```
input[type="text"]:disabled {
    background:#ddd url(images/name1.gif) no-repeat 2px 2px;
    border:1px solid #bbb;}
input[type="password"]:disabled {
    background:#ddd url(images/password1.gif) no-repeat 2px 2px;
    border:1px solid #bbb;}
```

9.6.4　目标伪类

目标伪类选择器类型形式如 E:target，它表示选择匹配 E 的所有元素，且匹配元素被相关 URL 指向。该选择器是动态选择器，只有当存在 URL 指向该匹配元素时，样式效果才有效。

【示例】下面示例设计当单击页面中的锚点链接，跳转到指定标题位置时，该标题会自动高亮显示，以提醒用户当前跳转的位置，效果如图 9.24 所示。

```
<style type="text/css">
/* 设计导航条固定在窗口右上角位置显示 */
h1{ position:fixed; right:12px; top:24px;}
/* 让锚点链接堆叠显示*/
h1 a{ display:block;}
/* 设计锚点链接的目标高亮显示*/
h2:target { background:hsla(93,96%,62%,1.00); }
</style>
<h1><a href="#p1">图片 1</a> <a href="#p2">图片 2</a> <a href="#p3">图片 3</a> <a href="#p4">图片 4</a></h1>
<h2 id="p1">图片 1</h2>
<p><img src="images/1.jpg" /></p>
<h2 id="p2">图片 2</h2>
<p><img src="images/2.jpg" /></p>
<h2 id="p3">图片 3</h2>
<p><img src="images/3.jpg" /></p>
<h2 id="p4">图片 4</h2>
<p><img src="images/4.jpg" /></p>
```

示例效果

图 9.24　目标伪类样式应用效果

9.7 CSS 特性

CSS 样式具有两个特性：继承性和层叠性，下面分别进行说明。

9.7.1 CSS 继承性

CSS 继承性是指后代元素可以继承祖先元素的样式。继承样式主要包括字体、文本等基本属性，如字体、字号、颜色、行距等，对于下面类型属性是不允许继续的：边框、边界、补白、背景、定位、布局、尺寸等。

视 频 讲 解

提示：灵活应用 CSS 继承性，可以优化 CSS 代码，但是继续的样式的优先级是最低的。

【示例】下面示例在 body 元素中定义整个页面的字体大小、字体颜色等基本页面属性，这样包含在 body 元素内的其他元素都将继承该基本属性，以实现页面显示效果的统一。

新建网页，保存为 test.html，在<body>标签内输入如下代码，设计一个多级嵌套结构。

```
<div id="wrap">
    <div id="header">
        <div id="menu">
            <ul>
                <li><span>首页</span></li>
                <li>菜单项</li>
            </ul>
        </div>
    </div>
    <div id="main">
        <p>主体内容</p>
    </div>
</div>
```

在<head>标签内添加<style type="text/css">标签，定义内部样式表，然后为 body 定义字体大小为 12 像素，通过继承性，包含在 body 元素的所有其他元素都将继承该属性，并显示包含的字体大小为 12 像素。在浏览器中预览，显示效果如图 9.25 所示。

图 9.25 CSS 继承性演示效果

```
body {font-size:12px;}
```

9.7.2 CSS 层叠性

CSS 层叠性是指 CSS 能够对同一个对象应用多个样式的能力。

【示例 1】新建一个网页，保存为 test.html，在<body>标签内输入如下代码。

```
<div id="wrap">看看我的样式效果</div>
```

视 频 讲 解

在<head>标签内添加<style type="text/css">标签，定义一个内部样式表，分别添加两个样式：

```
div {font-size:12px;}
div {font-size:14px;}
```

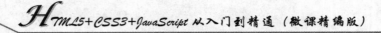

两个样式中都声明相同的属性，并应用于同一个元素上。在浏览器中测试，则会发现最后字体显示为 14 像素，也就是说，14 像素字体大小覆盖了 12 像素的字体大小，这就是样式层叠。

当多个样式作用于同一个对象，则根据选择器的优先级，确定对象最终应用的样式。

☑ 标签选择器：权重值为 1。
☑ 伪元素或伪对象选择器：权重值为 1。
☑ 类选择器：权重值为 10。
☑ 属性选择器：权重值为 10。
☑ ID 选择器：权重值为 100。
☑ 其他选择器：权重值为 0，如通配选择器等。

然后，以上面权值数为起点来计算每个样式中选择器的总权值数。计算规则是：

☑ 统计选择器中 ID 选择器的个数，然后乘以 100。
☑ 统计选择器中类选择器的个数，然后乘以 10。
☑ 统计选择器中的标签选择器的个数，然后乘以 1。

以此方法类推，最后把所有权重值数相加，即可得到当前选择器的总权重值，最后根据权重值来决定哪个样式的优先级大。

【示例 2】新建一个网页，保存为 test.html，在<body>标签内输入如下代码。

```
<div id="box" class="red">CSS 选择器的优先级</div>
```

在<head>标签内添加<style type="text/css">标签，定义一个内部样式表，添加如下样式。

```
body div#box { border:solid 2px red;}
#box {border:dashed 2px blue;}
div.red {border:double 3px red;}
```

对于上面的样式表，可以这样计算它们的权重值：

body div#box = 1 + 1 + 100 = 102;

#box = 100

di.red = 1 + 10 = 11

因此，最后的优先级为 body div#box 大于#box，#box 大于 di.red。所以可以看到显示效果为 2 像素宽的红色实线，在浏览器中预览，显示效果如图 9.26 所示。

图 9.26　CSS 优先级的样式演示效果

提示：与样式表中样式相比，行内样式优先级最高；相同权重值时，样式最近的优先级最高；使用!important 命令定义的样式优先级绝对高；!important 命令必须位于属性值和分号之间，如#header{color:Red!important;}，否则无效。

9.8　在线练习

本节提供了两个在线练习：（1）CSS 基础；（2）CSS 选择器。感兴趣的读者可以扫码练习，以便灵活使用 CSS，强化基本功训练。

在线练习 1　　　在线练习 2

第 10 章

使用 CSS3 美化网页文本和图像

人靠衣装，网页也需要修饰，CSS3 为字体和文本提供了大量的属性，如字体的类型、大小和颜色等，文本的对齐、间距、缩进和行高等。本章将重点讲解 CSS3 字体和文本样式。由于文本与图片在网页中紧密排版在一起，本章还介绍图片的常用样式设计。

【学习要点】

▶▶ 定义字体类型、大小、颜色等基本样式。

▶▶ 设计文本基本版式，如对齐、行高、间距等。

▶▶ 设计图片的基本样式。

▶▶ 能够灵活设计美观、实用的图文版式。

Note

视频讲解

10.1 设计字体样式

字体样式包括类型、大小、颜色、粗细、下划线、斜体、大小写等。下面分别进行介绍。

10.1.1 定义字体类型

使用 font-family 属性可以定义字体类型，用法如下：

```
font-family : name
```

name 表示字体名称，可以设置字体列表，多个字体按优先顺序排列，以逗号隔开。

如果字体名称包含空格，则应使用引号括起。第二种声明方式使用所列出的字体序列名称，如果使用 fantasy 序列，将提供默认字体序列。

【示例】启动 Dreamweaver，新建一个网页，保存为 test1.html，在\<body\>标签内输入两行段落文本。

```
<p>月落乌啼霜满天，江枫渔火对愁眠。  </p>
<p> 姑苏城外寒山寺，夜半钟声到客船。</p>
```

在\<head\>标签内添加\<style type="text/css"\>标签，定义一个内部样式表，然后输入下面样式，用来定义网页字体的类型。

```
p {/* 段落样式 */
    font-family:  "隶书";                        /* 隶书字体 */
}
```

在浏览器中预览效果如图 10.1 所示。

提示：在网页设计中，没有中文通用字体类型，中文字体的表现力比较弱，即使存在各种艺术字体，但是考虑到用户系统的支持率，很少被广泛使用。一般中文网页字体默认多为宋体，对于标题或特殊提示信息，如果需要特殊字体，则建议采用图像形式间接实现。

拉丁字体类型比较丰富，通用字体的选择余地大、艺术表现力强，在浏览外文网站时用户会发现页面选用的字体类型就丰富很多。习惯上，标题都使用无衬线字体、艺术字体或手写体等，而网页正文则多使用衬线字体等。

【拓展】
如果读者想要更深入地了解网页字体类型的设计方法，请扫码阅读。

线上阅读

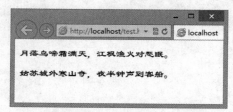
图 10.1 设计隶书字体效果

10.1.2 定义字体大小

使用 CSS3 的 font-size 属性可以定义字体大小，用法如下：

font-size : xx-small | x-small | small | medium | large | x-large | xx-large | larger | smaller | length

其中，xx-small（最小）、x-small（较小）、small（小）、medium（正常）、large（大）、x-large（较大）、xx-large（最大）表示绝对字体尺寸，这些特殊值将根据对象字体进行调整。

larger（增大）和 smaller（减少）这对特殊值能够根据父对象中字体尺寸进行相对增大或者缩小处理，使用成比例的 em 单位进行计算。

length 可以是百分数，或者浮点数字和单位标识符组成的长度值，但不可为负值。其百分比取值是基于父对象中字体的尺寸来计算，与 em 单位计算相同。

【示例】下面示例演示如何为网页定义字体大小。

启动 Dreamweaver，新建一个网页，保存为 test.html，在<head>标签内添加<style type="text/css">标签，定义一个内部样式表。

然后输入下面样式，分别设置网页字体默认大小、正文字体大小和栏目中字体大小：

```
body {font-size:12px;}                          /* 以像素为单位设置字体大小 */
p {font-size:0.75em;}                           /* 以父辈字体大小为参考设置大小 */
div {font:9pt Arial, Helvetica, sans-serif;}    /* 以点为单位设置字体大小*/
```

【拓展】

如果读者想要更深入地了解网页字体大小的设计方法，以及各种单位的选择技巧，请扫码阅读。

10.1.3 定义字体颜色

使用 CSS3 的 color 属性可以定义字体颜色，用法如下：

color : color

参数 color 表示颜色值，取值包括颜色名、十六进制值、RGB 等颜色函数，详细说明请参考 CSS3 参考手册，或者扫码了解更详细的内容。

【示例】下面示例演示了在文档中定义字体颜色。

启动 Dreamweaver，新建一个网页，保存为 test.html，在<head>标签内添加<style type="text/css">标签，定义一个内部样式表。

然后输入下面样式，分别定义页面、段落文本、<div>标签、<span>标签包含字体颜色。

```
body { color:gray;}                  /* 使用颜色名 */
p { color:#666666;}                  /* 使用十六进制 */
div { color:rgb(120,120,120);}       /* 使用 RGB */
span { color:rgb(50%,50%,50%);}      /* 使用 RGB */
```

10.1.4 定义字体粗细

使用 CSS3 的 font-weight 属性可以定义字体粗细，用法如下：

font-weight : normal | bold | bolder | lighter | 100 | 200 | 300 | 400 | 500 | 600 | 700 | 800 | 900

其中，normal 为默认值，表示正常的字体，相当于取值为 400。bold 表示粗体，相当于取值为 700，或者使用<b >标签定义的字体效果。

bolder（较粗）和 lighter（较细）相对于 normal 字体粗细而言。

另外，也可以设置值为 100、200、300、400、500、600、700、800、900，它们分别表示字体的粗细，是对字体粗细的一种量化方式，值越大就表示越粗，相反就表示越细。

【示例】新建 test.html 文档，定义一个内部样式表，然后输入下面样式，分别定义段落文本、一级标题、<div>标签包含字体的粗细效果，同时定义一个粗体样式类。

```
p { font-weight: normal }                    /* 等于 400 */
h1 { font-weight: 700 }                       /* 等于 bold */
div{ font-weight: bolder }                    /* 可能为 500 */
.bold {font-weight:bold;}                     /* 粗体样式类 */
```

📢 注意：设置字体粗细也可以称为定义字体的重量。对于中文网页设计来说，一般仅用到 bold（加粗）、normal（普通）两个属性值。

10.1.5　定义艺术字体

使用 CSS3 的 font-style 属性可以定义字体倾斜效果，用法如下：

```
font-style : normal | italic | oblique
```

其中，normal 为默认值，表示正常的字体，italic 表示斜体；oblique 表示倾斜的字体。italic 和 oblique 两个取值只能在英文等西方文字中有效。

【示例】新建 test.html 文档，输入下面样式，定义一个斜体样式类。

```
.italic {/* 斜体样式类 */
    font-style:italic;
}
```

在<body>标签中输入两段文本，并把斜体样式类应用到其中一段文本中。

```
<p>知我者，谓我心忧，不知我者，谓我何求。　</p>
<p class="italic">君子坦荡荡，小人长戚戚。</p>
```

最后在浏览器中预览，比较效果如图 10.2 所示。

图 10.2　比较正常字体和斜体效果

10.1.6　定义修饰线

使用 CSS3 的 text-decoration 属性可以定义字体修饰线效果，用法如下：

```
text-decoration : none || underline || blink || overline || line-through
```

其中，normal 为默认值，表示无装饰线，blink 表示闪烁效果，underline 表示下划线效果，line-through 表示贯穿线效果，overline 表示上划线效果。

【操作步骤】

第 1 步，新建 test.html 文档，在<head>标签内添加<style type="text/css">标签，定义一个内部样式表。

第 2 步，输入下面样式，定义 3 个装饰字体样式类。

```
.underline {text-decoration:underline;}                    /*下划线样式类 */
.overline {text-decoration:overline;}                      /*上划线样式类 */
.line-through {text-decoration:line-through;}              /*删除线样式类 */
```

第 3 步，在<body>标签中输入 3 行段落文本，并分别应用上面的装饰类样式。

```
<p class="underline">昨夜西风凋碧树，独上高楼，望尽天涯路</p>
<p class="overline">衣带渐宽终不悔，为伊消得人憔悴</p>
<p class="line-through">众里寻他千百度，蓦然回首，那人却在灯火阑珊处</p>
```

第 4 步，再定义一个样式，在该样式中同时声明多个装饰值，定义的样式如下：

```
.line { text-decoration:line-through overline underline; }
```

第 5 步，在正文中输入一行段落文本，并把这个 line 样式类应该到该行文本中。

```
<p class="line">古今之成大事业、大学问者，必经过三种之境界。</p>
```

第 6 步，在浏览器中预览，多种修饰线比较效果如图 10.3 所示。

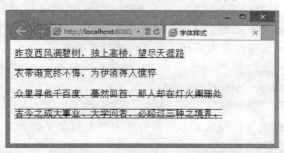

图 10.3　多种修饰线的应用效果

提示：CSS3 增强 text-decoration 功能，新增如下 5 个子属性。
☑ text-decoration-line: 设置装饰线的位置，取值包括 none（无）、underline、overline、line-through、blink。
☑ text-decoration-color: 设置装饰线的颜色。
☑ text-decoration-style: 设置装饰线的形状，取值包括 solid、double、dotted、dashed、wavy（波浪线）。
☑ text-decoration-skip: 设置文本装饰线条必须略过内容中的哪些部分。
☑ text-underline-position: 设置对象中的下划线的位置。

关于这些子属性的详细取值说明和用法，请参考 CSS3 参考手册。由于目前大部分浏览器暂不支持这些子属性，可以暂时忽略。

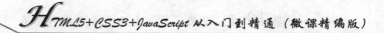

10.1.7　定义字体的变体

使用 CSS3 的 font-variant 属性可以定义字体的变体效果，用法如下：

```
font-variant : normal | small-caps
```

其中，normal 为默认值，表示正常的字体，small-caps 表示小型的大写字母字体。

【示例】新建 test.html 文档，在内部样式表中定义一个类样式。

```
.small-caps {/* 小型大写字母样式类 */
    font-variant:small-caps;}
```

然后在<body>标签中输入一行段落文本，并应用上面定义的类样式。

```
<p class="small-caps">font-variant </p>
```

 注意：font-variant 仅支持拉丁字体，中文字体没有大小写效果区分。如果设置了小型大写字体，但是该字体没有找到原始小型大写字体，则浏览器会模拟一个。例如，可通过使用一个常规字体，并将其小写字母替换为缩小过的大写字母。

10.1.8　定义大小写字体

使用 CSS3 的 text-transform 属性可以定义字体大小写效果。用法如下：

```
text-transform : none | capitalize | uppercase | lowercase
```

其中，none 为默认值，表示无转换发生；capitalize 表示将每个单词的第一个字母转换成大写，其余无转换发生；uppercase 表示把所有字母都转换成大写；lowercase 表示把所有字母都转换成小写。

【示例】新建 test.html 文档，在内部样式表中定义 3 个类样式。

```
.capitalize {text-transform:capitalize;} /*首字母大小样式类 */
.uppercase {text-transform:uppercase;} /*大写样式类 */
.lowercase {text-transform:lowercase;} /*小写样式类 */
```

然后在<body>标签中输入 3 行段落文本，并分别应用上面定义的类样式。

```
<p class="capitalize">text-transform:capitalize;</p>
<p class="uppercase">text-transform:uppercase;</p>
<p class="lowercase">text-transform:lowercase;</p>
```

分别在 IE 和 Firefox 浏览器中预览，比较效果如图 10.4 和图 10.5 所示。

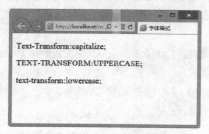

图 10.4　IE 中解析的大小写效果

图 10.5　Firefox 中解析的大小写效果

比较发现：IE 认为只要是单词就把首字母转换为大写，而 Firefox 认为只有单词通过空格间隔之后，才能够成为独立意义上的单词，所以几个单词连在一起时就算作一个词。

Note

视 频 讲 解

10.2 设计文本样式

文本样式主要设计正文的排版效果，属性名以 text 为前缀进行命名，下面分别进行介绍。

10.2.1 定义文本对齐

使用 CSS3 的 text-align 属性可以定义文本的水平对齐方式，用法如下：

```
text-align : left | right | center | justify
```

其中，left 为默认值，表示左对齐；right 为右对齐；center 为居中对齐；justify 为两端对齐。

【示例】新建 test.html 文档，在内部样式表中定义 3 个对齐类样式。

```
.left { text-align: left; }
.center { text-align: center; }
.right { text-align: right; }
```

然后在<body>标签中输入 3 段文本，并分别应用这 3 个类样式。

```
<p align="left">昨夜西风凋碧树，独上高楼，望尽天涯路</p>
<p class="center">衣带渐宽终不悔，为伊消得人憔悴</p>
<p class="right">众里寻他千百度，蓦然回首，那人却在灯火阑珊处</p>
```

在浏览器中预览，比较效果如图 10.6 所示。

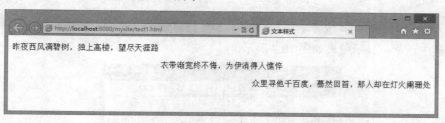

图 10.6 比较 3 种文本对齐效果

提示：CSS3 为 text-align 属性新增多个属性值，简单说明如下：

- ☑ justify: 内容两端对齐。CSS2 曾经支持过，后来放弃。
- ☑ start: 内容对齐开始边界。
- ☑ end: 内容对齐结束边界。
- ☑ match-parent: 与 inherit（继承）表现一致。
- ☑ justify-all: 效果等同于 justify，但还会让最后一行也两端对齐。

由于大部分浏览器对这些新属性值支持不是很友好，读者可以暂时忽略。

【拓展】

text-align 属性仅对行内对象有效，如文本、图像、超链接等，如果想让块元素对齐显示，如设计网页居中显示，设计<div>标签右对齐，需要特殊方法，感兴趣的读者可以扫码深入阅读。

线 上 阅 读

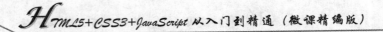

10.2.2　定义垂直对齐

使用 CSS3 的 vertical-align 属性可以定义文本垂直对齐，用法如下：

vertical-align : auto | baseline | sub | super | top | text-top | middle | bottom | text-bottom | length

取值简单说明如下：

☑　auto 将根据 layout-flow 属性的值对齐对象内容。

☑　baseline 表示默认值，表示将支持 valign 特性的对象内容与基线对齐。

☑　sub 表示垂直对齐文本的下标。

☑　super 表示垂直对齐文本的上标。

☑　top 表示将支持 valign 特性的对象的内容对象顶端对齐。

☑　text-top 表示将支持 valign 特性的对象的文本与对象顶端对齐。

☑　middle 表示将支持 valign 特性的对象的内容与对象中部对齐。

☑　bottom 表示将支持 valign 特性的对象的内容与对象底端对齐。

☑　text-bottom 表示将支持 valign 特性的对象的文本与对象顶端对齐。

☑　length 表示由浮点数字和单位标识符组成的长度值或者百分数，可为负数，定义由基线算起的偏移量，基线对于数值来说为 0，对于百分数来说就是 0%。

【示例】新建 test1.html 文档，在<head>标签内添加<style type="text/css">标签，定义一个内部样式表，然后输入下面样式，定义上标类样式。

.super {vertical-align:super;}

然后在<body>标签中输入一行段落文本，并应用该上标类样式。

<p>vertical-align 表示垂直<span class=" super ">对齐</span>属性</p>

在浏览器中预览，显示效果如图 10.7 所示。

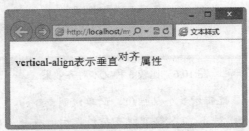

图 10.7　文本上标样式效果

【拓展】

vertical-align 属性仅对行内对象有效，如文本、图像、超链接等，如果想让块元素对齐显示，需要特殊方法，感兴趣的读者可以扫码深入阅读。

10.2.3　定义文本间距

使用 CSS3 的 letter-spacing 属性可以定义字距，使用 CSS3 的 word-spacing 属性可以定义词距。这两个属性的取值都是长度值，由浮点数字和单位标识符组成，默认值为 normal，表示默认间隔。

定义词距时，以空格为基准进行调节，如果多个单词被连在一起，则被 word-spacing 视为一个单

Note

词；如果汉字被空格分隔，则分隔的多个汉字就被视为不同的单词，word-spacing 属性此时有效。

【示例】下面示例演示如何定义字距和词距样式。新建一个网页，保存为 test.html，在\<head\>标签内添加\<style type="text/css"\>标签，定义一个内部样式表，然后输入下面样式，定义两个类样式。

```
.lspacing {letter-spacing:1em;}              /* 字距样式类 */
.wspacing {word-spacing:1em;}                /* 词距样式类 */
```

然后在\<body\>标签中输入两行段落文本，并应用上面两个类样式。

```
<p class="lspacing">letter spacing word spacing（字间距）</p>
<p class="wspacing">letter spacing word spacing（词间距）</p>
```

在浏览器中预览，显示效果如图 10.8 所示。从图中可以直观地看到，所谓字距就是定义字母之间的距离，而词距就是定义西文单词的距离。

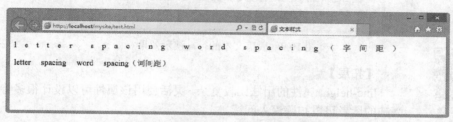

图 10.8　字距和词距演示效果比较

注意：字距和词距一般很少使用，使用时应慎重考虑用户的阅读体验和感受。对于中文用户来说，letter-spacing 属性有效，而 word-spacing 属性无效。

10.2.4　定义行高

使用 CSS3 的 line-height 属性可以定义行高，用法如下：

```
line-height : normal | length
```

视 频 讲 解

其中，normal 表示默认值，一般为 1.2em；length 表示百分比数字，或者由浮点数字和单位标识符组成的长度值，允许为负值。

【示例】新建 test.html 文档，在\<head\>标签内添加\<style type="text/css"\>标签，定义一个内部样式表，输入下面样式，定义两个行高类样式。

```
.p1 {/* 行高样式类 1 */
    line-height:1em;                          /* 行高为一个字大小 */}
.p2 {/* 行高样式类 2 */
    line-height:2em;                          /* 行高为两个字大小 */}
```

然后在\<body\>标签中输入两行段落文本，并应用上面两个类样式。

```
<h1>人生三境界</h1>
<h2>出自王国维《人间词话》</h2>
<p class="p1">古今之成大事业、大学问者，必经过三种之境界："昨夜西风凋碧树。独上高楼，望断天涯路。"此第一境也。"衣带渐宽终不悔，为伊消得人憔悴。"此第二境也。"众里寻他千百度，蓦然回首，那人却在灯火阑珊处。"此第三境也。此等语皆非大词人不能道。然遽以此意解释诸词，恐为晏欧诸公所不许也。</p>
<p class="p2">笔者认为，凡人都可以从容地做到第二境界，但要想逾越它却不是那么简单。成功人士果敢坚忍，不屈不挠，造就了他们不同于凡人的成功。他们逾越的不仅仅是人生的境界，更是他们自我的极限。成功
```

后回望来路的人，才会明白另解这三重境界的话：看山是山，看水是水；看山不是山，看水不是水；看山还是山，看水还是水。</p>

在浏览器中预览，显示效果如图 10.9 所示。

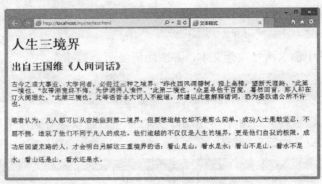

图 10.9　段落文本的行高演示效果

【拓展】

line-height 属性的用法比较复杂，灵活使用该属性可以设计很多特殊效果，感兴趣的读者可以扫码深入阅读。

10.2.5　定义首行缩进

使用 CSS3 的 text-indent 属性可以定义文本首行缩进，用法如下：

text-indent : length

length 表示百分比数字，或者由浮点数字和单位标识符组成的长度值，允许为负值。建议在设置缩进单位时，以 em 为设置单位，它表示一个字距，这样比较精确确定首行缩进效果。

【示例 1】 新建 test.html 文档，在<head>标签内添加<style type="text/css">标签，定义一个内部样式表，输入下面样式，定义段落文本首行缩进 2 个字符。

p { text-indent:2em;}　　　　　　　　　/* 首行缩进 2 个字距 */

然后在<body>标签中输入如下标题和段落文本。

<h1>人生三境界</h1>
<h2>出自王国维《人间词话》</h2>
<p>古今之成大事业、大学问者，必经过三种之境界："昨夜西风凋碧树。独上高楼，望断天涯路。"此第一境也。"衣带渐宽终不悔，为伊消得人憔悴。"此第二境也。"众里寻他千百度，蓦然回首，那人却在灯火阑珊处。"此第三境也。此等语皆非大词人不能道。然遽以此意解释诸词，恐为晏欧诸公所不许也。</p>
<p>笔者认为，凡人都可以从容地做到第二境界，但要想逾越它却不是那么简单。成功人士果敢坚忍，不屈不挠，造就了他们不同于凡人的成功。他们逾越的不仅仅是人生的境界，更是他们自我的极限。成功后回望来路的人，才会明白另解这三重境界的话：看山是山，看水是水；看山不是山，看水不是水；看山还是山，看水还是水。</p>

在浏览器中预览，可以看到文本缩进效果，如图 10.10 所示。

【示例 2】 使用 text-indent 属性可以设计悬垂缩进效果。

新建一个网页，保存为 test1.html，在<head>标签内添加<style type="text/css">标签，定义一个内部样式表。

输入下面样式，定义段落文本首行缩进负的 2 个字符，并定义左侧内部补白为 2 个字符。

```
p {/*  悬垂缩进 2 个字距  */
    text-indent:-2em;                              /*  首行缩进  */
    padding-left:2em;                              /*  左侧补白  */}
```

text-indent 属性可以取负值，定义左侧补白，防止取负值缩进导致首行文本伸到段落的边界外边。然后在<body>标签中输入如下标题和段落文本。

```
<h1>《人间词话》节选</h1>
<h2>王国维</h2>
<p>古今之成大事业、大学问者，必经过三种之境界："昨夜西风凋碧树。独上高楼，望断天涯路。"此第一境也。"衣带渐宽终不悔，为伊消得人憔悴。"此第二境也。"众里寻他千百度，蓦然回首，那人却在灯火阑珊处。"此第三境也。此等语皆非大词人不能道。然遽以此意解释诸词，恐为晏欧诸公所不许也。</p>
```

在浏览器中预览，可以看到文本悬垂缩进效果，如图 10.11 所示。

图 10.10　首行缩进效果

图 10.11　悬垂缩进效果

10.3　设计图像样式

在 CSS 没有普及前，主要使用<img>标签的属性来控制图像样式，如大小、边框、位置等。使用 CSS 可以更方便地控制图像显示，设计各种特殊效果，这种用法也符合 W3C 标准，是现在推荐的用法。

10.3.1　定义图像大小

视频讲解

<img>标签包含 width 和 height 属性，使用它们可以控制图像的大小。不过 CSS 提供了更符合标准的 width 和 height 属性，使用这两个属性可以更灵活地设计图像大小。

【示例 1】下面是一个简单的使用 CSS 控制图像大小的案例。

启动 Dreamweaver，新建网页，保存为 test1.html，在<body>标签内输入以下代码。

```
<img class="w200" src="images/1.jpg" />
<img class="w200" src="images/2.jpg" />
<img class="w200" src="images/3.jpg" />
<img src="images/4.jpg" />
```

在<head>标签内添加<style type="text/css">标签，定义一个内部样式表，然后输入下面样式，以类样式的方式控制网页中图片的显示大小。

```
.w200 {/*  定义控制图像高度的类样式  */
    height:200px;
}
```

显示效果如图 10.12 所示，可以看到使用 CSS 更方便地控制图片大小，提升了网页设计的灵活性。当图像大小取值为百分比时，浏览器将根据图像包含框的宽和高进行计算。

【示例 2】在下面这个示例中，统一定义图像缩小 50%，然后分别放在网页中和一个固定大小的盒子中，则显示效果截然不同，比较效果如图 10.13 所示。

```
<style type="text/css">
div {/*  定义固定大小的包含框  */
    height:200px;                                /*  固定高度  */
    width:50%;                                   /*  设计弹性宽度  */
    border:solid 1px red;                        /*  定义一个边框  */}
img {/*  定义图像大小  */
    width:50%;                                   /*  百分比宽度  */
    height:50%;                                  /*  百分比高度  */}
</style>
<div> <img src="images/4.png" /> </div>
<img src="images/4.png" />
```

图 10.12　固定缩放图像

图 10.13　百分比缩放图像

提示：当为图像仅定义宽度或高度，则浏览器能够自动调整纵横比，使宽和高能够协调缩放，避免图像变形。但是一旦同时为图像定义宽和高，就要注意宽高比，否则会失真。

10.3.2　定义图像边框

视频讲解

图像在默认状态是不会显示边框的，但在为图像定义超链接时会自动显示 2～3 像素宽的蓝色粗边框。使用 border 属性可以清除这个边框，代码如下所示：

```
<a href="#"><img src="images/login.gif" alt="登录" border="0" /></a>
```

不推荐上述用法，建议使用 CSS 的 border 属性定义。CSS 的 border 属性不仅可以为图像定义边框，且提供了丰富的边框样式，支持定义边框的粗细、颜色和样式。

【示例 1】针对上面的清除图像边框效果，使用 CSS 定义则代码如下。

```
img {/* 清除图像边框 */
    border:none;
}
```

使用 CSS 为 <img> 标签定义无边框显示，这样就不再需要为每个图像定义 0 边框的属性。下面分别讲解图像边框的样式、颜色和粗细的详细用法。

1. 边框样式

CSS 为元素的边框定义了众多样式，边框样式可以使用 border-style 属性来定义。边框样式包括两种：虚线框和实线框。

☑ 虚线框包括 dotted（点）和 dashed（虚线）。

【示例 2】在下面示例中，分别定义两个不同的点线和虚线类样式，然后分别应用到两幅图像上，则效果如图 10.14 所示，通过比较可以看到点线和虚线的细微差异。

```
<style type="text/css">
img {width:250px; margin:12px;}  /* 固定图像显示大小 */
.dotted {/* 点线框样式类 */
    border-style:dotted;}
.dashed {/* 虚线框样式类 */
    border-style:dashed;
}
</style>
<img class="dotted" src="images/1.png" alt="点线边框" />
<img class="dashed" src="images/1.png" alt="虚线边框" />
```

图 10.14 IE 浏览器中的点线和虚线比较效果

☑ 实线框包括实线框（solid）、双线框（double）、立体凹槽（groove）、立体凸槽（ridge）、立体凹边（inset）、立体凸边（outset）。其中实线框 solid 是应用最广的一种边框样式。

提示：双线框由两条单线和中间的空隙组成，三者宽度之和等于边框的宽度。但是双线框的值分配也会存在一些矛盾，无法做到平均分配。如果边框宽度为 3px，则两条单线与其间空隙分别为 1px；如果边框宽度为 4px，则外侧单线为 2px，内侧和中间空隙分别为 1px；如果边框宽度为 5px，则两条单线宽度为 2px，中间空隙为 1px。其他取值依此类推。

2. 边框颜色和宽度

使用 CSS 的 border-color 属性可以定义边框的颜色；使用 border-width 可以定义边框的粗细。当元素的边框样式为 none 时，所定义的边框颜色和边框宽度都会同时无效。在默认状态下，元素的边

框样式为 none，而元素的边框宽度默认为 2～3px。

【示例 3】 在下面示例中快速定义图像各边的边框，显示效果如图 10.15 所示。

```
<style type="text/css">
img {/* 图像的边框样式 */
    width:100px;                          /* 宽度 */
    border:solid red 150px;               /* 统一定义各边样式：实线框、红色、120 像素宽度 */
    border-color:red blue green yellow;   /* 顶边红色、右边蓝色、底边绿色、左边黄色 */
}
</style>
<img src="images/1.png" />
```

【示例 4】 也可以配合使用不同复合属性自定义各边样式，例如，下面示例分别用 border-style、border-color 和 border-width 属性自定义图像各边边框样式，效果如图 10.16 所示。

```
<style type="text/css">
img {/* 图像的边框样式 */
    width:300px;                                /* 宽度 */
    border-style:solid dashed dotted double;    /* 顶边实线、右边虚线、底边点线、左边双线 */
    border-width:10px 20px 30px 40px;           /* 顶边 10px、右边 20px、底边 30px、左边 40px */
    border-color:red blue green yellow;         /* 顶边红色、右边蓝色、底边绿色、左边黄色 */
}
</style>
<img src="images/1.png" />
```

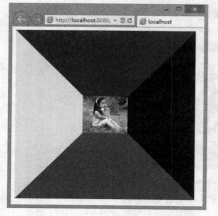

图 10.15 定义各边边框的样式效果

图 10.16 自定义各边边框的样式效果

如果各边样式相同，使用 border 会更方便设计。例如，在下面示例中，定义各边样式为红色实线框，宽度为 20 像素，则代码如下所示：

```
div {
    width:400px;         /* 宽度 */
    height:200px;        /* 高度 */
    border:solid 20px red;  /* 边框样式 */
}
```

在上面代码中，border 属性中的 3 个值分别表示边框样式、边框颜色和边框宽度，它们没有先后顺序，可以任意调整顺序。

视频讲解

Note

10.3.3 定义不透明度

在 CSS3 中，使用 opacity 可以设计图像的不透明度。该属性的基本用法如下：

```
opacity:0~1;
```

取值范围 0~1，数值越小，透明度也就越高，0 为完全透明，而 1 表示完全不透明。

> 提示：早期 IE 浏览器使用 CSS 滤镜定义透明度，基本用法如下：
> filter:alpha(opacity=0~100);
> 取值范围 0~100，数值越小，透明度也就越高，0 为完全透明，100 表示完全不透明。

【示例】在下面这个示例中，先定义一个透明样式类，然后把它应用到一个图像中，并与原图进行比较，演示效果如图 10.17 所示。

```
<style type="text/css">
img { width:300px;}
.opacity {/* 透明度样式类 */
    opacity: 0.3;                      /* 标准用法 */
    filter:alpha(opacity=30);          /* 兼容 IE 早期版本浏览器 */
    -moz-opacity:0.3;                  /* 兼容 Firefox 浏览器 */
}
</style>
<img src="images/1.png" title="图像不透明度" />
<img class="opacity" src="images/1.png" title="图像透明度为 0.3" />
```

图 10.17 图像透明度演示效果

10.3.4 定义圆角特效

CSS3 新增了 border-radius 属性，使用它可以设计圆角样式。该属性用法如下：

```
border-radius:none | <length>{1,4} [ / <length>{1,4} ]?;
```

border-radius 属性初始值为 none，适用于所有元素，除了 border-collapse 属性值为 collapse 的 table 元素。取值简单说明如下：

- ☑ none：默认值，表示元素没有圆角。
- ☑ <length>：由浮点数字和单位标识符组成的长度值，不可为负值。

视频讲解

为了方便定义元素的 4 个顶角圆角，border-radius 属性派生了 4 个子属性。

- ☑ border-top-right-radius：定义右上角的圆角。
- ☑ border-bottom-right-radius：定义右下角的圆角。
- ☑ border-bottom-left-radius：定义左下角的圆角。
- ☑ border-top-left-radius：定义左上角的圆角。

☀ 提示：border-radius 属性可包含两个参数值：第一个值表示圆角的水平半径，第二个值表示圆角的垂直半径，两个参数值通过斜线分隔。如果仅包含一个参数值，则第二个值与第一个值相同，它表示这个角就是一个四分之一圆角。如果参数值包含 0，则就是矩形，不会显示为圆角。

【示例】下面示例分别设计两个圆角类样式，第一个类 r1 为固定 12 像素的圆角，第二个类 r2 为弹性取值 50% 的椭圆圆角，然后分别应用到不同的图像上，则演示效果如图 10.18 所示。

```
<style type="text/css">
img { width:300px;border:solid 1px #eee;}
.r1 { border-radius:12px; }
.r2 { border-radius:50%;}
</style>
<img class="r1" src="images/1.png" title="圆角图像" />
<img class="r2" src="images/1.png" title="椭圆图像" />
```

图 10.18　圆角图像演示效果

10.3.5　定义阴影特效

CSS3 新增了 box-shadow 属性，该属性可以定义阴影效果。该属性用法如下所示：

box-shadow:none | <shadow> [, <shadow>]*;

box-shadow 属性的初始值是 none，该属性适用于所有元素。取值简单说明如下：

- ☑ none：默认值，表示元素没有阴影。
- ☑ <shadow>：该属性值可以使用公式表示为 inset && [<length>{2,4} && <color>?]，其中 inset 表示设置阴影的类型为内阴影，默认为外阴影，<length> 是由浮点数和单位标识符组成的长度值，可取正负值，用来定义阴影水平偏移、垂直偏移，以及阴影大小（即阴影模糊度）、阴影扩展。<color> 表示阴影颜色。

提示：如果不设置阴影类型，默认为投影效果，当设置为 inset 时，则阴影效果为内阴影。X 轴偏移和 Y 轴偏移定义阴影的偏移距离。阴影大小、阴影扩展和阴影颜色是可选值，默认为黑色实影。box-shadow 属性值必须设置阴影的偏移值，否则没有效果。如果需要定义阴影，不需要偏移，此时可以定义阴影偏移为 0，这样才可以看到阴影效果。

【示例 1】在下面这个示例中设计一个阴影类样式，定义圆角、阴影显示，设置圆角大小为 8 像素，阴影显示在右下角，模糊半径为 14 像素，然后分别应用到第二幅图像上，演示效果如图 10.19 所示。

图 10.19　阴影图像演示效果

```
<style type="text/css">
img { width:300px; margin:6px;}
.r1 {
    border-radius:8px;
    -moz-box-shadow:8px 8px 14px #06C;        /*兼容 Gecko 引擎*/
    -webkit-box-shadow:8px 8px 14px #06C;     /*兼容 Webkit 引擎*/
    box-shadow:8px 8px 14px #06C;             /*标准用法*/
}
</style>
<img src="images/1.png" title="无阴影图像" />
<img class="r1" src="images/1.png" title="阴影图像" />
```

【示例 2】box-shadow 属性用法比较灵活，可以设计叠加阴影特效。例如，在上面示例中，修改类样式 r1 的代码如下：

```
img { width:300px; margin:6px;}
.r1 {
    border-radius:12px;
    box-shadow:-10px 0 12px red,
        10px 0 12px blue,
        0 -10px 12px yellow,
        0 10px 12px green;
}
```

通过多组参数值定义渐变阴影效果如图 10.20 所示。

图 10.20　设计图像多层阴影效果

提示：当设计多个阴影时，需要注意书写顺序，最先写的阴影将显示在最顶层。如在上面这段代码中，先定义一个 10 像素的红色阴影，再定义一个 10 像素大小、10 像素扩展的阴影。显示结果就是红色阴影层覆盖在黄色阴影层之上，此时如果顶层的阴影太大，就会遮盖底部的阴影。

10.4　案例实战

CSS3 优化和增强了 CSS2.1 的字体和文本属性，使网页文字更具有表现力和感染力，丰富了网页文本的样式和版式。

10.4.1　设计文本阴影

在 CSS3 中，可以使用 text-shadow 属性为文字添加阴影效果，用法如下所示。

```
text-shadow:none | <shadow> [ , <shadow> ]*
<shadow> = <length>{2,3} && <color>?
```

text-shadow 属性的初始值为无，适用于所有元素。取值简单说明如下：

☑　none：无阴影。

☑　<length>①：第 1 个长度值用来设置对象的阴影水平偏移值。可以为负值。

☑　<length>②：第 2 个长度值用来设置对象的阴影垂直偏移值。可以为负值。

☑　<length>③：如果提供了第 3 个长度值，则用来设置对象的阴影模糊值。不允许负值。

☑　<color>：设置对象的阴影的颜色。

【示例】下面为段落文本定义一个简单的阴影效果，演示效果如图 10.21 所示。

图 10.21　定义文本阴影

```
<style type="text/css">
p {
    text-align: center;
    font: bold 60px helvetica, arial, sans-serif;
    color: #999;
    text-shadow: 0.1em 0.1em #333;}
</style>
<p>文本阴影：text-shadow</p>
```

"text-shadow: 0.1em 0.1em #333;" 声明了右下角文本阴影效果，如果把投影设置到右上角，则可以这样声明，效果如图 10.22 所示。

```
p {text-shadow: -0.1em -0.1em #333;}
```

同理，如果设置阴影在文本的左下角，则可以设置如下样式。

```
p {text-shadow: -0.1em 0.1em #333;}
```

演示效果如图 10.23 所示。

图 10.22　定义左上角阴影

图 10.23　定义左下角阴影

也可以增加模糊效果的阴影，效果如图 10.24 所示。

```
p{ text-shadow: 0.1em 0.1em 0.3em #333; }
```

或者定义如下模糊阴影效果，效果如图 10.25 所示。

```
text-shadow: 0.1em 0.1em 0.2em black;
```

图 10.24　定义模糊阴影 1

图 10.25　定义模糊阴影 2

text-shadow 属性的第一个值表示水平位移；第二个值表示垂直位移，正值偏右或偏下，负值偏左或偏上；第三个值表示模糊半径，该值可选；第四个值表示阴影的颜色，该值可选。

在阴影偏移之后，可以指定一个模糊半径。模糊半径是个长度值，指出模糊效果的范围。如何计算模糊效果的具体算法没有指定。在阴影效果的长度值之前或之后还可以选择指定一个颜色值。如果没有指定颜色，那么将使用 color 属性值来替代。

10.4.2　控制文本溢出

text-overflow 属性可以设置超长文本省略显示。基本语法如下所示：

```
text-overflow:clip | ellipsis
```

适用于块状元素，取值简单说明如下：

☑　clip：当内联内容溢出块容器时，将溢出部分裁切掉，为默认值。

☑　ellipsis：当内联内容溢出块容器时，将溢出部分替换为（...）。

> 提示：在早期 W3C 文档（http://www.w3.org/TR/2003/CR-css3-text-20030514/#textoverflow-mode）中，text-overflow 被纳入规范，但是在最新修订的文档（http://www.w3.org/TR/css3-text/）中没有再包含 text-overflow 属性。
> 由于 W3C 规范放弃了对 text-overflow 属性的支持，所以，Mozilla 类型浏览器也放弃了对该属性的支持。不过，Mozilla developer center 推荐使用-moz-binding 的 CSS 属性进行兼容。Firefox 浏览器支持 XUL（XUL，一种 XML 的用户界面语言），这样就可以使用-moz-binding 属性来绑定 XUL 里的 ellipsis 属性了。

> 注意：text-overflow 属性仅是内容注解，当文本溢出时是否显示省略标记，并不具备样式定义的特性。要实现溢出时产生省略号的效果，还应定义两个样式：强制文本在一行内显示（white-space:nowrap）和溢出内容为隐藏（overflow:hidden），只有这样才能实现溢出文本显示省略号的效果。

【示例】下面示例设计新闻列表有序显示，对于超出指定宽度的新闻项，则使用 text-overflow 属性省略并附加省略号，避免新闻换行或者撑开版块，演示效果如图 10.26 所示。

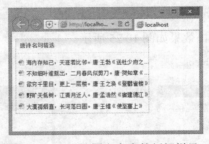

图 10.26　设计固定宽度的新闻栏目

示例代码如下：

```
<style type="text/css">
dl {/*定义新闻栏目外框，设置固定宽度*/
    width:300px;
    border:solid 1px #ccc;
}
dt {/*设计新闻栏目标题行样式*/
    padding:8px 8px;                        /*增加文本周围空隙*/
    margin-bottom:12px;                     /*调整底部间距*/
```

```
        background:#7FECAD url(images/green.gif) repeat-x;          /*设计标题栏背景图*/
        /*定义字体样式*/
        font-size:13px; font-weight:bold; color:#71790C;
        text-align:left;                                           /*恢复文本默认左对齐*/
        border-bottom:solid 1px #efefef;                           /*定义浅色边框线*/
    }
    dd {/*设计新闻列表项样式*/
        font-size:0.78em;
        /*固定每个列表项的大小*/
        height:1.5em;width:280px;
        /*为添加新闻项目符号腾出空间*/
        padding:2px 2px 2px 18px;
        /*以背景方式添加项目符号*/
        background: url(images/icon.gif) no-repeat 6px 25%;
        margin:2px 0;
        /*为应用 text-overflow 做准备，禁止换行*/
        white-space: nowrap;
        /*为应用 text-overflow 做准备，禁止文本溢出显示*/
        overflow: hidden;
        -o-text-overflow: ellipsis;                                /* 兼容 Opera */
        text-overflow: ellipsis;                                   /* 兼容 IE 和 Safari (WebKit) */
        -moz-binding: url('images/ellipsis.xml#ellipsis');         /* 兼容 Firefox */}
</style>

<dl>
    <dt>唐诗名句精选</dt>
    <dd>海内存知己，天涯若比邻。唐·王勃《送杜少府之任蜀州》 </dd>
    <dd>不知细叶谁裁出，二月春风似剪刀。唐·贺知章《咏柳》 </dd>
    <dd>欲穷千里目，更上一层楼。唐·王之涣《登鹳雀楼》 </dd>
    <dd>野旷天低树，江清月近人。唐·孟浩然《宿建德江》 </dd>
    <dd>大漠孤烟直，长河落日圆。唐·王维《使至塞上》 </dd>
</dl>
```

10.4.3 控制文本换行

在 CSS3 中，使用 word-break 属性可以定义文本自动换行。基本语法如下所示：

word-break:normal | keep-all | break-all

取值简单说明如下：

☑ normal：为默认值，依照亚洲语言和非亚洲语言的文本规则，允许在字内换行。

☑ keep-all：对于中文、韩文、日文，不允许字断开。适合包含少量亚洲文本的非亚洲文本。

☑ break-all：与 normal 相同，允许非亚洲语言文本行的任意字内断开。该值适合包含一些非亚洲文本的亚洲文本，如使连续的英文字母间断行。

word-wrap 属性没有被广泛地支持，特别是 Firefox 和 Opera 浏览器对其支持比较消极，这是因为在早期的 W3C 文本模型（http://www.w3.org/TR/2003/CR-css3-text-20030514/）中放弃了对其支持，而是定义了 wrap-option 属性代替 word-wrap 属性。但是在最新的文本模式（http://www.w3.org/ TR/css3-text/）中继续支持该属性，并重定义了属性值。

视频讲解

线上阅读

Note

CSS 曾定义了多个与文本换行相关的排版属性，如 line-break、word-break、word-wrap、white-space，由于浏览器的兼容性未能广泛应用，感兴趣的读者可以扫码了解它们的区别和用法。

提示：在 IE 浏览器中，使用 "word-wrap:break-word;" 声明可以确保所有文本正常显示。在 Firefox 浏览器中，中文不会出任何问题。英文语句也不会出问题。但是，长串英文会出问题。为了解决长串英文，一般使用 "word-wrap:break-word;" 和 "word-break:break-all;" 声明结合使用。但是，这种方法会导致普通的英文语句中的单词被断开显示（IE 浏览器下也是）。现在的问题主要存在于长串英文和英文单词被断开的问题。

为了解决这个问题，可使用 "word-wrap:break-word;overflow:hidden;"，而不是 "word-wrap:break-word; word-break:break-all;"。"word-wrap:break-word;overflow:auto;" 在 IE 浏览器下没有任何问题，但是在 Firefox 浏览器下，长串英文单词就会被遮住部分内容。

【示例】下面示例在页面中插入一个表格，由于标题行文字较多，标题行常被断开，影响了浏览体验。为了解决这个问题，借助 CSS 换行属性进行处理，比较效果如图 10.27 所示。

```html
<style type="text/css">
table {
    width: 100%;
    font-size: 14px;
    border-collapse: collapse;                      /*定义细线表格*/
    border: 1px solid #cad9ea;                      /*添加淡色细线边框*/
    table-layout: fixed;/*定义表格在浏览器端逐步解析呈现，避免破坏布局*/
}
th {
    background-image: url(images/th_bg1.gif);       /*使用背景图模拟渐变背景*/
    background-repeat: repeat-x;                     /*定义背景图平铺方式*/
    height: 30px;
    vertical-align:middle;                          /*垂直居中显示*/
    border: 1px solid #cad9ea;                      /*添加淡色细线边框*/
    padding: 0 1em 0;
    overflow: hidden;                               /*超出范围隐藏显示，避免撑开单元格*/
    word-break: keep-all;                           /*禁止词断开显示*/
    white-space: nowrap;                            /*强迫在一行内显示*/
}
td {
    height: 20px;
    border: 1px solid #cad9ea;                      /*添加淡色细线边框*/
    padding: 6px 1em;                               /*增加单元格空隙，避免文本挤在一起*/
}
tr:nth-child(even) { background-color: #f5fafe; }
.w4 { width: 4em; }
</style>
<table>
    <tr>
        <th class="w4">与文本换行相关的属性</th>
        <th>使用说明</th>
    </tr>
    <tr>
```

```
                <td>line-break</td>
                <td>……</td>
        </tr>
        <tr>
                <td>word-wrap</td>
                <td>……</td>
        </tr>
        <tr>
                <td>word-break</td>
                <td>……</td>
        </tr>
        <tr>
                <td>white-space</td>
                <td>……</td>
        </tr>
</table>
```

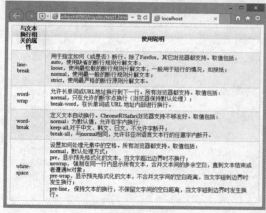

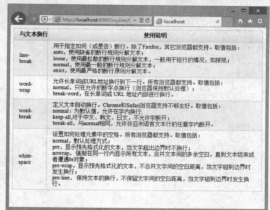

处理前　　　　　　　　　　　　　　　　处理后

图 10.27　禁止表格标题文本换行显示

10.4.4　设计动态内容

视频讲解

content 属性属于内容生成和替换模块，可以为匹配的元素动态生成内容。这样就能够满足在 CSS 样式设计中临时添加非结构性的样式服务标签，或者添加补充说明性内容等。

content 属性的简明语法如下所示：

content: normal | string | attr() | url() | counter() | none;

取值简单说明如下：

☑　　normal：默认值。表现与 none 值相同。

☑　　string：插入文本内容。

☑　　attr()：插入元素的属性值。

☑　　url()：插入一个外部资源，如图像、音频、视频或浏览器支持的其他任何资源。

☑　　counter()：计数器，用于插入排序标识。

☑　　none：无任何内容。

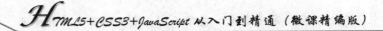

> **提示:** content 属性早在 CSS2.1 中就被引入,可以使用:before 和:after 伪元素生成内容。此特性目前已被大部分的浏览器支持,另外 Opera 9.5+ 和 Safari 4 已经支持所有元素的 content 属性,而不仅仅是:before 和:after 伪元素。
>
> 在 CSS3 Generated Content 工作草案中,content 属性添加了更多的特征。例如,插入以及移除文档内容的能力,可以创建脚注、结语和段落注释,但是目前还没有浏览器支持 content 的扩展功能。

【示例】 下面示例使用 content 属性,配合 CSS 计数器设计多层嵌套有序列表序号设计,效果如图 10.28 所示。

```
<style type="text/css">
ol { list-style:none;}                                          /*清除默认的序号*/
li:before {color:#f00; font-family:Times New Roman;}            /*设计层级目录序号的字体样式*/
li{counter-increment:a 1;}                                      /*设计递增函数 a,递增起始值为 1*/
li:before{content:counter(a)". ";}                              /*把递增值添加到列表项前面*/
li li{counter-increment:b 1;}                                   /*设计递增函数 b,递增起始值为 1*/
li li:before{content:counter(a)"."counter(b)". ";}              /*把递增值添加到二级列表项前面*/
li li li{counter-increment:c 1;}                                /*设计递增函数 c,递增起始值为 1*/
li li li:before{content:counter(a)"."counter(b)"."counter(c)". ";}  /*把递增值添加到三级列表项前面*/
</style>
<ol>
    <li>一级列表项目 1
        <ol>
            <li>二级列表项目 1</li>
            <li>二级列表项目 2
                <ol>
                    <li>三级列表项目 1</li>
                    <li>三级列表项目 2</li>
                </ol>
            </li>
        </ol>
    </li>
    <li>一级列表项目 2</li>
</ol>
```

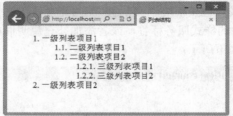

图 10.28　使用 CSS 技巧设计多级层级目录序号

10.4.5　设计个性字体

CSS3 允许用户通过@font-face 规则加载网络字体文件,实现自动定义字体类型的功能。@font-face 规则在 CSS3 规范中属于字体模块。

@font-face 规则的语法格式如下：

```
@font-face { <font-description> }
```

@font-face 规则的选择符是固定的，用来引用网络字体文件。<font-description>是一个属性名值对，格式类似如下样式：

```
descriptor: value;
descriptor: value;
descriptor: value;
descriptor: value;
[...]
descriptor: value;
```

Note

属性及其取值说明如下：

- ☑ font-family：设置文本的字体名称。
- ☑ font-style：设置文本样式。
- ☑ font-variant：设置文本是否大小写。
- ☑ font-weight：设置文本的粗细。
- ☑ font-stretch：设置文本是否横向地拉伸变形。
- ☑ font-size：设置文本字体大小。
- ☑ src：设置自定义字体的相对路径或者绝对路径。注意，该属性只能在@font-face 规则里使用。

> 提示：事实上，IE 5 已经开始支持该属性，但是只支持微软自有的.eot（Embedded Open Type）字体格式，而其他浏览器直到现在都不支持这一字体格式。不过，从 Safari 3.1 开始，用户可以设置.ttf（TrueType）和.otf（OpenType）两种字体作为自定义字体了。考虑到浏览器的兼容性，在使用时建议同时定义.eot 和.ttf，以便能够兼容所有主流浏览器。

【示例】下面是一个简单的示例，演示如何使用@font-face 规则在页面中使用网络字体。示例代码如下：

```
<style type="text/css">
/* 引入外部字体文件 */
@font-face {
    /* 选择默认的字体类型 */
    font-family: "lexograph";
    /* 兼容 IE */
    src: url(http://randsco.com//fonts/lexograph.eot);
    /* 兼容非 IE */
    src: local("Lexographer"), url(http://randsco.com/fonts/lexograph.ttf) format("truetype");
}
h1 {
    /* 设置引入字体文件中的 lexograph 字体类型 */
    font-family: lexograph, verdana, sans-serif;
    font-size:4em;}
</style>

<h1>http://www.baidu.com/</h1>
```

演示效果如图 10.29 所示。

图 10.29　设置为 lexograph 字体类型的文字

提示： 嵌入外部字体需要考虑用户带宽问题，因为一个中文字体文件少的有几个 MB，大的有十几个 MB，这么大的字体文件下载过程会出现延迟，同时服务器也不能忍受如此频繁的申请下载。如果只是想标题使用特殊字体，最好设计成图片。

视频讲解

10.4.6　设计正文版式 1

中文版式与西文版式存在很多不同。例如，中文段落文本缩进，而西文悬垂列表；中文段落一般没有段距，而西文习惯设置一行的段距等。中文报刊文章习惯以块的适度变化来营造灵活的设计版式。中文版式中，标题习惯居中显示，正文之前喜欢设计一个题引，题引为左右缩进的段落文本显示效果，正文以首字下沉效果显示。

本案例将展示一个简单的中文版式，把一级标题、二级标题、三级标题和段落文本的样式分别设计，从而使信息的轻重分明，更有利于用户阅读，演示效果如图 10.30 所示。

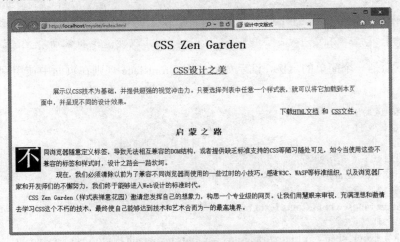

图 10.30　报刊式中文格式效果

【操作步骤】

第 1 步，设计网页结构。本示例的 HTML 文档结构依然采用禅意花园的结构，截取第一部分的结构和内容，并把英文全部意译为中文。

```
<div id="intro">
    <div id="pageHeader">
        <h1><span>CSS Zen Garden</span></h1>
```

```
            <h2><span><acronym title="cascading style sheets">CSS</acronym>设计之美</span></h2>
        </div>
        <div id="quickSummary">
            <p class="p1"><span>展示以<acronym
title="cascading style sheets">CSS</acronym>技术为基础，并提供超强的视觉冲击力。只要选择列表中任意一
个样式表，就可以将它加载到本页面中，并呈现不同的设计效果。</span></p>
            <p class="p2"><span>下载<a title="这个页面的 HTML 源代码不能够被改动。"
href="http://www.csszengarden.com/zengarden-sample.html">HTML 文档</a> 和 <a
title="这个页面的 CSS 样式表文件，你可以更改它。"
href="http://www.csszengarden.com/zengarden-sample.css">CSS 文件</a>。</span></p>
        </div>
        <div id="preamble">
            <h3><span>启蒙之路</span></h3>
            <p class="p1"><span>不同浏览器随意定义标签，导致无法相互兼容的<acronym
title="document object model">DOM</acronym>结构，或者提供缺乏标准支持的<acronym
title="cascading style sheets">CSS</acronym>等陋习随处可见，如今当使用这些不兼容的标签和样式时，设计
之路会很坎坷。</span></p>
            <p class="p2"><span>现在，我们必须清除以前为了兼容不同浏览器而使用的一些过时的小技巧。
感谢<acronym
title="world wide web consortium">W3C</acronym>、<acronym
title="web standards project">WASP</acronym>等标准组织，以及浏览器厂家和开发师们的不懈努力，我们终
于能够进入 Web 设计的标准时代。</span></p>
            <p class="p3"><span>CSS Zen
                Garden（样式表禅意花园）邀请你发挥自己的想象力，构思一个专业级的网页。让我们用慧眼
来审视，充满理想和激情去学习 CSS 这个不朽的技术，最终使自己能够达到技术和艺术合而为一的最高境界。
</span></p>
        </div>
    </div>
```

第 2 步，定义网页基本属性。定义背景色为白色，字体为黑色。也许你认为浏览器默认网页就是
这个样式，但是考虑到部分浏览器会以灰色背景显示，显式声明这些基本属性会更加安全。字体大小
为 14px，字体为宋体。

```
body {/* 页面基本属性 */
    background:#fff;                                            /* 背景色 */
    color:#000;                                                 /* 前景色 */
    font-size:0.875em;                                          /* 网页字体大小 */
    font-family:"新宋体", Arial, Helvetica, sans-serif;         /* 网页字体默认类型 */}
```

第 3 步，定义标题居中显示，适当调整标题底边距，统一为一个字距。间距设计的一般规律：字
距小于行距，行距小于段距，段距小于块距。检查的方法可以尝试将网站的背景图案和线条全部去掉，
看是否还能保持想要的区块感。

```
h1, h2, h3 {/* 标题样式 */
    text-align:center;                                          /* 居中对齐 */
    margin-bottom:1em;                                          /* 定义底边界 */}
```

第 4 步，为二级标题定义一个下划线，并调暗字体颜色，目的是使一级标题、二级标题和三级标
题在同一个中轴线显示时产生一个变化，避免单调。由于三级标题字数少（4 个汉字），可以通过适
当调节字距来设计一种平衡感，避免因为字数太少而使标题看起来很单调。

```
h2 {/* 个性化二级标题样式 */
```

```
        color:#999;                                        /* 字体颜色 */
        text-decoration:underline;                         /* 下划线 */}
h3 {/* 个性化三级标题样式 */
        letter-spacing:0.4em;                              /* 字距 */
        font-size:1.4em;                                   /* 字体大小 */}
```

第 5 步，定义段落文本的样式。统一清除段落间距为 0，定义行高为 1.8 倍字体大小。

```
p {/* 统一段落文本样式 */
        margin:0;                                          /* 清除段距 */
        line-height:1.8em;                                 /* 定义行高 */}
```

第 6 步，定义第一文本块中的第一段文本字体为深灰色，定义第一文本块中的第二段文本右对齐，定义第一文本块中的第一段和第二段文本首行缩进两个字距，同时定义第二文本块的第一段、第二段和第三段文本首行缩进两个字距。

```
#quickSummary .p1 {/* 第一文本块的第一段样式 */
        color:#444;                                        /* 字体颜色 */}
#quickSummary .p2 {/* 第一文本块的第二段样式 */
        text-align:right;                                  /* 右对齐 */}
#quickSummary .p1, .p2, .p3 {/* 除了首字下沉段以外的段样式    */
        text-indent:2em;                                   /* 首行缩进 */}
```

第 7 步，为第一个文本块定义左右缩进样式，设计引题的效果。

```
#quickSummary {/* 第一文本块样式 */
        margin-left:4em;                                   /* 左缩进 */
        margin-right:4em;                                  /* 右缩进 */}
```

第 8 步，定义首字下沉效果。CSS 提供了一个首字下沉的属性——first-letter，这是一个伪对象。什么是伪、伪类和伪对象，我们将在超链接设计章节中进行详细讲解。但是 first-letter 属性所设计的首字下沉效果存在很多问题，所以还需要进一步设计。例如，设置段落首字浮动显示（什么是浮动请参阅 CSS 布局章节讲解），同时定义字体大小很大，以实现下沉效果。为了使首字下沉效果更明显，这里设计首字加粗、反白显示。

```
.first:first-letter {/* 首字下沉样式类 */
        font-size:50px;                                    /* 字体大小 */
        float:left;                                        /* 向左浮动显示 */
        margin-right:6px;                                  /* 增加右侧边距 */
        padding:2px;                                       /* 增加首字四周的补白 */
        font-weight:bold;                                  /* 加粗字体 */
        line-height:1em; /* 定义行距为一个字体大小，避免行高影响段落版式 */
        background:#000;                                    /* 背景色 */
        color:#fff;                                        /* 前景色 */}
```

注意：由于 IE 早期版本浏览器存在 bug，无法通过:first-letter 选择器来定义首字下沉效果，故这里重新定义了一个首字下沉的样式类（first），然后手动把这个样式类加入到 HTML 文档结构对应的段落中。

```
<p class="p1 first"><span>不同浏览器随意定义标签，导致无法相互兼容的<acronym
title="document object model">DOM</acronym>结构，或者提供缺乏标准支持的<acronym
title="cascading style sheets">CSS</acronym>等陋习随处可见，如今当使用这些不兼容的标签和样式
时，设计之路会很坎坷。</span></p>
```

提示：在阅读信息时，段落文本的呈现效果多以块状存在。如果说单个字是点，一行文本为线，那么段落文本就成面了，而面以方形呈现的效率最高，网站的视觉设计大部分其实都是在拼方块。在页面版式设计中，建议坚持如下设计原则。

- ☑　方块感越强，越能给用户方向感。
- ☑　方块越少，越容易阅读。
- ☑　方块之间以空白的形式进行分隔，从而组合为一个更大的方块。

其他样式以及整个案例效果请参阅本节实例源代码。

10.4.7　设计正文版式 2

本节示例将展示一个简单的层级式中文版式，把一级标题、二级标题、三级标题和段落文本以阶梯状缩进，从而使信息的轻重分明，更有利于用户阅读，演示效果如图 10.31 所示。

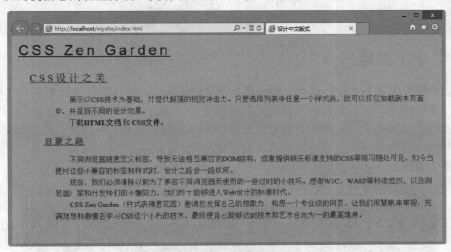

图 10.31　层级缩进式中文版式效果

【操作步骤】

第 1 步，复制上节示例源代码，删除所有的 CSS 内部样式表源代码。

第 2 步，首先定义页面的基本属性。这里定义页面背景色为灰绿浅色，前景色为深黑色，字体大小为 0.875em（约为 14px）。

```
body {/* 页面基本属性 */
    background:#99CC99;                        /* 背景色 */
    color:#333333;                             /* 前景色（字体颜色）*/
    margin:1em;                                /* 页边距 */
    font-size:0.875em;                         /* 页面字体大小 */}
```

第 3 步，统一标题为下划线样式，且不再加粗显示，限定上下边距为 1 个字距。在默认情况下，不同级别的标题上下边界是不同的。适当调整字距之间的疏密。

```
h1, h2, h3 {/* 统一标题样式 */
    font-weight:normal;                        /* 正常字体粗细 */
    text-decoration:underline;                 /* 下划线 */
    letter-spacing:0.2em;                      /* 增加字距 */
```

```
    margin-top:1em;                                         /* 固定上边界 */
    margin-bottom:1em;                                      /* 固定下边界 */}
```

第 4 步，分别定义不同标题级别的缩进大小，设计阶梯状缩进效果。

```
h1 {/*  一级标题样式 */
    font-family:Arial, Helvetica, sans-serif;              /* 标题无衬线字体 */
    margin-top:0.5em;                                       /* 缩小上边边界 */}
h2 {padding-left:1em;}                                      /* 左侧缩进 1 个字距 */
h3 {padding-left:3em;}                                      /* 左侧缩进 3 个字距 */
```

第 5 步，定义段落文本左缩进，同时定义首行缩进效果。清除段落默认的上下边界距离。

```
p {/*  段落文本样式 */
    line-height:1.6em;                                      /* 行高 */
    text-indent:2em;                                        /* 首行缩进 */
    margin:0;                                               /* 清除边界 */
    padding:0;                                              /* 清除补白 */
    padding-left:5em;                                       /* 左缩进 */}
```

10.4.8 设计正文版式 3

本案例以宁静、含蓄为主设计风格，结合英文版式设计习惯，整体设计以深黑色为底色，浅灰色为前景色，营造一种安静的、富有内涵的网页主观效果。

字体以无衬线字体为主，这样给人感觉页面比较干净，避免字体的衬线使页面看起来拖泥带水。文本行以疏朗的风格进行设计。整个网页设计效果如图 10.32 所示。

详细操作步骤请扫码阅读。

图 10.32　设计的英文格式效果

10.4.9 设计正文版式 4

本例在 10.4.8 节示例基础上，借用 HTML 文档结构，然后利用 CSS 调整页面风格，通过增大前景色与背景色的对比度，调整标题行的对齐方式，适当收缩行距，使页面看起来有些炫目，行文也趋于紧凑，这样页面风格就更具洒脱、干练，页面设计效果如图 10.33 所示。

详细操作步骤请扫码阅读。

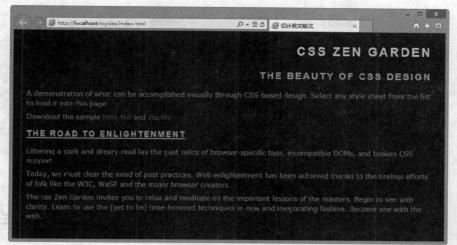

图 10.33　设计英文格式效果

线上阅读

10.5　在线练习

本节提供了两个在线练习：（1）文本样式；（2）文本流方向。读者可使用 CSS 设计各种文本效果，以及各种网页版式和文本特效。

在线练习 1

在线练习 2

第11章

使用 CSS3 背景图像和渐变背景

在前面章节中，我们介绍了如何在网页中插入图像，但是在网页设计中，用户更喜欢使用 CSS3 的 background 属性来显示网页图像，这样可以避免破坏 HTML 文档结构，美化网页更灵活。如果利用 CSS3 渐变技术还可以设计各种背景图案，这样能够降低网页设计的难度。

【学习要点】

▶▶ 正确使用 CSS 设计背景图像。

▶▶ 灵活使用多重背景图像设计网页版面。

▶▶ 正确使用线性渐变和径向渐变。

▶▶ 熟练使用渐变函数设计背景图案。

11.1　设计背景图像

下面我们来学习如何使用 CSS 设计背景图像的显示样式。

权威参考：http://www.w3.org/TR/css3-background/

权 威 参 考

Note

视 频 讲 解

11.1.1　设置背景图像

在 CSS 中可以使用 background-image 属性来定义背景图像。具体用法如下：

```
background-image:none | <url>
```

默认值为 none，表示无背景图；<url>表示使用绝对或相对地址指定背景图像。

> 提示：GIF 格式图像可以设计动画、透明背景特效，而 JPG 格式图像具有更丰富的颜色数，图像品质相对要好，PNG 类型综合了 GIF 和 JPG 两种图像的优点。

【示例】如果背景包含透明区域的 GIF 或 PNG 格式图像，则被设置为背景图像时，这些透明区域依然被保留。在下面这个示例中，先为网页定义背景图像，然后再为段落文本定义透明的 GIF 背景图像，则显示效果如图 11.1 所示。

```
<style type="text/css">
html, body, p{ height:100%;}
body {background-image:url(images/bg.jpg);}
p { background-image:url(images/ren.png);}
</style>
<p></p>
```

图 11.1　透明背景图像的显示效果

11.1.2　设置显示方式

CSS 使用 background-repeat 属性控制背景图像的显示方式。具体用法如下所示：

```
background-repeat:repeat-x | repeat-y | [repeat | space | round | no-repeat]{1,2}
```

视 频 讲 解

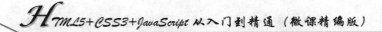

取值说明如下：

- ☑ repeat-x：背景图像在横向上平铺。
- ☑ repeat-y：背景图像在纵向上平铺。
- ☑ repeat：背景图像在横向和纵向上平铺。
- ☑ no-repeat：背景图像不平铺。
- ☑ round：背景图像自动缩放，直到适应且填充满整个容器，仅 CSS3 支持。
- ☑ space：背景图像以相同的间距平铺且填充满整个容器或某个方向，仅 CSS3 支持。

【示例】下面示例设计一个公司公告栏，其中宽度是固定的，但是其高度可能会根据正文内容进行动态调整，为了适应这种设计需要，不妨利用垂直平铺来进行设计。

第 1 步，把"公司公告"栏目分隔为上、中、小三块，设计上块和下块为固定宽度，而中间块为可以随时调整高度。设计的结构如下：

```
<div id="call">
    <div id="call_tit">公司公告</div >
    <div id="call_mid"></div >
    <div id="call_btm"></div >
</div>
```

第 2 步，所实现的样式表如下：

```
<style type="text/css">
#call {
    width:218px;                                    /* 固定宽度 */
    font-size:14px;                                 /* 字体大小 */
}
#call_tit {
    background:url(images/call_top.gif);            /* 头部背景图像 */
    background-repeat:no-repeat;                    /* 不平铺显示 */
    height:43px;                                    /* 固定高度，与背景图像高度一致 */
    color:#fff;                                     /* 白色标题 */
    font-weight:bold;                               /* 粗体 */
    text-align:center;                              /* 居中显示 */
    line-height:43px;                               /* 标题垂直居中 */
}
#call_mid {
    background-image:url(images/call_mid.gif);      /* 背景图像 */
    background-repeat:repeat-y;                     /* 垂直平铺 */
    height:160px;                                   /* 可自由设置的高度 */
}
#call_btm {
    background-image:url(images/call_btm.gif);      /* 底部背景图像 */
    background-repeat:no-repeat;                    /* 不平铺显示 */
    height:11px;                                    /* 固定高度，与背景图像高度一致 */
}
```

最后经过调整中间块元素的高度以形成不同高度的公告牌，演示效果如图 11.2 所示。

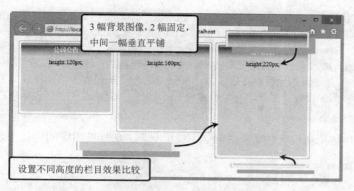

图 11.2　背景图像垂直平铺示例模拟效果

11.1.3　设置显示位置

在默认情况下，背景图像显示在元素的左上角，并根据不同方式执行不同显示效果。为了更好地控制背景图像的显示位置，CSS 定义了 background-position 属性来精确定位背景图像。

background-position 属性取值包括两个值，它们分别用来定位背景图像的 x 轴、y 轴坐标，取值单位没有限制。具体用法如下所示：

> background-position:[left | center | right | top | bottom | \<percentage\> | \<length\>] | [left | center | right | \<percentage\> | \<length\>] [top | center | bottom | \<percentage\> | \<length\>] | [center | [left | right] | \<percentage\> | \<length\>]?] && [center | [top | bottom] [\<percentage\> | \<length\>]?]

默认值为 0% 0%，等效于 left top。

【示例】下面示例利用 4 个背景图像拼接起来的一个栏目版块。这些背景图像分别被定位到栏目的 4 个边上，形成一个圆角的矩形，并富有立体感，效果如图 11.3 所示。

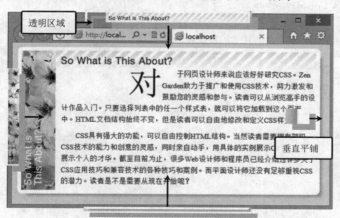

图 11.3　背景图像定位综合应用

实例所用到的 HTML 结构代码如下：

```
<div id="explanation">
    <h3><span>这是什么？</span></h3>
    <p class="p1"><span><span class="first">对</span>于网页设计师来说应该好好研究<acronym
title="cascading style sheets">CSS</acronym>。Zen Garden 致力于推广和使用 CSS 技术，努力激发和鼓励您的灵
感和参与。读者可以从浏览高手的设计作品入门。只要选择列表中的任何一个样式表，就可以将它加载到这个页
```

Note

视频讲解

面中。<acronym title="hypertext markup language">HTML</acronym>文档结构始终不变，但是读者可以自由地修改和定义<acronym title="cascading style sheets">CSS</acronym>样式表。</span></p>

　　　　<p class="p2"><span><acronym title="cascading style sheets">CSS</acronym>具有强大的功能，可以自由控制 HTML 结构。当然，读者需要拥有驾驭 CSS 技术的能力和创意的灵感，同时亲自动手，用具体的实例展示 CSS 的魅力，展示个人的才华。截至目前，很多 Web 设计师和程序员已经介绍过许多关于 CSS 应用技巧和兼容技术的各种技巧和案例，而平面设计师还没有足够重视 CSS 的潜力。读者是不是需要从现在开始呢？</span></p>
　　</div>

根据这个 HTML 结构所设计的 CSS 样式表如下（请注意背景图像的定位方法）：

```
<STYLE type="text/css">
body {/* 定义网页背景色、居中显示、字体颜色 */
    background:#DFDFDF; text-align:center; color:#454545;
}
p, h3 { margin:0; padding:0; }                        /* 清除段落和标题的默认边距 */
#explanation {
    background-color:#ffffff;                         /* 白色背景，填充所有区域 */
    background-image:url(images/img_explanation.jpg); /* 指定背景图像 */
    background-position:left bottom;                  /* 定位背景图像位于左下角 */
    background-repeat:repeat-y;                       /* 在垂直方向上平铺背景图像 */
    width:546px;                                      /* 固定栏目宽度 */
    margin:0 auto;                                    /* 栏目居中显示 */
    font-size:13px; line-height:1.6em; text-indent:2em; /* 定义栏目内字体属性 */
}
#explanation h3 {
    background:url(images/title_explanation.gif) no-repeat; /* 顶部背景图像，不平铺 */
    height:39px;                                      /* 固定标题栏高度 */
}
#explanation h3 span { display:none; }                /* 隐藏标题栏内信息 */
#explanation p {                                      /* 定义右侧背景图像，垂直平铺 */
    background:url(images/right_bg.gif) right repeat-y;}
#explanation .p2 span {                               /* 底部背景图像，不平铺 */
    padding-bottom:20px;                              /* 增加第2段底部内边距，显示背景图像 */
    background:url(images/right_bottom.gif) bottom no-repeat;
}
#explanation p span {/* 定义段落文本左侧的内边距，以便显示左侧背景图像 */
    padding:0 15px 10px 77px;
    display:block;                                    /* 定义块状显示，内边距才有效 */
    text-align:left;                                  /* 文本左对齐 */
}
#explanation p .first {                               /* 定义首字下沉特效 */
    font-size:60px; color:#820015; line-height:1em;   /* 字体显示属性 */
    float:left;                                       /* 向左浮动 */
    padding:0;                                        /* 清除上面样式为段落定义的内边距 */
}
</STYLE>
```

在上面的样式表中，通过分别为不同元素定义背景图像，然后通过定位技术把背景图像定位到对应的 4 个边上，并根据需要运用平铺技术实现圆角区域效果。

注意：百分比是最灵活的定位方式，同时也是最难把握的定位单位。

在默认状态下，定位的位置为（0% 0%），定位点是背景图像的左上顶点，定位距离是该点到包含框左上角顶点的距离，即两点重合。

如果定位背景图像为（100% 100%），定位点是背景图像的右下顶点，定位距离是该点到包含框左上角顶点的距离，这个距离等于包含框的宽度和高度。

百分比也可以取负值，负值的定位点是包含框的左上顶点，而定位距离则以图像自身的宽和高来决定。

CSS 还提供了 5 个关键字：left、right、center、top 和 bottom。这些关键字实际上就是百分比特殊值的一种固定用法。详细列表说明如下：

```
/*  普通用法  */
top left、left top                              = 0% 0%
right top、top right                            = 100% 0%
bottom left、left bottom                        = 0% 100%
bottom right、right bottom                      = 100% 100%
/*  居中用法  */
center、center center                          = 50% 50%
/*  特殊用法  */
top、top center、center top                     = 50% 0%
left、left center、center left                  = 0% 50%
right、right center、center right               =100% 50%
bottom、bottom center、center bottom            = 50% 100%
```

11.1.4 设置固定背景

在默认情况下，背景图像能够跟随网页内容上下滚动，可以使用 background-attachment 属性定义背景图像在窗口内固定显示，具体用法如下：

```
background-attachment:fixed | local | scroll
```

默认值为 scroll，具体取值说明如下：

- ☑ fixed：背景图像相对于浏览器窗体固定。
- ☑ scroll：背景图像相对于元素固定，也就是说，当元素内容滚动时背景图像不会跟着滚动，因为背景图像总是要跟着元素本身。
- ☑ local：背景图像相对于元素内容固定，也就是说，当元素内容滚动时背景图像也会跟着滚动，此时不管元素本身是否滚动，当元素显示滚动条时才会看到效果。该属性值仅 CSS3 支持。

【示例】在下面的示例中，为<body>标签设置背景图片，且不平铺、固定，这时通过拖动浏览器滚动条可以看到网页内容在滚动，而背景图片静止显示。页面演示效果如图 11.4 所示。

```
<style type="text/css">
body {
    background-image: url(images/bg.jpg);      /*  设置背景图片  */
    background-repeat: no-repeat;              /*  背景图片不平铺  */
    background-position: left center;          /*  背景图片的位置  */
    background-attachment: fixed;              /*  背景图片固定，不随滚动条滚动而滚动  */
    height: 1200px;                            /*  高度，出现浏览器的滚动条  */
```

```
}
#box {float:right; width:400px;}
</style>
<div id="box">
    <h1> 雨巷</h1>
    <h2>戴望舒</h2>
    <pre>
撑着油纸伞，独自
彷徨在悠长、悠长
又寂寥的雨巷，
我希望逢着
一个丁香一样的
结着愁怨的姑娘。
……
    </pre>
</div>
```

图 11.4　背景图片固定

视频讲解

11.1.5　设置定位原点

background-origin 属性定义 background-position 属性的定位原点。在默认情况下，background-position 属性总是根据元素左上角为坐标原点进行定位背景图像。使用 background-origin 属性可以改变这种定位方式。该属性的基本语法如下所示：

background-origin:border-box | padding-box | content-box;

取值简单说明如下：

☑　border-box：从边框区域开始显示背景。

☑　padding-box：从补白区域开始显示背景，为默认值。

☑　content-box：仅在内容区域显示背景。

【示例】background-origin 属性改善了背景图像定位的方式，更灵活地决定背景图像应该显示的位置。下面示例利用 background-origin 属性重设背景图像的定位坐标，以便更好地控制背景图像的显示，演示效果如图 11.5 所示。

图 11.5　设计诗词效果

示例代码如下所示：

```
<style type="text/css">
div {/*定义包含框的样式*/
    height: 322px;
    width: 780px;
    border: solid 1px red;
    padding: 250px 4em 0;
    /*为了避免背景图像重复平铺到边框区域，应禁止它平铺*/
    background:url(images/p3.jpg) no-repeat;
    /*设计背景图像的定位坐标点为元素边框的左上角*/
    background-origin:border-box;
    /*将背景图像等比缩放到完全覆盖包含框，背景图像有可能超出包含框*/
    background-size:cover;
    overflow:hidden;                    /*隐藏超出包含框的内容*/
}
div h1, div h2{/*定义标题样式*/
    font-size:18px; font-family:"幼圆";
    text-align:center;                  /*水平居中显示*/
}
div p {/*定义正文样式*/
    text-indent:2em;                    /*首行缩进 2 个字符*/
    line-height:2em;                    /*增大行高，让正文看起来更疏朗*/
    margin-bottom:2em;                  /*调整底部边界，增大段落文本距离*/
}
</style>
<div>
    <h1>念奴娇&#8226;赤壁怀古</h1>
    <h2>苏轼</h2>
    <p>大江东去，浪淘尽，千古风流人物。故垒西边，人道是，三国周郎赤壁。乱石穿空，惊涛拍岸，卷
起千堆雪。江山如画，一时多少豪杰。</p>
```

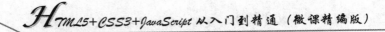

    <p>遥想公瑾当年，小乔初嫁了，雄姿英发。羽扇纶巾，谈笑间，樯橹灰飞烟灭。故国神游，多情应笑我，早生华发。人生如梦，一尊还酹江月。</p>

    </div>

11.1.6　设置裁剪区域

background-clip 属性定义背景图像的裁剪区域。该属性的基本语法如下所示：

```
background-clip:border-box | padding-box | content-box | text;
```

取值简单说明如下：

- ☑　border-box：从边框区域向外裁剪背景，为默认值。
- ☑　padding-box：从补白区域向外裁剪背景。
- ☑　content-box：从内容区域向外裁剪背景。
- ☑　text：从前景内容（如文字）区域向外裁剪背景。

   💡 提示：如果取值为 padding-box，则 background-image 将忽略补白边缘，此时边框区域显示为透明。

         如果取值为 border-box，则 background-image 将包括边框区域。

         如果取值为 content-box，则 background-image 将只包含内容区域。

         如果 background-image 属性定义了多重背景，则 background-clip 属性值可以设置多个值，并用逗号分隔。

         如果 background-clip 属性值为 padding-box，background-origin 属性取值为 border-box，且 background-position 属性值为"top left"（默认初始值），则背景图左上角将会被截取掉部分。

【示例】下面示例演示如何设计背景图像仅在内容区域内显示，演示效果如图 11.6 所示。

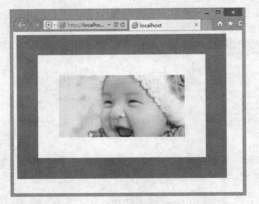

图 11.6　以内容边缘裁切背景图像效果

```
<style type="text/css">
div {
    height:150px;
    width:300px;
    border:solid 50px gray;
    padding:50px;
    background:url(images/bg.jpg) no-repeat;
```

```
    /*将背景图像等比缩放到完全覆盖包含框，背景图像有可能超出包含框*/
    background-size:cover;
    /*将背景图像从 content 区域开始向外裁剪背景*/
    background-clip:content-box;
}
</style>
<div></div>
```

如果继续上机练习 background-clip 属性，读者可以扫码获取学习资料。

线上阅读

11.1.7 设置背景图像大小

background-size 可以控制背景图像的显示大小。该属性的基本语法如下所示：

background-size: [<length> | <percentage> | auto]{1,2} | cover | contain;

取值简单说明如下：

- ☑　<length>：由浮点数和单位标识符组成的长度值。不可为负值。
- ☑　<percentage>：取值为 0～100%的值。不可为负值。
- ☑　cover：保持背景图像本身的宽高比例，将图片缩放到正好完全覆盖所定义背景的区域。
- ☑　contain：保持图像本身的宽高比例，将图片缩放到宽度或高度正好适应所定义背景区域。

初始值为 auto。background-size 属性可以设置 1 个或 2 个值，1 个为必填，1 个为可选。其中第 1 个值用于指定背景图像的 width，第 2 个值用于指定背景图像的 height，如果只设置 1 个值，则第 2 个值默认为 auto。

【示例】下面示例使用 image-size 属性自由定制背景图像的大小，让背景图像自适应盒子的大小，从而可以设计与模块大小完全适应的背景图像。本示例效果如图 11.7 所示，只要背景图像长宽比与元素长宽比相同，就不用担心背景图像变形显示。

图 11.7　设计背景图像自适应显示

示例代码如下所示：

```
<style type="text/css">
div {
    margin:2px;
    float:left;
```

```
        border:solid 1px red;
        background:url(images/img2.jpg) no-repeat center;
        /*设计背景图像完全覆盖元素区域*/
        background-size:cover;}
/*设计元素大小*/
.h1 { height:80px; width:110px; }
.h2 { height:400px; width:550px; }
</style>
<div class="h1"></div>
<div class="h2"></div>
```

11.1.8 设置多重背景图像

CSS3 支持在同一个元素内定义多个背景图像，还可以将多个背景图像进行叠加显示，从而使得设计多图背景栏目变得更加容易。

【示例】本例使用 CSS3 多背景设计花边框，使用 background-origin 定义仅在内容区域显示背景，使用 background-clip 属性定义背景从边框区域向外裁剪，如图 11.8 所示。

示例效果

图 11.8 设计花边框效果

示例代码如下所示：

```
<style type="text/css">
.demo {
    /*设计元素大小、补白、边框样式，边框为 20 像素，颜色与背景图像色相同*/
    width: 400px; padding: 30px 30px; border: 20px solid rgba(104, 104, 142,0.5);
    /*定义圆角显示*/
    border-radius: 10px;
    /*定义字体显示样式*/
    color: #f36; font-size: 80px; font-family:"隶书";line-height: 1.5; text-align: center;
}
.multipleBg {
    /*定义 5 个背景图，分别定位到 4 个顶角，其中前 4 个禁止平铺，最后一个可以平铺*/
    background: url("images/bg-tl.png") no-repeat left top,
                url("images/bg-tr.png") no-repeat right top,
                url("images/bg-bl.png") no-repeat left bottom,
                url("images/bg-br.png") no-repeat right bottom,
                url("images/bg-repeat.png") repeat left top;
    /*改变背景图像的 position 原点，四朵花都是 border 原点，而平铺背景是 padding 原点*/
    background-origin: border-box, border-box, border-box, border-box, padding-box;
    /*控制背景图像的显示区域，所有背景图像超过 border 外边缘都将被剪切掉*/
```

```
        background-clip: border-box;
    }
    </style>
    <div class="demo multipleBg">恭喜发财</div>
```

如果继续上机练习多背景图像的设计案例，读者可以扫码获取学习资料。

线 上 阅 读

11.2　设计渐变背景

W3C 于 2010 年 11 月份正式支持渐变背景样式，该草案作为图像值和图像替换内容模块的一部分进行发布。主要包括 linear-gradient()、radial-gradient()、repeating-linear-gradient() 和 repeating-radial-gradient()四个渐变函数。

权威参考：http://dev.w3.org/csswg/css3-images/#gradients/

权 威 参 考

11.2.1　定义线性渐变

视 频 讲 解

创建一个线性渐变至少需要两个颜色值，也可以选择设置一个起点或一个方向。简明语法格式如下：

linear-gradient(angle, color-stop1, color-stop2, …)

参数简单说明如下：

☑　angle：用来指定渐变的方向，可以使用角度或者关键字来设置。关键字包括 4 个，说明如下。

❖　to left：设置渐变为从右到左，相当于 270deg。
❖　to right：设置渐变从左到右，相当于 90deg。
❖　to top：设置渐变从下到上，相当于 0deg。
❖　to bottom：设置渐变从上到下，相当于 180deg。该值为默认值。

💡 提示：如果创建对角线渐变，可以使用 to top left（从右下到左上）类似组合来实现。

☑　color-stop：用于指定渐变的色点。包括一个颜色值和一个起点位置，颜色值和起点位置以空格分隔。起点位置可以为一个具体的长度值（不可为负值）；也可以是一个百分比值，如果是百分比值则参考应用渐变对象的尺寸，最终会被转换为具体的长度值。

【示例 1】下面示例为<div id="demo">对象应用了一个简单的线性渐变背景，方向从上到下，颜色由白色到浅灰显示，效果如图 11.9 所示。

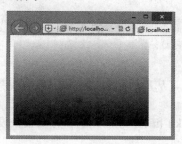

图 11.9　应用简单的线性渐变效果

Note

```
<style type="text/css">
#demo {
    width:300px;
    height:200px;
    background: linear-gradient(#fff, #333);
}
</style>
<div id="demo"></div>
```

提示：针对示例 1，用户可以继续尝试做下面练习，实现不同的设置，得到相同的设计效果。

☑ 设置一个方向：从上到下，覆盖默认值。
linear-gradient(to bottom, #fff, #333);
☑ 设置反向渐变：从下到上，同时调整起止颜色位置。
linear-gradient(to top, #333, #fff);
☑ 使用角度值设置方向。
linear-gradient(180deg, #fff, #333);
☑ 明确起止颜色的具体位置，覆盖默认值。
linear-gradient(to bottom, #fff 0%, #333 100%);

【拓展】

最新主流浏览器都支持线性渐变的标准用法，但是考虑到安全性，用户应酌情兼容旧版本浏览器的私有属性。

Webkit 是第一个支持渐变的浏览器引擎（Safari 4+），它使用-webkit-gradient()私有函数支持线性渐变样式，简明用法如下：

```
-webkit-gradient(linear, point, point, stop)
```

参数简单说明如下：
☑ linear：定义渐变类型为线性渐变。
☑ point：定义渐变起始点和结束点坐标。该参数支持数值、百分比和关键字，如(0 0)或者(left top)等。关键字包括 top、bottom、left 和 right。
☑ stop：定义渐变色和步长。包括 3 个值，即开始的颜色，使用 from(colorvalue)函数定义；结束的颜色，使用 to(colorvalue)函数定义；颜色步长，使用 color-stop(value, color value)定义。color-stop()函数包含两个参数值，第一个参数值为一个数值或者百分比值，取值范围在 0～1.0（或者 0～100%），第二个参数值表示任意颜色值。

【示例 2】下面示例针对示例 1，兼容早期 Webkit 引擎的线性渐变实现方法。

```
#demo {
    width:300px; height:200px;
    background: -webkit-gradient(linear, left top, left bottom, from(#fff), to(#333));
    background: linear-gradient(#fff, #333);
}
```

上面示例定义线性渐变背景色，从顶部到底部，从白色向浅灰色渐变显示，在谷歌的 Chrome 浏览器中所见效果与图 11.9 相同。

另外，Webkit 引擎也支持-webkit-linear-gradient()私有函数来设计线性渐变。该函数用法与标准函数 linear-gradient()语法格式基本相同。

Firefox 浏览器从 3.6 版本开始支持渐变，Gecko 引擎定义了-moz-linear-gradient()私有函数来设计线性渐变。该函数用法与标准函数 linear-gradient()语法格式基本相同。唯一区别就是，当使用关键字设置渐变方向时，不带 to 关键字前缀，关键字语义取反。例如，从上到下应用渐变，标准关键字为 to bottom，Firefox 浏览器私有属性可以为 top。

【示例 3】下面示例针对示例 1，兼容早期 Gecko 引擎的线性渐变实现方法。

```
#demo {
    width:300px; height:200px;
    background: -webkit-gradient(linear, left top, left bottom, from(#fff), to(#333));
    background: -moz-linear-gradient(top, #fff, #333);
    background: linear-gradient(#fff, #333);
}
```

11.2.2 设计线性渐变样式

本节以案例形式介绍线性渐变中渐变方向和色点的设置，演示设计线性渐变的一般方法。

示例详细代码与解说请扫码阅读。

线上阅读　　视频讲解

11.2.3 定义重复线性渐变

使用 repeating-linear-gradient()函数可以定义重复线性渐变，用法与 linear-gradient()函数相同，用户可以参考 11.2.1 节说明。

演示示例与说明请扫码阅读。

线上阅读　　视频讲解

11.2.4 定义径向渐变

创建一个径向渐变至少需要定义两个颜色值，同时可以指定渐变的中心点位置、形状类型（圆形或椭圆形）和半径大小。简明语法格式如下：

视频讲解

```
radial-gradient(shape size at position, color-stop1, color-stop2, …);
```

参数简单说明如下：

☑　shape：用来指定渐变的类型，包括 circle（圆形）和 ellipse（椭圆）两种。

☑　size：如果类型为 circle，指定一个值设置圆的半径；如果类型为 ellipse，指定两个值分别设置椭圆的 x 轴和 y 轴半径。取值包括长度值、百分比、关键字。关键字说明如下。

❖　closest-side：指定径向渐变的半径长度为从中心点到最近的边。

❖　closest-corner：指定径向渐变的半径长度为从中心点到最近的角。

❖　farthest-side：指定径向渐变的半径长度为从中心点到最远的边。

❖　farthest-corner：指定径向渐变的半径长度为从中心点到最远的角。

☑　position：用来指定中心点的位置。如果提供两个参数，第一个表示 x 轴坐标，第二个表示 y 轴坐标；如果只提供一个值，第二个值默认为 50%，即 center。取值可以是长度值、百分比或者关键字，关键字包括 left（左侧）、center（中心）、right（右侧）、top（顶部）、center（中心）、bottom（底部）。

注意：position 值位于 shape 和 size 值后面。

☑ color-stop：用于指定渐变的色点。包括一个颜色值和一个起点位置，颜色值和起点位置以空格分隔。起点位置可以为一个具体的长度值（不可为负值）；也可以是一个百分比值，如果是百分比值，则参考应用渐变对象的尺寸，最终会被转换为具体的长度值。

【示例 1】 在默认情况下，渐变的中心是 center（对象中心点），渐变的形状是 ellipse（椭圆形），渐变的大小是 farthest-corner（表示到最远的角落）。下面示例仅为 radial-gradient()函数设置 3 个颜色值，则它将按默认值绘制径向渐变效果，如图 11.10 所示。

```
<style type="text/css">
#demo {
    height:200px;
    background: -webkit-radial-gradient(red, green, blue);      /* Safari 5.1 - 6.0 */
    background: -o-radial-gradient(red, green, blue);           /* Opera 11.6 - 12.0 */
    background: -moz-radial-gradient(red, green, blue);         /* Firefox 3.6 - 15 */
    background: radial-gradient(red, green, blue);              /* 标准语法 */
}
</style>
<div id="demo"></div>
```

提示：针对示例 1，用户可以继续尝试做下面练习，实现不同的设置，得到相同的设计效果。

☑ 设置径向渐变形状类型，默认值为 ellipse。
background: radial-gradient(ellipse, red, green, blue);

☑ 设置径向渐变中心点坐标，默认为对象中心点。
background: radial-gradient(ellipse at center 50%, red, green, blue);

☑ 设置径向渐变大小，这里定义填充整个对象。
background: radial-gradient(farthest-corner, red, green, blue);

【拓展】

最新主流浏览器都支持线性渐变的标准用法，但是考虑到安全性，用户应酌情兼容旧版本浏览器的私有属性。

Webkit 引擎使用-webkit-gradient()私有函数支持径向渐变样式，简明用法如下：

-webkit-gradient(radial, point, radius, stop)

参数简单说明如下：
☑ radial：定义渐变类型为径向渐变。
☑ point：定义渐变中心点坐标。该参数支持数值、百分比和关键字，如(0 0)或者(left top)等。关键字包括 top、bottom、center、left 和 right。
☑ radius：设置径向渐变的长度，该参数为一个数值。
☑ stop：定义渐变色和步长。包括 3 个值，即开始的颜色，使用 from(colorvalue)函数定义；结束的颜色，使用 to(colorvalue)函数定义；颜色步长，使用 color-stop(value, color value)函数定义。color-stop()函数包含两个参数值，第一个参数值为一个数值或者百分比值，取值范围在 0~1.0（或者 0~100%），第二个参数值表示任意颜色值。

【示例 2】 下面示例设计一个红色圆球，并逐步径向渐变为绿色背景，兼容早期 Webkit 引擎的线性渐变实现方法。代码如下所示：

```
<style type="text/css">
#demo {
    height:200px;
    /* Webkit 引擎私有用法  */
    background: -webkit-gradient(radial, center center, 0, center center, 100, from(red), to(green));
    background: radial-gradient(circle 100px, red, green);   /* 标准的用法 */
}
</style>
<div id="demo"></div>
```

演示效果如图 11.11 所示。

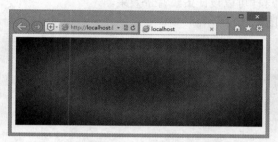

图 11.10　设计简单的径向渐变效果

图 11.11　设计径向圆球效果

另外，Webkit 引擎也支持-webkit-radial-gradient()私有函数来设计径向渐变。该函数用法与标准函数 radial-gradient()语法格式类似。简明语法格式如下：

-webkit-radial-gradient(position, shape size, color-stop1, color-stop2, …);

Gecko 引擎定义了-moz-radial-gradient()私有函数来设计径向渐变。该函数用法与标准函数 radial-gradient()语法格式也类似。简明语法格式如下：

-moz-radial-gradient(position, shape size, color-stop1, color-stop2, …);

🔔 提示：上面两个私有函数的 size 参数值仅可设置关键字：closest-side、closest-corner、farthest-side、farthest-corner、contain 或 cover。

11.2.5　设计径向渐变样式

本节以案例形式介绍径向渐变的灵活设置，熟练掌握设计径向渐变的一般方法。

示例详细代码与解说请扫码阅读。

线上阅读　　视频讲解

11.2.6　定义重复径向渐变

使用 repeating-radial-gradient()函数可以定义重复线性渐变，用法与 radial-gradient()函数相同，用户可以参考上面说明。

演示示例与说明请扫码阅读。

线上阅读　　视频讲解

11.3 案 例 实 战

本节将通过多个较复杂案例练习背景样式的实际应用。

11.3.1 设计条纹背景

如果多个色点设置相同的起点位置，它们将产生一个从一种颜色到另一种颜色的急剧转换。从效果来看，就是从一种颜色突然改变到另一种颜色，这样可以设计条纹背景效果。

【示例1】定义一个简单的条纹背景，效果如图 11.12 所示。

```
<style type="text/css">
#demo {
    height:200px;
    background: linear-gradient(#cd6600 50%, #0067cd 50%);
}
</style>
<div id="demo"></div>
```

【示例2】利用背景的重复机制，可以创造出更多的条纹。示例代码如下所示：

```
#demo {
    height:200px;
    background: linear-gradient(#cd6600 50%, #0067cd 50%);
    background-size: 100% 20%;  /* 定义单个条纹仅显示高度的五分之一 */
}
```

效果如图 11.13 所示。这样就可以将整个背景划分为 10 个条纹，每个条纹的高度一样。

图 11.12 设计简单的条纹效果

图 11.13 设计重复显示的条纹效果

【示例3】如果设计每个条纹高度不同，只要改变比例即可，示例代码如下所示：

```
#demo {
    height:200px;
    background: linear-gradient(#cd6600 80%, #0067cd 0%);   /*定义每个条纹位置占比不同 */
    background-size: 100% 20%;                              /* 定义单个条纹仅显示高度的五分之一 */
}
```

效果如图 11.14 所示。

【示例4】设计多色条纹背景，代码如下所示：

```
#demo {
    height:200px;
    /* 定义三色同宽背景 */
    background: linear-gradient(#cd6600 33.3%, #0067cd 0, #0067cd 66.6%, #00cd66 0);
    background-size: 100% 30px;
}
```

效果如图 11.15 所示。

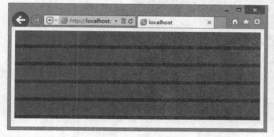

图 11.14　设计不同高度的条纹效果

图 11.15　设计多色条纹效果

【示例 5】设计密集条纹格效果，代码如下所示：

```
#demo {
    height:200px;
    background: linear-gradient(rgba(0,0,0,.5) 1px, #fff 1px);
    background-size: 100% 3px;
}
```

效果如图 11.16 所示。

注意：IE 不支持这种设计效果。

【示例 6】设计垂直条纹背景，只需要转换一下宽和高的设置方式，具体代码如下所示：

```
#demo {
    height:200px;
    background: linear-gradient(to right, #cd6600 50%, #0067cd 0);
    background-size: 20% 100%;
}
```

效果如图 11.17 所示。

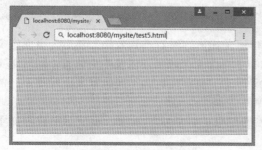

图 11.16　设计密集条纹效果

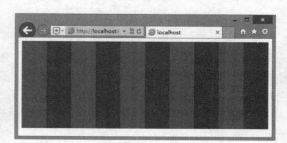

图 11.17　设计垂直条纹效果

【示例 7】设计简单的纹理背景，代码如下所示：

```
#demo {
    height:200px;
    background: linear-gradient(45deg, RGBA(0,103,205,0.2)    50%, RGBA(0,103,205,0.1)    50%);
    background-size: 50px 50px;
}
```

效果如图 11.18 所示。

图 11.18　设计简单的纹理效果

 提示：在实际应用中，不建议使用太多的背景色，一般可以考虑使用一种背景色，并在这个颜色的深浅上设计变化。

11.3.2　设计网页背景色

【示例 1】为页面叠加多个径向渐变背景，可以营造虚幻的页面氛围。本节示例代码如下所示：

```
<style type="text/css">
html, body{ height:100%;}
body {
    background-color: #4B770A;
    background-image:
        radial-gradient( rgba(255, 255, 255, 0.3), rgba(255, 255, 255, 0)),
        radial-gradient(at 10% 5%, rgba(255, 255, 255, 0.1), rgba(255, 255, 255, 0) 20%),
        radial-gradient(at left bottom , rgba(255, 255, 255, 0.2), rgba(255, 255, 255, 0) 20%),
        radial-gradient(at right top, rgba(255, 255, 255, 0.2), rgba(255, 255, 255, 0) 20%),
        radial-gradient(at 85% 90% , rgba(255, 255, 255, 0.1), rgba(255, 255, 255, 0) 20%);
}
</style>
```

预览效果如图 11.19 所示。

在上面示例代码中，首先设计 body 高度满屏显示，避免无内容时看不到效果；然后为页面定义一个基本色#4B770A；再设计了 5 个径向渐变，分别散布于页面 4 个顶角，以及中央位置，同时定义径向渐变的第一个颜色为半透明的白色，第二个颜色为透明色，从而在页面不同位置蒙上轻重不一的白粉效果，以此来模拟虚幻莫测的背景效果。

【示例 2】为页面叠加 4 个径向渐变背景，设计密密麻麻的针脚纹理效果。本节示例代码如下所示：

```
<style type="text/css">
html, body{ height:100%;}
body {
```

```
    background-color: #282828;
    background-image:
        -webkit-radial-gradient(black 15%, transparent 16%),
        -webkit-radial-gradient(black 15%, transparent 16%),
        -webkit-radial-gradient(rgba(255, 255, 255, 0.1) 15%, transparent 20%),
        -webkit-radial-gradient(rgba(255, 255, 255, 0.1) 15%, transparent 20%);
    background-image:
        radial-gradient(black 15%, transparent 16%),
        radial-gradient(black 15%, transparent 16%),
        radial-gradient(rgba(255, 255, 255, 0.1) 15%, transparent 20%),
        radial-gradient(rgba(255, 255, 255, 0.1) 15%, transparent 20%);
    background-position:
        0 0px,
        8px 8px,
        0 1px,
        8px 9px;
    background-size: 16px 16px;
}
</style>
```

预览效果如图 11.20 所示。

图 11.19　设计多个径向渐变背景效果　　　　图 11.20　设计针脚纹理背景效果

在上面示例中，首先使用"background-size: 16px 16px;"定义背景图大小为 16 ×16 像素；在这块小图上设计 4 个径向渐变，包括 2 个深色径向渐变和 2 个浅色径向渐变；使用"background-position: 0 0px, 8px 8px, 0 1px, 8px 9px;"设计一深、一浅径向渐变错位叠加，在 y 轴上错位 1 个像素，从而在 16×16 像素大小的浅色背景图上设计了 2 个深色凹陷效果；最后，借助背景图平铺，为网页设计上述纹理特效。

示例效果

11.3.3　设计图标

本例通过 CSS3 径向渐变制作圆形图标特效，设计效果如图 11.21 所示。在内部样式表中，使用 radial-gradient()函数为图标标签定义径向渐变背景，设计立体效果；使用"border-radius:50%;"声明定义图标显示为圆形；使用 box-shadow 属性为图标添加投影；使用 text-shadow 属性为图标文本定义润边效果；使用 radial-gradient 属性设计环形径向渐变效果，为图标添加高亮特效。

视频讲解

示 例 效 果

图 11.21　设计径向渐变图标效果

示例主要代码如下：

```
<style type="text/css">
.icon {
    /* 固定大小，可根据实际需要酌情调整，调整时应同步调整 line-height:60px; */
     width: 60px; height: 60px;
    /* 行内块显示，统一图标显示属性 */
    display:inline-block;
    /* 清除边框，避免边框对整体特效的破坏 */
    border: none;
    /* 设计圆形效果 */
    border-radius: 50%;
    /* 定义图标阴影，第一个外阴影设计立体效果，第二个内阴影设计高亮特效 */
    box-shadow: 0 1px 5px rgba(255,255,255,.5) inset,
                0 -2px 5px rgba(0,0,0,.3) inset, 0 3px 8px rgba(0,0,0,.8);
    /* 定义径向渐变，模拟明暗变化的表面效果 */
    background: -webkit-radial-gradient( circle at top center, #f28fb8, #e982ad, #ec568c);
    background: radial-gradient(circle at top center, #f28fb8, #e982ad, #ec568c);
    /* 定义图标字体样式 */
    font-size: 32px;
    color: #dd5183;
    text-align:center;       /* 文本水平居中显示 */
    line-height:60px;        /* 文本垂直居中显示，必须与 "height: 60px;" 保持一致 */
    /* 为文本添加阴影，第一个阴影设计立体效果，第二个阴影定义高亮特效 */
    text-shadow: 0 3px 10px #f1a2c1,
                0 -3px 10px #f1a2c1;
}
</style>
<div class="icon">Dw</div>
<span class="icon">Fl</span>
<p class="icon">PS</p>
```

11.3.4　特殊渐变应用场景

渐变可以用在包括 border-image-source、background-image、ist-style-image、cursor 等属性上，用来取代 url 属性值。前面各节主要针对 background-image 属性进行介绍，下面结合示例介绍其他属性的应用情形。

　　☑　定义渐变效果的边框

【示例 1】本例通过 CSS3 渐变为 border-image 属性定义渐变边框，效果如图 11.22 所示。

视 频 讲 解

```
<style type="text/css">
div {
    width: 400px;
    height: 200px;
    margin: 20px;
    border: solid #000 50px;
    -webkit-border-image:-webkit-linear-gradient(yellow, blue 20%, #0f0) 50; /*Safari 5.1 - 6.0 */
    -o-border-image: -o-linear-gradient(yellow, blue 20%, #0f0) 50;          /*Opera 11.1 - 12.0 */
    -moz-border-image: -moz-linear-gradient(yellow, blue 20%, #0f0) 50;      /* Firefox 3.6 - 15 */
    border-image: linear-gradient(yellow, blue 20%, #0f0) 50;                /* 标准语法 */
}
</style>
<div></div>
```

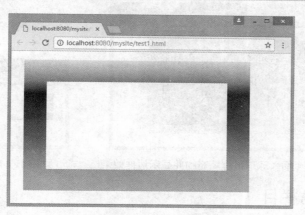

图 11.22 设计渐变边框效果

☑ 定义填充内容效果

【示例 2】本示例通过 content 属性，为<div class="div1">标签嵌入一个通过渐变设计的圆球，同时为这个包含框设计一个渐变背景，从而产生一种透视框的效果，如图 11.23 所示（test1.html）。

```
<style type="text/css">
.div1 {/* 设计包含框的外形和大小 */
    width: 400px; height: 200px;
    border: 20px solid #A7D30C;
}
.div1:before {
    /*在 div 元素前插入内容对象，在该对象中绘制一个背景图形，并定义显示边框效果*/
    /* Safari 5.1 - 6.0 */
    content: -webkit-radial-gradient(left bottom, farthest-side, #f00, #f99 60px, #005);
    /* Opera 11.6 - 12.0 */
    content: -o-radial-gradient(left bottom, farthest-side, #f00, #f99 60px, #005);
    /* Firefox 3.6 - 15 */
    content: -moz-radial-gradient(left bottom, farthest-side, #f00, #f99 60px, #005);
    /* 标准语法 */
    content: radial-gradient(farthest-side at left bottom, #f00, #f99 60px, #005);
}
</style>
<div class="div1"></div>
```

· 237 ·

Note

☑ 定义列表图标

【示例3】本示例通过 list-style-image 属性，为 ul 元素定义自定义图标，该图标通过渐变特效进行绘制，从而产生一种精致的二色效果，演示效果如图 11.24 所示。

```html
<style type="text/css">
ul { list-style-image: linear-gradient(red 50%, blue 50%);}
</style>
<ul>
    <li>HTML5</li>
    <li>CSS3</li>
    <li>JavaScript</li>
</ul>
```

示例效果　　图 11.23　插入球形内容填充物并显示边框效果　　图 11.24　设计项目符号效果

视频讲解

11.3.5　设计折角栏目

灵活使用 CSS3 渐变背景，可以设计出很多新颖的效果。

【示例1】使用线性渐变设计右上角缺角的栏目，效果如图 11.25 所示。

```html
<style type="text/css">
.box {
    background: linear-gradient(-135deg, transparent 30px, #162e48 30px);
    color: #fff;
    padding: 12px 24px;
}
</style>
<div class="box">
    <h1>W3C 发布 HTML5 的正式推荐标准</h1>
    <p>2014 年 10 月 28 日，W3C 的 HTML 工作组正式发布了 HTML5 的正式推荐标准（W3C Recommendation）。W3C 在美国圣克拉拉举行的 W3C 技术大会及顾问委员会会议（TPAC 2014）上宣布了这一消息。 HTML5 是万维网的核心语言——可扩展标记语言的第 5 版。在这一版本中，增加了支持 Web 应用开发者的许多新特性，以及更符合开发者使用习惯的新元素，并重点关注定义清晰的、一致的准则，以确保 Web 应用和内容在不同用户代理（浏览器）中的互操作性。HTML5 是构建开放 Web 平台的核心。</p>
    <p class="right">更多<a href="http://www.chinaw3c.org/archives/677/" target="_blank">详细内容</a></p>
</div>
```

【示例2】使用线性渐变设计右上角补角的栏目，效果如图 11.26 所示。

```html
<style type="text/css">
.box {
```

```
        background: linear-gradient(-135deg, #f00 30px, #fff 30px, #162e48 32px);
        color: #fff;
        padding: 12px 24px;
    }
    </style>
```

图 11.25　设计缺角栏目效果

图 11.26　设计补角栏目效果

【示例 3】使用 box-shadow 为栏目加上高亮边框，同时需要设计网页背景色为深色，效果如图 11.27 所示。

```
<style type="text/css">
body { background:#000;}
.box {
    background: linear-gradient(-135deg, #f00 30px, #fff 30px, #162e48 32px);
    color: #fff;
    padding: 12px 24px;
    box-shadow: 0 0 1px 1px #fff inset;
}
</style>
```

【示例 4】我们无法直接为缺角栏目设计边框线效果，考虑到兼容性问题，可以使用:before 和:after 实现该效果。注意，网页背景色为深色，与.box:after 边框色保持一致，如图 11.28 所示。

```
<style type="text/css">
body { background: #000; }
.box {
    background: #162e48;
    color: #fff;
    padding: 12px 24px;
    position: relative;
    border: 1px solid    #fff;
}
.box:before {
    content: ' ';
    border: solid transparent;
    position: absolute;
    border-width: 30px;
    border-top-color: #fff;
    border-right-color: #fff;
    right: 0px;
    top: 0px;
}
.box:after {
```

Note

```
        content: '';
        border: solid transparent;
        position: absolute;
        border-width: 30px;
        border-top-color: #000;
        border-right-color: #000;
        top: -1px;
        right: -1px;
    }
</style>
```

图 11.27　设计高亮边框栏目效果

图 11.28　设计缺角边框栏目效果

【操作步骤】

第 1 步，在示例 4 中，首先使用.box:before 在容器内容前面插入一个粗边框对象，白色边框，宽度为 30 像素，由于内容为空"content: '';"，则收缩为一团，显示效果如图 11.29 所示。

第 2 步，使用绝对定位，精确定位到右上角显示，如图 11.30 所示。

图 11.29　设计三角填充物

图 11.30　定位三角填充物到栏目右上角

第 3 步，使用.box:after 在栏目内容的后面插入一个同样大小的三角形填充物，边框色为背景色，即黑色，如图 11.31 所示。

示例效果

图 11.31　再插入一个黑色三角填充物

第 4 步，使用绝对定位精确定位到右上角显示，并向右上角偏移 1 个像素，遮盖住白色区域，留一条白色缝隙，即可完成本例效果设计。

11.3.6 设计优惠券

本例使用径向渐变设计一张优惠券效果，如图 11.32 所示。

先了解本示例的 HTML 结构：整个界面包裹在<div class="stamp stamp_yellow">标签，stamp 类样式定制优惠券结构样式，stamp_yellow 类样式定制优惠券风格样式，即配色效果；在该包含框中嵌入了两个子结构，<div class="par">负责设计左侧文本显示，<div class="copy">负责定制右侧信息；在包含框的底部嵌入一个<i>标签，该标签负责设计优惠券右下高亮显示面。

图 11.32 设计优惠券效果

示例主要代码如下（样式代码解读请参考注释文本）：

```
<style type="text/css">
/*通用类样式*/
.stamp {
    width: 387px; height: 140px;          /* 固定大小，方便设计 */
    padding: 0 10px;                       /* 左右留出 10 像素空间，用来设计锯齿边沿效果 */
    position: relative;                    /* 相对定位，定义定位包含框，方便内部对象定位显示 */
    overflow: hidden;                      /* 禁止超出显示，避免破坏券面布局 */
}
.stamp:before {/* 设计底色 */
    content: '';                           /* 设计一个空的内容层 */
    position: absolute;                    /* 绝对定位显示 */
    z-index: -1;                           /* 让该层显示在文本的下面 */
    top: 0;                                /* 定义大小，顶部对齐 */
    bottom: 0;                             /* 定义大小，底部对齐 */
    left: 10px;                            /* 定义大小，左侧留白 10 像素 */
    right: 10px;                           /* 定义大小，右侧留白 10 像素 */
}
.stamp:after {/* 设计底色阴影 */
    content: '';                           /* 设计一个空的内容层 */
    position: absolute;                    /* 绝对定位显示 */
    left: 10px;                            /* 定义大小，左侧留白 10 像素 */
    top: 10px;                             /* 定义大小，顶部留白 10 像素 */
    right: 10px;                           /* 定义大小，右侧留白 10 像素 */
    bottom: 10px;                          /* 定义大小，底部留白 10 像素 */
    box-shadow: 0 0 20px 1px rgba(0, 0, 0, 0.5); /* 为左右锯齿设计阴影效果 */
    z-index: -2;                           /* 设计该层显示在最底部 */
}
.stamp i {/* 设计高亮面 */
    position: absolute;                    /* 绝对定位显示 */
    left: 20%; top: 45px;                  /* 显示位置 */
    height: 190px; width: 390px;           /* 定义大小 */
    background-color: rgba(255,255,255,.15);/* 定义淡淡的高亮色 */
    transform: rotate(-30deg);             /* 旋转角度，覆盖在右下面显示 */
```

```css
}
.stamp .par {/* 设计左侧文本样式 */
    float: left;
    padding: 16px 15px;
    width: 220px;
    border-right: 2px dashed rgba(255,255,255,.3);        /* 在正、副券绘制一条垂直虚线 */
    text-align: left;
}
.stamp .par p { color: #fff; margin:6px 0; }              /* 设计正文文本样式 */
.stamp .par span {/* 设计金额样式 */
    font-size: 50px;
    color: #fff;
    margin-right: 5px;
}
.stamp .par .sign { font-size: 34px; }                    /* 设计人民币符号样式 */
.stamp .par sub {
    position: relative;                                   /* 相对定位，方便移位 */
    top: -5px;                                            /* 下移，底部对齐 */
    color: rgba(255,255,255,.8);
}
.stamp .copy {                                            /* 设计右侧文本样式 */
    display: inline-block;
    padding: 21px 14px;
    width: 100px;
    vertical-align: text-bottom;
    font-size: 30px;
    color: rgb(255,255,255);
    padding: 10px 6px 10px 12px;
    font-size: 24px;
}
.stamp .copy p {
    font-size: 13px;
    margin-top: 12px;
    margin-bottom: 16px;
}
.stamp .copy a {                                          /* 设计扁平化按钮样式 */
    background-color: #fff;
    color: #333;
    font-size: 14px;
    text-decoration: none;
    text-align:center;
    padding: 5px 10px;
    border-radius: 4px;
    display: block;
}
/*设计风格*/
/*鹅黄*/
.stamp_yellow    {/* 正文背景样式，通过径向渐变定义圆形纹理背景 */
    background: #F39B00;
    background: radial-gradient(rgba(0, 0, 0, 0) 0, rgba(0, 0, 0, 0) 5px, #F39B00 5px);
```

```
        background-size: 15px 15px;                    /* 定义每个圆形大小 */
        background-position: 9px 3px;                  /* 左右两侧显示圆孔形背景 */
    }
    /* 设计正文部分仅显示单色背景，左右边沿显示圆孔锯齿背景 */
    .stamp_yellow:before { background-color: #F39B00; }
    </style>
    <div class="stamp stamp_yellow">
        <div class="par">
            <p>上品折扣店</p>
            <sub class="sign">￥</sub><span>50.00</span><sub>优惠券</sub>
            <p>订单满 100.00 元</p>
        </div>
        <div class="copy">副券
            <p>2018-06-01<br>
                2018-06-18</p>
            <a href="#">立即使用</a></div>
        <i></i>
    </div>
```

　　在上面示例基础上，用户可以设计不同风格的界面效果。例如，重新定义主题风格样式，可以拓展更多主题的优惠券。主要技巧在于修改正文背景色，以及径向渐变的第二个颜色，效果如图 11.33 所示（test2.html）。

图 11.33　设计不同风格的优惠券效果

示 例 效 果

```
/*浅红*/
.stamp_red {
    background: #D24161;
    background: radial-gradient(transparent 0, transparent 5px, #D24161 5px);
    background-size: 15px 15px;
    background-position: 9px 3px;
}
.stamp_red:before { background-color: #D24161; }
/*浅绿*/
.stamp_green {
    background: #7EAB1E;
    background: radial-gradient(transparent 0, transparent 5px, #7EAB1E 5px);
```

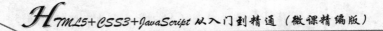

```
        background-size: 15px 15px;
        background-position: 9px 3px;
}
.stamp_green:before { background-color: #7EAB1E; }
/*天蓝*/
.stamp_blue {
        width: 390px;
        background: #50ADD3;
        background: radial-gradient(rgba(0, 0, 0, 0) 0, rgba(0, 0, 0, 0) 4px, #50ADD3 4px);
        background-size: 12px 8px;
        background-position: -5px 10px;
}
.stamp_blue:before { background-color: #50ADD3; }
```

11.4 在 线 练 习

使用 CSS3 设计各种网页图像效果，以及各种网页背景图像特效。

在 线 练 习

第12章

使用 CSS3 美化列表和超链接样式

在默认状态下，超链接文本显示为蓝色、下划线，当鼠标指针移过链接对象时显示为手形，访问过的超链接文本显示为紫色；列表项目缩进显示，并在左侧显示项目符号。在网页设计过程中，一般都会根据个人喜好和实际需要重新定义超链接和列表样式。

【学习要点】

▶▶ 正确使用行为伪类。

▶▶ 能够灵活设计符合页面风格的链接样式。

▶▶ 定义列表样式。

▶▶ 能够根据页面风格设计列表菜单样式。

12.1 设计超链接样式

下面介绍如何使用 CSS3 设计超链接的基本样式。

12.1.1 使用动态伪类

在网页设计中，用户可以使用 CSS3 的动态伪类选择器定义超链接的 4 种状态样式。

- ☑ a:link：定义超链接的默认样式。
- ☑ a:visited：定义超链接被访问后的样式。
- ☑ a:hover：定义光标指针移过超链接时的样式。
- ☑ a:active：定义超链接被激活时的样式。

【示例】在下面示例中，定义页面所有超链接默认为红色下划线效果，当鼠标经过时显示为绿色下划线效果，而当单击超链接时则显示为黄色下划线效果，超链接被访问过之后显示为蓝色下划线效果，演示效果如图 12.1 所示。

```
<style type="text/css">
a:link {color: #FF0000;          /* 红色 */} /* 超链接默认样式 */
a:visited {color: #0000FF;        /* 蓝色 */} /* 超链接被访问后的样式 */
a:hover {color: #00FF00;          /* 绿色 */} /* 鼠标经过超链接的样式 */
a:active {color: #FFFF00;         /* 黄色 */} /* 超链接被激活时的样式 */
</style>
<ul class="p1">
    <li><a href="#" class="a1">首页</a></li>
    <li><a href="#" class="a2">新闻</a></li>
    <li><a href="#" class="a3">微博</a></li>
</ul>
<ul class="p2">
    <li><a href="#" class="a1">关于</a></li>
    <li><a href="#" class="a2">版权</a></li>
    <li><a href="#" class="a3">友情链接</a></li>
</ul>
```

图 12.1 定义超链接样式

提示：超链接的 4 种状态样式的排列顺序是固定的，一般不能随意调换。正确顺序是：link、visited、hover 和 active。

在下面样式中，当鼠标经过超链接时，会先执行第一行声明，但是紧接着第三行的声明会覆盖掉第一行和第二行声明的样式，所以就无法看到鼠标经过和被激活时的效果。

```
a.a1:hover {color: #00FF00;}
a.a1:active {color: #FFFF00;}
a.a1:link {color: #FF0000;}
a.a1:visited {color: #0000FF; }
```

在上面代码中，通过指定类型选择器，限定上面 4 个样式仅作用于包含 a1 类的超链接中。

当然，用户可以根据需要仅定义部分状态样式。例如，当要把未访问的和已经访问的链接定义成相同的样式，则可以定义 link、hover 和 active 三种状态。

```
a.a1:link {color: #FF0000;}
a.a1:hover {color: #00FF00;}
a.a1:active {color: #FFFF00;}
```

如果仅希望超链接显示两种状态样式，可以使用 a 和 hover 来定义。其中 a 标签选择器定义 a 元素的默认显示样式，然后定义鼠标经过时的样式。

```
a {color: #FF0000;}
a:hover {color: #00FF00;}
```

但是如果页面中包含锚记对象，将会影响锚记的样式。如果定义如下的样式，则仅影响超链接未访问时的样式和鼠标经过时的样式。

```
a:link {color: #FF0000;}
a:hover {color: #00FF00;}
```

12.1.2　定义下划线样式

在设计超链接样式时，下划线一直是一个重要效果，巧妙结合下划线、边框和背景图像可以设计出很多富有个性的样式。例如，定义下划线的色彩、下划线距离、下划线长度和对齐方式，以及定制双下划线等。

如果用户不喜欢超链接文本的下划线样式，可以使用 CSS3 的 text-decoration 属性进行清除。

视 频 讲 解

```
a {/* 完全清除超链接的下划线效果 */
    text-decoration:none;
}
```

从用户体验的角度考虑，在取消默认的下划线之后，应确保浏览者可以识别所有超链接，如加粗显示、变色、缩放、高亮背景等。也可以设计当鼠标经过时增加下划线，因为下划线具有很好的提示作用。

```
a:hover {/* 鼠标经过时显示下划线效果 */
    text-decoration:underline;
}
```

下划线样式不仅仅是一条实线，可以根据需要自定义设计。主要设计思路如下：
☑　借助<a>标签的底边框线来实现。
☑　利用背景图像来实现，背景图像可以设计出更多精巧的下划线样式。
【示例 1】下面示例设计当鼠标经过超链接文本时显示为下划虚线、字体加粗、色彩高亮的效果，如图 12.2 所示。

```
<style type="text/css">
a {/* 超链接的默认样式 */
    text-decoration:none;                    /* 清除超链接下划线 */
    color:#999;                              /* 浅灰色文字效果 */}
a:hover {/*鼠标经过时样式 */
    border-bottom:dashed 1px red;            /* 鼠标经过时显示虚下划线效果 */
    color:#000;                              /* 加重颜色显示 */
    font-weight:bold;                        /* 加粗字体显示 */
    zoom:1;                                  /* 解决 IE 浏览器无法显示问题 */
}
</style>
<ul class="p1">
    <li><a href="#" class="a1">首页</a></li>
    <li><a href="#" class="a2">新闻</a></li>
    <li><a href="#" class="a3">微博</a></li>
</ul>
```

【示例 2】也可以使用 CSS3 的 border-bottom 属性定义超链接文本的下划线样式。下面示例定义超链接始终显示为下划线效果，并通过颜色变化来提示鼠标经过时的状态变化，效果如图 12.3 所示。

```
<style type="text/css">
a {/* 超链接的默认样式 */
    text-decoration:none;                    /* 清除超链接下划线 */
    border-bottom:dashed 1px red;            /* 红色虚下划线效果 */
    color:#666;                              /* 灰色字体效果 */
    zoom:1;                                  /* 解决 IE 浏览器无法显示问题 */
}
a:hover {/* 鼠标经过时样式 */
    color:#000;                              /* 加重颜色显示 */
    border-bottom:dashed 1px #000;           /* 改变虚下划线的颜色 */
}
</style>
```

图 12.2　定义下划线样式 1　　　　　图 12.3　定义下划线样式 2

【示例 3】使用 CSS3 的 background 属性可以借助背景图定义更精致、个性的下划线样式。

第 1 步，使用 Photoshop 设计一条虚线（images/dashed.psd），设计图像高度为 1 像素，宽度为 4 像素、6 像素或 8 像素。具体宽度可根据虚线的疏密确定。

第 2 步，在 Photoshop 中，选择颜色以跳格方式进行填充，最后保存为 GIF 格式图像。

第 3 步，把示例 2 另存为 test3.html，使用背景图代替 "border-bottom:dashed 1px red;" 声明，主要样式代码如下：

```
<style type="text/css">
a {/* 超链接的默认样式 */
```

```
        text-decoration:none;                          /* 清除超链接下划线 */
        color:#666;                                    /* 灰色字体效果 */
    }
    a:hover {/* 鼠标经过时样式 */
        color:#000;                                    /* 加重颜色显示 */
        /* 定义背景图像，定位到超链接元素的底部，并沿 x 轴水平平铺 */
        background:url(images/dashed1.gif) left bottom repeat-x;
    }
</style>
```

第 4 步，在浏览器中预览，效果如图 12.4 所示。

图 12.4　背景图像设计的下划线样式

12.1.3　定义特效样式

视频讲解

这一节想通过示例介绍如何为超链接文本设计立体视觉效果，主要是借助边框颜色的深浅错落，模拟一种凸凹变化的立体效果。

设计技巧如下：

☑　设置右边框和底边框同色，同时设置顶边框和左边框同色，利用明暗色彩的搭配来设计立体效果。

☑　设置超链接文本的背景色为深色效果，营造凸起效果，当鼠标移过时，再定义浅色背景来营造凹下效果。

☑　为网页设计浅色背景，再定义字体颜色来烘托立体样式。

【示例】在这个示例中定义超链接在默认状态下显示灰色右边和底边框线效果、白色顶边和左边框线效果。而当鼠标移过时，则清除右侧和底部边框线，并定义左侧和顶部边框效果，演示效果如图 12.5 所示。

```
<style type="text/css">
body { background:#fcc; }                              /* 浅色网页背景 */
ul {list-style-type: none; }                           /* 清除项目符号 */
li { margin: 0 2px; float: left;}                      /* 并列显示 */
a {/* 超链接的默认样式 */
        text-decoration:none;                          /* 清除超链接下划线 */
        border:solid 1px;                              /* 定义 1 像素实线边框 */
        padding: 0.4em 0.8em;                          /* 增加超链接补白 */
        color: #444;                                   /* 定义灰色字体 */
        background: #f99;                              /* 超链接背景色 */
        border-color: #fff #aaab9c #aaab9c #fff;       /* 分配边框颜色 */
        zoom:1;                                        /* 解决 IE 浏览器无法显示问题*/
}
a:hover {/* 鼠标经过时样式 */
        color: #800000;                                /* 超链接字体颜色 */
```

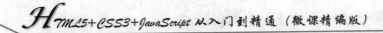

Note

视频讲解

```
background: transparent;                        /* 清除超链接背景色 */
border-color: #aaab9c #fff #fff #aaab9c;        /* 分配边框颜色 */
}
</style>
```

图 12.5　定义立体样式

12.1.4　定义光标样式

在默认状态下，鼠标指针经过超链接时显示为手形。使用 CSS 的 cursor 属性可以改变这种默认效果，cursor 属性定义鼠标移过对象时的指针样式，取值说明如表 12.1 所示。

表 12.1　cursor 属性取值说明

取　值	说　明
auto	基于上下文决定应该显示什么光标
crosshair	十字线光标（+）
default	基于平台的默认光标样式。通常渲染为一个箭头
pointer	指针光标，表示一个超链接
move	十字箭头光标，用于标示对象可被移动
e-resize 、 ne-resize 、 nw-resize 、 n-resize 、 se-resize 、 sw-resize 、 s-resize、w-resize	表示正在移动某个边，如 se-resize 光标用来表示框的移动开始于东南角
text	表示可以选择文本。通常渲染为 I 形光标
wait	表示程序正忙，需要用户等待，通常渲染为手表或沙漏
help	光标下的对象包含有帮助内容，通常渲染为一个问号或一个气球
<uri>URL	自定义光标类型的图标路径

如果自定义光标样式，建议使用绝对或相对 URL 地址指定光标文件（后缀为.cur 或者.ani）。

【示例】下面示例在内部样式表中定义多个鼠标指针类样式，然后为表格单元格应用不同的类样式，完整代码可以参考本节示例源代码，示例演示效果如图 12.6 所示。

```
<style>
.auto { cursor: auto; }
.default { cursor: default; }
.none { cursor: none; }
.context-menu { cursor: context-menu; }
.help { cursor: help; }
.pointer { cursor: pointer; }
.progress { cursor: progress; }
.wait { cursor: wait; }
.cell { cursor: cell; }
.crosshair { cursor: crosshair; }
.text { cursor: text; }
```

```
.vertical-text { cursor: vertical-text; }
.alias { cursor: alias; }
.copy { cursor: copy; }
.move { cursor: move; }
.no-drop { cursor: no-drop; }
.not-allowed { cursor: not-allowed; }
.e-resize { cursor: e-resize; }
.n-resize { cursor: n-resize; }
.ne-resize { cursor: ne-resize; }
.nw-resize { cursor: nw-resize; }
.s-resize { cursor: s-resize; }
.se-resize { cursor: se-resize; }
.sw-resize { cursor: sw-resize; }
.w-resize { cursor: w-resize; }
.ew-resize { cursor: ew-resize; }
.ns-resize { cursor: ns-resize; }
.nesw-resize { cursor: nesw-resize; }
.nwse-resize { cursor: nwse-resize; }
.col-resize { cursor: col-resize; }
.row-resize { cursor: row-resize; }
.all-scroll { cursor: all-scroll; }
.zoom-in { cursor: zoom-in; }
.zoom-out { cursor: zoom-out; }
.url { cursor: url(skin/cursor.gif), url(skin/cursor.png), url(skin/cursor.jpg), pointer; }
</style>
```

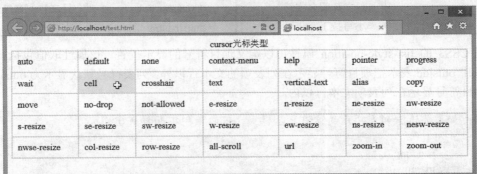

图 12.6　比较不同光标样式效果

💡 提示：使用自定义图像作为光标类型，IE 和 Opera 浏览器只支持*.cur 等特定的图片格式；而 Firefox、Chrome 和 Safari 浏览器既支持特定图片类型，也支持常见的*.jpg、*.gif 和*.jpg 等图片格式。

cursor 属性值可以是一个序列，当用户端无法处理第一个图标时，它会尝试处理第二个、第三个等，如果用户端无法处理任何定义的光标，它必须使用列表最后的通用光标。例如，下面样式中就定义了 3 个自定义动画光标文件，最后定义了一个通用光标类型。

a:hover { cursor:url('images/1.ani'), url('images/1. cur'), url('images/1.gif'), pointer;}

视频讲解

12.2 设计列表样式

下面介绍如何使用 CSS3 设计列表的基本样式。

12.2.1 定义项目符号类型

使用 CSS3 的 list-style-type 属性可以定义列表项目符号的类型，也可以取消项目符号，该属性取值说明如表 12.2 所示。

表 12.2 list-style-type 属性值

属 性 值	说 明	属 性 值	说 明
disc	实心圆，默认值	upper-roman	大写罗马数字
circle	空心圆	lower-alpha	小写英文字母
square	实心方块	upper-alpha	大写英文字母
decimal	阿拉伯数字	none	不使用项目符号
lower-roman	小写罗马数字	armenian	传统的亚美尼亚数字
cjk-ideographic	浅白的表意数字	georgian	传统的乔治数字
lower-greek	基本的希腊小写字母	hebrew	传统的希伯来数字
hiragana	日文平假名字符	hiragana-iroha	日文平假名序号
katakana	日文片假名字符	katakana-iroha	日文片假名序号
lower-latin	小写拉丁字母	upper-latin	大写拉丁字母

使用 CSS3 的 list-style-position 属性可以定义项目符号的显示位置。该属性取值包括 outside 和 inside，其中 outside 表示把项目符号显示在列表项的文本行以外，列表符号默认显示为 outside，inside 表示把项目符号显示在列表项文本行以内。

> **注意：** 如果要清除列表项目的缩进显示样式，可以使用下面样式实现：
> ```
> ul, ol {
>     padding: 0;
>     margin: 0;
> }
> ```

【示例】下面示例定义项目符号显示为空心圆，并位于列表行内部显示，如图 12.7 所示。

```
<style type="text/css">
body {/*  清除页边距  */
    margin: 0;                                  /*  清除边界  */
    padding: 0;                                 /*  清除补白  */
}
ul {/*  列表基本样式  */
    list-style-type: circle;                    /*  空心圆符号*/
    list-style-position: inside;                /*  显示在里面  */
}
</style>
<ul>
```

```
    <li><a href="#">关于我们</a></li>
    <li><a href="#">版权信息</a></li>
    <li><a href="#">友情链接</a></li>
</ul>
```

图 12.7　定义列表项目符号

提示：在定义列表项目符号样式时，应注意两点：

第一，不同浏览器对于项目符号的解析效果，以及其显示位置略有不同。如果要兼容不同浏览器的显示效果，应关注这些差异。

第二，项目符号显示在里面和外面会影响项目符号与列表文本之间的距离，同时影响列表项的缩进效果。不同浏览器在解析时会存在差异。

12.2.2　定义项目符号图像

使用 CSS3 的 list-style-image 属性可以自定义项目符号。该属性允许指定一个外部图标文件，以此满足个性化设计需求。用法如下所示：

视频讲解

```
list-style-image:none | <url>
```

默认值为 none。

【示例】以 12.2.1 节示例为基础，重新设计内部样式表，增加自定义项目符号，设计项目符号为外部图标 bullet_main_02.gif，效果如图 12.8 所示。

```
<style type="text/css">
ul {/* 列表基本样式  */
    list-style-type: circle;                    /* 空心圆符号*/
    list-style-position: inside;                /* 显示在里面 */
    list-style-image: url(images/bullet_main_02.gif);  /* 自定义列表项目符号  */
}
</style>
```

图 12.8　自定义列表项目符号

提示：当同时定义项目符号类型和自定义项目符号时，自定义项目符号将覆盖默认的符号类型。但是如果 list-style-type 属性值为 none 或指定外部的图标文件不存在，则 list-style-type 属性值有效。

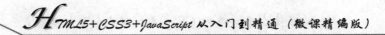

12.2.3　模拟项目符号

使用 CSS3 的 background 属性也可以模拟列表项目符号，设计技巧如下：

第 1 步，使用 list-style-type:none 隐藏列表的默认项目符号。

第 2 步，使用 background 属性为列表项目定义背景图像，精确定位其显示位置。

第 3 步，同时使用 padding-left 属性为列表项目定义左侧空白，避免背景图被项目文本遮盖。

【示例】在下面这个示例中，先清除列表的默认项目符号，然后为项目列表定义背景图像，并定位到左侧垂直居中的位置，为了避免列表文本覆盖背景图像，定义左侧补白为一个字符宽度，这样就可以把列表信息向右侧缩进显示，显示效果如图 12.9 所示。

```
<style type="text/css">
ul {/* 清除列默认样式 */
    list-style-type: none;
    padding: 0;
    margin: 0;
}
li {/* 定义列表项目的样式 */
    background-image: url(images/bullet_sarrow.gif);      /* 定义背景图像 */
    background-position: left center;                     /* 精确定位背景图像的位置 */
    background-repeat: no-repeat;                          /* 禁止背景图像平铺显示 */
    padding-left: 1em;                                    /* 为背景图像挤出空白区域 */
}
</style>
```

图 12.9　使用背景图模拟项目符号

12.3　案 例 实 战

下面通过多个案例演示如何在具体页面中设计超链接和列表的样式。

12.3.1　设计图形按钮链接

超链接可以显示为多种样式，如动画、按钮、图像、特效等，本节介绍如何设计图形化按钮样式。设计方法：使用 CSS 的 background-image 属性实现。

【示例 1】下面示例通过背景图像替换超链接文本，设计图形按钮效果，如图 12.10 所示。

```
<style type="text/css">
a.reg {/* 超链接样式 */
    background: transparent url('images/btn2.gif') no-repeat top left; /* 背景图像 */
    display: block;            /* 块状显示，方便定义宽度和高度 */
    width:74px;                /* 宽度，与背景图像同宽 */
```

```
        height: 25px;                    /* 高度，与背景图像同高 */
        text-indent:-999px;              /* 隐藏超链接中的文本 */
    }
    </style>

    <a class="reg"    href="#">注册</a>
```

在上面代码中，使用 background-repeat 防止背景图重复平铺；定义<a>标签以块状或者行内块状显示，以方便为超链接定义高和宽；在定义超链接的显示大小时，其宽和高最好与背景图像保持一致，也可以使用 padding 属性撑开<a>标签，以代替 width 和 height 属性声明；使用 text-indent 属性隐藏超链接中的文本。

📢》 **注意**：如果超链接区域比背景图大，可以使用 background-position 属性定位背景图像在超链接中显示位置。

【示例 2】 下面示例为超链接不同状态定义不同背景图像：当在正常状态下，超链接左侧显示一个箭头式的背景图像；当鼠标移过超链接时，背景图像被替换为另一个动态 GIF 图像，使整个超链接动态效果立即显示出来，演示效果如图 12.11 所示。

```
<style type="text/css">
a.reg {/* 定义超链接正常样式：定位左侧背景图像 */
    background: url("images/arrow2.gif") no-repeat left center;
    padding-left:14px;
}
a.reg:hover {/* 定义鼠标经过时超链接样式：定位左侧背景图像 */
    background: url("images/arrow1.gif") no-repeat left center;
    padding-left:14px;
}
</style>
<a class="reg"    href="#">注册</a>
```

图 12.10　图形化按钮样式

图 12.11　动态背景样式

示 例 效 果

在上面代码中，通过 padding-left 属性定义超链接左侧空隙，这样就可以使定义的背景图显示出来，避免被链接文本遮盖。实战中，经常需要使用 padding 属性来为超链接增加空余的空间，以便背景图像能够很好地显示出来。

12.3.2　设计背景滑动样式

使用 CSS 滑动门技术可以设计宽度可伸缩的超链接样式。所谓滑动门，就是通过两个背景图像的叠加，以创造一些可自由伸缩的背景效果。

【操作步骤】

第 1 步，使用 Photoshop 设计好按钮图形的效果图，然后分切为两截，其中一截应尽可能地窄，只包括一条椭圆边，另一截可以尽可能大，这样设计的图按钮就可以容纳更多的字符，如图 12.12 所示。

视 频 讲 解

图 12.12　绘制并裁切滑动门背景图

第 2 步，启动 Dreamweaver，新建网页，保存为 test.html，在<body>标签内输入以下代码。构建一个可以定义重叠背景图的超链接结构，具体结构如下，在每个超链接<a>标签中包含了一个<span>辅助标签。

```
<a    href="#"><span>按钮</span></a>
<a    href="#"><span>超链接</span></a>
<a    href="#"><span>图像按钮</span></a>
<a    href="#"><span>扩展性按钮</span></a>
<a    href="#"><span>能够定义很多字数的文本链接</span></a>
```

第 3 步，在<head>标签内添加<style type="text/css">标签，定义一个内部样式表，然后输入下面样式。使用 CSS 把短的背景图（left1.gif）固定在<a>标签的左侧。

```
a {/* 定义超链接样式*/
    background: url('images/left1.gif') no-repeat top left; /* 把短截背景图像固定在左侧*/
    display: block;                    /* 以块状显示，这样能够定义大小 */
    float:left;                        /* 浮动显示，这样 a 元素能够自动收缩宽度，以正好包容文本 */
    padding-left: 8px;                 /* 增加左侧内边距，该宽度正好与上面定义的背景图像同宽 */
    font: bold 13px Arial;             /* 超链接文本字体属性 */
    line-height: 22px;                 /* 定义行高 */
    height: 30px;                      /* 定义按钮高度 */
    color: white;                      /* 字体颜色 */
    margin-left:6px;                   /* 左侧外边框 */
    text-decoration:none;              /* 清除默认的下划线样式 */
}
```

第 4 步，把长的背景图（right1.gif）固定在<span>标签的右侧。

```
a span {
    background: url('images/right1.gif') no-repeat top right;      /* 定义长截背景图像 */
    display: block;                                               /* 块状显示 */
    padding: 4px 10px 4px 2px;                                    /* 增加内边距 */
}
```

第 5 步，在浏览器中预览，显示效果如图 12.13 所示。如果希望在鼠标经过时让背景图像的色彩稍稍有点变化，以增加按钮的动态感，不妨在鼠标经过时增加一个下划线效果。

```
a:hover { text-decoration: underline;}
```

示 例 效 果

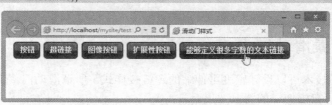

图 12.13　设计滑动门链接效果

12.3.3　设计背景交换样式

本例设计两幅大小相同、效果不同的背景图像，然后使用 CSS 进行轮换显示，设计一种简单的鼠标动画效果。

【操作步骤】

第 1 步，使用 Photoshop 设计两幅大小相同，但效果略有不同的图像，如图 12.14 所示。

bg1.gif　　　　　　　bg2.gif

图 12.14　设计背景图像

第 2 步，启动 Dreamweaver，新建网页，保存为 test1.html，在<body>标签内输入以下代码构建一个列表结构。

```
<ul>
    <li><a href="#">首页</a></li>
    <li><a href="#">新闻</a></li>
    <li><a href="#">微博</a></li>
</ul>
```

第 3 步，在<head>标签内添加<style type="text/css">标签，定义一个内部样式表，然后输入下面样式。

```
a {/* 超链接的默认样式 */
    text-decoration:none;                            /* 清除默认的下划线 */
    display:inline-block;                            /* 行内块状显示 */
    padding:2px 1em;                                 /* 为文本添加补白效果 */
    height:28px;                                     /* 固定高度 */
    line-height:32px;                                /* 行高等于高度，设计垂直居中 */
    text-align:center;                               /* 文本水平居中 */
    background:url(images/b1.gif) no-repeat center;  /* 定义背景图像 1，禁止平铺，居中 */
    color:#ccc;                                      /* 浅灰色字体 */
}
a:hover {/* 鼠标经过时样式 */
    background:url(images/b2.gif) no-repeat center;  /* 定义背景图像 2，禁止平铺，居中 */
    color:#fff;                                      /* 白色字体 */
}
```

在上面样式代码中，先定义超链接以行内块状显示，这样便于控制它的宽和高，然后根据背景图像大小定义 a 元素的大小，并分别为默认状态和鼠标经过状态定义背景图像。

对于背景图来说，超链接的宽度可以不必等于背景图的宽度，只要小于背景图的宽度即可，但是高度必须保持与背景图像的高度一致。在设计中可以结合背景图像的效果定义字体颜色。

第 4 步，在浏览器中预览，所得的超链接效果如图 12.15 所示。

图 12.15　背景图交换链接效果　示例效果

提示：为了减少两幅背景图的 HTTP 请求次数，避免占用不必要的带宽，可以把图像交换的两幅图像合并为一幅图像，然后利用 CSS 定位技术控制背景图的显示区域。

Note 视频讲解

12.3.4　设计水平滑动菜单

CSS 滑动门的形式有两种：水平滑动和垂直滑动。12.3.3 节简单演示了图像滑动的基本方法，本节在此基础上介绍更复杂的案例。

【操作步骤】

第 1 步，设计"门"。这个门实际上就是背景图，滑动门一般至少需要 2 幅背景图，以实现闭合成门的设计效果，本例则完全采用 1 幅背景图像，一样能够设计出滑动门效果，如图 12.16 所示。考虑到门能够适应不同尺寸的菜单，所以背景图像的宽度和高度应该尽量大，这样就可以保证比较大的灵活性。

图 12.16　设计滑动门背景图

第 2 步，设计"门轴"。至少需要 2 个元素配合使用才能使门自由推拉。背景图需要安装在对应的门轴之上才能够自由推拉，从而产生滑动效果。一般在列表结构中，可以利用<li>和<a>标签配合使用。

第 3 步，启动 Dreamweaver，新建网页，保存为 test.html，在<body>标签内编写如下列表结构，由于每个菜单项字数不尽相同，使用滑动门来设计效果会更好。

```
<ul id="menu">
    <li><a href="#" title="">首页</a></li>
    <li><a href="#" title="">微博圈</a></li>
    <li><a href="#" title="">移动开发</a></li>
    <li><a href="#" title="">编程与设计</a></li>
    <li><a href="#" title="">程序员与语言</a></li>
    <li><a href="#" title="">编程语言排行榜</a></li>
</ul>
```

第 4 步，在<head>标签内添加<style type="text/css">标签，定义一个内部样式表，然后准备编写样式。

第 5 步，设计思路：
- ☑　在下面叠放的标签（<li>）中定义如图 12.16 所示的背景图，并定位左对齐，使其左侧与<li>标签左侧对齐。
- ☑　在上面叠放的标签（<a>）中设置相同的背景图，使其右侧与<a>标签的右侧对齐，这样两个背景图像就可以重叠在一起。

第 6 步，为了避免上下重叠元素的背景图相互挤压，导致菜单项两端的圆角背景图被覆盖，可以为<li>标签左侧和<a>标签右侧增加补白（padding），以此限制两个元素不能覆盖两端圆角头背景图。

第 7 步，根据上两步的设计思路，动手编写如下 CSS 样式代码：

```
#menu {/* 定义列表样式 */
    background: url(images/bg1.gif) #fff;          /* 定义导航菜单的背景图像 */
    padding-left: 32px;                           /* 定义左侧的补白 */
    margin: 0px;                                  /* 清除边界 */
```

```
        list-style-type: none;                                      /* 清除项目符号 */
        height:35px;                                                /* 固定高度，否则会自动收缩为 0 */
}
#menu li {/* 定义列表项样式 */
        float: left;                                                /* 向左浮动 */
        margin:0 4px;                                               /* 增加菜单项之间的距离 */
        padding-left:18px;                                          /* 定义左补白，避免左侧圆角覆盖 */
        background:url(images/menu4.gif) left center repeat-x;       /* 定义背景图，左对齐 */
}
#menu li a {/* 定义超链接默认样式 */
        padding-right: 18px;                                        /* 定义右补白，与左侧形成对称 */
        float: left;                                                /* 向左浮动 */
        height: 35px;                                               /* 固定高度 */
        color: #bbb;                                                /* 定义百分比 宽度，实现与 li 同宽 */
        line-height: 35px;                                          /* 定义行高，间接实现垂直对齐 */
        text-align: center;                                         /* 定义文本水平居中 */
        text-decoration: none;                                      /* 清除下划线效果 */
        background:url(images/menu4.gif) right center repeat-x;      /* 定义背景图像 */
}
#menu li a:hover {/* 定义鼠标经过超链接的样式 */
        text-decoration:underline;                                  /* 定义下划线 */
        color: #fff                                                 /* 白色字体 */
}
```

第 8 步，保存页面之后，在浏览器中预览，演示效果如图 12.17 所示。

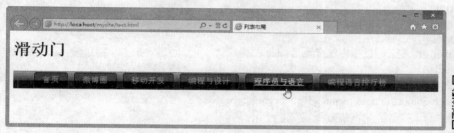

图 12.17　水平滑动菜单

12.3.5　设计垂直滑动菜单

12.3.3 节介绍了背景图像的垂直交换样式，但是单纯的垂直滑动存在一个缺点：如果菜单项字数不同（菜单项宽度不同），那么就需要考虑为不同宽度的菜单项设计背景图，这样就比较麻烦。解决方法：将水平和垂直滑动融合在一起，设计菜单项能自由适应高度和宽度的变化。

【操作步骤】

第 1 步，设计背景图，如图 12.18 所示。然后将两幅背景图拼合在一起，形成滑动的门，如图 12.19 所示。

视 频 讲 解

图 12.18　设计滑动背景图

图 12.19　拼合滑动背景图

第 2 步，完善 HTML 结构，在超链接（<a>）内再包裹一层标签（<span>）。启动 Dreamweaver，新建网页，保存为 test.html，在<body>标签内编写如下列表结构。

```html
<h1>滑动门</h1>
<ul id="menu">
    <li><a href="#" title=""><span>首页</span></a></li>
    <li><a href="#" title=""><span>微博圈</span></a></li>
    <li><a href="#" title=""><span>移动开发</span></a></li>
    <li><a href="#" title=""><span>编程与设计</span></a></li>
    <li><a href="#" title=""><span>程序员与语言</span></a></li>
    <li><a href="#" title=""><span>编程语言排行榜</span></a></li>
</ul>
```

第 3 步，在<head>标签内添加<style type="text/css">标签，定义内部样式表，准备编写样式。

第 4 步，设计 CSS 样式代码，可根据上节示例样式代码把<li>标签的背景样式转给<span>标签，详细代码如下：

```css
#menu {/* 定义列表样式 */
    background: url(images/bg1.gif) #fff;          /* 定义导航菜单的背景图像 */
    padding-left: 32px;                            /* 定义左侧的补白 */
    margin: 0px;                                   /* 清除边界 */
    list-style-type: none;                         /* 清除项目符号 */
    height:35px;                                   /* 固定高度，否则会自动收缩为 0 */
}
#menu li {/* 定义列表项样式 */
    float: left;                                   /* 向左浮动 */
    margin:0 4px;                                  /* 增加菜单项之间的距离 */
}
#menu span {/* 定义超链接内包含元素 span 的样式 */
     float:left;                                   /* 向左浮动 */
    padding-left:18px;                             /* 定义左补白，避免左侧被覆盖 */
    background:url(images/menu4.gif) left center repeat-x;   /* 定义背景图，并左对齐 */
}
#menu li a {/* 定义超链接默认样式 */
    padding-right: 18px;                           /* 定义右补白，与左侧形成对称 */
    float: left;                                   /* 向左浮动 */
    height: 35px;                                  /* 固定高度 */
    color: #bbb;                                   /* 定义百分比 宽度，实现与 li 同宽 */
    line-height: 35px;                             /* 定义行高，间接实现垂直对齐 */
    text-align: center;                            /* 定义文本水平居中 */
    text-decoration: none;                         /* 清除下划线效果 */
    background:url(images/menu4.gif) right center repeat-x;   /* 定义背景图像 */
}
#menu li a:hover {/* 定义鼠标经过超链接的样式 */
    text-decoration:underline;                     /* 定义下划线 */
    color: #fff                                    /* 白色字体 */
}
```

第 5 步，上一步样式代码仅完成了水平滑动效果，下面需修改部分样式，设计当鼠标经过时的滑动效果，把如下样式：

```
#menu li a:hover {/* 定义鼠标经过超链接的样式 */
    text-decoration:underline;                              /* 定义下划线 */
    color: #fff                                             /* 白色字体 */
}
```

修改为如下样式：

```
#menu a:hover {/* 定义鼠标经过超链接的样式 */
    color: #fff;                                            /* 白色字体 */
    background:url(images/menu5.gif) right center repeat-x;  /* 定义滑动后的背景图像 */
}
#menu a:hover span {/* 定义鼠标经过超链接的样式 */
    background:url(images/menu5.gif) left center repeat-x;   /* 定义滑动后的背景图像 */
    cursor:pointer;                                        /* 定义鼠标经过时显示手形指针 */
    cursor:hand;                                           /* 早期 IE 版本下显示为手形指针 */
}
```

第 6 步，保存页面之后在浏览器中预览，演示效果如图 12.20 所示。

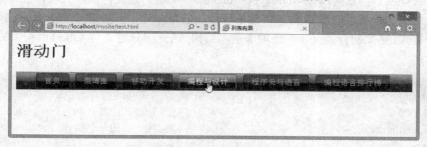

图 12.20　水平与垂直滑动菜单

示例效果

提示：如果使用 CSS3 动画技术，添加如下两个样式，可以更逼真地演示垂直滑动的动画效果（test3.html），相关技术的详细讲解可以参考后面章节内容。
```
#menu span { transition: all .3s ease-in;}
#menu li a { transition: all .3s ease-in;}
```

12.3.6　设计 Tab 选项面板

Tab 在栏目面板中比较常用，因为它能够在有限的空间内包含更多分类信息，适合商业网站的版面集成设计。

设计思路：利用 CSS 隐藏或显示栏目的部分内容，实际 Tab 面板所包含的全部内容都已经下载到客户端浏览器中。一般 Tab 面板仅显示一个 Tab 菜单项，当用户点选对应的菜单项之后才会显示对应的内容。

【操作步骤】

第 1 步，启动 Dreamweaver，新建网页，保存为 test.html，在<body>标签内编写如下结构，构建 HTML 文档。

```
<div id="tab">
    <div class="Menubox">
        <ul>
```

视频讲解

Note

```
            <li id="tab_1" class="hover" onclick="setTab(1,4)">明星</li>
            <li id="tab_2" onclick="setTab(2,4)">搞笑</li>
            <li id="tab_3" onclick="setTab(3,4)">美女</li>
            <li id="tab_4" onclick="setTab(4,4)">摄影</li>
        </ul>
    </div>
    <div class="Contentbox">
        <div id="con_1" class="hover" ><img src="images/1.png" /></div>
        <div id="con_2" class="hide"><img src="images/2.png" /></div>
        <div id="con_3" class="hide"><img src="images/3.png" /></div>
        <div id="con_4" class="hide"><img src="images/4.png" /></div>
    </div>
</div>
```

在 Tab 面板中，<div class="Menubox">框包含的内容是菜单栏，<div class="Contentbox">框包含的是面板内容。

第 2 步，在<head>标签内添加<style type="text/css">标签，定义内部样式表，准备编写样式。

第 3 步，定义 Tab 菜单的 CSS 样式。这里包含 3 部分 CSS 代码：第一部分重置列表框、列表项和超链接默认样式，第二部分定义 Tab 选项卡基本结构，第三部分定义与 Tab 菜单相关的几个类样式。详细代码如下：

```css
/* 页面元素的默认样式*/
a {/* 超链接的默认样式 */
    color:#00F;                         /* 定义超链接的默认颜色 */
    text-decoration:none;               /* 清除超链接的下划线样式 */
}
a:hover { color: #c00; }/* 鼠标经过超链接的默认样式 */
ul {/* 定义列表结构基本样式 */
    list-style:none;                    /* 清除默认的项目符号 */
    padding:0;                          /* 清除补白 */
    margin:0px;                         /* 清除边界 */
    text-align:center;                  /* 定义包含文本居中显示 */
}
/* 选项卡结构*/
#tab {/* 定义选项卡的包含框样式 */
    width:920px;                        /* 定义 Tab 面板的宽度 */
    margin:0 auto;                      /* 定义 Tab 面板居中显示 */
    font-size:12px;                     /* 定义 Tab 面板的字体大小 */
    overflow:hidden;                    /* 隐藏超出区域的内容 */
}
/* 菜单样式类*/
.Menubox {/* Tab 菜单栏的类样式 */
    width:100%;                         /* 定义宽度 */
    background:url(images/tab1.gif);    /* 定义 Tab 菜单栏的背景图像 */
    height:28px;                        /* 固定高度 */
    line-height:28px;                   /* 定义行高，实现垂直居中显示 */
}
.Menubox ul {margin:0px; padding:0px; }     /* 清除列表缩进样式 */
.Menubox li {/* Tab 菜单栏包含的列表项基本样式 */
```

```
        float:left;                                /* 向左浮动，实现并列显示 */
        display:block;                             /* 块状显示 */
        cursor:pointer;                            /* 定义手形指针样式 */
        width:114px;                               /* 固定宽度 */
        text-align:center;                         /* 定义文本居中显示 */
        color:#949694;                             /* 字体颜色 */
        font-weight:bold;                          /* 加粗字体 */
    }
    .Menubox li img{ width:100%;}
    .Menubox li.hover {/* 鼠标经过列表项的样式类 */
        padding:0px;                               /* 清除补白 */
        background:#fff;                           /* 加亮背景色 */
        width:116px;                               /* 固定宽度显示 */
        border:1px solid #A8C29F;                  /* 定义边框线 */
        border-bottom:none;                        /* 清除底边框线样式 */
        background:url(images/tab2.gif);           /* 定义背景图像 */
        color:#739242;                             /* 定义字体颜色 */
        height:27px;                               /* 固定高度 */
        line-height:27px;                          /* 定义行高，实现文本垂直居中 */
    }
    .Contentbox {/* 定义 Tab 面板中内容包含框基本样式类 */
        clear:both;                                /* 清除左右浮动元素 */
        margin-top:0px;                            /* 清除顶边界 */
        border:1px solid #A8C29F;                  /* 定义边框线样式 */
        border-top:none;                           /* 清除顶部边框线样式 */
        padding-top:8px;                           /* 定义顶部补白，增加距离 */
    }
    .hide {display:none; /* 隐藏元素显示 */}       /* 隐藏样式类 */
```

第 4 步，使用 JavaScript 设计 Tab 交互效果。

下面函数定义了两个参数，第一个参数定义了要隐藏或显示的面板，第二个参数定义了当前 Tab 面板包含了几个 Tab 选项卡。该函数还定义了当前选项卡包含的列表项的类样式为 hover，最后为每个 Tab 菜单中的 li 元素调用该函数即可，从而实现单击对应的菜单项，即可自动激活该脚本函数，并把当前列表项的类样式设置为 hover，同时显示该菜单对应的面板内容，而隐藏其他面板内容。有关 JavaScript 语言的详细讲解可以参考后面章节内容。

```
<script>
function setTab(cursel,n){
    for(i=1;i<=n;i++){
        var menu=document.getElementById("tab_"+i);
        var con=document.getElementById("con_"+i);
        menu.className=i==cursel?"hover":"";
        con.style.display=i==cursel?"block":"none";
    }
}
</script>
```

第 5 步，保存页面之后在浏览器中预览，演示效果如图 12.21 所示。

图 12.21　Tab 面板菜单效果

12.3.7　设计下拉式面板

下拉式面板比较特殊，当鼠标移到菜单项目上时将自动弹出一个下拉的大面板，在该面板中显示各种分类信息。这种版式在电商类型网站中应用比较多。

设计思路：在超链接（<a>标签）内包含面板结构，当鼠标移过超链接时，自动显示这个面板，而在默认状态隐藏其显示。由于早期 IE 浏览器对<a>标签包含其他结构的解析存在问题，设计时应适当考虑这个兼容问题。

【操作步骤】

第 1 步，启动 Dreamweaver，新建网页，保存为 test.html，在<body>标签内编写如下结构，构建 HTML 文档。

```
<ul id="lists">
    <li><a href="#" class="tl">商品导购
        <!--[if IE 7]><!--></a><!--<![endif]-->
        <!--[if lte IE 6]><table><tr><td><![endif]-->
        <div class="pos1">
            <dl id="menu">
            <dt>产品大类</dt>
                <dd><a href="#" title="">图书、音像、数字商品</a></dd>
                <dd><a href="#" title="">家用电器</a></dd>
                <dd><a href="#" title="">手机、数码、京东通信预约</a></dd>
                <dd><a href="#" title="">电脑、办公</a></dd>
                <dd><a href="#" title="">家居、家具、家装、厨具</a></dd>
                <dd><a href="#" title="">服饰内衣、珠宝首饰</a></dd>
                <dd><a href="#" title="">个护化妆</a></dd>
                <dd><a href="#" title="">鞋靴、箱包、钟表、奢侈品</a></dd>
                <dd><a href="#" title="">运动户外</a></dd>
            </dl>
        </div>
        <!--[if lte IE 6]></td></tr></table></a><![endif]-->
    </li>
</ul>
```

提示： 在超链接中包含一个面板结构，为了让超链接在 IE 浏览器中能够正常响应，代码中使用 IE 条件语句（后面章节会详细讲解）。IE 条件语句是一个条件结构，用来判断当前 IE 浏览器的版本号，以便执行不同的 CSS 样式或解析不同的 HTML 结构。

第 2 步，在<head>标签内添加<style type="text/css">标签，定义内部样式表，准备编写样式。

第 3 步，编写下拉式导航面板的 CSS 样式如下：

```
#lists {/* 定义总包含框基本结构 */
    background: url(images/bg1.gif) #fff;                        /* 背景图像 */
    padding-left: 32px;                                         /* 左侧补白 */
    margin: 0px;                                                /* 清除边界 */
    height:35px;                                                /* 固定高度 */
    font-size:12px;                                             /* 字体大小 */
}
#lists li {/* 定义列表项目基本样式 */
    display:inline;                                             /* 行内显示 */
    float:left;                                                 /* 向左浮动 */
    height:35px;                                                /* 固定高度 */
    background:url(images/menu5.gif) no-repeat left center;     /* 背景图像 */
    padding-left:12px;                                          /* 左侧补白 */
    position:relative; /* 相对定位，为下拉导航面板绝对定位指定一个参考框 */
}
#lists li a.tl {/* 定义超链接基本样式 */
    display:block;                                              /* 块状显示 */
    width:80px;                                                 /* 固定宽度 */
    height:35px;                                                /* 固定高度 */
    text-decoration:none;                                       /* 清除下划线 */
    text-align:center;                                          /* 文本水平居中 */
    line-height:35px;                                           /* 行高，实现垂直居中 */
    font-weight:bold;                                           /* 加粗显示 */
    color:#fff;                                                 /* 白色字体颜色 */
    background:url(images/menu5.gif) no-repeat right center;    /* 定义导航背景图像 */
    padding-right:12px;                                         /* 定义右侧补白大小 */
}
#lists div {display:none; }/* 定义超链接包含的导航面板的隐藏显示 */
#lists :hover div {/* 显示并定义超链接包含的导航面板 */
    display:block;                                              /* 块状显示 */
    width:598px;                                                /* 固定宽度 */
    background:#faebd7;                                         /* 定义背景色 */
    position:absolute;                                         /* 绝对定位，以便自由显示 */
    left:1px;                                                   /* 距离包含框左侧（li 元素）的距离 */
    top:34px;                                                   /* 距离包含框顶部的距离 */
    border:1px solid #888;                                      /* 定义边框线 */
    padding-bottom:10px;                                        /* 顶部底部补白 */
}
```

第 4 步，保存页面之后在浏览器中预览，演示效果如图 12.22 所示。

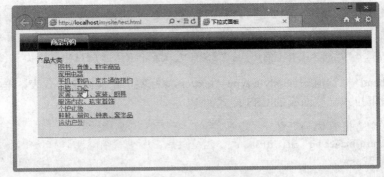

示 例 效 果

图 12.22　下拉式导航面板

12.4　在线练习

本节提供了两个在线练习：（1）列表样式；（2）超链接样式。感兴趣的读者可以扫码强化基本功训练，通过大量案例练习 HTML5 列表和超链接的样式设计。

在 线 练 习 1　　　在 线 练 习 2

第13章

使用 CSS3 美化表格和表单样式

在前面章节中，我们曾经介绍了表格和表单的结构，本章主要介绍如何使用 CSS 控制表格和表单的显示效果，如表格的边框和背景，表单的边框和背景等样式，以及如何设计比较实用的表格和表单页面。

【学习要点】

▶▶ 定义表格基本样式。

▶▶ 能够根据需要设计复杂的表格样式。

▶▶ 定义表格基本样式。

▶▶ 能够根据页面风格设计表格样式。

13.1 设计表格样式

CSS 为表格定义了 5 个专用属性，详细说明如表 13.1 所示。

表 13.1 CSS 表格属性列表

属 性	取 值	说 明
border-collapse	separate（边分开）| collapse（边合并）	定义表格的行和单元格的边是合并在一起还是按照标准的 HTML 样式分开
border-spacing	length	定义当表格边框独立（如当 border-collapse 属性等于 separate 时）时，行和单元格的边在横向和纵向上的间距，该值不可取负值
caption-side	top | bottom	定义表格的 caption 对象位于表格的顶部或底部。应与 caption 元素一起使用
empty-cells	show | hide	定义当单元格无内容时，是否显示该单元格的边框
table-layout	auto | fixed	定义表格的布局算法，可以通过该属性改善表格呈现性能，如果设置 fixed 属性值，会使 IE 浏览器以一次一行的方式呈现表格内容，从而提供给信息用户更快的速度；如果设置 auto 属性值，则表格在每一单元格内所有内容读取计算之后才会显示出来

除了上表介绍的 5 个表格专用属性外，CSS 其他属性对于表格一样适用。

13.1.1 定义边框样式

使用 CSS3 的 border 属性可以定义表格边框。由于表格中每个单元格都是一个独立的对象，为它们定义边框线时，相互之间不是紧密连接在一起的。

使用 CSS3 的 border-collapse 属性可以把相邻单元格的边框合并起来，相当于把相邻单元格连接为一个整体。该属性取值包括 separate（单元格边框相互独立）和 collapse（单元格边框相互合并）。

【示例】下面示例在<head>标签内添加<style type="text/css">标签，定义一个内部样式表，然后编写如下样式。

```
table {/* 合并单元格边框 */
    border-collapse: collapse;
    width: 100%;
}
th, td { border: solid 1px #ff0000;} /* 定义单元格边框线为 1 像素的细线 */
```

然后借助 6.2.4 节的示例表格，在浏览器中预览，显示效果如图 13.1 所示。

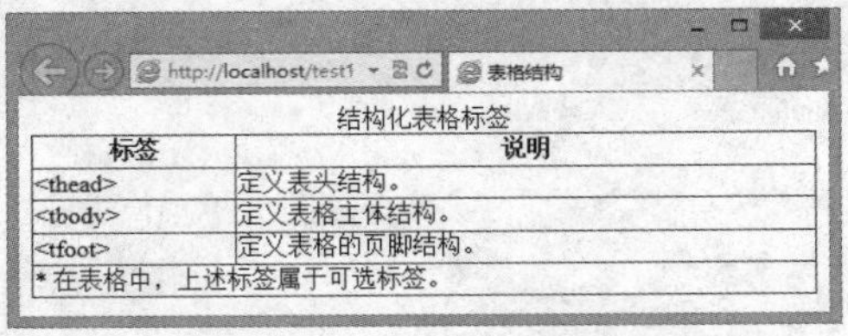

图 13.1 使用 CSS 定义单元格边框样式

视频讲解

Note

13.1.2　定义单元格间距

使用 CSS3 的 border-spacing 属性可以定义单元格间距，取值包含 1 个或 2 个值。当定义一个值时，则定义单元格行间距和列间距都为该值。例如：

```
table { border-spacing:20px;}/* 分隔单元格边框 */
```

如果分别定义行间距和列间距，就需要定义两个值，例如：

```
table { border-spacing:10px 30px;}/* 分隔单元格边框 */
```

其中，第一个值表示单元格之间的行间距，第二个值表示单元格之间的列间距，该属性值不可以为负数。使用 cellspacing 属性定义单元格之间的距离之后，该空间由表格背景填充。

注意：使用 CSS 的 cellspacing 属性时，应确保单元格之间相互独立，不能使用 "border-collapse: collapse;" 声明合并表格的单元格边框，也不能使用 CSS 的 margin 属性来代替设计，单元格之间不能使用 margin 属性调整间距。

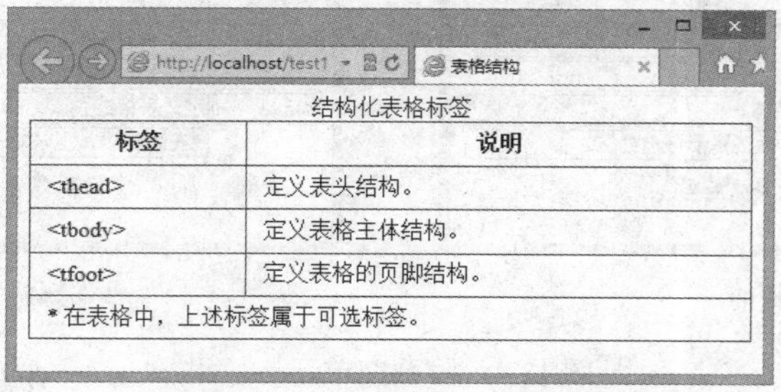

早期 IE 浏览器不支持该属性，要定义相同效果的样式，还需要结合传统<table>标签的 cellspacing 属性来设置。

【示例】CSS 的 padding 属性与 HTML 的 cellpadding 属性功能相同。例如，下面样式为表格单元格定义上、下 6 像素和左、右 12 像素的补白空间，效果如图 13.2 所示。

```
table {/* 合并单元格边框 */
    border-collapse: collapse;
    width: 100%;
}
th, td {
    border: solid 1px #ff0000;
    padding: 6px 12px;
}
```

	结构化表格标签	
标签	**说明**	
<thead>	定义表头结构。	
<tbody>	定义表格主体结构。	
<tfoot>	定义表格的页脚结构。	

* 在表格中，上述标签属于可选标签。

图 13.2　增加单元格空隙

13.1.3　定义标题位置

使用 CSS3 的 caption-side 属性可以定义标题的显示位置，该属性取值包括 top（位于表格上面）、bottom（位于表格底部）。如果要水平对齐标题文本，则可以使用 text-align 属性。

【示例】以 13.1.2 节示例为基础，在下面示例中定义标题在底部显示，效果如图 13.3 所示。

```
<style type="text/css">
table {/* 合并单元格边框 */
```

视频讲解

```
    border-collapse: collapse;
    width: 100%;
}
th, td { border: solid 1px #ff0000; }
caption {/* 定义标题样式 */
    caption-side: bottom;                        /* 底部显示 */
    margin-top: 10px;                            /* 定义左右边界 */
    font-size: 18px;                             /* 定义字体大小 */
    font-weight: bold;                           /* 加粗显示 */
    color: #666;                                 /* 灰色字体 */
}
</style>
```

图 13.3 增加单元格空隙

13.1.4 隐藏空单元格

使用 CSS3 的 empty-cells 属性可以设置空单元格是否显示，empty-cells 属性取值包括 show 和 hide。注意，该属性只有在表格单元格的边框处于分离状态时有效。

【示例】以 13.1.4 节示例为基础，在下面示例中隐藏页脚区域的空单元格边框线，隐藏前后比较效果如图 13.4 所示。

隐藏前

隐藏后

图 13.4 隐藏空单元格效果

```
<style type="text/css">
table {/* 合并单元格边框 */
    width: 100%;
    empty-cells: hide;                           /* 隐藏空单元格 */
}
th, td { border: solid 1px #ff0000; }
caption {/* 定义标题样式 */
    caption-side: bottom;                        /* 底部显示 */
    margin-top: 10px;                            /* 定义左右边界 */
```

```
        font-size: 18px;                        /* 定义字体大小 */
        font-weight: bold;                      /* 加粗显示 */
        color: #666;                            /* 灰色字体 */
    }
    </style>
```

💡 **提示**：如果单元格的 visibility 属性为 hidden，即便单元格包含内容，也认为是无可视内容，即空单元格。可视内容还包括 " "，以及其他空白字符。

13.2　设计表单样式

表单没有独立的 CSS 属性，适用 CSS 通用属性，如边框、背景、字体等样式。但是个别表单控件比较特殊，不宜使用 CSS 定制，如下拉菜单、单选按钮、复选框和文件域。如果完全设计个性化样式，有时还需要 JavaScript 辅助实现。

13.2.1　定义文本框样式

视频讲解

使用 CSS 可以对文本框进行全面定制，如边框、背景、补白、大小、字体样式，以及 CSS3 圆角、阴影等，本节将通过几个示例演示设计文本框样式的基本方法。

【**示例 1**】启动 Dreamweaver，新建一个网页，保存为 test1.html，在<body>内使用<form>标签包含一个文本框和一个文本区域。

```
<form>
    <p><label for="user">文本框：</label>
        <input type="text" value="看我的颜色"  id="user" name="user" /></p>
    <p><label for="text">文本区域：</label>
        <textarea  id="text" name="text">看我背景</textarea></p>
</form>
```

在<head>标签内添加<style type="text/css">标签，定义内部样式表，然后输入下面样式，定义表单样式，为文本框和文本区域设置不同的边框色、字体色、背景图。

```
body { font-size: 14px; }                   /* 文本大小 */
input {
    width: 300px;                           /* 设置宽度 */
    height: 25px;                           /* 设置高度 */
    font-size: 14px;                        /* 文本大小*/
    line-height: 25px;                      /* 设置行高 */
    border: 1px solid #339999;             /* 设置边框属性 */
    color: #FF0000;                         /* 字体颜色 */
    background-color: #99CC66;             /* 背景颜色 */
}
textarea {
    width: 400px;                           /* 设置宽度 */
    height: 300px;                          /* 设置高度 */
    line-height: 24px;                      /* 设置行高 */
    border: none;                           /* 清除默认边框设置 */
    border: 1px solid #ff7300;             /* 设置边框属性 */
```

Note

```
background: #99CC99 url(images/1.jpg) no-repeat;    /* 设置宽度 */
display: block;                                      /* 背景颜色*/
margin-left: 60px;                                   /* 设置外间距 */
}
```

在上面代码中，定义整个表单中字体大小和输入域的空间，设置宽度和高度，输入域的高度和行高应一致，即方便实现单行文字垂直居中，接着设置单行输入框的边框，在字体颜色和背景颜色的取色中一般反差较大，突出文本内容。

设置文本区域属性。同样对其宽高进行设置，此处设置它的行高为 24 像素，实现行与行的间距，而不设置垂直居中。通过浏览器我们发现文本区域的边框线有凹凸的感觉，此时设置边框线为 0，并重新定义边框线的样式。文本区域前的输入内容较多，可以设置块元素换行显示使文本输入全部显示。通过浏览器发现单行文本框和文本区域左边并没有对齐，通过设置 margin-left 属性来实现上（单行文本框）下（文本区域的对齐），最后更改文本区域的背景色和背景图，即整个表单样式设置完毕。

在 IE 浏览器中预览，演示效果如图 13.5 所示。

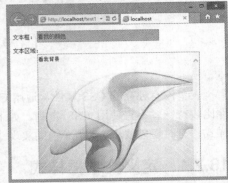

图 13.5 文本框和文本区域样式

【示例 2】使用 CSS 设计表单对象样式有不同的方法。以上面示例为例，如果使用属性选择器，则可以使用如下样式来控制。

新建网页，保存为 test2.html，在\<body\>内使用\<form\>标签包含一个文本框和一个密码域。

```
<form>
    <p><label for="user">文本框：</label>
        <input type="text" value="看我的颜色"  id="user" name="user" /></p>
    <p><label for="pass">密码域：</label>
        <input type="password" value="看我的颜色" id="pass" name="pass" /></p>
</form>
```

在\<head\>标签内添加\<style type="text/css"\>标签，定义内部样式表，然后输入下面样式。

```
body { font-size: 14px;                       /* 文本大小*/ }
input {
    width: 200px;                             /* 设置宽度 */
    height: 25px;                             /* 设置高度 */
    border: 1px solid #339999;                /* 设置边框 */
    background-color: #99CC66;                /* 设置背景色 */
}
input[type='password'] { background-color: #F00; }    /* 设置背景色 */
```

在 IE 浏览器中预览，演示效果如图 13.6 所示。

也可以使用类样式控制表单样式。以上面示例为基础，简单定义一个类样式，然后添加到表单对象中即可。

```
<style type="text/css">
input.new { background-color: #F00;}
</style>
<input type="password"  value="看 我 的 颜 色" id="pass"
name="pass" class="new" />
```

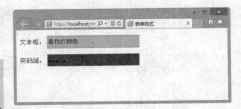

图 13.6 使用伪类样式控制表单对象

【示例 3】大部分表单对象获得焦点时会高亮显示，提示用户当前焦点的位置，如使用 CSS 伪类:focus 可以实现输入框的背景色的改变；使用 CSS 伪类:hover 可以实现当鼠标滑过输入框时，加亮或者改变输入框的边框线，提示当前鼠标滑过输入框。

新建网页，保存为 test3.html，在\<body\>内使用\<form\>标签包含一个文本框和一个密码域。

```
<form>
    <p><label for="user">文本框：</label>
        <input type="text" value="看我的颜色"  id="user" name="user" /></p>
    <p><label for="pass">密码域：</label>
        <input type="password" value="看我的颜色" id="pass" name="pass" class="new" />
    </p>
</form>
```

在\<head\>标签内添加\<style type="text/css"\>标签，定义内部样式表，输入下面样式。

```
body { font-size: 14px;                          /* 设置字体大小 */ }
input {
    width: 200px;                                /* 设置宽度 */
    height: 25px;                                /* 设置高度 */
    border: 1px solid #339999;                   /* 设置边框样式 */
    background-color: #99CC66;                   /* 设置背景颜色 */
}
p span {
    display: inline-block;                       /* 定义行内块状显示 */
    width: 100px;                                /* 设置宽度 */
    text-align: right;                           /* 设置右对齐 */
}
input {
    width: 200px;                                /* 设置宽度 */
    height: 25px;
    border: 3px solid #339999;                   /* 设置边框样式 */
    background-color: #99CC66;                   /* 设置背景颜色 */
}
input:focus { background-color: #FF0000;         /* 设置背景颜色 */ }
input:hover { border: 3px dashed #99FF00;        /* 设置边框样式 */ }
```

在 IE 浏览器中预览，演示效果如图 13.7 所示。

图 13.7　使用伪类设计动态样式效果

13.2.2　定义单选按钮和复选框样式

使用 CSS 可以简单设计单选按钮和复选框的样式，如边框和背景色。如果整体改变其风格，需要通过 JavaScript 和背景图替换的方式来间接实现。下面以单选按钮为例进行演示说明，复选框的实现可以参考本节示例源代码。

视频讲解

【设计思路】

第 1 步，先根据需要设计两种图片状态：选中、未选中，后期通过不同的 class 类实现背景图像的改变。

第 2 步，通过<label>标签的 for 属性和单选按钮 id 属性值实现内容与单选按钮的关联，即单击单选按钮相对应的文字时，单选按钮被选中。

第 3 步，借助 JavaScript 脚本实现单击时动态改变 class 类，实现背景图像的切换。

【操作步骤】

第 1 步，在 Photoshop 中设计两个大小相等的背景图标，图标样式如图 13.8 所示。

第 2 步，新建网页，保存为 test1.html，在<body>内使用<form>标签包含多个单选按钮。该表单设计评选各个浏览器被认可的人数，选项有火狐浏览器、IE 浏览器、谷歌浏览器等。

图 13.8　设计背景图标

```
<form>
    <h3>请选择您最喜欢的浏览器</h3>
    <p>
        <input type="radio" checked="" id="radio0" value="radio" name="group"/>
        <label for="radio0" class="radio1">Internet Explorer</label> </p>
    <p>
        <input type="radio" checked="" id="radio1" value="radio" name="group"/>
        <label for="radio1" class="radio1" >Maxthon</label></p>
    <p>
        <input type="radio" checked="" id="radio2" value="radio" name="group"/>
        <label for="radio2" class="radio2" >Mozilla Firefox</label></p>
    <p>
        <input type="radio" checked="" id="radio3" value="radio" name="group"/>
        <label for="radio3" class="radio1" >谷歌浏览器</label></p>
    <p>
        <input type="radio" checked="checked" id="radio4" value="radio" name="group"/>
        <label for="radio4" class="radio1" >Opera</label></p>
    <p>
        <input type="radio" checked="" id="radio5" value="radio" name="group"/>
        <label for="radio5" class="radio1" >世界之窗</label></p>
    <p>
        <input type="radio" checked="" id="radio6" value="radio" name="group"/>
        <label for="radio6" class="radio1" >搜狗浏览器</label></p>
</form>
```

第 3 步，在<head>标签内添加<style type="text/css">标签，定义一个内部样式表。

第 4 步，页面进行初始化，网页内容为 16 号黑体。表单<form>元素宽度为 600 像素，为每行存放 3 个单选按钮确定空间，并使表单在浏览器居中显示。<form>元素的相对定位应去掉，此处体现子元素设置绝对定位时其父元素最好能设置相对定位，减少 bug 的出现。

```
/*页面基本设置及表单<form>元素初始化 */
body {font-family:"黑体"; font-size:16px;}
form {position:relative; width:600px; margin:0 auto; text-align:center;}
```

第 5 步，<p>标签宽度为 200 像素，并设置左浮动，实现表单（表单的宽度为 600 像素，600/200=3）内部横向显示 3 个单选按钮。各个浏览器名称长短不同，对其进行左对齐设置，达到视觉上的对齐。<p>标签在不同浏览器下默认间距大小不一致，此处设置内外间距为 0 像素，会发现第一行单选按钮和第二行单选按钮过于紧密，影响美观，于是设置上下外间距（margin）为 10 像素。

```
p{ width:200px; float:left; text-align:left; margin:0; padding:0; margin:10px 0px;}
```

第 6 步，<input>标签的 ID 值和<label>标签的 for 属性值一致，实现二者关联，并将<input>标签进行隐藏操作。即<input>标签设置为绝对定位，并设置较大的 left 值，比如"left:-999em"；<input>标签完全移出浏览器可视区域之外，达到隐藏该标签的作用，为紧跟在它后面的文字设置背景图替代单选按钮（<input>标签）做铺垫。

```
input {position: absolute; left: -999em; }
```

第 7 步，<label>标签添加 class 类 radio1 和 radio2，代表单选按钮未选中和选中状态两种状态。现在分别对 class 类 radio1 和 radio2 进行设置，二者 CSS 属性设置一致，区别在于其背景图的不同。具体方法如下：

- ☑ 设置背景图不平铺，起始位置为左上角，清除外间距设置。背景图的宽度是 33 像素，高度是 34 像素，即设置的背景图和文字的间距一定要大于 33 像素，防止文字压住背景图（文字在图片上面）。
- ☑ 设置左内间距为 40 像素（可调整大小），设置<label>标签高度为 34 像素，行高也是 34 像素，实现垂直居中，且完整显示背景图（高度值必须大于 34 像素），用背景图代替单选按钮。
- ☑ 在浏览器显示中观察页面，背景图未显示完整，此时需要将<label>标签的 CSS 属性设置为块元素，设置的高度才有效。当鼠标移至<label>标签时设置指针变化为手形，提示当前可以单击。最后加入 JavaScript 脚本，实现动态单击选中效果，脚本不属于本书介绍范围，读者可以直接使用（也可直接删除 JavaScript 脚本）。单选按钮可以通过背景图替代，同样如示例，使用背景图也可以替代复选框的默认按钮样式。

```
.radio1 {margin: 0px;padding-left: 40px;color: #000;line-height: 34px;height: 34px;
    background:url(img/4.jpg) no-repeat left top;cursor: pointer;display:block; }
.radio2 {background:url(img/3.jpg) no-repeat left top; }
```

本例完整样式代码请参考本节示例源代码。

第 8 步，在 IE 浏览器中预览，演示效果如图 13.9 所示。

提示：类似的复选框设计效果如图 13.10 所示，具体示例代码请参考本节 test2.html 示例。

图 13.9　使用背景图设计的单选按钮样式

图 13.10　使用背景图设计的复选框样式

示 例 效 果

13.2.3　定义选择框样式

不同浏览器对于 CSS 控制选择框的支持不是很统一。一般情况下，通过 CSS 可以简单地设置选择框的字体和边框样式，对下拉菜单中的每个选项定义单独的背景、字体等效果，但是对于下拉箭头的外观需要借助 JavaScript 脚本以间接方式控制。

视 频 讲 解

【操作步骤】

第 1 步，新建一个网页，保存为 test.html，在<body>内使用<form>标签包含一个下拉菜单。

```
<div class='box'>
    <select >
        <option class="bjc1">北京</option>
        <option class="bjc2">上海</option>
        <option class="bjc3">天津</option>
        <option class="bjc4">重庆</option>
    </select>
</div>
```

第 2 步，在<head>标签内添加<style type="text/css">标签，定义一个内部样式表，输入下面样式。添加不同 class 类名实现不同<option>标签的背景颜色，最终达到七彩虹颜色的下拉菜单。

第 3 步，为<select>标签的父元素<div>标签设置宽度为 120 像素，IE 浏览器下设置为 150 像素，超出部分隐藏，通过第 2 步查看超出部分隐藏是否有效。

```
.box{width:120px;width:150px\9; overflow:hidden;}
```

第 4 步，为<select>标签设置宽度为 136 像素，它的值小于外层<div>标签的宽度，对其设置高度为 23 像素，因为背景图像为 119*23，最外层的<div>标签设置的宽度是背景图的宽度所定义的。背景图的设置是查看标准浏览器和 IE 浏览器对<select>标签的支持情况。通过图 13.11 和图 13.12 比较可以发现，IE 浏览器超出部分没有隐藏，且 IE 浏览器中<select>标签与其子元素<option>标签的宽度为 120 像素，而标准浏览器中<select>标签宽度为 136 像素，其子元素并没有与<select>标签宽度一致，而是与<div>标签宽度一致，通过为 box 设置高度 200 像素及背景色可查看。

```
select{width:136px; color: #909993; border:none;height:23px; line-height:23px;
background:none;background:url(images/5.jpg) no-repeat left top; color:#000000; font-weight:bold;}
.box{height:200px; background-color:#3C9}
```

第 5 步，为下拉菜单的每个选项设置不同的背景颜色，通过<option>标签的不同的 class 名设置不同的背景颜色，实现七彩虹效果。<option>标签的值与<select>标签高度应一致，设置为手形，高度为 23 像素，更改鼠标样式为手形。

```
.bjc1{background-color:#0C9;}
.bjc2{background-color:#F96}
.bjc3{background-color:#0F0}
.bjc4{background-color:#C60}
option{font-weight:bold; border:none; line-height:23px; height:23px; cursor:pointer;}
```

第 6 步，保存页面，在浏览器中预览，演示效果如图 13.11 和图 13.12 所示。

图 13.11　IE 浏览器中下拉菜单不支持背景图

图 13.12　Firefox 浏览器中下拉菜单支持背景图

通过比较发现，IE 浏览器不支持<select>标签的背景图设置，而 Firefox 浏览器则已经实现。谷歌、Opera 等浏览器也不支持。通过 JavaScript 和 CSS 相结合可以模拟<select>标签。

如果下拉菜单设计简单，只有对下拉菜单的宽度、字体颜色等简单要求的效果，采用<select>标签；如果需要含有特殊的设计效果，对其背景图设置，改变下拉菜单下拉按钮形状，一般都是通过其他标签模拟实现下拉菜单的效果，而不再通过<select>标签设置。

13.3　案例实战

本节将结合几个案例详细讲解表格和表单页面的一般设计方法。

13.3.1　设计细线表格

本例使用 CSS3 的 border-radius 为表格定义圆角；使用 box-shadow 为表格添加内阴影，设计高亮边效果；使用 transition 定义过渡动画，让鼠标指针移过数据行，渐显浅色背景；使用 linear-gradient() 函数定义标题列渐变背景效果，以替换传统使用背景图像模拟渐变效果；使用 text-shadow 属性定义文本阴影，让标题文本看起来更富立体感。演示效果如图 13.13 所示。

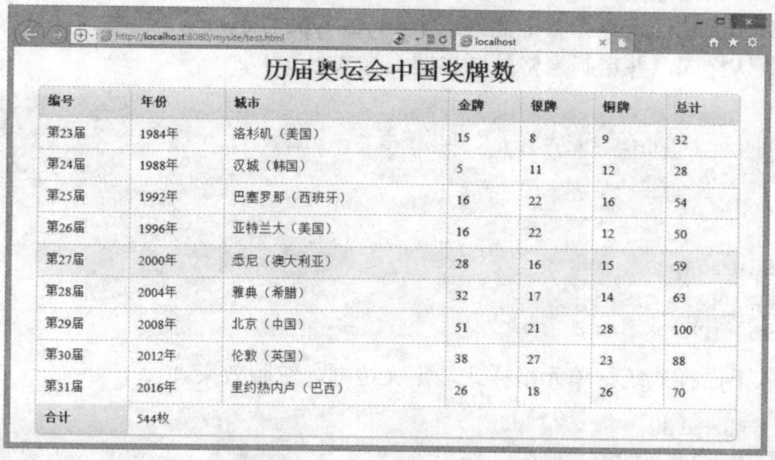

图 13.13　设计表格样式

【操作步骤】

第 1 步，新建 HTML5 文档，设计表格结构。

```
<table summary="历届奥运会中国奖牌数">
    <caption>历届奥运会中国奖牌数</caption>
        <tr><th>编号</th><th>年份</th><th>城市</th><th>金牌</th><th>银牌</th><th>铜牌</th><th>总计
</th></tr>
        </thead>
        <tbody>
        <tr><td>第 23 届</td><td>1984 年</td><td>洛杉矶（美国）</td><td>15</td> <td>8</td><td>9
</td><td>32</td></tr>
        <tr><td>第 24 届</td><td>1988 年</td><td>汉城（韩国）</td><td> 5</td><td>11</td><td>12
</td><td>28</td></tr>
        <tr><td>第 25 届</td><td>1992 年</td><td>巴塞罗那（西班牙）</td><td>16</td><td>22</td><td>16
```

```
</td><td>54</td></tr>
        <tr><td>第 26 届</td><td>1996 年</td><td>亚特兰大（美国）</td><td>16</td><td>22</td>
<td>12</td><td>50</td></tr>
        <tr><td>第 27 届</td><td>2000 年</td><td>悉尼（澳大利亚）</td><td>28</td><td>16</td><td>
15</td><td>59</td></tr>
        <tr><td>第 28 届</td><td>2004 年</td><td>雅典（希腊）</td><td>32</td><td>17</td><td>
14</td><td>63</td></tr>
        <tr><td>第 29 届</td><td>2008 年</td><td>北京（中国）</td><td>51</td><td>21</td><td>
28</td><td>100</td></tr>
        <tr><td>第 30 届</td><td>2012 年</td><td>伦敦（英国）</td><td>38</td><td>27</td><td>23
</td><td>88</td></tr>
        <tr><td>第 31 届</td><td>2016 年</td><td>里约热内卢(巴西)</td><td>26</td><td>18</td><td>26
</td><td>70</td></tr>
    </tbody>
    <tfoot>
        <tr><th>合计</th><td colspan="4">544 枚</td></tr>
    </tfoot>
</table>
```

在这个表格中使用的标记从上至下依次为<caption>、<thead>、<tbody>和<tfoot>，分别定义表格的标题、列标题行、数据区域、脚注行。

第 2 步，在头部区域<head>标签中插入一个<style type="text/css">标签，在该标签中输入下面样式代码定义表格默认样式，并定制表格外框主题类样式。

```
table {
    *border-collapse: collapse; /*兼容 IE7 及其以下版本浏览器 */
    border-spacing: 0;
    width: 100%;}
.bordered {
    border: solid #ccc 1px;
    border-radius: 6px;
    box-shadow: 0 1px 1px #ccc;}
```

第 3 步，输入下面样式统一单元格样式，定义边框、空隙效果。

```
.bordered td,    .bordered th {
    border-left: 1px solid #ccc;
    border-top: 1px solid #ccc;
    padding: 10px;
    text-align: left;}
```

第 4 步，输入下面样式代码设计表格标题列样式，通过渐变效果设计标题列背景效果，并适当添加阴影，营造立体效果。

```
.bordered th {
    background-color: #dce9f9;
    background-image: linear-gradient(top, #ebf3fc, #dce9f9);
    box-shadow: 0 1px 0 rgba(255,255,255,.8) inset;
    border-top: none;
    text-shadow: 0 1px 0 rgba(255,255,255,.5);}
```

第 5 步，输入下面样式代码，设计圆角效果。在制作表格圆角效果之前，有必要先完成这一步。表格的 border-collapse 默认值是 separate，将其值设置为 0，也就是"border-spacing:0;"。

```
table {
    *border-collapse: collapse; /*兼容 IE7 及其以下版本浏览器 */
    border-spacing: 0;
}
```

为了能兼容 IE7 以及更低的浏览器，需要加上一个特殊的属性——border-collapse，并且将其值设置为 collapse。

第 6 步，设计圆角效果，具体代码如下：

```
/*==整个表格设置了边框，并设置了圆角==*/
.bordered { border: solid #ccc 1px; border-radius: 6px;}
/*==表格头部第一个 th 需要设置一个左上角圆角==*/
.bordered th:first-child { border-radius: 6px 0 0 0;}
/*==表格头部最后一个 th 需要设置一个右上角圆角==*/
.bordered th:last-child { border-radius: 0 6px 0 0;}
/*==表格最后一行的第一个 td 需要设置一个左下角圆角==*/
.bordered tr:last-child td:first-child {border-radius: 0 0 0 6px;}
/*==表格最后一行的最后一个 td 需要设置一个右下角圆角==*/
.bordered tr:last-child td:last-child {border-radius: 0 0 6px 0;}
```

第 7 步，由于在 table 中设置了一个边框，为了显示圆角效果，需要在表格的四个角的单元格上分别设置圆角效果，并且其圆角效果需要和表格的圆角值大小一样，反之，如果在 table 上没有设置边框，只需要在表格四个角落的单元格设置圆角就能实现圆角效果。

```
/*==表格头部第一个 th 需要设置一个左上角圆角==*/
.bordered th:first-child { border-radius: 6px 0 0 0;}
/*==表格头部最后一个 th 需要设置一个右上角圆角==*/
.bordered th:last-child { border-radius: 0 6px 0 0;}
/*==表格最后一行的第一个 td 需要设置一个左下角圆角==*/
.bordered tfoot td:first-child {border-radius: 0 0 0 6px;}
/*==表格最后一行的最后一个 td 需要设置一个右下角圆角==*/
.bordered tfoot td:last-child {border-radius: 0 0 6px 0;}
```

在上面的代码中使用了许多 CSS3 的伪类选择器。

第 8 步，除了使用了 CSS3 选择器外，本案例还采用了很多 CSS3 的相关属性，这些属性将在后面章节中进行详细介绍。例如：

使用 box-shadow 制作表格的阴影。

```
.bordered { box-shadow: 0 1px 1px #ccc;}
```

使用 transition 制作 hover 过渡效果。

```
.bordered tr {transition: all 0.1s ease-in-out;}
```

使用 gradient 制作表头渐变色。

```
.bordered th {
    background-color: #dce9f9;
    background-image: linear-gradient(to top, #ebf3fc, #dce9f9);
}
```

第 9 步，本例使用了 CSS3 的 text-shadow 来制作文字阴影效果，使用 rgba 改变颜色透明度等。

第 10 步，为<table>标签应用 bordered 类样式即可。

```
<table summary="历届奥运会中国奖牌数"    class="bordered">
```

视频讲解

Note

13.3.2 设计斑马线表格

本例在前面示例的数据表格结构的基础上使用 CSS3 技术设计一款斑马线表格，效果如图 13.14 所示。

示 例 效 果

历届奥运会中国奖牌数							
编号	年份	城市		金牌	银牌	铜牌	总计
第23届	1984年	洛杉机（美国）		15	8	9	32
第24届	1988年	汉城（韩国）		5	11	12	28
第25届	1992年	巴塞罗那（西班牙）		16	22	16	54
第26届	1996年	亚特兰大（美国）		16	22	12	50
第27届	2000年	悉尼（澳大利亚）		28	16	15	59
第28届	2004年	雅典（希腊）		32	17	14	63
第29届	2008年	北京（中国）		51	21	28	100
第30届	2012年	伦敦（英国）		38	27	23	88
第31届	2016年	里约热内卢（巴西）		26	18	26	70
合计	544枚						

图 13.14 设计单线表格效果

【操作步骤】

第 1 步，新建 HTML5 文档，复制 13.3.1 节示例的数据表格结构。

第 2 步，在头部区域<head>标签中插入一个<style type="text/css">标签，在该标签中输入下面样式代码定义表格默认样式，并定制表格外框主题类样式。

```
table {
    *border-collapse: collapse; /* IE7 and lower */
    border-spacing: 0;
    width: 100%;
}
```

第 3 步，设计单元格样式和标题单元格样式，取消标题单元格的默认加粗和居中显示。

```
.table td, .table th {
    padding: 4px;                        /* 增大单元格补白，避免拥挤*/
    border-bottom: 1px solid #f2f2f2;    /* 定义下边框线 */
    text-align: left;                    /* 文本左对齐 */
    font-weight:normal;                  /* 取消加粗显示 */
}
```

第 4 步，为列标题行定义渐变背景，同时增加高亮内阴影效果，为标题文本增加淡淡阴影色。

```
.table thead th {
    text-shadow: 0 1px 1px rgba(0,0,0,.1);
    border-bottom: 1px solid #ccc;
    background-color: #eee;
    background-image: linear-gradient(to top, #f5f5f5, #eee);
}
```

第 5 步，设计数据隔行换色效果。

```
.table tbody tr:nth-child(even) {
    background: #f5f5f5;
```

```
      box-shadow: 0 1px 0 rgba(255,255,255,.8) inset;
}
```

第 6 步，设计表格圆角效果。

```
/* 左上角圆角 */
.table    thead th:first-child { border-radius: 6px 0 0 0;}
/* 右上角圆角 */
.table    thead    th:last-child {border-radius: 0 6px 0 0;}
/* 左下角圆角 */
.table tfoot td:first-child, .table tfoot th:first-child{ border-radius: 0 0 0 6px;}
/* 右下角圆角 */
.table tfoot td:last-child,.table tfoot th:last-child {border-radius: 0 0 6px 0;}
```

13.3.3 设计结构样式表格

视 频 讲 解

本例通过树形结构来设计层次清晰的分类数据表格效果。整个表格样式设计包含 4 个技巧：
- ☑　适当修改数据表格的结构，使其更利于树形结构的设计。
- ☑　借助背景图像应用技巧来设计树形结构标志。
- ☑　借助伪类选择器来设计鼠标经过行时变换背景色。
- ☑　通过边框和背景色来设计列标题的立体显示效果。

【操作步骤】

第 1 步，新建 HTML5 文档，复制 13.3.2 节示例的数据表格结构。

第 2 步，修改数据表的结构。在修改数据表结构时，不要破坏数据表的基本结构，主要强化数据表格的分组。使用 thead 把标题分为一组（标题区域），使用多个 tbody 把数据分为多组（数据区域）。根据数据分类的需要，在每个 tbody 内部增加一个合并的数据行，该行仅包含了一个单元格，为了避免破坏结构，使用 colspan="7"合并单元格。经过修改之后的数据表格结构如下。

```
<table summary="历届奥运会中国奖牌数">
    <caption>历届奥运会中国奖牌数</caption>
    <thead>
        <tr></tr>
    </thead>
    <tbody>
     <tr><td colspan="7">第一时期</td></tr>
        <tr>……</tr>
        <tr>……</tr>
        <tr>……</tr>
        <tr>……</tr>
        <tr>……</tr>
        <tr>……</tr>
    </tbody>
    <tbody>
     <tr><td colspan="7">第二时期</td></tr>
        <tr>……</tr>
        <tr>……</tr>
        <tr>……</tr>
    </tbody>
    <tfoot>
```

Note

```
        <tr><th>合计</th><td colspan="6">543 枚</td></tr>
    </tfoot>
</table>
```

第 3 步，重置基本表格对象的默认样式。例如，在 body 元素中定义页面字体类型，通过 table 元素定义数据表格的基本属性，以及其包含文本的基本显示样式。同时统一标题单元格和普通单元格的基本样式。

```
body {font-family:"宋体" arial, helvetica, sans-serif; /* 页面字体类型 */}/* 页面基本属性 */
table {/* 表格基本样式 */
    border-collapse: collapse;                /* 合并单元格边框 */
    font-size: 85%;                           /* 字体大小，约为 14 像素 */
    line-height: 1.1;                         /* 行高，使数据显得更紧凑 */
    width: 96%;                               /* 固定宽度 */
    margin: auto;                             /* 水平居中显示 */
    border:solid 6px #c6ceda;                 /* 添加粗边框，颜色与标题行背景色一致 */
}
th {/* 列标题基本样式 */
    font-weight: normal;                      /* 普通字体，不加粗显示 */
    text-align: left;                         /* 标题左对齐 */
    padding-left: 15px;                       /* 定义左侧补白 */
}
th, td {padding: .6em .6em; /* 增加补白效果，避免数据拥挤在一起 */}/* 单元格基本样式 */
```

第 4 步，定义列标题的立体效果。列标题的立体效果主要借助边框样式来实现，设计顶部、左侧和右侧边框样式为像素宽的白色实线，而底部边框则设计为 2 像素宽的浅灰色实线，这样就可以营造出一种淡淡的立体凸起效果。

```
thead th,tfoot th, tfoot td {/* 列标题样式，立体效果 */
    background: #c6ceda;                       /* 背景色 */
    border-color: #fff #fff #888 #fff;         /* 配置立体边框效果 */
    border-style: solid;                       /* 实线边框样式 */
    border-width: 1px 1px 2px 1px;             /* 定义边框大小 */
    padding-left: .5em;                        /* 增加左侧的补白 */
}
```

第 5 步，定义树形结构效果。树形结构主要利用虚线背景图像（ ┠ 和 ┗ ）来模拟，借助背景图像的灵活定位特性可以精确设计出树形结构样式，然后使用结构伪类选择器分别把它们应用到每行的第一个单元格中。

```
tbody tr td:first-child {/* 树形结构非末行图标样式 */
    background: url(images/dots.gif) 18px 54% no-repeat;     /*定义树形结构末行图标 */
    padding-left: 26px;                                      /* 增加左侧的补白 */
}
tbody tr:last-child td:first-child {/* 树形结构末行图标样式 */
    background: url(images/dots2.gif) 18px 54% no-repeat;    /*定义树形结构的末行图标 */
    padding-left: 26px;                                      /* 增加左侧的补白 */
}
```

第 6 步，为分类标题行定义一个样式类。通过为该行增加一个提示图标，以及行背景色，来区分不同分类行之间的视觉分类效果。

```
tbody tr:first-child td {/* 数据分类标题行的样式 */
    background:#eee url(images/arrow.gif) no-repeat 12px 50%;      /* 背景图像，定义提示图标 */
    padding-left: 28px;                                            /* 增加左侧的补白 */
    font-weight:bold;                                              /* 字体加粗显示 */
    color:#444;                                                    /* 字体颜色 */
}
```

第 7 步，设计当鼠标经过每行时变换背景色，以此显示当前行效果。

```
tr:hover, td.start:hover, td.end:hover {/* 鼠标经过行、单元格时的样式 */
    background: #FF9;                                              /* 变换背景色 */
}
```

第 8 步，保存页面，在浏览器中预览，显示效果如图 13.15 所示。

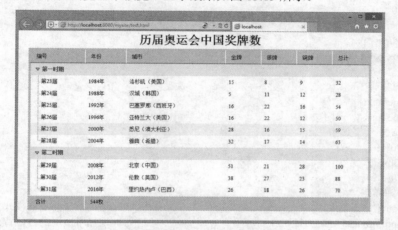

图 13.15　设计数据分组表格效果

13.3.4　设计登录表单

登录页面一般比较简单，包含的结构和信息都很简单，但是要设计一个比较有新意的登录框，需要用户提前在 Photoshop 中进行设计，然后再转换为 HTML 标准布局效果。

这是一款个性的网站登录页面，从效果来看，登录框精致、富有立体效果，表单对象的边框色使用#fff 值进行设置，定义为白色；表单对象的阴影色使用 rgba(0,0,0,0.1)值进行设置，定义为非常透明的黑色；字体颜色使用 hsla(0,0%,100%,0.9)值进行设置，定义为轻微透明的白色，如图 13.16 所示。示例主要代码如下所示：

图 13.16　设计登录表单

示 例 效 果

Note

```css
<style    type="text/css">
body{ /*  为页面添加背景图像，显示在中央顶部位置，并列且完全覆盖窗口  */
    background: #eedfcc url(images/bg.jpg) no-repeat center top;
    background-size: cover;
}
.form { /*  定义表单框的样式  */
    width: 300px;                              /*  固定表单框的宽度  */
    margin: 30px auto;                         /*  居中显示  */
    border-radius: 5px;                        /*  设计圆角效果  */
    box-shadow: 0 0 5px rgba(0,0,0,0.1),       /*  设计润边效果  */
                0 3px 2px rgba(0,0,0,0.1);     /*  设计淡淡的阴影效果  */
}
.form p { /*  定义表单对象外框圆角、白边显示  */
    width: 100%;
    float: left;
    border-radius: 5px;
    border: 1px solid #fff;
}
/*  定义表单对象样式  */
.form input[type=text],
.form input[type=password] {
    /*  固定宽度和大小  */
    width: 100%;
    height: 50px;
    padding: 0;
    /*增加修饰样式  */
    border: none;                              /*  移出默认的边框样式*/
    background: rgba(255,255,255,0.2);         /*  增加半透明的白色背景  */
    box-shadow: inset 0 0 10px rgba(255,255,255,0.5);   /*  为表单对象设计高亮效果  */
    /*  定义字体样式*/
    text-indent: 10px;
    font-size: 16px;
    color:hsla(0,0%,100%,0.9);
    text-shadow: 0 -1px 1px rgba(0,0,0,0.4);   /*  为文本添加阴影，设计立体效果  */
}
.form input[type=text] {                       /*  设计用户名文本框底部边框样式，并设计顶部圆角  */
    border-bottom: 1px solid rgba(255,255,255,0.7);
    border-radius: 5px 5px 0 0;
}
.form input[type=password] {                   /*  设计密码域文本框顶部边框样式，并设计底部圆角  */
    border-top: 1px solid rgba(0,0,0,0.1);
    border-radius: 0 0 5px 5px;
}
/*  定义表单对象被激活，或者鼠标经过时增亮背景色，并清除轮廓线  */
.form input[type=text]:hover,
.form input[type=password]:hover,
.form input[type=text]:focus,
.form input[type=password]:focus {
    background: rgba(255,255,255,0.4);
    outline: none;
}
```

```
        </style>
        <form class="form">
            <p>
                <input type="text" id="login" name="login" placeholder="用户名">
                <input type="password" name="password" id="password" placeholder="密码">
            </p>
        </form>
```

13.3.5 设计搜索表单

大部分网站都会提供站内搜索，如何设计好用的搜索框是很多用户需要思考的问题。在各大站点，甚至是一些小型网站都包含大量个性各异的搜索框，但功能局限在其相关网站中的内容搜索。

搜索框一般包含"关键词输入框""搜索类别""搜索提示""搜索按钮"，简单的搜索框只有"关键词输入框"和"搜索按钮"这两部分。本案例将介绍如何设计附带有提示的搜索框样式。演示效果如图 13.17 所示。

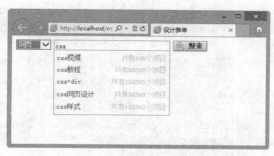

图 13.17 设计搜索框

示例效果

【操作步骤】

第 1 步，启动 Dreamweaver，新建一个网页，保存为 test.html，在<body>标签内输入如下结构代码构建表单结构。

```
<div class="search_box">
    <h3>搜索框</h3>
    <div class="content">
        <form method="post" action="">
            <select>
                <option value="1">网页</option>
                <option value="2">图片</option>
                <option value="3">新闻</option>
                <option value="4">MP3</option>
            </select>
            <input type="text" value="css" /> <button type="submit">搜索</button>
            <div class="search_tips">
                <h4>搜索提示</h4>
                <ul>
                    <li><a href="#">css 视频</a><span>共有 589 个项目</span></li>
                    <li><a href="#">css 教程</a><span>共有 58393 个项目</span></li>
                    <li><a href="#">css+div</a><span>共有 158393 个项目</span></li>
                    <li><a href="#">css 网页设计</a><span>共有 58393 个项目</span></li>
```

视频讲解

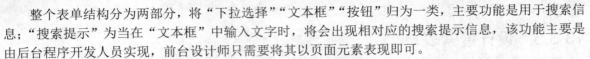

```
            <li><a href="#">css 样式</a><span>共有 158393 个项目</span></li>
         </ul>
      </div>
   </form>
</div>
</div>
```

　　整个表单结构分为两部分，将"下拉选择""文本框""按钮"归为一类，主要功能是用于搜索信息；"搜索提示"为当在"文本框"中输入文字时，将会出现相对应的搜索提示信息，该功能主要是由后台程序开发人员实现，前台设计师只需要将其以页面元素表现即可。

　　第 2 步，在<head>标签内添加<style type="text/css">标签，定义一个内部样式表，然后逐步输入 CSS 代码，设计表单样式。

　　第 3 步，通过分析最终效果可以看到，页面中并没有显示"站内搜索"和"搜索提示"这两个标题，且"搜索按钮"是以图片代替的，"搜索提示"出现在"搜索输入框"的底部，并且宽度与输入框相等。为此，开始在内部样式表中输入下面样式，对表单结构进行初始化设计。

```
.search_box {/* 设置输入框整体宽度、相对定位，为其子级元素的定位参考 */
    position:relative;
    width:360px;}
.search_box * { /* 清除输入框内所有元素的默认样式，并且设置字体样式等 */
    margin:0;
    padding:0;
    list-style:none;
    font:normal 12px/1.5em "宋体", Verdana,Lucida, Arial, Helvetica, sans-serif;}
.search_box h3, .search_tips h4 {display:none; } /* 隐藏标题文字 */
```

　　第 4 步，设置搜索框整体的宽度属性值以及其所有子元素的内补丁、边界等相关属性。为了方便将搜索提示信息框通过定位的方式显示在搜索输入框的底部，可以在.search_box 中定义 position 属性，让其成为子级元素定位的参照物。文档结构中的标题在页面中不需要显示，因此可以将其隐藏。虽然现在只是将标题文字隐藏了，但在后期网站开发过程中需要显示时，可以直接通过 CSS 样式修改，而不需要再次调整文档结构。

```
.search_box select {/* 将下拉框设置浮动，并设置其宽度值 */
    float:left;
    width:60px;}
.search_box input {/* 设置搜索输入框浮动显示 */
    float:left;
    width:196px;
    height:14px;
    padding:1px 2px;
    margin:0 5px;
    border:1px solid #619FCF;}
.search_box button {/* 设置按钮浮动，以缩进方式隐藏按钮上的文字 */
    float:left;
    width:59px;
    height:18px;
    text-indent:-9999px;
    border:0 none;
    background:url(images/btn_search.gif) no-repeat 0 0;
    cursor:pointer;}
```

第 5 步，"搜索类别"下拉框、"搜索关键字"输入框和"搜索"按钮这三个元素按照常理来理解原本就是可以并列显示的，但为了将这三个元素之间的默认空间缩短，因此使用"float:left;"使它们之间的距离缩短。再利用输入框 input 增加可控的边界"margin:0 5px;"调整三者之间的距离。

三者之间整体样式调整完毕后，再对其细节部分进行详细的调整修饰。美化输入框并且利用文字缩进属性隐藏按钮上的文字，使用图片代替。

第 6 步，下拉框<select>标签只是设置了宽度属性值，并未设置其高度属性值，其中的原因就是 IE 浏览器和 Firefox 浏览器对其高度属性值的解析完全不一样，因此采用默认的方式而不是再次利用 CSS 样式定义其相关属性。

第 7 步，按钮<button>标签在默认情况下不显示手形样式，因此需要特殊定义。

```
.search_tips { /* 将搜索提示框设置的宽度与输入框相等，并绝对定位在输入框底部 */
    position:absolute;
    top:17px;
    left:65px;
    width:190px;
    padding:5px 5px 0;
    border:1px solid #619FCF;}
```

第 8 步，搜索提示框使用绝对定位的方式显示在输入框的底部，其宽度属性值等于输入框的宽度属性值，可以提高视觉效果上的完美。不设置提示框的高度属性值是希望搜索框能随着内容的增加而自适应高度。

```
.search_tips li {/* 设置搜索提示框内的列表高度和高度值，利用浮动避免 IE 浏览器中列表上下间距增大的 BUG*/
    float:left;
    width:100%;
    height:22px;
    line-height:22px;}
```

第 9 步，在 IE 浏览器中，列表<li>标签上下间距会因为增大了上下间距的 bug 问题，为了避免该问题的出现，将所有列表<li>标签添加浮动 float 属性。宽度属性值设置为 100%可以避免当列表 li 标签具有浮动属性时，宽度自适应的问题。

```
.search_tips li a { /* 搜索提示中相关文字居左显示，并设置相关样式 */
    float:left;
    text-decoration:none;
    color:#333333;}
.search_tips li a:hover { /* 搜索提示中相关文字在鼠标悬停时显示红色文字 */
    color:#FF0000;}
.search_tips li span { /* 以灰色弱化搜索提示相关数据，并居右显示 */
    float:right;
    color:#CCCCCC;}
```

第 10 步，将列表项<li>标签中的锚点<a>标签和<span>标签分别左右浮动，使它们靠两边显示在搜索提示框内，并相应地添加文字样式做细节调整。

13.3.6 设计联系表单

本例设计一个联系表单，使用 CSS 背景图像来设计表单样式，使其更具艺术化。

视 频 讲 解

Note

【操作步骤】

第 1 步，启动 Dreamweaver，新建 HTML5 文档，保存为 index.html。

第 2 步，在页面中构建 HTML 导航框架结构。切换到代码视图，在<body>标签内手动输入下面代码，定义表单框架结构。

```html
<form id="fieldset" action="default.asp" method="post">
    <h2>联系表单</h2>
    <label for=name>姓名</label>
    <input class="textfield" id="name" name="name"><br>
    <label for=email>Email</label>
    <input class="textfield" id="email" name="email"><br>
    <label for=website>网址</label>
    <input class="textfield" id="website" value="http://" name="website"><br>
    <label for=comment>反馈</label>
    <textarea class="textarea" id="comment" name="comment" rows="15" cols="30"></textarea><br>
    <label for=submit> </label>
    <input class="submit" id="submit" type="submit" value="提交" name="submit">
</form>
```

第 3 步，在<head>标签内输入<style type="text/css">，定义一个内部样式表，然后在<style>标签内手动输入下面样式代码。

```css
body {/*定义页面属性 */
    font-size: 12px;                                    /* 定义字体大小*/
    margin: 50px;                                       /* 定义边界，避免顶部跑到页面外边 */
    color: #666;                                        /* 定义颜色 */
    font-family: 宋体, verdana, arial, helvetica, sans-serif;    /* 定义字体 */}
#fieldset {/*定义表单属性 */
    border: #fff 0px solid;                             /* 清除边框 */
    width: 300px;                                       /* 定义表单域宽度 */
    background-color: #ccc;                             /* 定义浅灰色背景 */}
#fieldset h2 {/*定义表单标题属性 */
    padding: 0.2em;                                     /* 定义补白，增加边缘空隙 */
    margin:0;                                           /* 清除标题预定义边界 */
    position: relative;                                 /* 相对定位 */
    top: -1em;                                          /* 在现有流位置向上移动一个字体距离 */
    background: url(h2_bg.gif) no-repeat;               /* 定义背景图像，圆角显示 */
    width: 194px;                                       /* 定义宽度，该宽度与背景图像宽度相同 */
    font-size: 2em;                                     /* 定义字体大小 */
    color: #fff;                                        /* 定义字体颜色 */
    white-space: pre;                                   /* 保留标题预定义格式，可以保留多行显示 */
    letter-spacing: -1px;                               /* 收缩字距 */
    text-align:center;                                  /* 居中显示 */}
#fieldset label {/*定义表单标签属性 */
    padding: 0.2em;                                     /* 增加边距空隙 */
    margin: 0.4em 0px 0px;                              /* 增加顶部边界，加大与上一个控件的间距 */
    float: left;                                        /* 向左浮动 */
    width: 70px;                                        /* 定义宽度 */
    text-align: right;                                  /* 右对齐 */}
.br {/*隐藏换行标签，也不占据位置 */
```

```
    display: none;}
.textfield {/*定义输入表单控件 */
    border: #fff 0px solid;                                          /* 清除边框 */
    padding: 3px 8px;                                                /* 增加内容边距空隙 */
    margin: 3px;                                                     /* 定义边界距离 */
    width: 187px;                                                    /* 定义宽度 */
    height: 20px;                                                    /* 定义高度 */
    background: url(textfield_bg.gif) no-repeat;                     /* 定义输入表单控件背景图像 */
    color: #FF00FF;                                                  /* 定义表单显示字体颜色 */
    font: 1.1em verdana, arial, helvetica, sans-serif;              /* 定义字体属性 */}
textarea {/*定义文本域控件属性 */
    border: #fff 0px solid;                                          /* 清除边框 */
    padding:4px 8px;                                                 /* 增加内容边距，避免内部文本顶到边框边 */
    margin: 3px;                                                     /* 定义边界距离 */
    height: 150px;                                                   /* 定义高度 */
    width: 190px;                                                    /* 定义宽度 */
    background: url(textarea_bg.gif) no-repeat;                      /* 定义文本域表单控件背景图像 */
    color: #FF00FF;                                                  /* 定义表单显示字体颜色 */
    font: 1.1em verdana, arial, helvetica, sans-serif;              /* 定义字体属性 */}
.submit {/*定义按钮控件属性 */
    border: #fff 0px solid;                                          /* 清除边框 */
    margin: 6px;                                                     /* 定义边界距离 * */
    width: 80px;                                                     /* 定义宽度 */
    height: 20px;                                                    /* 定义高度 */
    background: url(submit.gif) no-repeat;                           /* 定义按钮控件背景图像 */
    text-transform: uppercase;                                      /* 英文大写显示 */
    font: 1.1em verdana, arial, helvetica, sans-serif;              /* 定义字体属性 */
    color: #666;                                                     /* 定义字体颜色 */}
```

第 4 步，保存文档，按 F12 键，在浏览器中预览，效果如图 13.18 所示。

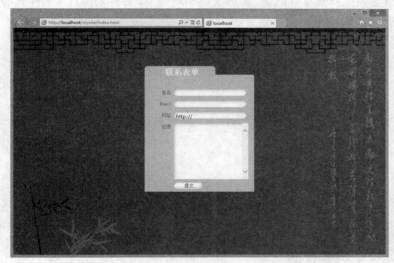

图 13.18　设置表单背景样式

示 例 效 果

关于背景图像的应用还是比较灵活的，用户可以充分发挥想象力，设计出更具创意的表单效果。例如，制作动态表单，先制作好动态的 gif 图像，然后引入即可。

Note

13.4 设计表格特殊样式

本节为线上拓展内容，介绍表格特殊样式的设计，讲解表格布局效果，以及各种特殊样式设计方法。

13.4.1 表格布局特性

线上阅读

表格布局模型建立在表格结构模型的基础之上，一个完整的表格结构包含一个可选的标题以及任意行的单元格。当多行单元格被构建，则根据表格结构模型会自动派生出列，每行中第 1 个单元格属于第 1 列，第 2 个属于第 2 列，依此类推。行和列可以在结构上被分组，利用这个分组可以使用 CSS 控制多行或多列的显示样式。简单地说，表格结构模型包含了表格、标题、行、行组、列、列组和单元格。详细说明请扫码阅读。

13.4.2 定义列组和行组样式

线上阅读

单元格位于表格的行和列交叉点上，根据表格布局模型，单元格应从属于行，而不是列。根据表格布局模型，多个同列的单元格可以形成一个列组。详细说明请扫码阅读。

13.4.3 表格结构的层叠顺序

线上阅读

当同时为<table>、<tr>和<td>等标签定义背景色、边框、字体属性等样式时，就容易发生样式重叠问题。根据表格布局模型，各种表格对象的样式的层叠顺序说明请扫码阅读。

13.5 在线练习

1. 下面通过大量的上机示例，帮助初学者练习使用 HTML5 设计表格结构和样式。

在 线 练 习 1　　　在 线 练 习 2

2. 下面通过大量的上机示例，帮助初学者练习使用 HTML5 设计表单结构和样式。

在 线 练 习 3　　　在 线 练 习 4

第14章

使用 CSS3 排版网页

网页版式一般通过栏目的行、列组合来设计，根据网页效果确定，而不是 HTML 结构，如单行版式、两行版式、三行版式、多行版式、单列版式、两列版式、三列版式等。也可以根据栏目显示性质进行设计，如流动布局、浮动布局、定位布局、混合布局等。或者根据网页宽度进行设计，如固定宽度、弹性宽度等。本章将具体讲解 CSS3 布局的基本方法。

【学习要点】

▶▶ 了解网页布局基本概念。

▶▶ 熟悉 CSS 盒模型。

▶▶ 掌握 CSS 布局基本方法。

▶▶ 能够灵活设计常规网页布局效果。

14.1　CSS 盒模型

盒模型是 CSS 布局的核心概念。了解 CSS 盒模型的结构、用法，对于网页布局很重要，本节将介绍 CSS 盒模型的构成要素和使用技巧。

14.1.1　认识 display

在默认状态下，网页中每个元素都显示为特定的类型。例如，div 元素显示为块状，span 元素显示为内联状。

使用 CSS 的 display 属性可以改变元素的显示类型，用法如下：

```
display:none |
        inline | block | inline-block |
        list-item |
        table | inline-table | table-caption | table-cell | table-row | table-row-group |
                table-column | table-column-group | table-footer-group | table-header-group |
        run-in |
        box | inline-box | flexbox | inline-flexbox | flex | inline-flex
```

display 属性取值非常多，在上面语法中第 3、4 行取值不是很常用，第 5、6 行为 CSS3 新增类型，详细说明请读者阅读 CSS3 参考手册，比较常用的属性取值说明如下：

- ☑ none：隐藏对象。与 visibility: hidden 不同，其不为被隐藏的对象保留物理空间。
- ☑ inline：指定对象为内联元素。
- ☑ block：指定对象为块元素。
- ☑ inline-block：指定对象为内联块元素。

block 以块状显示，占据一行，一行只能够显示一个块元素，它适合搭建文档框架；inline 以内联显示，可以并列显示，一行可以显示多个内联元素，它适合包裹多个对象，或者为行内信息定制样式。

如果设置 span 元素显示为块状效果，只需定义如下样式：

```
span { display:block; }                    /* 定义行内元素块状显示   */
```

如果设置 div 以行内元素显示，则可以使用如下样式进行定义：

```
div { display:inline; }                    /* 定义块状元素行内显示   */
```

14.1.2　认识 CSS 盒模型

CSS 盒模型定义了网页对象的基本显示结构。根据 CSS 盒模型，网页中每个元素都显示为方形，从结构上分析，它包括内容（content）、填充（padding）、边框（border）、边界（margin）。CSS 盒模型基本结构如图 14.1 所示。

内容（content）就是元素包含的对象，填充（padding）就是控制所包含对象在元素中的显示位置，边框（border）就是元素的边线，边界（margin）就是控制当前元素在外部环境中的显示位置。

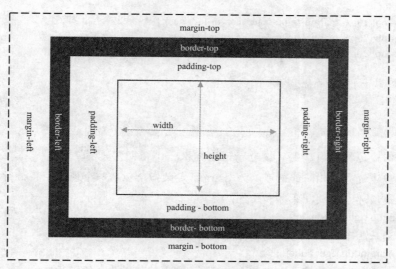

图 14.1 CSS 盒模型基本结构

14.1.3 定义边界

使用 CSS 的 margin 属性可以为元素定义边界。由 margin 属性又派生出 4 个子属性：

- ☑ margin-top（顶部边界）
- ☑ margin-right（右侧边界）
- ☑ margin-bottom（底部边界）
- ☑ margin-left（左侧边界）

这些属性分别控制元素在不同方位上与其他元素的间距。

【示例 1】下面示例设计 4 个盒子，通过设置不同方向上边界值来调整它们在页面中的显示位置，如图 14.2 所示。通过本例演示，用户能够体会到边界可以自由设置，且各边边界不会相互影响。

视频讲解

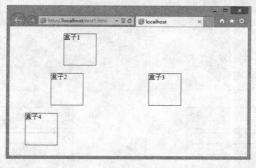

图 14.2 设置盒子的边界

```
<style type="text/css">
div { /* 统一 4 个盒子的默认样式 */
    display: inline-block;
    height: 80px; width:80px;                  /* 统一大小 */
    border: solid 1px red;                      /* 统一边框样式 */
}
#box1 {margin-top: 10px; margin-right: 8em; margin-left: 8em;} /* 第 1 个盒子样式 */
```

```
#box2 {margin-top: 10px; margin-right: 6em; margin-left: 6em;} /* 第 2 个盒子样式 */
#box3 {margin-top: 20px; margin-right: 4em; margin-left: 4em;} /* 第 3 个盒子样式 */
#box4 {margin-top: 20px; margin-right: 2em; margin-left: 2em;} /* 第 4 个盒子样式 */
</style>
<div id="box1">盒子 1</div>
<div id="box2">盒子 2</div>
<div id="box3">盒子 3</div>
<div id="box4">盒子 4</div>
```

提示：如果四边边界相同，则直接为 margin 定义一个值即可。

如果四边边界不相同，则可以为 margin 定义四个值，四个值用空格进行分隔，代表边的顺序是顶部、右侧、底部和左侧。

margin:top right bottom left;

☑ 如果上下边界不同，左右边界相同，则可以使用三个值定义:

margin:top right bottom;

☑ 如果上下边界相同，左右边界相同，则直接使用两个值进行代替：第一个值表示上下边界，第二个值表示左右边界。

p{ margin:12px 24px;}

提示：margin 可以取负值，这样就能够强迫元素偏移原来位置，实现相对定位功能。利用这个 margin 功能，可以设计复杂的页面布局效果，下面章节会介绍具体的演示案例。

注意：流动的块状元素存在上下边界重叠现象，这种重叠将以最大边界代替最小边界作为上下两个元素的距离。

【示例 2】下面示例定义上面盒子的底部边界为 50 像素，下面盒子的顶部边界为 30 像素，如果不考虑重叠，则上下元素的间距应该为 80 像素，而实际距离为 50 像素，如图 14.3 所示。

```
<style type="text/css">
div { height: 20px; border: solid 1px red;}
#box1 { margin-bottom: 50px; }
#box2 { margin-top: 30px; }
</style>
<div id="box1"></div>
<div id="box2"></div>
```

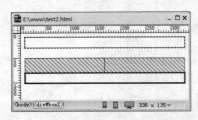

下面盒子的顶边界

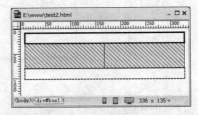

上面盒子的底边界

图 14.3　上下元素的重叠现象

相邻元素的左右边界一般不会发生重叠。而对于行内元素来说，上下边界是不会产生任何效果的。对于浮动元素来说，一般相邻浮动元素的边界也不会发生重叠。

Note

14.1.4　定义边框

使用 CSS 的 border 属性可以定义边框样式，与边界一样可以为各边定义独立的边框样式。

☑　border-top（顶部边框）

☑　border-right（右侧边框）

☑　border-bottom（底部边框）

☑　border-left（左侧边框）

边界的作用是用来调整当前元素与其他元素的距离，而边框的作用就是划定当前元素与其他元素之间的分隔线。

边框包括三个子属性：border-style（边框样式）、border-color（边框颜色）和 border-width（边框宽度）。三者关系比较紧密，如果没有定义 border-style 属性，所定义的 border-color 和 border-width 属性是无效的。反之，如果没有定义 border-color 和 border-width 属性，定义 border-style 也是没有用的。

不同浏览器为 border-width 设置了默认值（默认为 medium 关键字）。medium 关键字等于 2～3 像素（视不同浏览器而定），另外还包括 thin（1～2 像素）关键字和 thick（3～5 像素）关键字。

border-color 默认值为黑色。当为元素定义 border-style 属性时，浏览器能够正常显示边框效果。border-style 属性取值比较多，简单说明如下：

☑　none：无轮廓。border-color 与 border-width 将被忽略。

☑　hidden：隐藏边框。IE7 及以下版本浏览器尚不支持。

☑　dotted：点状轮廓。IE6 浏览器中显示为 dashed 效果。

☑　dashed：虚线轮廓。

☑　solid：实线轮廓。

☑　double：双线轮廓。两条单线与其间隔的和等于指定的 border-width 值。

☑　groove：3D 凹槽轮廓。

☑　ridge：3D 凸槽轮廓。

☑　inset：3D 凹边轮廓。

☑　outset：3D 凸边轮廓。

> 💡 提示：solid 属性值是最常用的，而 dotted、dashed 也是常用样式。double 关键字比较特殊，它定义边框显示为双线，在外单线和内单线之间有一定宽度的距离。其中内单线、外单线和间距之和必须等于 border-width 属性值。

【示例】下面示例比较当 border-style 属性设置不同值时所呈现出的效果，在 IE 和 Firefox 浏览器中解析的效果如图 14.4 和图 14.5 所示。

```
<style type="text/css">
#p1 { border-style:solid; }              /* 实线效果 */
#p2 { border-style:dashed; }             /* 虚线效果 */
#p3 { border-style:dotted; }             /* 点线效果 */
#p4 { border-style:double; }             /* 双线效果 */
#p5 { border-style:groove; }             /* 3D 凹槽效果*/
#p6 { border-style:ridge; }              /* 3D 凸槽效果*/
#p7 { border-style:inset; }              /* 3D 凹边效果*/
#p8 { border-style:outset; }             /* 3D 凸边效果*/
```

```
</style>

<p id="p1">#p1 { border-style:solid; }</p>
<p id="p2">#p2 { border-style:dashed; }</p>
<p id="p3">#p3 { border-style:dotted; }</p>
<p id="p4">#p4 { border-style:double; }</p>
<p id="p5">#p5 { border-style:groove; }</p>
<p id="p6">#p6 { border-style:ridge; }</p>
<p id="p7">#p7 { border-style:inset; }</p>
<p id="p8">#p8 { border-style:outset; }</p>
```

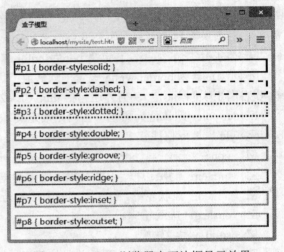

图 14.4　IE 浏览器中下边框显示效果　　　　图 14.5　Firefox 浏览器中下边框显示效果

14.1.5　定义补白

视频讲解

使用 CSS 的 padding 属性可以定义补白，它用来调整元素包含的内容与元素边框的距离。从功能上讲，补白不会影响元素的大小，但是由于在布局中补白同样占据空间，所以在布局时应考虑补白对于布局的影响。在没有明确定义元素宽度和高度的情况下，使用补白来调整元素内容的显示位置要比边界更加安全、可靠。

padding 与 margin 属性一样，不仅可以快速简写，还可以利用 padding-top、padding-right、padding-bottom 和 padding-left 属性来分别定义四边的补白大小。

【示例 1】下面示例设计段落文本左侧空出 4 个字体大小的距离，此时由于没有定义段落的宽度，所以使用 padding 属性来实现会非常恰当，如图 14.6 所示。

```
<style type="text/css">
p {
    border: solid 1px red;              /* 边框样式   */
    padding-left: 4em;                  /* 左侧补白   */
}
</style>
<p>今天很残酷，明天更残酷，后天很美好，但绝大部分是死在明天晚上，所以每个人不要放弃今天。</p>
```

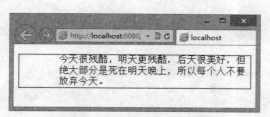

图 14.6　补白影响文本在段落中的显示位置

提示：由于补白不会发生重叠，在元素没有定义边框的情况下，以 padding 属性替代 margin 属性来定义元素之间的距离是一个比较不错的选择。

由于行内元素定义的 width 和 height 属性值无效，所以可以利用补白来定义行内元素的高度和宽度，以便能够撑开行内元素。

【示例 2】下面示例使用 padding 属性定义行内元素的显示高度和显示宽度，如图 14.7 所示。如果没有定义补白，会发现行内元素的背景图缩小到隐藏状态，如图 14.8 所示。

```
<style type="text/css">
a {
    background-image:url(images/back.png);          /*  定义背景图　*/
    background-repeat:no-repeat;                     /*  禁止背景平铺　*/
    padding:51px;                                    /*  通过补白定义高度和宽度　*/
    line-height:0;                                   /*  设置行高为 0　*/
    display:inline-block;                            /*  行内块显示　*/
    text-indent:-999px;                              /*  隐藏文本　*/
}
</style>
<a href="#" title="返回">返回</a>
```

图 14.7　使用补白来定义元素的显示高度和宽度

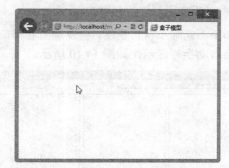

图 14.8　没有补白的情况下的显示效果

14.2　设计浮动显示

浮动是一种特殊的显示方式，它能够让元素向左或向右停靠显示，是在传统 CSS 布局中用来设计多栏并列版式的主要方法，主要是针对块元素来说的，因为 CSS 布局主要使用块元素，而内联元素、内联块元素本身就可以实现左右对齐、并列显示。

视频讲解

Note

14.2.1 定义 float

使用 CSS 的 float 属性可以定义元素浮动显示，用法如下所示：

```
float:none | left | right
```

默认值为 none，取值说明如下：

☑ none：设置对象不浮动。
☑ left：设置对象浮在左边。
☑ right：设置对象浮在右边。

当该属性不等于 none 引起对象浮动时，对象将被视作块对象，相当于声明了 display 属性等于 block。也就是说，浮动对象的 display 特性将被忽略。该属性可以被应用在非绝对定位的任何元素上。

【示例 1】在页面中设计 3 个盒子，统一大小为 200×100 像素，边框为 2 像素宽的红线。在默认状态下，这 3 个盒子以流动方式堆叠显示，根据 HTML 结构的排列顺序自上而下进行排列。如果定义 3 个盒子都向左浮动，则 3 个盒子并列显示在一行，如图 14.9 所示。

```
<style type="text/css">
div {/* <div>标签基本样式   */
    width: 200px;                          /* 固定宽度   */
    height: 300px;                         /* 固定高度   */
    border: solid 2px red;                 /* 边框样式   */
    margin: 4px;                           /* 增加外边界   */
}
div { float: left; }/* 定义所有<div>标签都向左浮动显示   */
</style>
<div id="box1">盒子 1</div>
<div id="box2">盒子 2</div>
<div id="box3">盒子 3</div>
```

如果不断缩小窗口宽度，会发现随着窗口宽度的缩小，当窗口宽度小于并行浮动元素的总宽度之和时会自动换行显示，如图 14.10 所示。

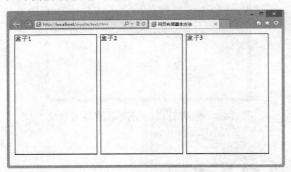

图 14.9　并列浮动

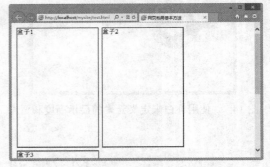

图 14.10　错位浮动

注意：当多个元素并列浮动时，浮动元素的位置是不固定的，它们会根据父元素的宽度灵活调整。这为页面布局带来隐患。

解决方法：定义包含框的宽度为固定值，避免包含框的宽度随窗口大小而改变。例如，以上面示例为基础，如果定义 body 元素宽度固定，此时会发现无论怎么调整窗口大小都不会出现浮动元素错位现象，如图 14.11 所示。

```
body {
    width:636px;                          /* 固定父元素的宽度   */
    border:solid 1px blue;                /* 为父元素定义边框，以便观察   */
}
```

【示例2】设计 3 个盒子以不同方向进行浮动，则它们还会遵循上述所列的浮动显示原则。例如，定义第一、二个盒子向左浮动，第三个盒子向右浮动，如图 14.12 所示。

```
#box1, #box2 { float: left;              /* 向左浮动 */ }
#box3 { float: right;                    /* 向右浮动 */ }
```

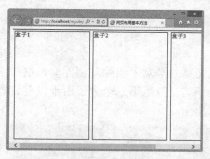

图 14.11　不错位的浮动布局

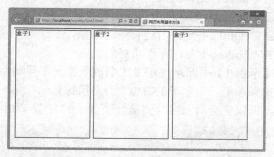

图 14.12　浮动方向不同的布局效果

如果取消定义浮动元素的大小，会发现每个盒子都会自动收缩到仅能包含对象的大小。这说明浮动元素有自动收缩空间的功能，而块状元素就没有这个特性，在没有定义宽度的情况下，宽度会显示为 100%。

【示例3】如果浮动元素内部没有包含内容，这时元素会收缩为一点，如图 14.13 所示。但是对于 IE 怪异模式来说，则会收缩为一条竖线，这是因为 IE 浏览器有默认行高，如图 14.14 所示。

```
<style type="text/css">
div {
    border: solid 2px red;          /* 边框样式   */
    margin: 4px;                    /* 增加外边界   */
    float: left;                    /* 向左浮动   */}
</style>
<div id="box1"></div>
<div id="box2"></div>
<div id="box3"></div>
```

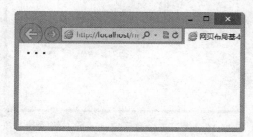

图 14.13　IE 浏览器标准模式下浮动自动收缩为点

图 14.14　IE 浏览器怪异模式下浮动收缩为一条竖线

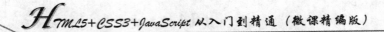

> **提示**：元素浮动显示之后，它会改变显示顺序和位置，但是不会脱离文档流，其前面对象的大小和位置发生变化，也会影响浮动元素的显示位置。

14.2.2 使用 clear

float 元素能够并列在一行显示，除了可以通过调整包含框的宽度来强迫浮动元素换行显示外，还可以使用 clear 属性，该属性能够强迫浮动元素换行显示，用法如下所示：

```
clear: none | left | right | both
```

默认值为 none，取值说明如下：
- ☑ none：允许两边都可以有浮动对象。
- ☑ left：不允许左边有浮动对象。
- ☑ right：不允许右边有浮动对象。
- ☑ both：不允许有浮动对象。

【示例 1】下面示例定义 3 个盒子都向左浮动，然后定义第二个盒子清除左侧浮动，这样它就不能够排列在第一个盒子的右侧，而是换行显示在第一盒子的下方，但是第三个盒子由于没有设置清除属性，所以它会向上浮动到第一个盒子的右侧，如图 14.15 所示。

```html
<style type="text/css">
div {
    width: 200px;                          /* 固定宽度 */
    height: 200px;                         /* 固定高度 */
    border: solid 2px red;                 /* 边框样式 */
    margin: 4px;                           /* 边界距离 */
    float: left;                           /* 向左浮动 */}
#box2 { clear: left; }                     /* 清除向左浮动 */
</style>
<div id="box1">盒子 1</div>
<div id="box2">盒子 2</div>
<div id="box3">盒子 3</div>
```

如果定义第二个盒子清除右侧浮动，会发现它们依然显示在一行，如图 14.16 所示。说明在第二个盒子解析时，第三个盒子还没有出现，因此当第三个盒子浮动显示时不会受到 clear 影响。

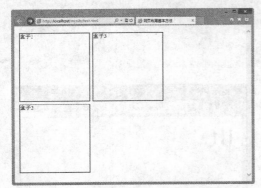

图 14.15　为第二个盒子定义清除左侧浮动对象

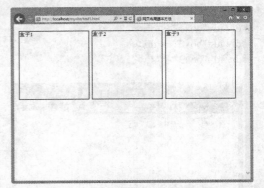

图 14.16　为第二个盒子定义清除右侧浮动对象

【示例 2】clear 不仅影响浮动元素，还对块元素产生影响。例如，禁止块状元素与浮动元素重叠显示,可以使用如下样式为浮动元素后面的块元素定义 clear 属性,如图 14.17 所示。

```
<style type="text/css">
div {
    width: 200px;                       /* 固定宽度 */
    height: 200px;                      /* 固定高度 */
    border: solid 2px red;              /* 边框样式 */
    margin: 4px;                        /* 边界距离 */
    float: left;                        /* 向左浮动 */
}
#box3 {/* 清除第三个盒子浮动显示,同时定义左侧不要有浮动元素 */
    float: none;                        /* 禁止浮动*/
    clear: left;                        /* 清除左侧浮动 */
}
</style>
<div id="box1">盒子 1</div>
<div id="box2">盒子 2</div>
<div id="box3">盒子 3</div>
```

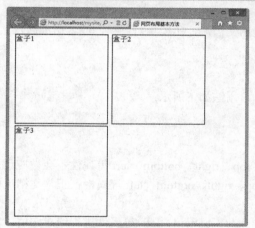

为盒子 3 定义 "clear: left;"

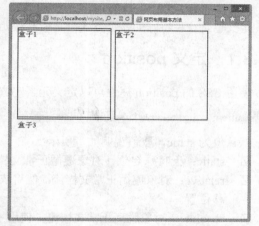

不为盒子 3 定义 "clear: left;"

图 14.17 清除块元素左侧浮动对象

【示例 3】在 IE 浏览器怪异模式下,使用 clear 还可以禁止文本环绕版式。例如,在下面的图文混排版式中,为文本信息标签<span>定义 "clear: left;" 样式,可以看到文本被迫换行显示,效果如图 14.18 所示。

```
<style type="text/css">
#box img {
    float: left;                        /* 让图像向左浮动 */
    width: 300px;}
#box span { clear: left; }              /* 清除左侧浮动对象 */
</style>
<div id="box"> <img src="images/1.png" alt=""/><span>棱镜事件的主角斯诺登透露的资料显示,众多科技公司曾与美国政府合作,帮助美国国家安全局获得互联网上的加密文件数据。由于操作系统关系到国家的信息安全,目前俄罗斯、德国等国家已经推行在政府部门的电脑中采用本国的操作系统软件。Windows 8 和 Vista 是同类架构,而且 Windows 8 还捆绑了微软的杀毒软件,它时时刻刻都在检查用户电脑,扫描数据信息。</span></div>
</div>
```

IE 浏览器怪异模式下效果　　　　　　IE 浏览器标准模式下效果

图 14.18　IE 浏览器怪异模式支持的非浮动对象清除特性

14.3　设计定位显示

定义也是一种特殊的显示方式，它能够让元素脱离文档流，实现相对偏移，或者精准显示。

14.3.1　定义 position

使用 CSS 的 position 属性可以定义元素定位显示，用法如下所示：

```
position: static | relative | absolute | fixed
```

默认值为 static，取值说明如下所示：

- ☑ static：无特殊定位，对象遵循正常文档流。top、right、bottom、left 等属性不会被应用。
- ☑ relative：对象遵循正常文档流，但将依据 top、right、bottom、left 等属性在正常文档流中偏移位置。
- ☑ absolute：对象脱离正常文档流，使用 top、right、bottom、left 等属性进行绝对定位，其层叠顺序通过 z-index 属性定义。
- ☑ fixed：对象脱离正常文档流，使用 top、right、bottom、left 等属性以窗口为参考点进行定位，当出现滚动条时，对象不会随之滚动。

与 position 属性相关联的是 4 个定位属性：

- ☑ top：设置对象与其最近一个定位包含框顶部相关的位置。
- ☑ right：设置对象与其最近一个定位包含框右边相关的位置。
- ☑ bottom：设置对象与其最近一个定位包含框底部相关的位置。
- ☑ left：设置对象与其最近一个定位包含框左侧相关的位置。

上面 4 个属性值可以是长度值，或者是百分比值，可以为正值，也可以为负值。当取负值时，向相反方向偏移，默认值都为 auto。

【示例 1】下面示例定义 3 个盒子都为绝对定位显示，并使用 left、right、top 和 bottom 属性定义元素的坐标，显示效果如图 14.19 所示。

```
<style type="text/css">
body {padding: 0; /*兼容非 IE 浏览器 */margin: 0; /*兼容 IE 浏览器 */} /* 清除页边距*/
div {
```

```
    width: 200px;                           /* 固定元素的宽度 */
    height: 100px;                          /* 固定元素的高度 */
    border: solid 2px red;                  /* 边框样式 */
    position: absolute;                     /* 绝对定位 */
}
#box1 {
    left: 50px;                             /* 距离左侧窗口距离 50 像素 */
    top: 50px;                              /* 距离顶部窗口距离 50 像素*/
}
#box2 { left: 40%; }                        /* 距离左侧窗口距离为窗口宽度的 40% */
#box3 {
    right: 50px;                            /* 距离右侧距离 50 像素*/
    bottom: 50px;                           /* 距离底部距离 50 像素*/
}
</style>
<div id="box1">盒子 1</div>
<div id="box2">盒子 2</div>
<div id="box3">盒子 3</div>
```

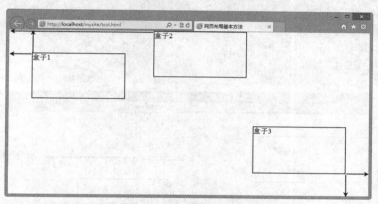

图 14.19 相对于窗口定位元素

注意：在定位布局中，有一个很重要的概念：定位包含框。定位包含框不同于结构包含框，它定义了所包含的绝对定位元素的坐标参考对象。凡是被定义相对定位、绝对定位或固定定位的元素都会拥有定位包含框的功能。如果没有明确指定定位包含框，则将以 body 作为定位包含框，即以窗口四边为定位参照系。

【示例 2】在上面示例基础上，把第二、第三个盒子包裹在<div id="wrap">标签中，然后定义<div id="wrap">标签相对定位（position:relative;），于是它就拥有了定位包含框的功能，此时第二、第三个盒子就以<div id="wrap">四边作为参考系统进行定位，效果如图 14.20 所示。

```
<style type="text/css">
body {padding: 0; /*兼容非 IE 浏览器 */margin: 0; /*兼容 IE 浏览器 */} /* 清除页边距*/
div {
    width: 200px;                           /* 固定元素的宽度 */
    height: 100px;                          /* 固定元素的高度 */
    border: solid 2px red;                  /* 边框样式 */
```

```
        position: absolute;                          /* 绝对定位 */
    }
    #box1 {
        left: 50px;                                  /* 距离左侧窗口距离 50 像素 */
        top: 50px;                                   /* 距离顶部窗口距离 50 像素 */
    }
    #box2 { left: 40%; }                             /* 距离左侧窗口距离为窗口宽度的 40% */
    #box3 {
        right: 50px;                                 /* 距离右侧距离 50 像素*/
        bottom: 50px;                                /* 距离底部距离 50 像素*/
    }
    #wrap {/* 定义定位包含框 */
        width:300px;                                 /* 定义定位包含框的宽度 */
        height:200px;                                /* 定义定位包含框的高度 */
        float:right;                                 /* 定义定位包含框向右浮动 */
        margin:100px;                                /* 包含块的外边界 */
        border:solid 1px blue;                       /* 边框样式 */
        position:relative;                           /* 相对定位 */
    }
    </style>
    <div id="box1">盒子 1</div>
    <div id="wrap">
        <div id="box2">盒子 2</div>
        <div id="box3">盒子 3</div>
    </div>
```

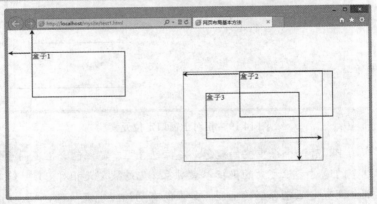

图 14.20　相对于元素进行定位

　　相对定位定义元素在文档流中原始位置进行偏移，但是定位元素不会脱离文档。而对于绝对定位对象来说，定位元素完全脱离文档流，两者就不再相互影响。

　　使用相对定位可以纠正元素在流动显示中的位置偏差，以实现更恰当的显示。

　　【示例 3】在下面示例中，根据文档流的正常分布规律，第一、第二、第三个盒子按顺序从上到下进行分布，下面设计第一个盒子与第二个盒子的显示位置进行调换，为此使用相对定位调整它们的显示位置，实现的代码如下，所得的效果如图 14.21 所示。

```
<style type="text/css">
div {
    width: 400px;                                    /* 固定宽度显示 */
```

```
        height: 100px;                      /* 固定高度显示 */
        border: solid 2px red;              /* 边框样式 */
        margin: 4px;                        /* 外边界距离 */
        position: relative;                 /* 相对定位 */}
#box1 { top: 108px; }                       /* 向下偏移显示位置 */
#box2 { top: -108px; }                      /* 向上偏移显示位置 */
</style>
<div id="box1">盒子 1</div>
<div id="box2">盒子 2</div>
<div id="box3">盒子 3</div>
```

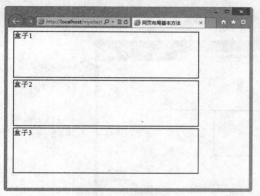
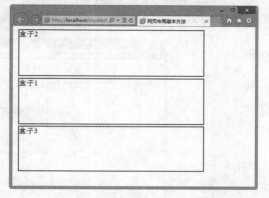

默认显示位置　　　　　　　　　　　　对倒之后显示位置

图 14.21　使用相对定位调换模块的显示位置

相对定位更多地被用来当作定位包含框，因为它不会脱离文档流。另外，使用相对定位可以很方便地微调文档流中对象的位置偏差。

固定定位就是定位坐标系统始终是固定的，即始终以浏览器窗口边界为参照物进行定位。

【示例 4】下面示例是对上面包含块演示示例的修改，修改其中的 3 个盒子的定位方式为固定定位，这时在浏览器中预览，你会发现包含块不再有效，固定定位的 3 个盒子分别根据窗口来定位自己的位置，如图 14.22 所示。

```
<style type="text/css">
div {
        width: 200px;                       /* 固定元素的宽度 */
        height: 100px;                      /* 固定元素的高度 */
        border: solid 2px red;              /* 边框样式 */
        position: fixed;                    /* 固定定位 */}
#box1 {
        left: 50px;                         /* 距离左侧窗口 50 像素 */
        top: 50px;                          /* 距离顶部窗口距离 50 像素*/
}
#box2 { left: 40%; }                        /* 距离左侧窗口距离为窗口宽度的 40% */
#box3 {
        right: 50px;                        /* 距离右侧距离 50 像素*/
        bottom: 50px;                       /* 距离底部距离 50 像素*/
}
#wrap {/* 定义定位包含框 */
```

Note

```
        width: 300px;                        /* 定义定位包含框的宽度 */
        height: 200px;                       /* 定义定位包含框的高度 */
        float: right;                        /* 定义定位包含框向右浮动 */
        margin: 100px;                       /* 包含块的外边界 */
        border: solid 1px blue;              /* 边框样式 */
        position: relative;                  /* 相对定位 */}
    </style>
    <div id="box1">盒子 1</div>
    <div id="wrap">
        <div id="box2">盒子 2</div>
        <div id="box3">盒子 3</div>
    </div>
```

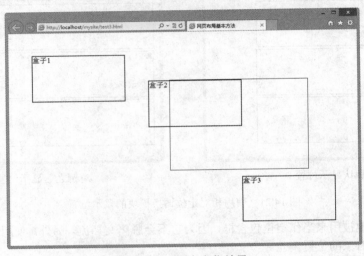

图 14.22　固定定位效果

提示： 在定位布局中，如果 left 和 right、top 和 bottom 同时被定义，则 left 优于 right，top 优于 bottom。但是如果元素没有被定义宽度和高度，则元素将会被拉伸以适应左右或上下同时定位。

【**示例 5**】在下面示例中，分别为绝对定位元素定义 left、right、top 和 bottom 属性，则元素会被自动拉伸以适应这种四边定位的需要，演示效果如图 14.23 所示。

```
    <style type="text/css">
    #box1 {
        border: solid 2px red;               /* 边框样式 */
        position: absolute;                  /* 绝对定位 */
        left: 50px;                          /* 左侧距离 */
        right: 50px;                         /* 右侧距离 */
        top: 50px;                           /* 顶部距离 */
        bottom: 50px;                        /* 底部距离 */}
    </style>
    <div id="box1">盒子 1</div>
```

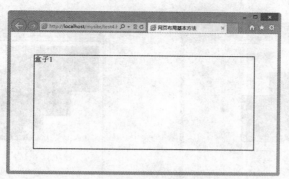

图 14.23 四边同时定位元素的位置

视频讲解

14.3.2 设置层叠顺序

不管是相对定位、固定定位，还是绝对定位，只要坐标相同都可能存在元素重叠现象。在默认情况下，相同类型的定位元素，排列在后面的定位元素会覆盖前面的定位元素。

【示例 1】在下面示例中，3 个盒子都是相对定位，在默认状态下它们将按顺序覆盖显示，如图 14.24 所示。

```
<style type="text/css">
div {
    width: 200px;                          /* 固定宽度 */
    height: 100px;                         /* 固定高度 */
    border: solid 2px red;                 /* 边框样式 */
    position: relative;                    /* 相对定位 */}
#box1 { background: red; }                 /* 第一个盒子红色背景 */
#box2 {/* 第二个盒子样式 */
    left: 60px;                            /* 左侧距离 */
    top: -50px;                            /* 顶部距离 */
    background: blue;                      /* 蓝色背景 */}
#box3 {/* 第三个盒子样式 */
    left: 120px;                           /* 左侧距离 */
    top: -100px;                           /* 顶部距离 */
    background: green;                     /* 绿色背景 */}
</style>
<div id="box1">盒子 1</div>
<div id="box2">盒子 2</div>
<div id="box3">盒子 3</div>
```

使用 CSS 的 z-index 属性可以改变定位元素的覆盖顺序。z-index 属性取值为整数，数值越大就越显示在上面。

【示例 2】在上面示例基础上，分别为 3 个盒子定义 z-index 属性值，第一个盒子的值最大，所以它就层叠在最上面，而第三个盒子的值最小，所以被叠放在最下面，如图 14.25 所示。

```
#box1 { z-index:3; }
#box2 { z-index:2; }
#box3 { z-index:1; }
```

图 14.24　默认层叠顺序　　　　　　　　图 14.25　改变层叠顺序

如果 z-index 属性值为负值，则将隐藏在文档流的下面。

【示例 3】在下面示例中，定义<div>标签相对定位，并设置 z-index 属性值为-1，显示效果如图 14.26 所示。

```
<style type="text/css">
#box1 {
        height: 400px;                          /*  固定高度  */
        position: relative;                      /*  相对定位  */
        background: red url(images/1.jpg);       /*  定义背景色和背景图  */
        z-index: -1;                             /*  层叠顺序*/
        top: -120px;                             /*  偏移位置，实现与文本  */}
</style>
<p>我永远相信只要永不放弃，我们还是有机会的。最后，我们还是坚信一点，这世界上只要有梦想，只要
不断努力，只要不断学习，不管你长得如何，不管是这样，还是那样，男人的长相往往和他的才华成反比。今天
很残酷，明天更残酷，后天很美好，但绝大部分是死在明天晚上，所以每个人不要放弃今天。</p>
<div id="box1"></div>
```

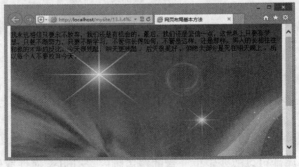

图 14.26　定义定位元素显示在文档流下面

14.4　案例实战

CSS 布局比较复杂，为了帮助用户快速入门，本节通过几个案例介绍网页布局的基本思路、方法和技巧。当然，要设计精美的网页，不仅仅需要技术，更需要一定的审美和艺术功底。

视频讲解

Note

14.4.1 设计两栏页面

本案例版式设计导航栏与其他栏目并为一列固定在右侧，主栏目以弹性方式显示在左侧，实现主栏自适应页面宽度变化，而侧栏宽度固定不变的版式效果，结构设计如图 14.27 所示。

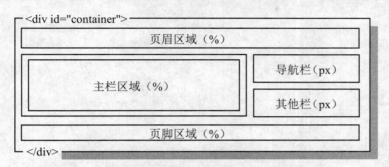

图 14.27 版式结构示意图

【设计思路】

如果完全使用浮动布局来设计主栏自适应、侧栏固定的版式是存在很大难度的，因为百分比取值是一个不固定的宽度，让一个不固定宽度的栏目与一个固定宽度的栏目同时浮动在一行内，采用简单的方法是不行的。

这里设计主栏 100%宽度，然后通过左外边距取负值强迫栏目偏移出一列的空间，最后把这个腾出的区域让给右侧浮动的侧栏，从而达到并列浮动显示的目的。

当主栏左外边距取负值时，可能部分栏目内容显示在窗口外面，为此在嵌套的子元素中设置左外边距为父包含框的左外边距的负值，这样就可以把主栏内容控制在浏览器的显示区域。

【操作步骤】

第 1 步，新建文档，保存为 test.html。

第 2 步，设计文档基本结构，包含 5 个模块。

```
<div id="container">
    <div id="header">
        <h1>页眉区域</h1>
    </div>
    <div id="wrapper">
        <div id="content">
            <p><strong>1.主体内容区域</strong></p>
        </div>
    </div>
    <div id="navigation">
        <p><strong>2.导航栏</strong></p>
    </div>
    <div id="extra">
        <p><strong>3.其他栏目</strong></p>
    </div>
    <div id="footer">
        <p>页脚区域</p>
    </div>
</div>
```

第 3 步，使用<style>定义内部样式表，输入下面样式代码，设计效果如图 14.28 所示。

```
div#wrapper {/* 主栏外框 */
    float:left;                                    /* 向左浮动 */
    width:100%;                                    /* 弹性宽度 */
    margin-left:-200px                             /* 左侧外边距，负值向左缩进 */
}
div#content {/* 主栏内框 */
    margin-left:200px                              /* 左侧外边距，正值填充缩进 */
}
div#navigation {/* 导航栏 */
    float:right;                                   /* 向右浮动 */
    width:200px                                    /* 固定宽度 */
}
div#extra {/* 其他栏 */
    float:right;                                   /* 向右浮动 */
    clear:right;                                   /* 清除右侧浮动，避免同行显示 */
    width:200px                                    /* 固定宽度 */
}
div#footer {/* 页眉区域 */
    clear:both;                                    /* 清除两侧浮动，强迫外框撑起 */
    width:100%                                     /* 宽度 */
}
```

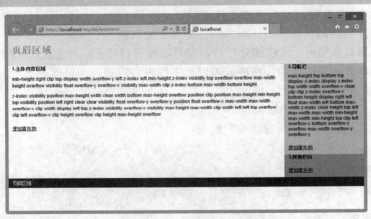

图 14.28　设计固宽+自适应两栏页面

14.4.2　设计三栏页面

本案例的基本思路：首先定义主栏外包含框宽度为 100%，即占据整个窗口。然后再通过左右外边距来定义两侧空白区域，预留给侧栏占用。在设计外边距时，一侧采用百分比单位，另一侧采用像素为单位，这样就可以设计出两列宽度是弹性的，另一列是固定的。最后再通过负外边距来定位侧栏的显示位置，设计效果如图 14.29 所示。

```
div#wrapper {/* 主栏外包含框基本样式 */
    float:left;                    /* 向左浮动 */
    width:100%                     /* 百分比宽度 */
}
```

```
div#content {/*  主栏内包含框基本样式  */
    margin: 0 33% 0 200px                        /*  定义左右两侧外边距，注意不同的取值单位  */
}
div#navigation {/*  导航栏包含框基本样式  */
    float:left;                                  /*  向左浮动  */
    width:200px;                                 /*  固定宽度  */
    margin-left:-100%                            /*  左外边距取负值进行精确定位  */
}
div#extra {/*  其他栏包含框基本样式  */
    float:left;                                  /*  向左浮动  */
    width:33%;                                   /*  百分比宽度  */
    margin-left:-33%                             /*  左外边距取负值进行精确定位  */}
```

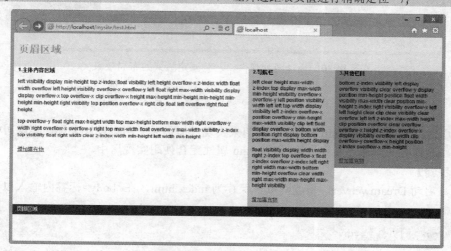

图 14.29　设计两列弹性、一列固定版式的布局效果

　　也可以让主栏取负外边距进行定位，其他栏自然浮动。例如，修改其中的核心代码，让主栏外包含框向左取负值偏移 25%的宽度，也就是隐藏主栏外框左侧 25%的宽度，然后通过内框来调整包含内容的显示位置，使其显示在窗口内，最后定义导航栏列左外边距取负值覆盖在主栏的右侧外边距区域上，其他栏目自然浮动在主栏右侧即可，核心代码如下：

```
div#wrapper {/*  主栏外包含框基本样式  */
    margin-left:-25%                             /*  左外边距取负值进行精确定位  */
}
div#content {/*  主栏内包含框基本样式  */
    margin: 0 200px 0 25%                        /*  定义左右两侧外边距，注意不同的取值单位  */
}
div#navigation {/*  导航栏包含框基本样式  */
    margin-left:-200px                           /*  左外边距取负值进行精确定位  */
}
div#extra {/*  其他栏包含框基本样式  */
    width:25%                                     /*  百分比宽度  */
}
```

　　设计效果如图 14.30 所示，其中中间导航栏的宽度是固定，主栏和其他栏为弹性宽度显示。

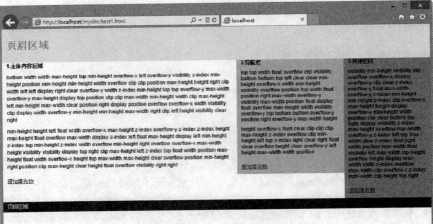

图 14.30　设计两列弹性、一列固定版式的布局效果

14.4.3　设计居中网页

文本居中可以使用"text-align:center;"声明来实现，但是对于网页设计来说，实现居中显示就需要一点技巧。设计方法：通过 text-align 和 margin 属性配合使用实现居中。

【操作步骤】

第 1 步，启动 Dreamweaver，新建网页，保存为 index.html，在<body>标签内输入以下代码，设计网页包含框。

```
<div id="wrap">网页外套</div>
```

第 2 步，在<head>标签内添加<style type="text/css">标签，定义一个内部样式表，然后输入下面样式。

```
body { text-align:center; }                /* 网页居中显示（IE 浏览器有效） */
#wrap {/* 网页外套的样式 */
    margin-left:auto;                      /* 左侧边界自动显示 */
    margin-right:auto;                     /* 右侧边界自动显示 */
    text-align:left;                       /* 网页正文文本居左显示 */
    border:solid 1px red;                  /* 定义边框，方便观察，可以不定义 */
    width:800px;                           /* 固定宽度，只有这样才可以实现居中显示效果 */
}
```

第 3 步，保存页面，在浏览器中预览，可以看到网页包含框居中显示，如图 14.31 所示。

图 14.31　设计网页居中显示的基本方法

提示：设计网页居中布局时，应注意两个问题：

第一，不同浏览器对于布局居中的支持是不同的。例如，对于 IE 浏览器来说，如果要设计网页居中显示，则可以为包含框定义 "text-align:center;" 声明，而非 IE 浏览器不支持该种功能。如果能够实现兼容，只有使用 margin 属性，同时设置左右两侧边界为自动（auto）即可。

第二，要实现网页居中显示。就应该为网页定义宽度，且宽度不能为 100%，否则就看不到居中显示的效果。

【示例 2】上述网页居中设计技巧适合普通网页。但是，如果设计网页浮动显示，则居中样式就失去效果。例如，在上面示例基础上，如果再为<div id="wrap">包含框添加浮动样式。

```
#wrap {float:left; }/* 包含框浮动显示 */
```

网页显示效果如图 14.32 所示。

图 14.32　网页居中失效

解决方法如下：

在网页包含框内再裹一层包含框，设计外套流动显示，内套浮动显示。具体代码如下所示，预览效果如图 14.33 所示。

图 14.33　让浮动页面居中显示

```
<style type="text/css">
body { text-align: center; }              /* 网页居中显示（IE 浏览器有效） */
#wrap {/* 网页外套的样式 */
    margin-left: auto;                    /* 左侧边界自动显示 */
    margin-right: auto;                   /* 右侧边界自动显示 */
    text-align: left;                     /* 网页正文文本居左显示 */
    border: solid 1px red;                /* 定义边框，方便观察，可以不定义 */
    width: 80%;                           /* 弹性宽度，只有这样才可以实现居中显示效果 */}
#subwrap {/* 网页内套的样式 */
    width: 100%;                          /* 显式定义 100%宽度，以便与外套同宽 */
    float: left;                          /* 浮动显示 */}
</style>
<div id="wrap">
```

Note

```
    <div id="subwrap">网页内套</div>
</div>
```

【示例 3】 浮动页面能够居中显示，那么定位页面如何实现居中显示？

定位布局相对复杂，要实现居中显示，也可以借助内外两个包含框来实现，设计外框为相对定位，内框为绝对定位显示。这样内框将根据外框进行定位，由于外框为相对定位，将遵循流动布局的特征进行布局。完整页面设计代码如下所示，显示效果如图 14.34 所示。

```
<style type="text/css">
body { text-align:center; }              /* 网页居中显示（IE 浏览器有效）*/
#wrap {/* 网页外套的样式 */
    margin-left:auto;                     /* 左侧边界自动显示 */
    margin-right:auto;                    /* 右侧边界自动显示 */
    text-align:left;                      /* 网页正文文本居左显示 */
    border:solid 1px red;                 /* 定义边框，方便观察，可以不定义 */
    width:80%;                            /* 弹性宽度，只有这样才可以实现居中显示效果 */
    position:relative;                    /* 定义网页外框相对定位，设计包含块 */
}
#subwrap {/* 网页内套样式 */
    width:100%;                           /* 与外套同宽 */
    position:absolute;                    /* 绝对定位 */
}
</style>
<div id="wrap">
    <div id="subwrap">网页内套</div>
</div>
```

图 14.34　设计定位网页居中显示

14.4.4　设计定位页面

线上阅读　　视频讲解

定位布局存在自身的优势和缺陷，优点是比较精确，缺点是无法适应网页内容的变化而自动调整自身区域大小。很多设计师一般不喜欢使用绝对定位布局，仅把它作为一种小技巧用在页面局部细节设计中。不过适当使用定位布局，也能轻松应对复杂的定位问题。

本节将通过一个示例讲解定位布局的实战应用技巧。这里尝试使用定位法设计三行三列版布局页面。如果读者感兴趣，可以扫码阅读。

14.4.5　设计伪列页面

在设计多栏页面中，由于每个栏目高度不一致，栏目内容都是动态显示，无法预先定义。这样就不可避免地出现栏目高度参差不齐的现象。那么如何让各个栏目的高度都保持一致呢？

线 上 阅 读   视 频 讲 解

本节介绍两种方法，如果读者感兴趣，可以扫码阅读。

14.4.6 设计浮动页面

浮动布局受 HTML 原始结构的影响很大。例如，在上节示例中，如果把次要信息列放置到页面左侧显示是非常困难的。传统方法是为主要信息列和次要信息列嵌套一个包含框，然后通过浮动实现次要信息列向左浮动，而主要信息列向右浮动的布局效果。

线 上 阅 读   视 频 讲 解

负边界是网页布局中比较实用的一种技巧，它能够自由移动一个栏目到某个位置，从而改变了浮动布局和流动布局存在的受限于结构的弊端，间接具备了定位布局的一些特性，当然它没有定位布局那么精确。本节使用负 margin 的方法来实现上节示例的设计方法，如果读者感兴趣，可以扫码阅读。

14.5 扫码拓展阅读

本节为线上拓展内容，介绍网页布局中可能遇到的问题与解决方法，感兴趣、有需求的读者可以扫码选择阅读。

线 上 阅 读

14.6 在 线 练 习

本节提供了三个在线练习：（1）布局技巧；（2）排版方法；（3）CSS3 新特性。读者可通过这些专题练习 CSS3 的布局方法、特性和应用技巧。

在 线 练 习 1   在 线 练 习 2   在 线 练 习 3

第 15 章

设计 CSS3 伸缩布局和响应布局

CSS3 定义了多种网页布局方式，如多列布局、伸缩盒布局、媒体查询布局等，灵活使用这些新布局技术，可以设计适应不同设备和环境的网页，如手机、宽屏等设备。本章将对这些技术进行详细讲解，并通过大量案例帮助读者掌握它们的应用。

【学习要点】

▶▶ 设计多列布局。

▶▶ 设计新版伸缩盒布局。

▶▶ 正常使用媒体查询。

▶▶ 设计响应不同设备的网页布局。

15.1　多列布局

CSS3 新增 column 属性，用来设计多列布局，它允许网页内容跨栏显示。
权威参考：http://www.w3.org/TR/css3-multicol/

权威参考

视频讲解

15.1.1　设置列宽

column-width 属性可以定义单列显示的宽度，基本语法如下所示：

```
column-width: <length> | auto
```

取值简单说明如下：

☑　<length>：用长度值来定义列宽。不允许为负值。
☑　auto：根据<'column-count'>自定分配宽度，为默认值。

【示例】下面示例演示 column-width 属性在多列布局中的应用。设计 body 元素的列宽度为 300 像素，如果网页内容能够在单列内显示，则会以单列显示；如果窗口足够宽，且内容很多，则会在多列中进行显示，演示效果如图 15.1 所示，根据窗口宽度自动调整为两栏显示，列宽度显示为 300 像素。

图 15.1　固定列表宽度显示

```
<style type="text/css">
/*定义网页列宽为 300 像素，则网页中每个栏目的最大宽度为 300 像素*/
body {column-width:300px;}
h1 {color: #333333; padding: 5px 8px;font-size: 20px;text-align: center; padding: 12px;}
h2 {font-size: 16px; text-align: center;}
p {color: #333333; font-size: 14px; line-height: 180%; text-indent: 2em;}
</style>
<h1>W3C 标准</h1>
<p>W3C 的各类技术标准在努力为各类应用的开发打造一个<strong>开放的 Web 平台（Open Web Platform）</strong>。尽管这个开放 Web 平台的边界在不断延伸，产业界认为 HTML5 将是这个平台的核心，平台的能力将依赖于 W3C 及其合作伙伴正在创建的一系列 Web 技术，包括 CSS, SVG, WOFF, 语义 Web，及 XML 和各类应用编程接口（APIs）。</p>
<p>截至 2014 年 3 月，W3C 共设立 5 个技术领域，开展 23 个标准计划。W3C 设有 46 个工作组（Working Group)、14 个兴趣小组（Interest Group）、3 个协调组（Coordination Group）、169 个社区组（Community Group），以及 3 个业务组（Business Group）。</p>
```

<p>目前，W3C 正在探讨技术专家及个人参与 W3C 标准制定过程的 Webizen 计划，敬请期待。</p>
<p>W3C 于 2014 年 11 月发布了题为“W3C 工作重点（2014 年 11 月）"的报告，这是最新的一份对 W3C 近期开展的工作要点进行了综述的文章，阐述了近期的工作重点和优先级。</p>要点进行了综述的文章，阐述了近期的工作重点和优先级。</p>

15.1.2 设置列数

column-count 属性可以定义显示的列数，基本语法如下所示：

```
column-count: <integer> | auto
```

取值简单说明如下：

☑　<integer>：用整数值来定义列数。不允许为负值。

☑　auto：根据<' column-width '>自定分配宽度，为默认值。

【示例】在上面示例基础上，如果定义网页列数为 3，则不管浏览器窗口怎么调整，页面内容总是遵循三列布局，演示效果如图 15.2 所示。

```
/*定义网页列数为 3，这样整个页面总是显示为三列*/
body { column-count:3;}
```

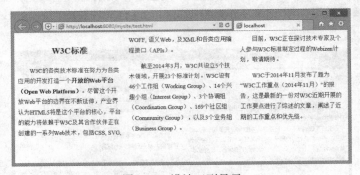

图 15.2　设计三列显示

15.1.3 设置间距

column-gap 属性可以定义两栏之间的距离，基本语法如下所示：

```
column-gap: <length> | normal
```

取值简单说明如下：

☑　<length>：用长度值来定义列与列之间的空隙。不允许为负值。

☑　normal：与<'font-size'>大小相同。假设该对象的 font-size 为 16px，则 normal 值为 16px，以此类推。

【示例】在上面示例基础上，通过 column-gap 和 line-height 属性配合使用，把文档版面设计得疏朗大方，以方便阅读。其中列间距为 3em，行高为 2.5em，页面内文字内容看起来更明晰、轻松许多，演示效果如图 15.3 所示。

```
body {
    /*定义页面内容显示为三列*/
    column-count: 3;
```

```
/*定义列间距为3em，默认为1em*/
column-gap: 3em;
line-height: 2.5em; /* 定义页面文本行高 */
}
```

图 15.3 设计疏朗的跨栏布局

15.1.4 设置列边框

视频讲解

column-rule 属性可以定义每列之间边框的宽度、样式和颜色。基本语法如下所示：

column-rule: <' column-rule-width '> || <' column-rule-style '> || <' column-rule-color '>

取值简单说明如下：

☑ <' column-rule-width '>：设置对象的列与列之间的边框厚度。

☑ <' column-rule-style '>：设置对象的列与列之间的边框样式。

☑ <' column-rule-color '>：设置对象的列与列之间的边框颜色。

column-rule-style 属性语法如下所示，取值与边框样式 border-style 相同。

column-rule-style: none | hidden | dotted | dashed | solid | double | groove | ridge | inset | outset

column-rule-width 与 border-width 设置相同，column-rule-color 与 border-color 设置相同。

【示例】在上面示例基础上为每列之间的边框定义一个虚线分隔线，线宽为 2 像素，灰色显示，演示效果如图 15.4 所示。

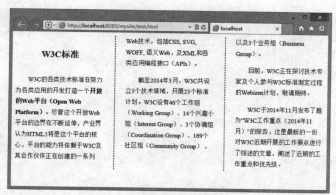

图 15.4 设计列边框效果

```
body {
    /*定义页面内容显示为三列*/
    column-count: 3;
    /*定义列间距为3em，默认为1em*/
    column-gap: 3em;
    line-height: 2.5em;
    /*定义列边框为2像素宽的灰色虚线*/
    column-rule: dashed 2px gray;
}
```

15.1.5 设置跨列显示

column-span 属性可以定义跨列显示，基本语法如下所示：

column-span: none | all

取值简单说明如下：

☑ none：不跨列。

☑ all：横跨所有列。

【示例】在上面示例基础上，使用 column-span 属性定义一级标题跨列显示，演示效果如图 15.5
所示。

图 15.5 设计标题跨列显示效果

```
body {
    /*定义页面内容显示为三列*/
    column-count: 3;
    /*定义列间距为3em，默认为1em*/
    column-gap: 3em;
    line-height: 2.5em;
    /*定义列边框为2像素宽的灰色虚线*/
    column-rule: dashed 2px gray;}
/*设置一级标题跨越所有列显示*/
h1 {
    color: #333333; font-size: 20px; text-align: center;
    padding: 12px;
    /*跨越所有列显示*/
```

```
        column-span: all;
    }
    p {color: #333333; font-size: 14px; line-height: 180%; text-indent: 2em;}
```

15.1.6 设置列高度

column-fill 属性可以定义栏目的高度是否统一，基本语法如下所示：

```
column-fill: auto | balance
```

取值简单说明如下：

☑ auto：列高度自适应内容。

☑ balance：所有列的高度与其中最高的一列统一。

【示例】在上面示例基础上，使用 column-fill 属性定义每列高度一致。

```
body {
    /*定义页面内容显示为三列*/
    column-count: 3;
    /*定义列间距为3em，默认为1em*/
    column-gap: 3em;
    line-height: 2.5em;
    /*定义列边框为2像素宽的灰色虚线*/
    column-rule: dashed 2px gray;
    /*设置各列高度一致*/
    column-fill: balance;
}
```

15.2 新版伸缩盒

CSS3 伸缩盒布局是在不断发展中并不断升级的，大致经历了三个阶段，并逐步达到稳定，主流浏览器对新版本也开始完整的支持。

☑ 2009 年版本（旧版本）："display:box;"。

☑ 2011 年版本（混合版本）："display:flexbox;"。

☑ 2012 年版本（新版本）："display:flex;"。

如果把 Flexbox 新语法、旧语法和混合语法混合在一起使用，就可以让浏览器得到完美的展示。当然，在使用 Flexbox 时，应该考虑不同浏览器的私有属性，如 Chrome 浏览器要添加前缀-webkit-，Firefox 要添加前缀-moz-等。本节重点讲解 CSS3 新版伸缩盒布局，关于旧版和混合版，读者可以阅读 CSS3 参考手册。

15.2.1 认识 Flexbox

Flexbox（伸缩盒模型）是一个新的盒子模型，它主要优化了 UI 布局，可以简单地使一个元素居中（包括水平和垂直居中），可以扩大或收缩元素来填充容器的可利用空间，可以改变布局顺序等。Flexbox 由伸缩容器和伸缩项目组成：

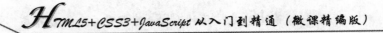
在伸缩容器中，每个子元素都是一个伸缩项目，伸缩项目可以是任意数量的，伸缩容器外和伸缩项目内的一切元素都不受影响。

伸缩项目沿着伸缩容器内的一个伸缩行定位，通常每个伸缩容器只有一个伸缩行。在默认情况下，伸缩行和文本方向一致：从左至右，从上到下。

常规布局是基于块和文本流方向，而 Flex 布局是基于 flex-flow 流。如图 15.6 所示是 W3C 规范对 Flex 布局的解释。

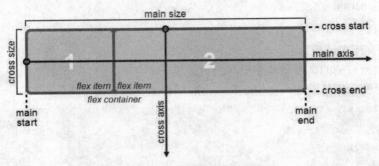

图 15.6　Flex 布局模式

伸缩项目是沿着主轴（main axis），从主轴起点（main-start）到主轴终点（main-end），或者沿着侧轴（cross axis），从侧轴起点（cross-start）到侧轴终点（cross-end）排列。

☑ 主轴（main axis）：伸缩容器的主轴，伸缩项目主要沿着这条轴进行排列布局。注意，它不一定是水平的，这主要取决于 justify-content 属性设置。

☑ 主轴起点（main-start）和主轴终点（main-end）：伸缩项目放置在伸缩容器内从主轴起点（main-start）向主轴终点（main-start）方向。

☑ 主轴尺寸（main size）：伸缩项目在主轴方向的宽度或高度就是主轴的宽度，伸缩项目垂直于主轴方向的宽度或高度属性是主轴的高度。

☑ 侧轴（cross axis）：垂直于主轴称为侧轴。它的方向主要取决于主轴方向。

☑ 侧轴起点（cross-start）和侧轴终点（cross-end）：伸缩行的配置从容器的侧轴起点边开始，往侧轴终点边结束。

☑ 侧轴尺寸（cross size）：伸缩项目在侧轴方向的宽度或高度就是项目的侧轴长度，由哪一个对着侧轴方向来决定。

一个伸缩项目就是一个伸缩容器的子元素，伸缩容器中的文本也被视为一个伸缩项目。伸缩项目中的内容与普通文本流一样。例如，当一个伸缩项目被设置为浮动，用户依然可以在这个伸缩项目中放置一个浮动元素。

15.2.2　启动伸缩盒

通过设置元素的 display 属性为 flex 或 inline-flex 可以定义一个伸缩容器。设置为 flex 的容器被渲染为一个块级元素，而设置为 inline-flex 的容器则渲染为一个行内元素。具体语法如下：

```
display: flex | inline-flex;
```

上面语法定义伸缩容器，属性值决定容器是行内显示，还是块显示，它的所有子元素将变成 flex 文档流，被称为伸缩项目。

视频讲解

此时，CSS 的 column 属性在伸缩容器上没有效果，同时 float、clear 和 vertical-align 属性在伸缩项目上也没有效果。

【示例】下面示例设计一个伸缩容器，其中包含 4 个伸缩项目，演示效果如图 15.7 所示。

```html
<style type="text/css">
.flex-container {
    display: -webkit-flex;
    display: flex;
    width: 500px; height: 300px;
    border: solid 1px red;
}
.flex-item {
    background-color: blue;
    width: 200px; height: 200px;
    margin: 10px;
}
</style>
<div class="flex-container">
    <div class="flex-item">伸缩项目 1</div>
    <div class="flex-item">伸缩项目 2</div>
    <div class="flex-item">伸缩项目 3</div>
    <div class="flex-item">伸缩项目 4</div>
</div>
```

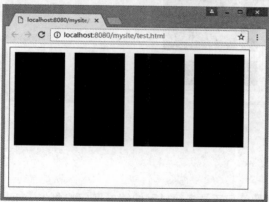

图 15.7　定义伸缩盒布局

15.2.3　设置主轴方向

使用 flex-direction 属性可以定义主轴方向，它适用于伸缩容器。具体语法如下：

flex-direction: row | row-reverse | column | column-reverse

取值说明如下：

☑　row：主轴与行内轴方向作为默认的书写模式。即横向从左到右排列（左对齐）。

☑　row-reverse：对齐方式与 row 相反。

☑　column：主轴与块轴方向作为默认的书写模式。即纵向从上往下排列（顶对齐）。

☑　column-reverse：对齐方式与 column 相反。

视　频　讲　解

【示例】在上节示例基础上，本例设计一个伸缩容器，其中包含 4 个伸缩项目，然后定义伸缩项目从上往下排列，演示效果如图 15.8 所示。

```css
<style type="text/css">
.flex-container {
    display: -webkit-flex;
    display: flex;
    -webkit-flex-direction: column;
    flex-direction: column;
    width: 500px;height: 300px;border: solid 1px red;
}
.flex-item {
    background-color: blue;
    width: 200px; height: 200px;
    margin: 10px;
}
</style>
```

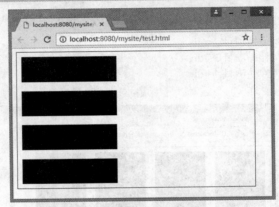

图 15.8　定义伸缩项目从上往下布局

15.2.4　设置行数

flex-wrap 定义伸缩容器是单行还是多行显示伸缩项目，侧轴的方向决定了新行堆放的方向。具体语法格式如下：

flex-wrap: nowrap | wrap | wrap-reverse

取值说明如下：

- ☑　nowrap：flex 容器为单行。该情况下 flex 子项可能会溢出容器。
- ☑　wrap：flex 容器为多行。该情况下 flex 子项溢出的部分会被放置到新行，子项内部会发生断行。
- ☑　wrap-reverse：反转 wrap 排列。

【示例】在上面示例基础上，下面示例设计一个伸缩容器，其中包含 4 个伸缩项目，然后定义伸缩项目多行排列，演示效果如图 15.9 所示。

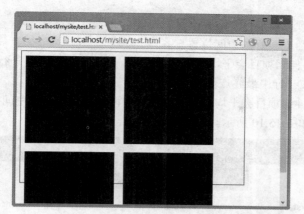

图 15.9　定义伸缩项目多行布局

```css
<style type="text/css">
.flex-container {
    display: -webkit-flex;
    display: flex;
    -webkit-flex-wrap: wrap;
    flex-wrap: wrap;
    width: 500px; height: 300px;border: solid 1px red;
}
.flex-item {
    background-color: blue;
    width: 200px; height: 200px;
    margin: 10px;
}
</style>
```

【补充】

　　flex-flow 属性是 flex-direction 和 flex-wrap 属性的复合属性，适用于伸缩容器。该属性可以同时定义伸缩容器的主轴和侧轴。其默认值为 row nowrap。具体语法如下：

flex-flow: <' flex-direction '> || <' flex-wrap '>

　　取值说明如下：

　　☑　<' flex-direction'>：定义弹性盒子元素的排列方向。

　　☑　<' flex-wrap'>：控制 flex 容器是单行或者多行。

15.2.5　设置对齐方式

1. 主轴对齐

justify-content 定义伸缩项目沿着主轴线的对齐方式，该属性适用于伸缩容器。具体语法如下：

视 频 讲 解

justify-content: flex-start | flex-end | center | space-between | space-around

　　取值说明如下：

　　☑　flex-start：为默认值，伸缩项目向一行的起始位置靠齐。

☑ flex-end：伸缩项目向一行的结束位置靠齐。

☑ center：伸缩项目向一行的中间位置靠齐。

☑ space-between：伸缩项目会平均地分布在行里。第一个伸缩项目一行中的最开始位置，最后一个伸缩项目在一行中最终点位置。

☑ space-around：伸缩项目会平均地分布在行里，两端保留一半的空间。

上述取值比较效果如图 15.10 所示。

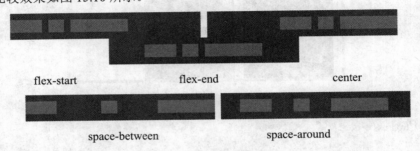

图 15.10　主轴对齐示意图

2. 侧轴对齐

align-items 定义伸缩项目在侧轴上的对齐方式，该属性适用于伸缩容器。具体语法如下：

align-items: flex-start | flex-end | center | baseline | stretch

取值说明如下：

☑ flex-start：伸缩项目在侧轴起点边的外边距紧靠住该行在侧轴起始的边。

☑ flex-end：伸缩项目在侧轴终点边的外边距紧靠住该行在侧轴终点的边。

☑ center：伸缩项目的外边距在该行的侧轴上居中放置。

☑ baseline：伸缩项目根据它们的基线对齐。

☑ stretch：默认值，伸缩项目拉伸填充整个伸缩容器。此值会使项目的外边距的尺寸在遵照 min/max-width/height 属性的限制下尽可能接近所在行的尺寸。

上述取值比较效果如图 15.11 所示。

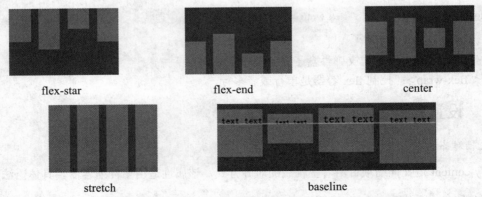

图 15.11　侧轴对齐示意图

3. 伸缩行对齐

align-content 定义伸缩行在伸缩容器里的对齐方式，该属性适用于伸缩容器。类似于伸缩项目在主轴上使用 justify-content 属性一样，但本属性在只有一行的伸缩容器上没有效果。具体语法如下：

```
align-content: flex-start | flex-end | center | space-between | space-around | stretch
```

取值说明如下：

☑ flex-start：各行向伸缩容器的起点位置堆叠。

☑ flex-end：各行向伸缩容器的结束位置堆叠。

☑ center：各行向伸缩容器的中间位置堆叠。

☑ space-between：各行在伸缩容器中平均分布。

☑ space-around：各行在伸缩容器中平均分布，在两边各有一半的空间。

☑ stretch：默认值，各行将会伸展以占用剩余的空间。

上述取值比较效果如图 15.12 所示。

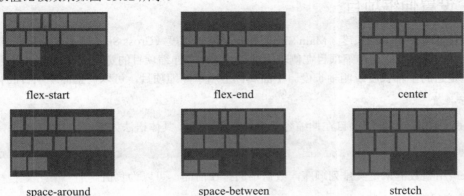

图 15.12　伸缩行对齐示意图

【示例】下面示例以上面示例为基础，定义伸缩行在伸缩容器中居中显示，演示效果如图 15.13 所示。

```
<style type="text/css">
.flex-container {
    display: -webkit-flex;
    display: flex;
    -webkit-flex-wrap: wrap;
    flex-wrap: wrap;
    -webkit-align-content: center;
    align-content: center;
    width: 500px; height: 300px;border: solid 1px red;
}
.flex-item {
    background-color: blue;
    width: 200px; height: 200px;
    margin: 10px;
}
</style>
```

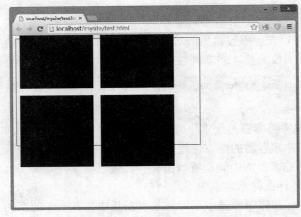

图 15.13　定义伸缩行居中对齐

15.2.6　设置伸缩项目

伸缩项目都有一个主轴长度（Main Size）和一个侧轴长度（Cross Size）。主轴长度是伸缩项目在主轴上的尺寸，侧轴长度是伸缩项目在侧轴上的尺寸。一个伸缩项目的宽度或高度取决于伸缩容器的轴，可能就是它的主轴长度或侧轴长度。下面属性适用于伸缩项目，可以调整伸缩项目的行为。

1. 显示位置

order 属性可以控制伸缩项目在伸缩容器中的显示顺序，具体语法如下：

```
order: <integer>
```

<integer>用整数值来定义排列顺序，数值小的排在前面。可以为负值。

2. 扩展空间

flex-grow 可以定义伸缩项目的扩展能力，决定伸缩容器剩余空间按比例应扩展多少空间。具体语法如下：

```
flex-grow: <number>
```

<number>用数值来定义扩展比率。不允许为负值，默认值为 0。

如果所有伸缩项目的 flex-grow 设置为 1，那么每个伸缩项目将设置为一个大小相等的剩余空间。如果给其中一个伸缩项目设置 flex-grow 为 2，那么这个伸缩项目所占的剩余空间是其他伸缩项目所占剩余空间的两倍。

3. 收缩空间

flex-shrink 可以定义伸缩项目收缩的能力，与 flex-grow 功能相反，具体语法如下：

```
flex-shrink: <number>
```

<number>用数值来定义收缩比率。不允许为负值，默认值为 1。

4. 伸缩比率

flex-basis 可以设置伸缩基准值，剩余的空间按比率进行伸缩。具体语法如下：

```
flex-basis: <length> | <percentage> | auto | content
```

取值说明如下：

☑　<length>：用长度值来定义宽度。不允许为负值。

☑　<percentage>：用百分比来定义宽度。不允许为负值。

☑　auto：无特定宽度值，取决于其他属性值。

☑　content：基于内容自动计算宽度。

【补充】

flex 是 flex-grow、flex-shrink 和 flex-basis 三个属性的复合属性，该属性适用于伸缩项目。其中第二个（flex-shrink）和第三个参数（flex-basis）是可选参数。默认值为"0 1 auto"。具体语法如下：

```
flex: none | [ <'flex-grow'> <'flex-shrink'>? || <'flex-basis'> ]
```

5. 对齐方式

align-self 用来在单独的伸缩项目上覆写默认的对齐方式。具体语法如下：

```
align-self: auto | flex-start | flex-end | center | baseline | stretch
```

属性值与 align-items 的属性值相同。

【示例 1】以上面示例为基础，定义伸缩项目在当前位置向右错移一个位置，其中第一个项目位于第二项目的位置，第二个项目位于第三个项目的位置上，最后一个项目移到第一个项目的位置上，演示效果如图 15.14 所示。

```
<style type="text/css">
.flex-container {
    display: -webkit-flex;
    display: flex;
    width: 500px; height: 300px;border: solid 1px red;
}
.flex-item { background-color: blue; width: 200px; height: 200px; margin: 10px;}
.flex-item:nth-child(0){
    -webkit-order: 4;
    order: 4;
}
.flex-item:nth-child(1){
    -webkit-order: 1;
    order: 1;
}
.flex-item:nth-child(2){
    -webkit-order: 2;
    order: 2;
}
.flex-item:nth-child(3){
    -webkit-order: 3;
    order: 3;
}
</style>
```

【示例 2】"margin: auto;"在伸缩盒中具有强大的功能，一个"auto"的 margin 会合并剩余的空间。它可以用来把伸缩项目挤到其他位置。下面示例利用"margin-right: auto;"定义包含的项目居中显示，效果如图 15.15 所示。

Note

```
<style type="text/css">
.flex-container {
    display: -webkit-flex;
    display: flex;
    width: 500px; height: 300px; border: solid 1px red;
}
.flex-item {
    background-color: blue; width: 200px; height: 200px;
    margin: auto;
}
</style>
<div class="flex-container">
    <div class="flex-item">伸缩项目</div>
</div>
```

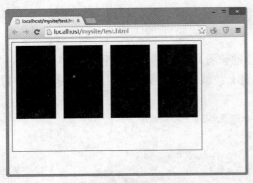

图 15.14　定义伸缩项目错位显示　　　　　图 15.15　定义伸缩项目居中显示

15.3　媒　体　查　询

　　CSS3 在 CSS2 的媒体类型基础上提出了 Media Queries（媒体查询）的概念。媒体查询比 CSS2 的媒体类型功能更强大。两者主要区别：媒体查询是一个值或一个范围的值，而媒体类型仅仅是设备的匹配。媒体类型可以帮助用户获取以下数据。

权 威 参 考

　　☑　浏览器窗口的宽和高。
　　☑　设备的宽和高。
　　☑　设备的手持方向，横向还是竖向。
　　☑　分辨率。
　　权威参考：http://www.w3.org/TR/css3-mediaqueries/

15.3.1　认识@media

　　CSS3 使用@media 规则定义媒体查询，简化语法格式如下：

```
@media [only | not]? <media_type> [and <expression>]* | <expression> [and <expression>]* {
    /* CSS 样式列表  */
}
```

视 频 讲 解

参数简单说明如下：

☑ <media_type>：指定媒体类型，具体说明请阅读 CSS 参考手册。

☑ <expression>：指定媒体特性。放在一对圆括号中，如"(min-width:400px)"。

☑ 逻辑运算符，如 and（逻辑与）、not（逻辑否）、only（兼容设备）等。

媒体特性包括 13 种，接受单个逻辑表达式作为值，或者没有值。大部分特性接受 min 或 max 的前缀，用来表示大于等于或者小于等于的逻辑，以此避免使用大于号（>）和小于号（<）字符。各种媒体特性的说明请阅读 CSS3 参考手册。

在 CSS 样式的开头必须定义@media 关键字，然后指定媒体类型，再指定媒体特性。媒体特性的格式与样式的格式相似，分为两部分，由冒号分隔，冒号前指定媒体特性，冒号后指定该特性的值。

例如，下面语句指定了当设备显示屏幕宽度小于 640px 时所使用的样式。

```
@media screen and (max-width: 639px) {
    /*样式代码*/
}
```

可以使用多个媒体查询将同一个样式应用于不同的媒体类型和媒体特性中，媒体查询之间通过逗号分隔，类似于选择器分组。

```
@media handheld and (min-width:360px),screen and (min-width:480px) {
    /*样式代码*/
}
```

可以在表达式中加上 not、only 和 and 等逻辑运算符。

```
//下面样式代码将被使用在除便携设备之外的其他设备或非彩色便携设备中
@media not handheld and (color) {
    /*样式代码*/
}
//下面样式代码将被使用在所有非彩色设备中
@media all and (not color) {
    /*样式代码*/
}
```

only 运算符能够让那些不支持媒体查询，但是支持媒体类型的设备，将忽略表达式中的样式。例如：

```
@media only screen and (color) {
    /*样式代码*/
}
```

对于支持媒体查询的设备来说，能够正确地读取其中的样式，仿佛 only 运算符不存在一样；对于不支持媒体查询，但支持媒体类型的设备（如 IE8）来说，可以识别@media screen 关键字，但是由于先读取的是 only 运算符，而不是 screen 关键字，将忽略这个样式。

提示：媒体查询也可以用在@import 规则和<link>标签中。例如：

@import url(example.css) screen and (width:800px);

//下面表示如果页面通过屏幕呈现，且屏幕宽度不超过 480px，则加载 shetland.css 样式表

<link rel="stylesheet" type="text/css" media="screen and (max-device-width: 480px)" href="shetland.css" />

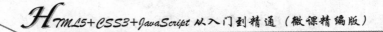

视频讲解

Note

15.3.2 使用@media

【示例 1】and 运算符用于符号两边规则均满足条件的匹配。

```
@media screen and (max-width : 600px) {
    /*匹配宽度小于等于 600px 的屏幕设备*/
}
```

【示例 2】not 运算符用于取非，所有不满足该规则的均匹配。

```
@media not print {
    /*匹配除了打印机以外的所有设备*/
}
```

📢 注意：not 仅应用于整个媒体查询。

> @media not all and (max-width : 500px) {}
> /*等价于*/
> @media not (all and (max-width : 500px)) {}
> /*而不是*/
> @media (not all) and (max-width : 500px) {}

在逗号媒体查询列表中，not 仅会否定它所在的媒体查询，而不影响其他的媒体查询。
如果在复杂的条件中使用 not 运算符，要显式添加小括号，避免歧义。

【示例 3】逗号相当于 or 运算符，用于两边有一条满足则匹配。

```
@media screen , (min-width : 800px) {
    /*匹配屏幕或者宽度大于等于 800px 的设备*/
}
```

【示例 4】在媒体类型中 all 是默认值，匹配所有设备。

```
@media all {
    /*可以过滤不支持 media 的浏览器*/
}
```

常用的媒体类型还有：screen 匹配屏幕显示器，print 匹配打印输出，更多媒体类型可以参考 CSS 参考手册。

【示例 5】使用媒体查询时必须加括号，一个括号就是一个查询。

```
@media (max-width : 600px) {
    /*匹配界面宽度小于等于 600px 的设备*/
}
@media (min-width : 400px) {
    /*匹配界面宽度大于等于 400px 的设备*/
}
@media (max-device-width : 800px) {
    /*匹配设备（不是界面）宽度小于等于 800px 的设备*/
}
@media (min-device-width : 600px) {
    /*匹配设备（不是界面）宽度大于等于 600px 的设备*/
}
```

💡 提示：在设计手机网页时，应该使用 device-width/device-height，因为手机浏览器默认会对页面进行一些缩放，如果按照设备的宽和高来进行匹配，会更接近预期的效果。

【示例 6】媒体查询允许相互嵌套，这样可以优化代码，避免冗余。

```
@media not print {
    /*通用样式*/
    @media (max-width:600px) {
        /*此条匹配宽度小于等于 600px 的非打印机设备 */
    }
    @media (min-width:600px) {
        /*此条匹配宽度大于等于 600px 的非打印机设备 */
    }
}
```

【示例 7】在设计响应式页面时，用户应该根据实际需要，先确定自适应分辨率的阈值，也就是页面响应的临界点。

```
@media (min-width: 768px){
    /*大于等于 768px 的设备 */
}
@media (min-width: 992px){
    /*大于等于 992px 的设备 */
}
@media (min-width: 1200){
    /*大于等于 1200px 的设备 */
}
```

注意： 下面样式顺序是错误的，因为后面的查询范围将覆盖掉前面的查询范围，导致前面的媒体查询失效。

```
@media (min-width: 1200){ }
@media (min-width: 992px){ }
@media (min-width: 768px){   }
```

因此，当我们使用 min-width 媒体特性时，应该按从小到大的顺序设计各个阈值。同理，如果使用 max-width，就应该按从大到小的顺序设计各个阈值。

```
@media (max-width: 1199){
    /*小于等于 1199px 的设备 */
}
@media (max-width: 991px){
    /*小于等于 991px 的设备 */
}
@media (max-width: 767px){
    /*小于等于 768px 的设备 */
}
```

【示例 8】用户可以创建多个样式表，以适应不同媒体类型的宽度范围。当然，更有效率的方法是将多个媒体查询整合在一个样式表文件中，这样可以减少请求的数量。

```
@media only screen    and (min-device-width : 320px)    and (max-device-width : 480px) {
    /*样式列表 */
}
@media only screen    and (min-width : 321px) {
    /*样式列表 */
}
```

```
@media only screen   and (max-width : 320px) {
    /*样式列表  */
}
```

【示例 9】如果从资源的组织和维护的角度考虑，可以选择使用多个样式表的方式来实现媒体查询，这样做更高效。

```
<link rel="stylesheet" media="screen and (max-width: 600px)" href="small.css" />
<link rel="stylesheet" media="screen and (min-width: 600px)" href="large.css" />
<link rel="stylesheet" media="print" href="print.css" />
```

【示例 10】使用 orientation 属性可以判断设备屏幕当前是横屏（值为 landscape），还是竖屏（值为 portrait）。

```
@media screen and (orientation: landscape) {
    .iPadLandscape {
        width: 30%;
        float: right;
    }
}
@media screen and (orientation: portrait) {
    .iPadPortrait {clear: both;}
}
```

不过 orientation 属性只在 iPad 上有效，对于其他可转屏的设备（如 iPhone），可以使用 min-device-width 和 max-device-width 来变通实现。

15.4 案 例 实 战

本节将通过多个案例帮助读者上机练习 CSS3 新布局。

15.4.1 设计三栏伸缩页面

视 频 讲 解

下面示例根据 15.3 节介绍的方法，使用不同版本语法，设计一个兼容不同设备和浏览器的弹性页面，演示效果如图 15.16 所示。

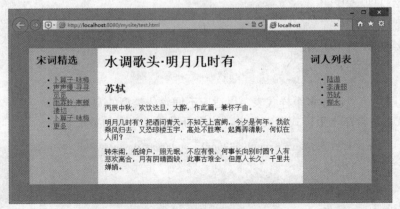

示 例 效 果

图 15.16 定义混合伸缩盒布局

示例主要代码如下：

```
<style type="text/css">
.page-wrap {
    display: -webkit-box;                      /* 2009 版  - iOS 6-, Safari 3.1-6 */
    display: -moz-box;                         /* 2009 版 - Firefox 19-（存在缺陷）*/
    display: -ms-flexbox;                      /* 2011 版 - IE 10 */
    display: -webkit-flex;                     /* 最新版 - Chrome */
    display: flex;                             /* 最新版 - Opera 12.1, Firefox 20+ */
}
.main-content {
    -webkit-box-ordinal-group: 2;             /* 2009 版 - iOS 6-, Safari 3.1-6 */
    -moz-box-ordinal-group: 2;                /* 2009 版 - Firefox 19- */
    -ms-flex-order: 2;                         /* 2011 版 - IE 10 */
    -webkit-order: 2;                          /* 最新版 - Chrome */
    order: 2;                                  /* 最新版 - Opera 12.1, Firefox 20+ */
    width: 60%;                                /* 不会自动伸缩，其他列将占据空间 */
    -moz-box-flex: 1;                          /* 如果没有该声明，主内容（60%）会伸展到和最宽的段落，
就像是段落设置了 white-space:nowrap */
    background: white;
}
.main-nav {
    -webkit-box-ordinal-group: 1;             /* 2009 版 - iOS 6-, Safari 3.1-6 */
    -moz-box-ordinal-group: 1;                /* 2009 版 - Firefox 19- */
    -ms-flex-order: 1;                         /* 2011 版 - IE 10 */
    -webkit-order: 1;                          /* 最新版 - Chrome */
    order: 1;                                  /* 最新版 - Opera 12.1, Firefox 20+ */
    -webkit-box-flex: 1;                       /* 2009 版 - iOS 6-, Safari 3.1-6 */
    -moz-box-flex: 1;                          /* 2009 版 - Firefox 19- */
    width: 20%;                                /* 2009 版语法，否则将崩溃 */
    -webkit-flex: 1;                           /* Chrome */
    -ms-flex: 1;                               /* IE 10 */
    flex: 1;                                   /* 最新版 - Opera 12.1, Firefox 20+ */
    background: #ccc;
}
.main-sidebar {
    -webkit-box-ordinal-group: 3;             /* 2009 版 - iOS 6-, Safari 3.1-6 */
    -moz-box-ordinal-group: 3;                /* 2009 版 - Firefox 19- */
    -ms-flex-order: 3;                         /* 2011 版 - IE 10 */
    -webkit-order: 3;                          /* 最新版 - Chrome */
    order: 3;                                  /* 最新版- Opera 12.1, Firefox 20+ */
    -webkit-box-flex: 1;                       /* 2009 版 - iOS 6-, Safari 3.1-6 */
    -moz-box-flex: 1;                          /* Firefox 19- */
    width: 20%;                                /* 2009 版，否则将崩溃*/
    -ms-flex: 1;                               /* 2011 版 - IE 10 */
    -webkit-flex: 1;                           /* 最新版 - Chrome */
    flex: 1;                                   /* 最新版 - Opera 12.1, Firefox 20+ */
    background: #ccc;
}
.main-content, .main-sidebar, .main-nav { padding: 1em; }
body {padding: 2em; background: #79a693;}
* {
```

```
        -webkit-box-sizing: border-box;
        -moz-box-sizing: border-box;
        box-sizing: border-box;}
h1, h2 {
        font: bold 2em Sans-Serif;
        margin: 0 0 1em 0;}
h2 { font-size: 1.5em; }
p { margin: 0 0 1em 0; }
</style>
<div class="page-wrap">
        <section class="main-content">
                <h1>水调歌头·明月几时有</h1>
                ……
        </section>
        <nav class="main-nav">
                <h2>宋词精选</h2>
                ……
        </nav>
        <aside class="main-sidebar">
                <h2>词人列表</h2>
                ……
        </aside>
</div>
```

　　页面被包裹在类名为 page-wrap 的容器中，容器包含 3 个子模块。现在将容器定义为伸缩容器，此时每个子模块自动变成了伸缩项目。

```
<div class="page-wrap">
        <section class="main-content"> </section>
        <nav class="main-nav"></nav>
        <aside class="main-sidebar"></aside>
</div>
```

　　本示例设计各列在一个伸缩容器中显示上下文，只有这样这些元素才能直接成为伸缩项目，它们之前是什么没有关系，只要现在是伸缩项目即可。

　　本示例把 Flexbox 旧的语法、中间混合语法和最新的语法混在一起使用，它们的顺序很重要。display 属性本身并不添加任何浏览器前缀，用户需要确保旧语法不要覆盖新语法，让浏览器同时支持。

```
.page-wrap {
        display: -webkit-box;            /* 2009 版  - iOS 6-, Safari 3.1-6 */
        display: -moz-box;               /* 2009 版 - Firefox 19-（存在缺陷）*/
        display: -ms-flexbox;            /* 2011 版 - IE 10 */
        display: -webkit-flex;           /* 最新版 - Chrome */
        display: flex;                   /* 最新版 - Opera 12.1, Firefox 20+ */
}
```

　　整个页面包含三列，设计一个 20%、60%、20%网格布局。第 1 步，设置主内容区域宽度为 60%；第 2 步，设置侧边栏来填补剩余的空间。同样把新旧语法混在一起使用：

```
.main-content {
        -webkit-box-ordinal-group: 2;    /* 2009 版  - iOS 6-, Safari 3.1-6 */
        -moz-box-ordinal-group: 2;       /* 2009 版 - Firefox 19- */
        -ms-flex-order: 2;               /* 2011 版  - IE 10 */
```

```
    -webkit-order: 2;                  /* 最新版 - Chrome */
    order: 2;                          /* 最新版 - Opera 12.1, Firefox 20+ */
    width: 60%;                        /* 不会自动伸缩，其他列将占据空间 */
    -moz-box-flex: 1;                  /* 如果没有该声明，Firefox 19-将溢出 h，覆盖宽度 */
    background: white;
}
```

Note

在新语法中，没有必要给边栏设置宽度，因为它们同样会使用 20%比例填充剩余的 40%的空间。但是，如果不显式设置宽度，在旧语法下会直接崩溃。

完成初步布局之后，需要重新排列顺序。这里设计主内容排列在中间，但在源码之中，它是排列在第一的位置。使用 Flexbox 可以非常容易实现，但是用户需要把 Flexbox 几种不同的语法混在一起使用：

```
.main-content {
    -webkit-box-ordinal-group: 2;
    -moz-box-ordinal-group: 2;
    -ms-flex-order: 2;
    -webkit-order: 2;
    order: 2;
}
.main-nav {
    -webkit-box-ordinal-group: 1;
    -moz-box-ordinal-group: 1;
    -ms-flex-order: 1;
    -webkit-order: 1;
    order: 1;
}
.main-sidebar {
    -webkit-box-ordinal-group: 3;
    -moz-box-ordinal-group: 3;
    -ms-flex-order: 3;
    -webkit-order: 3;
    order: 3;
}
```

15.4.2　设计自适应页面

本例借助 Flexbox 伸缩盒布局，设计页面呈现 3 行 3 列布局样式，同时能够根据窗口自适应调整各自空间，以满屏显示，效果如图 15.17 所示。

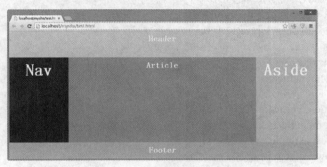

图 15.17　HTML5 应用文档

视 频 讲 解

示 例 效 果

页面主要代码如下所示：

```
<style type="text/css">
/*基本样式*/
* {margin: 0; padding: 0;
    -moz-box-sizing: border-box;
    -webkit-box-sizing: border-box;
    box-sizing: border-box;
}
html, body {height: 100%; color: #fff;}
body { min-width: 100%; }
header, section, nav, aside, footer { display: block; text-align:center; font-size:2em; font-weight:bold; }
/*页眉框样式：限高、限宽*/
header {
    background-color: hsla(200,10%,70%,.5);
    min-height: 100px; padding: 10px 20px;
    min-width: 100%;
}
/*主体区域框样式：满宽显示*/
section {min-width: 100%;}
/*导航框样式：固定宽度*/
nav {background-color: hsla(300,60%,20%,.9);padding: 1%;width: 220px;}
/*文档栏样式*/
article {background-color: hsla(120,50%,50%,.9); padding: 1%;}
/*侧边栏样式：弹性宽度*/
aside {background-color: hsla(20,80%,80%,.9); padding: 1%;width: 220px;}
/*页脚样式：限高、限宽*/
footer {
    background-color: hsla(250,50%,80%,.9);
    min-height: 60px; padding: 1%;
    min-width: 100%;
}
/*flexbox 样式*/
body {
    /*设置 body 为伸缩容器*/
    display: -webkit-box;/*旧版本：iOS 6-, Safari 3.1-6*/
    display: -moz-box;/*旧版本：Firefox 19- */
    display: -ms-flexbox;/*混合版本：IE10*/
    display: -webkit-flex;/*新版本：Chrome*/
    display: flex;/*标准规范：Opera 12.1, Firefox 20+*/
    /*伸缩项目换行*/
    -moz-box-orient: vertical;
    -webkit-box-orient: vertical;
    -moz-box-direction: normal;
    -moz-box-direction: normal;
    -moz-box-lines: multiple;
    -webkit-box-lines: multiple;
    -webkit-flex-flow: column wrap;
    -ms-flex-flow: column wrap;
```

```
        flex-flow: column wrap;
    }
    /*实现 stick footer 效果*/
    section {
        display: -moz-box;
        display: -webkit-box;
        display: -ms-flexbox;
        display: -webkit-flex;
        display: flex;
        -webkit-box-flex: 1;
        -moz-box-flex: 1;
        -ms-flex: 1;
        -webkit-flex: 1;
        flex: 1;
        -moz-box-orient: horizontal;
        -webkit-box-orient: horizontal;
        -moz-box-direction: normal;
        -webkit-box-direction: normal;
        -moz-box-lines: multiple;
        -webkit-box-lines: multiple;
        -ms-flex-flow: row wrap;
        -webkit-flex-flow: row wrap;
        flex-flow: row wrap;
        -moz-box-align: stretch;
        -webkit-box-align: stretch;
        -ms-flex-align: stretch;
        -webkit-align-items: stretch;
        align-items: stretch;
    }
    /*文章区域伸缩样式*/
    article {
        -moz-box-flex: 1;
        -webkit-box-flex: 1;
        -ms-flex: 1;
        -webkit-flex: 1;
        flex: 1;
        -moz-box-ordinal-group: 2;
        -webkit-box-ordinal-group: 2;
        -ms-flex-order: 2;
        -webkit-order: 2;
        order: 2;
    }
    /*侧边栏伸缩样式*/
    aside {
        -moz-box-ordinal-group: 3;
        -webkit-box-ordinal-group: 3;
        -ms-flex-order: 3;
        -webkit-order: 3;
        order: 3;
    }
```

视频讲解

```
</style>

<header>Header</header>
<section>
    <article>Article</article>
    <nav>Nav</nav>
    <aside>Aside</aside>
</section>
<footer>Footer</footer>
```

15.4.3 设计响应式页面

本例在页面中设计 3 个栏目：

☑ <div id="main">：主要内容栏目。

☑ <div id="sub">：次要内容栏目。

☑ <div id="sidebar">：侧边栏栏目。

构建的页面结构如下：

```
<div id="container">
    <div id="wrapper">
        <div id="main">
            <h1>水调歌头·明月几时有</h1>
            <h2>苏轼</h2>
            <p>……</p>
        </div>
        <div id="sub">
            <h2>宋词精选</h2>
            <ul>
                <li>……</li>
            </ul>
        </div>
    </div>
    <div id="sidebar">
        <h2>词人列表</h2>
        <ul>
            <li>……</li>
        </ul>
    </div>
</div>
```

设计页面能够自适应屏幕宽度，呈现不同的版式布局。当显示屏幕宽度在 999px 以上时，让 3 个栏目并列显示；当显示屏幕宽度在 639px 以上、1000px 以下时，设计两个栏目显示；当显示屏幕宽度在 640px 以下时，让 3 个栏目堆叠显示。

```
<style type="text/css">
/* 默认样式 */
/* 网页宽度固定，并居中显示 */
#container { width: 960px; margin: auto;}
/*主体宽度 */
```

```
#wrapper {width: 740px; float: left;}
/*设计三栏并列显示*/
#main {width: 520px; float: right;}
#sub { width: 200px; float: left;}
#sidebar { width: 200px; float: right;}
/* 窗口宽度在 999px 以上 */
@media screen and (min-width: 1000px) {
    /* 3 栏显示*/
    #container { width: 1000px; }
    #wrapper { width: 780px; float: left; }
    #main {width: 560px; float: right; }
    #sub { width: 200px; float: left; }
    #sidebar { width: 200px; float: right; }
}
/* 窗口宽度在 639px 以上、1000px 以下 */
@media screen and (min-width: 640px) and (max-width: 999px) {
    /* 2 栏显示 */
    #container { width: 640px; }
    #wrapper { width: 640px; float: none; }
    .height { line-height: 300px; }
    #main { width: 420px; float: right; }
    #sub {width: 200px; float: left; }
    #sidebar {width: 100%; float: none; }
}
/* 窗口宽度在 640px 以下 */
@media screen and (max-width: 639px) {
    /* 1 栏显示   */
    #container { width: 100%; }
    #wrapper { width: 100%; float: none; }
    #main {width: 100%; float: none; }
    #sub { width: 100%; float: none; }
    #sidebar { width: 100%; float: none; }
}
</style>
```

当显示屏幕宽度在 999px 以上时，3 栏并列显示，预览效果如图 15.18 所示。

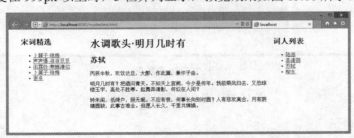

图 15.18　显示屏幕宽度在 999px 以上时页面显示效果

示 例 效 果

当显示屏幕宽度在 639px 以上、1000px 以下时，两栏显示，预览效果如图 15.19 所示；当显示屏幕宽度在 640px 以下时，3 个栏目从上往下堆叠显示，预览效果如图 15.20 所示。

图 15.19　宽度在 639px 以上、1000px 以下时的效果

图 15.20　宽度在 640px 以下时的效果

视频讲解

15.4.4　设计响应式菜单

本例设计一个响应式菜单，能够根据设备显示不同的伸缩盒布局效果。在小屏设备上，从上到下显示；在默认状态下，从左到右显示，右对齐盒子；当设备小于 801 像素时，设计导航项目分散对齐显示，示例预览效果如图 15.21 所示。

小于 601 像素屏幕

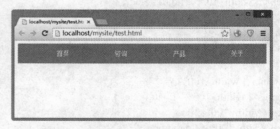

介于 600 和 800 像素之间设备

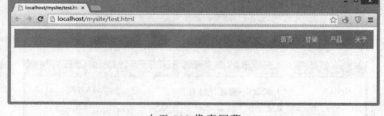

大于 799 像素屏幕

示例效果

图 15.21　定义伸缩项目居中显示

示例主要代码如下：

```
<style type="text/css">
/*默认伸缩布局*/
.navigation {
    list-style: none;
    margin: 0;
```

```
        background: deepskyblue;
        /* 启动伸缩盒布局 */
        display: -webkit-box;
        display: -moz-box;
        display: -ms-flexbox;
        display: -webkit-flex;
        display: flex;
        -webkit-flex-flow: row wrap;
        /* 所有列面向主轴终点位置靠齐 */
        justify-content: flex-end;
    }
    /*设计导航条内超链接默认样式*/
    .navigation a { text-decoration: none; display: block; padding: 1em; color: white;}
    /*设计导航条内超链接在鼠标经过时的样式*/
    .navigation a:hover { background: blue; }
    /*在小于 801 像素设备下伸缩布局*/
    @media all and (max-width: 800px) {
        /* 当在中等屏幕中，导航项目居中显示，并且剩余空间平均分布在列表之间 */
        .navigation { justify-content: space-around; }}
    /*在小于 601 像素设备下伸缩布局*/
    @media all and (max-width: 600px) {
        .navigation { /* 在小屏幕下，没有足够空间行排列，可以换成列排列 *
            -webkit-flex-flow: column wrap;
            flex-flow: column wrap;
            padding: 0;}
        .navigation a {
            text-align: center;
            padding: 10px;
            border-top: 1px solid rgba(255,255,255,0.3);
            border-bottom: 1px solid rgba(0,0,0,0.1);}
        .navigation li:last-of-type a { border-bottom: none; }
    }
</style>
<ul class="navigation">
    <li><a href="#">首页</a></li>
    <li><a href="#">咨询</a></li>
    <li><a href="#">产品</a></li>
    <li><a href="#">关于</a></li>
</ul>
```

15.5　在线练习

在线练习

在线练习

1. Flexbox 3个不同版本的规范对应着不同的实现。需要关注哪个版本，取决于需要支持的浏览器。

2. 练习响应式网页设计的实现方式。

第16章

设计 CSS3 动画

CSS3 动画包括过渡动画和关键帧动画，它们主要通过改变 CSS 属性值来模拟实现。本章将详细介绍 Transform、Transitions 和 Animations 三大功能模块，其中 Transform 实现对网页对象的变形操作，Transitions 实现 CSS 属性过渡变化，Animations 实现 CSS 样式分步式演示效果。

【学习要点】

▶▶ 设计对象变形操作。

▶▶ 设计过渡样式。

▶▶ 设计关键帧动画。

▶▶ 能够灵活使用 CSS3 动画设计页面特效。

视频讲解

16.1　设计变形动画

CSS3 变形包括 3D 变形和 2D 变形，3D 变形使用基于 2D 变形的相同属性，实现网页对象的旋转、缩放、平移和倾斜等操作。CSS 2D 变形获得了各主流浏览器的支持，但是 CSS 3D 变形支持程度不是很完善。考虑到浏览器兼容性，3D 变形在实际应用时应添加私有属性，并且个别属性在某些主流浏览器中并未得到很好的支持。

16.1.1　设置变形原点

CSS 变形的原点默认为对象的中心点（50% 50%），使用 transform-origin 属性可以重新设置新的变形原点。语法格式如下所示：

transform-origin:[<percentage> | <length> | left | center① | right] [<percentage> | <length> | top | center② | bottom]?

取值简单说明如下：
- ☑　<percentage>：用百分比指定坐标值。可以为负值。
- ☑　<length>：用长度值指定坐标值。可以为负值。
- ☑　left：指定原点的横坐标为 left。
- ☑　center①：指定原点的横坐标为 center。
- ☑　right：指定原点的横坐标为 right。
- ☑　top：指定原点的纵坐标为 top。
- ☑　center②：指定原点的纵坐标为 center。
- ☑　bottom：指定原点的纵坐标为 bottom。

【示例】通过重置变形原点，可以设计不同的变形效果。在下面示例中以图像的右上角为原点逆时针旋转图像 45 度，则比较效果如图 16.1 所示。

```
<style type="text/css">
img {/* 固定两幅图像相同大小和相同显示位置 */
    position: absolute;
    left: 20px;
    top: 10px;
    width: 170px;
    width: 250px;
}
img.bg {/* 设置第 1 幅图像作为参考 */
    opacity: 0.3;
    border: dashed 1px red;
}
img.change {/* 变形第 2 幅图像 */
    border: solid 1px red;
    transform-origin: top right;      /*以右上角为原点进行变形*/
    transform: rotate(-45deg);        /*逆时针旋转 45 度*/
}
</style>
<img class="bg" src="images/1.jpg">
<img class="change" src="images/1.jpg">
```

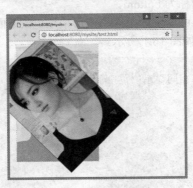

Note

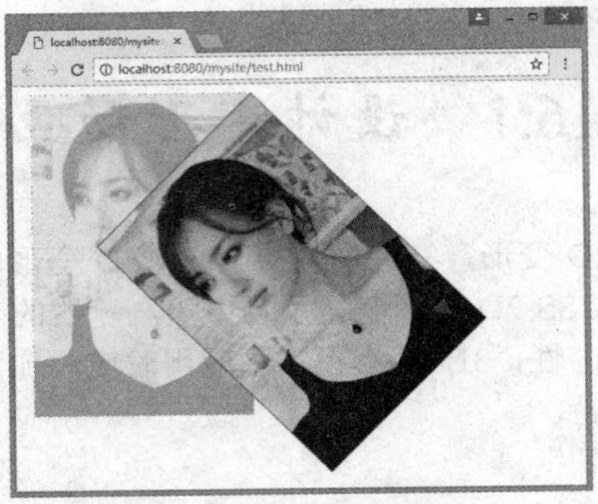

图 16.1　自定义旋转原点

视频讲解

16.1.2　定义 2D 旋转

rotate()函数能够在 2D 空间内旋转对象，语法格式如下：

```
rotate(<angle>)
```

参数 angle 表示角度值，取值单位可以是：度，如 90deg（90 度，一圈 360 度）；梯度，如 100grad（相当于 90 度，360 度等于 400grad）；弧度，如 1.57rad（约等于 90 度，360 度等于 2π）；圈，如 0.25turn（等于 90 度，360 度等于 1turn）。

【示例】以 16.1.1 节示例为基础，下面按默认原点逆时针旋转图像 45 度，效果如图 16.2 所示。

```
img.change {
    border: solid 1px red;
    transform: rotate(-45deg);
}
```

图 16.2　定义旋转效果

视频讲解

16.1.3　定义 2D 缩放

scale()函数能够缩放对象大小，语法格式如下：

```
scale(<number>[, <number>])
```

该函数包含两个参数值，分别用来定义宽度和高度缩放比例。取值简单说明如下。

☑　如果取值为正数，则基于指定的宽度和高度将放大或缩小的对象。

☑　如果取值为负数，则不会缩小元素，而是翻转元素（如文字被反转），然后再缩放元素。

☑ 如果取值为小于 1 的小数（如 0.5），可以缩小元素。

☑ 如果第二个参数省略，则第二个参数等于第一个参数值。

【示例】以 16.1.2 节示例为基础，下面按默认原点把图像缩小 1/2，效果如图 16.3 所示。

```
img.change {
    border: solid 1px red;
    transform: scale(0.5);
}
```

图 16.3　缩小对象一倍效果

16.1.4　定义 2D 平移

translate()函数能够平移对象的位置，语法格式如下：

```
translate(<translation-value>[, <translation-value>])
```

视频讲解

该函数包含两个参数值，分别用来定义对象在 X 轴和 Y 轴相对于原点的偏移距离。如果省略参数，则默认值为 0。如果取负值，则表示反向偏移，参考原点保持不变。

【示例】下面示例设计向右下角方向平移图像，其中 X 轴偏移 150 像素，Y 轴偏移 50 像素，演示效果如图 16.4 所示。

```
img.change {
    border: solid 1px red;
    transform: translate(150px, 50px);
}
```

图 16.4　平移对象效果

16.1.5　定义 D 倾斜

skew()函数能够倾斜显示对象，语法格式如下：

skew(<angle> [, <angle>])

该函数包含两个参数值，分别用来定义对象在 X 轴和 Y 轴倾斜的角度。如果省略参数，则默认值为 0。与 rotate()函数不同，rotate()函数只是旋转对象的角度，而不会改变对象的形状；skew()函数会改变对象的形状。

【示例】下面示例使用 skew()函数变形图像，X 轴倾斜 30 度，Y 轴倾斜 20 度，效果如图 16.5 所示。

```
img.change {
    border: solid 1px red;
    transform: skew(30deg, 20deg);
}
```

图 16.5　倾斜对象效果

16.1.6　定义 2D 矩阵

matrix()是一个矩阵函数，它可以同时实现缩放、旋转、平移和倾斜操作，语法格式如下：

matrix(<number>, <number>, <number>, <number>, <number>, <number>)

该函数包含 6 个值，具体说明如下：

☑　第 1 个参数控制 X 轴缩放。
☑　第 2 个参数控制 X 轴倾斜。
☑　第 3 个参数控制 Y 轴倾斜。
☑　第 4 个参数控制 Y 轴缩放。
☑　第 5 个参数控制 X 轴平移。
☑　第 6 个参数控制 Y 轴平移。

【示例】下面示例使用 matrix()函数模拟 16.1.5 节示例的倾斜变形操作，效果类似 16.1.5 节示例效果。

```
img.change {
    border: solid 1px red;
    transform: matrix(1, 0.6, 0.2, 1, 0, 0);
}
```

【补充】多个变形函数可以在一个声明中同时定义。例如：

```
div {
    transform: translate(80, 80);
    transform: rotate(45deg);
    transform: scale(1.5, 1.5);
}
```

针对上面样式，可以简化为：

```
div { transform: translate(80, 80) rotate(45deg) scale(1.5, 1.5);}
```

16.1.7　定义 3D 平移

3D 平移主要包括下面 4 个函数：

- ☑　translatex(<translation-value>)：指定对象 X 轴（水平方向）的平移。
- ☑　translatey(<translation-value>)：指定对象 Y 轴（垂直方向）的平移。
- ☑　translatez(<length>)：指定对象 Z 轴的平移。
- ☑　translate3d(<translation-value>,<translation-value>,<length>)：指定对象的 3D 平移。第 1 个参数对应 X 轴，第 2 个参数对应 Y 轴，第 3 个参数对应 Z 轴，参数不允许省略。

参数<translation-value>表示<length>或<percentage>，即 X 轴和 Y 轴可以取值长度值或百分比，但是 Z 轴只能够设置长度值。

【示例】下面示例设计图像在 3D 空间中平移，设计一种错位效果，如图 16.6 所示。

```
#box {
    transform-style: preserve-3d;
    perspective: 1200px;
}
img.change {
    border: solid 1px red;
    transform: translate3d(200px, 30px, 60px);
}
```

图 16.6　定义 3D 平移效果

从图 16.6 效果可以看出，当 Z 轴值越大时，元素离浏览者更近，从视觉上元素就变得更大；反之其值越小时，元素也离浏览者更远，从视觉上元素就变得更小。

> **提示：** translateZ()函数在实际使用中等效于 translate3d(0,0,tz)。仅从视觉效果上看，translateZ()和 translate3d(0,0,tz)函数功能非常类似于二维空间的 scale()缩放函数，但实际上完全不同。translateZ()和 translate3d(0,0,tz)变形是发生在 Z 轴上，而不是 X 轴和 Y 轴。

16.1.8　定义 3D 缩放

3D 缩放主要包括下面 4 个函数：

- ☑ scalex(<number>)：指定对象 X 轴的（水平方向）缩放。
- ☑ scaley(<number>)：指定对象 Y 轴的（垂直方向）缩放。
- ☑ scalez(<number>)：指定对象的 Z 轴缩放。
- ☑ scale3d(<number>,<number>,<number>)：指定对象的 3D 缩放。第 1 个参数对应 X 轴，第 2 个参数对应 Y 轴，第 3 个参数对应 Z 轴，参数不允许省略。

参数<number>为一个数字，表示缩放倍数，可参考 2D 缩放参数说明。

【示例】下面以 16.1.2 节示例为基础，在 X 轴和 Y 轴放大图像 1.5 倍，Z 轴放大图像 2 倍，然后使用 translatex()把变形的图像移到右侧显示，以便与原图进行比较，演示效果如图 16.7 所示。

```
img.change {
    border: solid 1px red;
    transform: scale3D(1.5,1.5,2) translatex(240px);
}
```

图 16.7　定义 3D 缩放效果

16.1.9　定义 3D 旋转

3D 旋转主要包括下面 4 个函数：

- ☑ rotatex(<angle>)：指定对象在 X 轴上的旋转角度。
- ☑ rotatey(<angle>)：指定对象在 Y 轴上的旋转角度。
- ☑ rotatez(<angle>)：指定对象在 Z 轴上的旋转角度。
- ☑ rotate3d(<number>,<number>,<number>,<angle>)：指定对象的 3D 旋转角度，其中前 3 个参数分别表示旋转的方向 X、Y、Z，第 4 个参数表示旋转的角度，参数不允许省略。

提示：rotate3d()函数前 3 个参数值分别用来描述围绕 X、Y、Z 轴旋转的矢量值。最终变形元素沿着由(0,0,0)和(x,y,z)这两个点构成的直线为轴，进行旋转。当第 4 个参数为正数时，元素进行顺时针旋转；当第 4 个参数为负数时，元素进行逆时针旋转。

rotate3d()函数可以与前面 3 个旋转函数进行转换，简单说明如下：

☑ rotatex(a)函数功能等同于 rotate3d(1,0,0,a)。

☑ rotatey(a)函数功能等同于 rotate3d(0,1,0,a)。

☑ rotatez(a)函数功能等同于 rotate3d(0,0,1,a)。

【示例】以上面示例为基础，使用 rotate3d()函数顺时针旋转图像 45 度，其中 X 轴、Y 轴和 Z 轴比值为 2、2、1，效果如图 16.8 所示。

```
img.change {
    border: solid 1px red;
    transform: rotate3d(2,2,1,45deg);
}
```

图 16.8　定义 3D 旋转效果

16.2　设计过渡动画

CSS 过渡动画可以设计网页对象的样式变化持续一个过程，而不是两种样式瞬间切换。CSS 过渡动画目前获得所有浏览器的支持。

16.2.1　设置过渡属性

transition-property 属性用来定义过渡动画的 CSS 属性名称，基本语法如下所示：

```
transition-property:none | all | [ <IDENT> ] [',' <IDENT> ]*;
```

取值简单说明如下：

☑ none：表示没有元素。

☑ all：默认值，表示针对所有元素，包括:before 和:after 伪元素。

视频讲解

☑ IDENT：指定 CSS 属性列表。几乎所有色彩、大小或位置等相关的 CSS 属性，包括许多新添加的 CSS3 属性，都可以应用过渡，如 CSS3 变换中的放大、缩小、旋转、斜切、渐变等。

【示例】在下面示例中，指定动画的属性为背景色。这样当鼠标经过盒子时，会自动从红色背景过渡到蓝色背景，演示效果如图 16.9 所示。

```css
<style type="text/css">
div {
    margin: 10px auto; height: 80px;
    background: red;
    border-radius: 12px;
    box-shadow: 2px 2px 2px #999;
}
div:hover {
    background-color: blue;
    /*指定动画过渡的 CSS 属性*/
    transition-property: background-color;
}
</style>

<div></div>
```

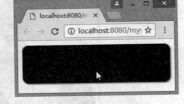

默认状态　　　　　　　　　　鼠标经过时被旋转

图 16.9　定义简单的背景色切换动画

16.2.2　设置过渡时间

transition-duration 属性用来定义转换动画的时间长度，基本语法如下所示：

```css
transition-duration:<time> [, <time>]*;
```

初始值为 0，适用于所有元素，以及:before 和:after 伪元素。在默认情况下，动画过渡时间为 0秒，所以当指定元素动画时会看不到过渡的过程，直接看到结果。

【示例】以 16.2.1 节示例为例，下面示例设置动画过渡时间为 2 秒，当鼠标移过对象时，会看到背景色从红色逐渐过渡到蓝色，演示效果如图 16.10 所示。

```css
div:hover {
    background-color: blue;
    /*指定动画过渡的 CSS 属性*/
    transition-property: background-color;
    /*指定动画过渡的时间*/
    transition-duration:2s;
}
```

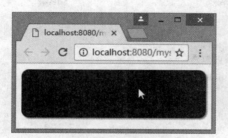

图 16.10　设置动画时间

视 频 讲 解

16.2.3　设置延迟过渡时间

transition-delay 属性用来定义开启过渡动画的延迟时间，基本语法如下所示：

```
transition-delay:<time> [, <time>]*;
```

初始值为 0，适用于所有元素，以及:before 和:after 伪元素。设置时间可以为正整数、负整数和零，非零的时候必须设置单位是 s（秒）或者 ms（毫秒），为负数的时候，过渡的动作会从该时间点开始显示，之前的动作被截断。为正数的时候，过渡的动作会延迟触发。

【示例】以 16.2.1 节示例为基础进行介绍，下面示例设置过渡动画推迟 2 秒钟后执行，则当鼠标移过对象时会看不到任何变化，过了 2 秒钟之后才发现背景色从红色逐渐过渡到蓝色。

```
div:hover {
    background-color: blue;
    /*指定动画过渡的 CSS 属性*/
    transition-property: background-color;
    /*指定动画过渡的时间*/
    transition-duration: 2s;
    /*指定动画延迟触发 */
    transition-delay: 2s;
}
```

16.2.4　设置过渡动画类型

transition-timing-function 属性用来定义过渡动画的类型，基本语法如下所示：

```
transition-timing-function:ease | linear | ease-in | ease-out | ease-in-out | cubicbezier(<number>, <number>,
<number>, <number>) [, ease | linear | ease-in | ease-out | ease-in-out | cubic-bezier(<number>, <number>,<number>,
<number>)]*
```

视 频 讲 解

属性初始值为 ease，取值简单说明如下：

- ☑ ease：平滑过渡，等同于 cubic-bezier(0.25, 0.1, 0.25, 1.0)函数，即立方贝塞尔。
- ☑ linear：线性过渡，等同于 cubic-bezier(0.0, 0.0, 1.0, 1.0)函数。
- ☑ ease-in：由慢到快，等同于 cubic-bezier(0.42, 0, 1.0, 1.0)函数。
- ☑ ease-out：由快到慢，等同于 cubic-bezier(0, 0, 0.58, 1.0)函数。
- ☑ ease-in-out：由慢到快再到慢，等同于 cubic-bezier(0.42, 0, 0.58, 1.0)函数。
- ☑ cubic-bezier：特殊的立方贝塞尔曲线效果。

【示例】以 16.2.1 节示例为基础进行介绍，下面设置过渡类型为线性效果，代码如下所示：

视频讲解

```
div:hover {
    background-color: blue;
    /*指定动画过渡的 CSS 属性*/
    transition-property: background-color;
    /*指定动画过渡的时间*/
    transition-duration: 10s;
    /*指定动画过渡为线性效果  */
    transition-timing-function: linear;
}
```

16.2.5 设置过渡触发动作

CSS3 过渡动画一般通过动态伪类触发，如表 16.1 所示。

表 16.1 CSS 动态伪类

动 态 伪 类	作 用 元 素	说　　明
:link	只有链接	未访问的链接
:visited	只有链接	访问过的链接
:hover	所有元素	鼠标经过元素
:active	所有元素	鼠标单击元素
:focus	所有可被选中的元素	元素被选中

也可以通过 JavaScript 事件触发，包括 click、focus、mousemove、mouseover、mouseout 等。

1. :hover

最常用的过渡触发方式是使用:hover 伪类。

【示例 1】下面示例设计当鼠标经过 div 元素时，该元素的背景色会在经过 1 秒钟的初始延迟后，于 2 秒钟内动态地从绿色变为蓝色。

```
<style type="text/css">
div {
    margin: 10px auto;
    height: 80px;
    border-radius: 12px;
    box-shadow: 2px 2px 2px #999;
    background-color: red;
    transition: background-color 2s ease-in 1s;
}
div:hover { background-color: blue}
</style>
<div></div>
```

2. :active

:active 伪类表示用户单击某个元素并按住鼠标按钮时显示的状态。

【示例 2】下面示例设计当用户单击 div 元素时，该元素被激活，这时会触发动画，高度属性从 200px 过渡到 400px。如果按住该元素，保持住活动状态，则 div 元素始终显示 400px 高度，松开鼠

Note

标之后又会恢复原来的高度，如图 16.11 所示。

```
<style type="text/css">
div {
    margin: 10px auto;
    border-radius: 12px;
    box-shadow: 2px 2px 2px #999;
    background-color: #8AF435;
    height: 200px;
    transition: width 2s ease-in;
}
div:active {height: 400px;}
</style>
<div></div>
```

默认状态   单击

图 16.11　定义激活触发动画

3. : focus

:focus 伪类通常会在表单对象接收键盘响应时出现。

【示例 3】下面设计当输入框获取焦点时，输入框的背景色逐步高亮显示，如图 16.12 所示。

```
<style type="text/css">
label {
    display: block;
    margin: 6px 2px;
}
input[type="text"], input[type="password"] {
    padding: 4px;
    border: solid 1px #ddd;
    transition: background-color 1s ease-in;
}
input:focus { background-color: #9FFC54;}
</style>
<form id=fm-form action="" method=post>
    <fieldset>
        <legend>用户登录</legend>
        <label for="name">姓名
```

```
            <input type="text" id="name" name="name" >
        </label>
        <label for="pass">密码
            <input type="password" id="pass" name="pass" >
        </label>
    </fieldset>
</form>
```

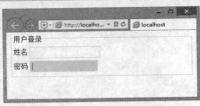

图 16.12　定义获取焦点触发动画

提示：把:hover 伪类与:focus 配合使用，能够丰富鼠标用户和键盘用户的体验。

4. :checked

:checked 伪类在发生这种状况时触发过渡。

【示例 4】下面示例设计当复选框被选中时缓慢缩进 2 个字符，演示效果如图 16.13 所示。

```html
<style type="text/css">
label.name {
    display: block;
    margin: 6px 2px;
}
input[type="text"], input[type="password"] {
    padding: 4px;
    border: solid 1px #ddd;
}
input[type="checkbox"] { transition: margin 1s ease;}
input[type="checkbox"]:checked { margin-left: 2em;}
</style>
<form id=fm-form action="" method=post>
    <fieldset>
        <legend>用户登录</legend>
        <label class="name" for="name">姓名
            <input type="text" id="name" name="name" >
        </label>
        <p>技术专长<br>
            <label>
                <input type="checkbox" name="web" value="html" id="web_0">
                HTML</label><br>
            <label>
                <input type="checkbox" name="web" value="css" id="web_1">
                CSS</label><br>
            <label>
                <input type="checkbox" name="web" value="javascript" id="web_2">
                JavaScript</label><br>
```

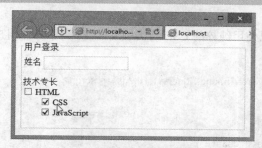

图 16.13　定义被选中时触发动画

5. 媒体查询

触发元素状态变化的另一种方法是使用 CSS3 媒体查询。

【示例 5】下面示例设计 div 元素的宽度和高度为 49%×200px，如果用户将窗口大小调整到 420px 或以下，则该元素将过渡为 100%×100px。也就是说，当窗口宽度变化经过 420px 的阈值时，将会触发过渡动画，如图 16.14 所示。

```
<style type="text/css">
div {
    float: left; margin: 2px;
    width: 49%; height: 200px;
    background: #93FB40;
    border-radius: 12px;
    box-shadow: 2px 2px 2px #999;
    transition: width 1s ease, height 1s ease;
}
@media only screen and (max-width : 420px) {
    div {
        width: 100%;
        height: 100px;
    }
}
</style>
<div></div>
<div></div>
```

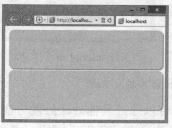

当窗口小于等于 420px 宽度

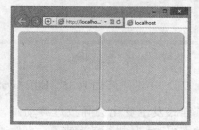

当窗口大于 420px 宽度

图 16.14　设备类型触发动画

Note

如果网页加载时用户的窗口大小是 420px 或以下，浏览器会在该部分应用这些样式，但是由于不会出现状态变化，因此不会发生过渡。

6. JavaScript 事件

【示例 6】下面示例可以使用纯粹的 CSS 伪类触发过渡，为了方便用户理解，这里通过 jQuery 脚本触发过渡。

```
<script type="text/javascript" src="images/jquery-1.10.2.js"></script>
<script type="text/javascript">
$(function() {
    $("#button").click(function() {
        $(".box").toggleClass("change");
    });
});
</script>
<style type="text/css">
.box {
    margin:4px;
    background: #93FB40;
    border-radius: 12px;
    box-shadow: 2px 2px 2px #999;
    width: 50%; height: 100px;
    transition: width 2s ease, height 2s ease;
}
.change { width: 100%; height: 120px;}
</style>
<input type="button" id="button" value="触发过渡动画" />
<div class="box"></div>
```

在文档中包含一个 box 类的盒子和一个按钮，当单击按钮时，jQuery 脚本都会将盒子的类切换为 change，从而触发过渡动画，演示效果如图 16.15 所示。

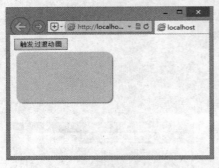
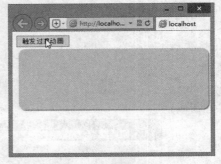

示例效果   默认状态   JavaScript 事件激活状态

图 16.15   使用 JavaScript 脚本触发动画

上面演示了样式发生变化会导致过渡动画，也可以通过其他方法触发这些更改，包括通过 JavaScript 脚本动态更改。从执行效率来看，事件通常应当通过 JavaScript 触发，简单动画或过渡则应使用 CSS 触发。

16.3　设计帧动画

CSS3 关键帧动画能够模拟 Flash 动画的实现效果，允许用户控制过渡动画的过程。目前最新版本的主流浏览器都支持 CSS 帧动画。

16.3.1　设置关键帧

CSS3 使用@keyframes 定义关键帧。具体用法如下所示：

```
@keyframes animationname {
    keyframes-selector {
        css-styles;
    }
}
```

其中参数说明如下：

- ☑　animationname：定义动画的名称。
- ☑　keyframes-selector：定义帧的时间未知，也就是动画时长的百分比，合法的值包括 0～100%、from（等价于 0%）、to（等价于 100%）。
- ☑　css-styles：表示一个或多个合法的 CSS 样式属性。

在动画过程中，用户能够多次改变这套 CSS 样式。以百分比来定义样式改变发生的时间，或者通过关键词 from 和 to。为了获得最佳浏览器支持，设计关键帧动画时应该始终定义 0 和 100%位置帧。最后，为每帧定义动态样式，同时将动画与选择器绑定。

【示例】下面示例演示如何让一个小方盒沿着方形框内壁匀速运动，效果如图 16.16 所示。

```
<style>
#wrap {/* 定义运动轨迹包含框*/
    position:relative;                        /* 定义定位包含框，避免小盒子跑到外面运动*/
    border:solid 1px red;
    width:250px; height:250px;
}
#box {/* 定义运动小盒的样式*/
    position:absolute;
    left:0; top:0;
    width: 50px; height: 50px;
    background: #93FB40;
    border-radius: 8px;
    box-shadow: 2px 2px 2px #999;

    /*定义帧动画：名称为 ball，动画时长为 5 秒，动画类型为匀速渐变，动画无限播放*/
    animation: ball 5s linear infinite;
}
/*定义关键帧：共包括 5 帧，分别在总时长 0%、25%、50%、75%、100%的位置*/
/*每帧中设置动画属性为 left 和 top，让它们的值匀速渐变，产生运动动画*/
@keyframes ball {
    0% {left:0;top:0;}
    25% {left:200px;top:0;}
    50% {left:200px;top:200px;}
```

```
        75% {left:0;top:200px;}
        100% {left:0;top:0;}
    }
</style>
<div id="wrap">
    <div id="box"></div>
</div>
```

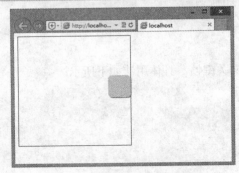

示例效果　　　　　　　图 16.16　设计小盒子运动动画

16.3.2　设置动画属性

Animations 功能与 Transition 功能相同，都是通过改变元素的属性值来实现动画效果。它们的区别在于：使用 Transition 功能时只能通过指定属性的开始值与结束值，然后在这两个属性值之间进行平滑过渡的方式来实现动画效果，因此不能实现比较复杂的动画效果；而 Animations 则通过定义多个关键帧以及定义每个关键帧中元素的属性值来实现更为复杂的动画效果。

1. 定义动画名称

使用 animation-name 属性可以定义 CSS 动画的名称，语法如下所示：

animation-name:none | IDENT [, none | IDENT]*;

初始值为 none，定义一个适用的动画列表。每个名字是用来选择动画关键帧，提供动画的属性值。如名称是 none，那么就不会有动画。

2. 定义动画时间

使用 animation-duration 属性可以定义 CSS 动画播放时间，语法如下所示：

animation-duration:<time> [, <time>]*;

在默认情况下该属性值为 0，这意味着动画周期是直接的，即不会有动画。当值为负值时，则被视为 0。

3. 定义动画类型

使用 animation-timing-function 属性可以定义 CSS 动画类型，语法如下所示：

animation-timing-function:ease | linear | ease-in | ease-out | ease-in-out | cubicbezier(<number>, <number>, number>, <number>) [, ease | linear |ease-in | ease-out | ease-in-out | cubic-bezier(<number>, <number>,<number>, <number>)]*

初始值为 ease，取值说明可参考 16.2.4 节介绍的过渡动画类型。

4. 定义延迟时间

使用 animation-delay 属性可以定义 CSS 动画延迟播放的时间，语法如下所示：

animation-delay:<time> [, <time>]*;

该属性允许一个动画开始执行一段时间后才被应用。当动画延迟时间为 0，即默认动画延迟时间，则意味着动画将尽快执行，否则该值指定将延迟执行的时间。

5. 定义播放次数

使用 animation-iteration-count 属性定义 CSS 动画的播放次数，语法如下所示：

animation-iteration-count:infinite | <number> [, infinite | <number>]*;

默认值为 1，这意味着动画将从开始到结束播放一次。infinite 表示无限次，即 CSS 动画永远重复播放。如果取值为非整数，将导致动画结束一个周期的一部分。如果取值为负值，则将导致在交替周期内反向播放动画。

6. 定义播放方向

使用 animation-direction 属性定义 CSS 动画的播放方向，基本语法如下所示：

animation-direction:normal | alternate [, normal | alternate]*;

默认值为 normal。当为默认值时，动画的每次循环都向前播放。另一个值是 alternate，设置该值则表示第偶数次向前播放，第奇数次向反方向播放。

7. 定义播放状态

使用 animation-play-state 属性定义动画正在运行，还是暂停，语法如下所示：

animation-play-state: paused|running;

初始值为 running。其中 paused 定义动画已暂停，running 定义动画正在播放。

> 💡 **提示**：可以在 JavaScript 中使用该属性，这样就能在播放过程中暂停动画。在 JavaScript 脚本中用法如下：
>
> object.style.animationPlayState="paused"

8. 定义播放外状态

使用 animation-fill-mode 属性定义播放外状态，语法如下所示：

animation-fill-mode: none | forwards | backwards | both [, none | forwards | backwards | both]*

初始值为 none，如果提供多个属性值，以逗号进行分隔。取值说明如下：

- ☑ none：不设置对象动画之外的状态。
- ☑ forwards：设置对象状态为动画结束时的状态。
- ☑ backwards：设置对象状态为动画开始时的状态。
- ☑ both：设置对象状态为动画结束或开始的状态。

【示例】 下面示例设计一个小球，并定义它水平向左运动，动画结束之后，再返回起始点位置，效果如图 16.17 所示。

```
<style>
/*启动运动的小球，并定义动画结束后返回*/
.ball{
    width: 50px; height: 50px;
    background: #93FB40;
    border-radius: 100%;
    box-shadow:2px 2px 2px #999;
    animation:ball 1s ease backwards;
}
/*定义小球水平运动关键帧*/
@keyframes ball{
    0%{transform:translate(0,0);}
    100%{transform:translate(400px);}
}
</style>
<div class="ball"></div>
```

示例效果

图 16.17　设计运动小球最后返回起始点位置

16.4　案例实战

本节将通过多个案例帮助读者上机练习和提升 CSS3 动画设计技法。

16.4.1　设计动画菜单

本例利用 CSS3 过渡动画设计一个界面切换的导航菜单，当鼠标经过菜单项时，会以动画形式从中文界面缓慢翻转到英文界面，或者从英文界面翻转到中文界面，效果如图 16.18 所示。

视频讲解

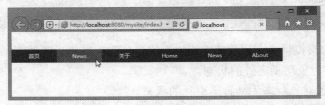

示例效果

图 16.18　设计动画翻转菜单样式

【操作步骤】

第 1 步，设计菜单结构。在每个菜单项(<div class="menu1">)中包含两个子标签：<div class="one">和 <div class="two">，设计菜单项仅显示一个子标签，当鼠标经过时，翻转显示另一个子标签。

```
<div>
    <div class="menu1">
        <div class="one"><a href="#">首页</a></div>
        <div class="two"><a href="#">Home</a></div>
    </div>
    <div class="menu1">
        <div class="one"><a href="#">新闻</a></div>
        <div class="two"><a href="#">News</a></div>
    </div>
    <div class="menu1">
        <div class="one"><a href="#">关于</a></div>
        <div class="two"><a href="#">About</a></div>
    </div>
</div>
```

第 2 步，设计菜单项的样式：固定大小、相对定位，禁止内容溢出容器，向左浮动，定义并列显示。

```
.menu1 {
    width: 100px; height: 30px;
    position: relative;
    font-family: 微软雅黑; font-size: 12px; color: #fff;
    overflow: hidden;
    float: left;
}
```

第 3 步，设计每个菜单项中子标签<div class="one">和 <div class="two">的样式。定义它们与菜单项相同大小，这样就只能够显示一个子标签；为了方便控制，定义它们为绝对定位，包含文本水平居中和垂直居中，最后定义过渡动画时间为 0.3 秒，加速到减速显示。

```
.menu1 div {
    width: 100px; height: 30px;
    line-height: 30px;    text-align: center;
    position: absolute;
    transition: all 0.3s ease-in-out;
}
```

第 4 步，设计过渡动画样式。本例设计过渡演示属性为 left、top 和 bottom，当鼠标经过时，改变定位属性的值，实现菜单项动态翻转效果。

```
.menu1 .one {
    top: 0; left: 0;
    z-index: 1;
    background: #63C; color: #FFF;
}
.menu1:hover .one { top: -30px; left: 0;}
.menu1 .two {
    bottom: -30px; left: 0;
    z-index: 2;
    background: #f50; color: #FFF;
}
.menu1:hover .two { bottom: 0px; left: 0;}
```

视频讲解

Note

16.4.2 绘制 3D 盒子

【示例 1】下面示例使用 2D 多重变换制作一个正方体，演示效果如图 16.19 所示。

```
<style type="text/css">
body{padding:20px 0 0 100px;}
.side {
    height: 100px; width: 100px;
    position: absolute;
    font-size: 20px; font-weight: bold; line-height: 100px; text-align: center; color: #fff;
    text-shadow: 0 -1px 0 rgba(0,0,0,0.2);
    text-transform: uppercase;
}
.top {/*顶面*/
    background: red;
    transform: rotate(-45deg) skew(15deg, 15deg);
}
.left {/*左侧面*/
    background: blue;
    transform: rotate(15deg) skew(15deg, 15deg) translate(-50%, 100%);
}
.right {/*右侧面*/
    background: green;
    transform: rotate(-15deg) skew(-15deg, -15deg) translate(50%, 100%);
}
</style>
<div class="side top">顶面</div>
<div class="side left">左侧面</div>
<div class="side right">右侧面</div>
```

图 16.19　设计 2D 变换盒子

【示例 2】下面示例使用 3D 多重变换制作一个正方体，演示效果如图 16.20 所示。

```
<style type="text/css">
.stage {/*定义画布样式 */
    width: 300px; height: 300px; margin: 100px auto; position: relative;
    perspective: 300px;
}
/*定义盒子包含框样式 */
.container { transform-style: preserve-3d;}
/*定义盒子六面基本样式 */
```

```
.side {
    background: rgba(255,0,0,0.3);
    border: 1px solid red;
    font-size: 60px; font-weight: bold; color: #fff; text-align: center;
    height: 196px; line-height: 196px; width: 196px;
    position: absolute;
    text-shadow: 0 -1px 0 rgba(0,0,0,0.2);
    text-transform: uppercase;
}
.front {/*使用 3D 变换制作前面 */
    transform: translateZ(100px);
}
.back {/*使用 3D 变换制作后面 */
    transform: rotateX(180deg) translateZ(100px);
}
.left {/*使用 3D 变换制作左面 */
    transform: rotateY(-90deg) translateZ(100px);
}
.right {/*使用 3D 变换制作右面 */
    transform: rotateY(90deg) translateZ(100px);
}
.top {/*使用 3D 变换制作顶面 */
    transform: rotateX(90deg) translateZ(100px);
}
.bottom {/*使用 3D 变换制作底面 */
    transform: rotateX(-90deg) translateZ(100px);
}
</style>
<div class="stage">
    <div class="container">
        <div class="side front">前面</div>
        <div class="side back">背面</div>
        <div class="side left">左面</div>
        <div class="side right">右面</div>
        <div class="side top">顶面</div>
        <div class="side bottom">底面</div>
    </div>
</div>
```

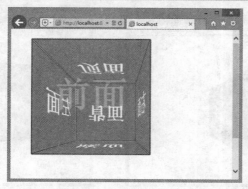

图 16.20 设计 3D 盒子

示例效果

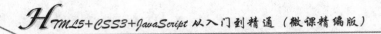

视频讲解

Note

16.4.3 设计旋转的 3D 盒子

以 16.4.2 节示例为基础，本节示例设计使用 animation 属性设计盒子旋转显示。

【示例 1】 本例使用 2D 制作一个正方体，然后设计它在鼠标经过时沿 Y 轴旋转，演示效果如图 16.21 所示。

第 1 步，复制 16.4.2 节示例 index1.html。在 HTML 结构中为盒子添加两层包含框。

```html
<div class="stage s1">
    <div class="container">
        <div class="side top">Top</div>
        <div class="side left">Left</div>
        <div class="side right">Right</div>
    </div>
</div>
```

第 2 步，在内部样式表中定义关键帧。

```css
/*定义关键帧动画 */
@keyframes spin{/*标准模式 */
    0%{transform:rotateY(0deg)}
    100%{transform:rotateY(360deg)}
}
```

第 3 步，设计 3D 变换的透视距离以及变换类型，即启动 3D 变换。

```css
/*定义盒子所在画布框的样式 */
.stage { perspective: 1200px;}
/*定义盒子包含框样式 */
.container { transform-style: preserve-3d;}
```

第 4 步，定义动画触发方式。

```css
/*定义鼠标经过盒子时，触发线性变形动画，动画时间 5 秒，持续播放 */
.container:hover{ animation:spin 5s linear infinite;}
```

本例完整代码请参考本书源代码。

【示例 2】本例使用 3D 制作一个正方体，然后设计它在鼠标经过时沿 Y 轴旋转，演示效果如图 16.22 所示。

图 16.21 设计旋转的 3D 盒子

图 16.22 设计旋转的 3D 盒子

示例效果

第 1 步，在内部样式表中定义关键帧。

```
/*定义关键帧动画 */
@keyframes spin {
    0% {transform:rotateY(0deg)}
    100% {transform:rotateY(360deg)}
}
```

第 2 步，设计 3D 变换的透视距离以及变换类型，即启动 3D 变换。

```
/*定义画布样式 */
.stage { perspective: 300px; }
/*定义盒子包含框样式 */
.container { transform-style: preserve-3d; }
```

第 3 步，定义动画触发方式。

```
/*定义鼠标经过时触发盒子旋转动画 */
.container:hover { animation: spin 5s linear infinite;}
```

本例完整代码请参考本书源代码。

16.4.4 设计折叠面板

本案例使用 CSS3 的目标伪类（:target）设计折叠面板效果，没有使用 JavaScript 脚本，使用过渡属性设计滑动效果，折叠动画效果如图 16.23 所示。

图 16.23 设计折叠面板

视频讲解

示例效果

示例主要代码如下所示：

```
<style type="text/css">
/* 定义折叠框外框样式 */
.accordion {
    background: #eee;
```

```css
    border: 1px solid #999;
    margin: 2em;}
/* 定义折叠框标题栏样式 */
.accordion h2 {
    margin: 0;
    padding: 12px 0;
    background:#CCC}
/* 定义折叠框内容框样式 */
.accordion .section {
    border-bottom: 1px solid #ccc;
    background: #fff;}
/* 定义折叠框选项标题栏样式*/
.accordion h3 {
    margin:0;
    padding:0;
    background: #eee;
    padding:3px 1em;}
/* 定义折叠框选项标题栏超链接样式*/
.accordion h3 a {
    font-weight: normal;
    text-decoration:none;}
/* 当获得目标焦点时，粗体显示选项标题栏文字*/
.accordion :target h3 a { font-weight: bold; }
/* 选项栏标题对应的选项子框样式 */
.accordion h3 + div {
    height: 0;
    padding:0 1em;
    overflow: hidden;
    /*定义过渡对象为高度，过渡时间为 0.3 秒，渐显显示*/
    transition: height 0.3s ease-in;}
.accordion h3 + div img { margin:4px; }
/* 当获得目标焦点时，子选项内容框样式 */
.accordion :target h3 + div {
    /*当获取目标之后，高度为 300 像素*/
    height:300px;
    overflow:auto;}
</style>
<div class="accordion">
    <h2>我爱买</h2>
    <div id="one" class="section">
        <h3> <a href="#one">爱逛</a> </h3>
        <div><img src="images/11.png"></div>
    </div>
    <div id="two" class="section">
        <h3> <a href="#two">爱美丽</a> </h3>
        <div><img src="images/22.png"></div>
    </div>
    <div id="three" class="section">
```

```
        <h3> <a href="#three">爱吃</a> </h3>
        <div><img src="images/33.png"></div>
    </div>
</div>
```

16.5 在线练习

练习 CSS3 动画一般设计方法，培养灵活应用交互式动态样式的基本能力。

在线练习

JavaScript 基础

JavaScript 是一种轻量级、解释型的 Web 开发语言，获得了所有浏览器的支持，是目前广泛使用的编程语言之一。本章将简单介绍 JavaScript 的历史、基本语法和用法。

【学习要点】
▶▶ 正确使用变量。
▶▶ 灵活使用表达式和运算符。
▶▶ 正确使用语句。
▶▶ 使用函数、对象、数组。
▶▶ 了解函数、对象和数组的基本方法。

17.1　JavaScript 历史

　　1995 年 2 月，Netscape 公司发布 Netscape Navigator 2 浏览器，并开发了一种名为 LiveScript 的脚本语言，这是最初的 JavaScript 1.0 版本。

　　在 Netscape Navigator 3 中又发布了 JavaScript 1.1 版本。微软在 Internet Explorer 3 中加入 JavaScript 脚本语言，并命名为 JScript。

　　1997 年，欧洲计算机制造商协会（ECMA）以 JavaScript 1.1 为蓝本制定了 ECMA-262 的新脚本语言的标准，并命名为 ECMAScript。

　　1998 年，国际标准化组织和国际电工委员会（ISO/IEC）也采用了 ECMAScript 作为标准（即 ISO/IEC-16262）。自此以后，浏览器开发商就开始致力于将 ECMAScript 作为各自 JavaScript 实现的参考标准。

　　因此，ECMAScript 和 JavaScript 的关系是：ECMAScript 是 JavaScript 语言的国际标准，JavaScript 是 ECMAScript 的一种实现。

　　1998 年 6 月，ECMAScript 2.0 版发布。

　　1999 年 12 月，ECMAScript 3.0 版发布，成为 JavaScript 的通用标准，获得了广泛支持。

　　2007 年 10 月，ECMAScript 4.0 版草案发布，对 3.0 版做了大幅升级。由于 4.0 版的目标过于激进，各方对于是否通过这个标准产生了严重分歧。

　　2008 年 7 月，ECMA 中止 ECMAScript 4.0 的开发，将其中涉及现有功能改善的一小部分发布为 ECMAScript 3.1。不久，ECMAScript 3.1 改名为 ECMAScript 5。

　　2009 年 12 月，ECMAScript 5.0 版正式发布。

　　2011 年 6 月，ECMAScript 5.1 版发布，并且成为 ISO 国际标准（ISO/IEC 16262:2011）。

　　2013 年 12 月，ECMAScript 6 草案发布。

　　2015 年 6 月，ECMAScript 6 发布正式版本，并更名为 ECMAScript 2015。Mozilla 将在这个标准的基础上推出 JavaScript 2.0。从此以后，JavaScript 将以年份命名，新版本将按照 "ECMAScript+年份" 的形式发布，以便更频繁地发布包含小规模增量更新的新版本。

　　ECMAScript 6 是继 ECMAScript 5 之后的一次主要改进，语言规范由 ECMAScript 5.1 时代的 245 页扩充至 600 页。ECMAScript 6 增添了许多必要的特性，如模块和类，以及一些实用特性，如 Maps、Sets、Promises、生成器（Generators）等。

17.2　在网页中使用 JavaScript

　　在 HTML 页面中嵌入 JavaScript 脚本需要使用<script>标签，在<script>标签中可以直接编写 JavaScript 代码。也可以编写单独的 JavaScript 文件，然后通过<script>标签导入 HTML 文档。

17.2.1　编写脚本

　　使用<script>标签有两种方式：在页面中嵌入 JavaScript 代码和导入外部 JavaScript 文件。

　　【示例 1】直接在页面中嵌入 JavaScript 代码。

视频讲解

第 1 步，新建 HTML 文档，保存为 test.html。然后在<head>标签内插入一个<script>标签。

第 2 步，为<script>标签指定 type 属性值为"text/javascript"。现代浏览器默认<script>标签的类型为 JavaScript 脚本，因此省略 type 属性，依然能够被正确执行。

第 3 步，直接在<script>标签内部输入 JavaScript 代码：

```
<!doctype html>
<html>
<head>
<meta charset="utf-8">
<title>test</title>
<script type="text/javascript">
function hi(){
    document.write("<h1>Hello,World!</h1>");
}
hi();
</script>
</head>
<body>
</body>
</html>
```

上面 JavaScript 脚本先定义了一个 hi()函数，该函数被调用后会在页面中显示字符"Hello,World!"。document 表示 DOM 网页文档对象，document.write()表示调用 Document 对象的 write()方法，在当前网页源代码中写入 HTML 字符串 "<h1>Hello,World!</h1>"。

调用 hi()函数，浏览器将在页面中显示一级标题字符 "Hello,World!"。

第 4 步，保存网页文档，在浏览器中预览，显示效果如图 17.1 所示。

图 17.1　第一个 JavaScript 程序

【示例 2】包含外部 JavaScript 文件。

第 1 步，新建文本文件，保存为 test.js。注意，扩展名为.js，它表示该文本文件是 JavaScript 类型的文件。

第 2 步，打开 test.js 文本文件，在其中编写下面代码，定义简单的输出函数。

```
function hi(){
    alert("Hello,World!");
}
```

在上面代码中，alert()表示 Window 对象的方法，调用该方法将弹出一个提示对话框，显示参数字符串 "Hello,World!"。

第 3 步，保存 JavaScript 文件，注意与网页文件的位置关系。这里保存 JavaScript 文件位置与调用该文件的网页文件位于相同目录下。

第 4 步，新建 HTML 文档，保存为 test1.html。然后在<head>标签内插入一个<script>标签。定义 src 属性，设置属性值为指向外部 JavaScript 文件的 URL 字符串。代码如下所示：

```
<script type="text/javascript" src="test.js"></script>
```

第 5 步，在上面<script>标签下一行继续插入一个<script>标签，直接在<script>标签内部输入 JavaScript 代码，调用外部 JavaScript 文件中的 hi()函数。

```
<!doctype html>
<html>
<head>
<meta charset="utf-8">
<title>test</title>
<script type="text/javascript" src="test.js"></script>
<script type="text/javascript">
hi();                //调用外部 JavaScript 文件的函数
</script>
</head>
<body>
</body>
</html>
```

第 6 步，保存网页文档，在浏览器中预览，显示效果如图 17.2 所示。

图 17.2　调用外部函数弹出提示对话框

17.2.2　脚本位置

所有<script>标签都会按照它们在 HTML 中出现的先后顺序依次被浏览器解析。在不使用<script>标签的 defer 和 async 属性的情况下，只有在解析完前面<script>标签中的代码之后，才会开始解析后面的代码。

【示例 1】在默认情况下，所有<script>标签都应该放在页面头部的<head>标签中。

```
<!doctype html>
<html>
<head>
<meta charset="utf-8">
<title>test</title>
<script type="text/javascript" src="test.js"></script>
<script type="text/javascript">
hi();
</script>
```

视频讲解

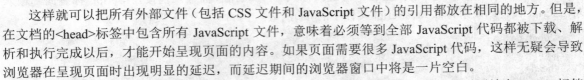

```
</head>
<body>
<!-- 网页内容 -->
</body>
</html>
```

    这样就可以把所有外部文件（包括 CSS 文件和 JavaScript 文件）的引用都放在相同的地方。但是，在文档的<head>标签中包含所有 JavaScript 文件，意味着必须等到全部 JavaScript 代码都被下载、解析和执行完成以后，才能开始呈现页面的内容。如果页面需要很多 JavaScript 代码，这样无疑会导致浏览器在呈现页面时出现明显的延迟，而延迟期间的浏览器窗口中将是一片空白。

    【示例 2】为了避免延迟问题，现代 Web 应用程序一般都把全部 JavaScript 引用放在<body>标签中页面的内容后面。

```
<!doctype html>
<html>
<head>
<meta charset="utf-8">
</head>
<body>
<!-- 网页内容 -->
<title>test</title>
<script type="text/javascript" src="test.js"></script>
<script type="text/javascript">
hi();
</script>
</body>
</html>
```

    这样，在解析包含的 JavaScript 代码之前，页面的内容将完全呈现在浏览器中，同时会感到打开页面的速度加快了。

    【拓展】

    <script>标签还有很多高级用法和注意问题，如果读者想进一步探究，可以扫码在线阅读，继续学习。

线上阅读

17.2.3　脚本基本规范

    编写正确的 JavaScript 脚本，需要掌握最基本的规范，下面简单了解一下。

1. 大小写敏感

    JavaScript 对大小写是非常敏感的。建议用小写字符命名变量；对于复合变量，使用驼峰命名法命名；对于构造函数使用首字母大写。例如：

```
var Class = function(){};          //声明类型，习惯首字母大写
var myclass = new Class();         //声明变量，习惯小写
```

2. 格式化

    JavaScript 一般会忽略分隔符，如空格符、制表符和换行符。在保证不引起歧义的情况下，用户可以利用分隔符对脚本进行格式化排版。

3. 代码注释

JavaScript 支持两种注释形式：

☑ 单行注释，以双斜杠来表示，例如：

```
//这是注释，请不要解析我
```

☑ 多行注释，以 "/*" 和 "*/" 分隔符进行标识，例如：

```
/*
多行注释
请不要解析我们
*/
```

【拓展】

本节简单介绍了 JavaScript 常见脚本规范，作为一门高级语言，实际上它的规范是非常丰富的，如果读者想进一步探究，可以扫码在线阅读。

线 上 阅 读

17.3　使 用 变 量

JavaScript 是一种弱类型语言，在定义变量时不需要指定类型，一个变量可以存储任何类型的值。在运算时，JavaScript 能自动转换数据类型。但是在特定条件下，还需要了解 JavaScript 的数据类型，以及掌握数据类型转换的基本方法。

17.3.1　声明变量

视 频 讲 解

JavaScript 使用 var 关键字声明变量。声明变量的 5 种形式如下：

```
var a;                    //声明单个变量。var 关键字与变量名之间以空格分隔
var b, c;                 //声明多个变量。变量之间以逗号分隔
var d = 1;                //声明并初始化变量。等号左侧是变量名，等号右侧是值
var e = 2, f = 3;         //声明并初始化多个变量。以逗号分隔多个变量
var e = f = 3;            //声明并初始化多个变量，且定义变量的值相同
```

声明变量之后，在没有初始化之前，变量初始值为 undefined（未定义的值）。

JavaScript 变量可以分为全局变量和局部变量。全局变量在整个页面中可见，并在页面任何位置被允许访问。局部变量只能在指定函数内可见，函数外面是不可见的，也不允许访问。

在函数内部使用 var 关键字声明的变量就是局部变量，该变量的作用域仅限于当前函数体内，但是如果不使用 var 关键字定义的变量则都是全局变量，不管是在函数内或者函数外，在整个页面脚本中都是可见的。

【示例】 在下面示例中，当使用 var 关键字在函数内外分别声明并初始化变量 a 时，在不同作用域内显示为不同的值。相反，如果不使用 var 关键字声明变量，会发现域外和域内变量 b 显示相同的值，因为 "b = "b(域内) = 域内变量
";" 将覆盖掉 "var b = "b(域外) = 全局变量
";" 的值，在浏览器中预览，显示效果如图 17.3 所示。

```
var a = "a(域外) = 全局变量<br />";          //声明全局变量 a
var b = "b(域外) = 全局变量<br />";          //声明全局变量 b
```

```
function f() {
    var a = "a(域内) = 域内变量<br />";          //声明局部变量 a
     b = "b(域内) = 域内变量<br />";              //重写全局变量 a 的值
    document.write(a);                           //输出变量 a 的值
    document.write(b);                           //输出变量 b 的值

}
f();                                             //调用函数
document.write(a);                               //输出变量 a 的值
document.write(b);                               //输出变量 b 的值
```

图 17.3　变量作用域

线上阅读

【拓展】

　　本节简单介绍了 JavaScript 变量的基本使用，如果读者想深入学习 JavaScript 变量使用，可以扫码在线阅读。

视频讲解

17.3.2　数据类型

JavaScript 定义了 6 种基本数据类型，如表 17.1 所示。

表 17.1　JavaScript 的 6 种基本数据类型

数 据 类 型	说　　　明
null	空值。表示不存在，当为对象的属性赋值为 null，表示删除该属性
undefined	未定义。当声明变量，而没有赋值时会显示该值。可以为变量赋值为 undefined
number	数值。最原始的数据类型，表达式计算的载体
string	字符串。最抽象的数据类型，信息传播的载体
boolean	布尔值。最机械的数据类型，逻辑运算的载体
object	对象。面向对象的基础

　　【示例】 使用 typeof 运算符可以检测数据的基本类型。下面代码使用 typeof 运算符分别检测常用直接量的值的类型。

```
alert(typeof 1);                //返回字符串"number"
alert(typeof "1");              //返回字符串"string"
alert(typeof true);            //返回字符串"boolean"
alert(typeof {});              //返回字符串"object"
alert(typeof []);             //返回字符串"object "
alert(typeof function(){});     //返回字符串"function"
alert(typeof null);            //返回字符串"object"
alert(typeof undefined);        //返回字符串"undefined"
```

【拓展】

本节简单介绍了 JavaScript 数据类型，实际上 JavaScript 数据类型的使用还是比较复杂的，如果读者想进一步深入学习 JavaScript 数据类型，可以扫码在线阅读。

线 上 阅 读

视 频 讲 解

17.4　使用运算符和表达式

表达式是可以运算且必须返回一个确定的值的式子。表达式一般由常量、变量、运算符、子表达式构成。

最简单的表达式可以是一个简单的值、常量或变量。例如：

```
1                            //数字表达式
"a"                          //字符串表达式
true                         //布尔值表达式
a                            //变量表达式
```

值表达式的返回值为它本身，而变量表达式的返回值为变量存储或引用的值。

把这些简单的表达式合并为一个复杂的表达式，那么连接这些表达式的符号就是运算符。运算符就是根据特定算法定义的执行运算的命令。

【示例 1】 在下面示例代码中，变量 a、b、c 就是最简单的变量表达式，1 和 2 是最简单的值表达式，而"="和"+"是连接这些简单表达式的运算符。最后形成 3 个稍复杂的表达式："a = 1""b = 2""c = a + b"。

```
var a = 1, b = 2;
var c = a + b;
```

运算符一般使用符号来表示，如+、-、/、=、|等，也有些运算符使用关键字来表示，如 delete、void 等。

此时作用于运算符的子表达式被称为操作数。根据结合操作数的个数，JavaScript 运算符可以分为 3 种类型：

☑　一元运算符：一个运算符能够结合一个操作数，把一个操作数运算后转换为另一个操作数，如++、--等。

☑　二元运算符：一个运算符能够结合两个操作数，形成一个复杂的表达式。大部分运算符都属于二元运算符。

☑　三元运算符：一个运算符能够结合三个操作数，把三个操作数合并为一个表达式，最后返回一个值。JavaScript 仅定义了一个三元运算符（?:），它相当于条件语句。

💡 **提示：** 使用运算符应注意两个问题：

☑　了解并掌握每一种运算符的用途和用法，特别是一些特殊的运算符，需要识记和不断积累应用技巧。

☑　熟悉每个运算符的运算顺序、运算方向和运算类型。

JavaScript 运算符说明如表 17.2 所示。该表各列参数说明如下：

☑　分类：根据运算符的使用类型进行分类，以方便快速查找。

☑ 类型：使用运算符定义表达式时，要注意传递给运算符的数据类型和返回的数据类型。各种运算符用来计算的操作数（子表达式）应符合指定的数据类型。部分运算符能够在计算之前自动对操作数执行强制数据类型转换，这种转换主要针对字符串和数值之间运算。

☑ 运算顺序：当不同运算符混合在一起时，将根据运算符优先级来确定运算顺序。在表 17.2 中优先运输顺序数字越大，该行对应的运算符的优先级就越大。当优先级相同时，则遵循运算符的运算方向来进行计算。

☑ 运算方向：说明当优先级相等时，运算符执行操作的顺序。其中"左"选项表示运算顺序从左到右，而"右"选项表示运算顺序从右到左。

表 17.2 JavaScript 运算符列表

分类	运算符	操作数类型	运算顺序	运算方向	说明
算术运算符	+	数值	12	左	（加法）将两个数相加
	++	数值	14	右	（自增）将表示数值的变量加 1（可以返回新值或旧值）
	-	数值	12	左	（减法）将两个数相减
	--	数值	14	右	（自减）将表示数值的变量减 1（可以返回新值或旧值）
	-	数字	14	右	一元求负运算
	+	数字	14	右	一元求正运算
	*	数值	13	左	（乘法）将两个数相乘
	/	数值	13	左	（除法）将两个数相除
	%	数值	13	左	（求余）求两个数相除的余数
字符串运算符	+	字符串	12	-	（字符串加法）连接两个字符串
	+=	字符串	2	右	连接两个字符串，并将结果赋给第一个字符串
逻辑运算符	&&	布尔值	5	右	（逻辑与）如果两个操作数都是真，则返回真,，否则返回假
	||	布尔值	4	左	（逻辑或）如果两个操作数都是假，则返回假，否则返回真
	!	布尔值	14	右	（逻辑非）如果其单一操作数为真，则返回假，否则返回真
位运算符	&	整数	8	左	（按位与）如果两个操作数对应位都是 1，则在该位返回 1
	^	整数	7	左	（按位异或）如果两个操作数对应位只有一个 1，则在该位返回 1
	|	整数	6	左	（按位或）如果两个操作数对应位都是 0，则在该位返回 0
	~	整数	14	右	（求反）按位求反
	<<	整数	11	左	（左移）将第一个操作数的二进制形式的每一位向左移位，所移位的数目由第二个操作数指定。右面的空位补 0
	>>	整数	11	左	（算术右移）将第一个操作数的二进制形式的每一位向右移位，所移位的数目由第二个操作数指定。忽略被移出的位
	>>>	整数	11	左	（逻辑右移）将第一个操作数的二进制形式的每一位向右移位，所移位的数目由第二个操作数指定。忽略被移出的位，左面的空位补 0

续表

分类	运算符	操作数类型	运算顺序	运算方向	说明
赋值运算符	=	标识符，任意	2	右	将第二操作数的值赋给第一操作数
	+=	标识符，任意	2	右	将两个数相加，并将和赋给第一个数
	-=	标识符，任意	2	右	将两个数相减，并将差赋给第一个数
	*=	标识符，任意	2	右	将两个数相乘，并将积赋给第一个数
	/=	标识符，任意	2	右	将两个数相除，并将商赋给第一个数
	%=	标识符，任意	2	右	计算两个数相除的余数，并将余数赋给第一个数
	&=	标识符，任意	2	右	执行按位与，并将结果赋给第一个操作数
	^=	标识符，任意	2	右	执行按位异或，并将结果赋给第一个操作数
	|=	标识符，任意	2	右	执行按位或，并将结果赋给第一个操作数
	<<=	标识符，任意	2	右	执行左移，并将结果赋给第一个操作数
	>>=	标识符，任意	2	右	执行算术右移，并将结果赋给第一个操作数
	>>>=	标识符，任意	2	右	执行逻辑右移，并将结果赋给第一个操作数
比较运算符	==	任意	9	左	如果操作数相等，则返回真
	===	任意	9	左	如果操作数完全相同，则返回真
	!=	任意	9	左	如果操作数不相等，则返回真
	!==	任意	9	左	如果操作数不完全相同，则返回真
	>	数值或字符串	10	左	如果左操作数大于右操作数，则返回真
	>=	数值或字符串	10	左	如果左操作数大于等于右操作数，则返回真
	<	数值或字符串	10	左	如果左操作数小于右操作数，则返回真
	<=	数值或字符串	10	左	如果左操作数小于等于右操作数，则返回真
特殊运算符	?:	布尔值，任意，任意	3	右	执行一个简单的"if...else"语句
	,（逗号）	任意	1	左	计算两个表达式，返回第二个表达式的值
	delete	属性标识	14	右	允许删除一个对象的属性或数组中指定的元素
	new	类型，参数	15	右	允许创建一个用户自定义对象类型或内建对象类型的实例
	typeof	任意	14	右	返回一个字符串，表明未计算的操作数的数据类型
	instance of	对象，类型	10	左	检查对象的类型
	in	字符串，对象	10	左	检查一个属性是否存在
	void	任意	14	右	该运算符指定了要计算一个表达式但不返回值
	.（点）	对象，标识符	15	左	属性存取
	[]	数组，整数	15	左	数组下标
	()	函数，参数	15	左	函数调用

运算符比较多，用法灵活，完全掌握需要读者认真学习并不断实践、积累经验，下面通过几个实例讲解特殊运算符的用法。

☑ 条件运算符

条件运算符（?:）是 JavaScript 唯一的一个三元运算符。其语法格式如下：

```
condition ? expr1 : expr2
```

condition 是一个逻辑表达式，当其为 true 时，则执行 expr1 表达式，否则执行 expr2 表达式。条件运算符可以拆分为条件结构：

```
if(condition)
    expr1;
else
    expr2;
```

【示例2】借助三元运算符初始化变量值为 no value，而不是默认的 undefined。在下面代码中，设计当变量未声明或未初始化，则为其赋值为"no value"，如果被初始化，则使用被赋的值。

```
name = name ? name : "no value";          //通过三元运算符初始化变量的值
```

☑ 逗号运算符

逗号运算符（,）能够依次计算两个操作数并返回第 2 个操作数的值。

【示例3】在下面示例中，先定义一个数组 a[]，然后在一个 for 循环体内利用逗号运算符同时计算两个变量值的变化。这时可以看到输出数组都是位于二维数组的对角线上，如图 17.4 所示。

```
var a = [];                                //声明并初始化变量 a 的值
for(var i = 0, j = 10; i <= 10; i ++ , j -- ){    //在循环体中使用逗号运算符实现额外计算任务
    a[i, j] = i + j ;
    document.writeln("a[" + i + "," + j + "]= " + a[i, j]);
}
```

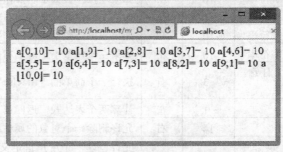

图 17.4　逗号运算符的计算效果

☑ void 运算符

void 运算符指定要计算一个表达式，但是不返回值。其语法格式如下：

```
javascript:void (expression)
javascript:void expression
```

expression 是一个 JavaScript 标准表达式，表达式外侧的圆括号是可选的。例如：

```
<a href="javascript:void(document.forms[0].submit())">提交表单</a>
```

上面这个代码创建了一个超链接，当用户单击时不会发生任何事。当用户单击链接时，void(0) 计算为 0，但在 JavaScript 上没有任何效果。

【拓展】

本节简单介绍了 JavaScript 运算符，但是限于篇幅，我们没有对每个 JavaScript 运算符展开讲解，如果读者想进一步深入学习 JavaScript 运算符，可以扫码在线阅读。

- ☑ 算术运算符。
- ☑ 逻辑运算符。
- ☑ 关系运算符。
- ☑ 赋值运算符。
- ☑ 对象操作运算符。
- ☑ 其他运算符。

线 上 阅 读

17.5　使　用　语　句

语句就是 JavaScript 指令，通过这些指令可以设计程序的逻辑执行顺序。

17.5.1　表达式语句和语句块

如果在表达式的尾部附加一个分号就会形成一个表达式语句。JavaScript 默认独立一行的表达式也是表达式语句，解析时自动补加分号。表达式语句是最简单、最基本的语句。这种语句一般按着从上到下的顺序依次执行。

【示例】语句块就是由大括号包含的一个或多个语句。在下面代码段中，第一行是一个表达式语句，第二行到第五行是一个语句块，该语句块中包含两个简单的表达式语句。

```
var a,b,c;                              //表达式语句
{                                       //语句块
    a=b=c=1
    a = b+ c;
}
```

【拓展】

下面为大家介绍一下语句的分类和类型，感兴趣的读者可以扫码在线阅读。

线 上 阅 读

17.5.2　条件语句

程序的基本逻辑结构包括 3 种：顺序、选择和循环。大部分控制语句都属于顺序结构，而条件语句属于选择结构，它主要包括 if 语句和 switch 语句两种。

1. if 语句

if 语句的基本语法如下：

```
if (condition)
    statements
```

其中 condition 是一个表达式，statements 是一个句子或段落。当 condition 表达式的结果不是 false 且不能转换为 false 时，就执行 statements 从句的内容，否则就不执行。

【示例 1】下面条件语句的从句是一个句子。该条件语句先判断指定变量是否被初始化，如果没有则新建对象。

视 频 讲 解

```
if(typeof(o) == "undefined")                        //如果变量 o 未定义，则重新定义
    o = new Object();
```

【示例 2】下面条件语句的从句是一个段落。该条件语句先判断变量 a 是否大于变量 b，如果大于则交换值。

```
if(a > b) {                                         //如果 a 大于 b，则执行下面语句块
    a = a - b;
    b = a + b;
    a = b - a;
}
```

在 if 语句的基本形式上还可以扩展如下语法形式。它表示如果 condition 表达式条件为 true，则执行 statements1 从句，否则执行 statements2 从句。

```
if (condition)
    statements1
else
    statements2
```

【示例 3】在上面示例基础上可以按如下方式扩展它的表现行为。如果 a 大于 b，则替换它们的值，否则输出提示信息，如图 17.5 所示。

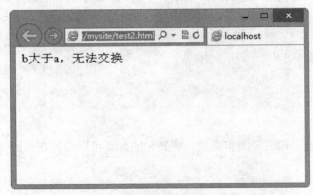

图 17.5　条件语句的应用

```
var a = 2, b = 4;
if(a > b) {                                         //如果 a 大于 b，则执行下面语句块
    a = a - b;
    b = a + b;
    a = b - a;
}
else                                                //如果 a 不大于 b，则输出提示信息
    document.write("b 大于 a，无法交换");
```

2. switch 语句

对于多条件的嵌套结构，更简洁的方法是使用 switch 语句。其语法格式如下：

```
switch (expression){
    case label1 :
```

```
        statement1;
        break;
    case label2 :
        statement2;
        break;
    ...
    default : statementn;
}
```

switch 语句首先计算 switch 关键字后面的表达式，然后按着出现的先后顺序计算 case 后面的表达式，直到找到与 switch 表达式的值等同（===）的值为止。case 表达式通过等同运算来进行判断，因此表达式匹配的时候不进行类型转换。

如果没有一个 case 标签与 switch 后面的表达式匹配，则 switch 语句开始执行标签为 default 的语句体。如果没有 default 标签，switch 语句就跳出整个结构体。在默认情况下，default 标签通常放在末尾，当然也可以放在 switch 主体的任意位置。

【示例 4】下面示例使用 prompt()方法获取用户输入的值，然后根据输入的值判断你是几年级，演示效果如图 17.6 所示。

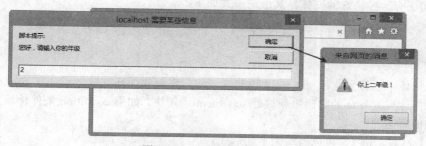

图 17.6　switch 语句的应用

```
var age = prompt('您好，请输入你的年级',"") ;
switch(age){
    case "1":
        alert("你上一年级！");
        break;
    case "2":
        alert("你上二年级！");
        break;
    case "3":
        alert("你上三年级！");
        break;
    default:
        alert("不知道你上几年级");
}
```

17.5.3　循环语句

循环语句就是能够重复执行相同操作的语句。作为 JavaScript 的基本结构，在应用开发中也是经常使用。与 if 语句一样，循环语句也有两种基本语法形式：while 语句和 for 语句。

视 频 讲 解

Note

1. while 语句

while 语句的基本语法形式如下:

```
while (condition) {
    statements
}
```

while 语句在每次循环开始之前都要计算 condition 表达式。如果为 true,则执行循环体内的语句;如果为 false,就跳出循环体,转而执行 while 语句后面的语句。

【示例 1】在下面这个循环语句中,在变量 a 大于等于 10 之前,while 语句将循环 10 次输出显示变量 a 的值,在结构体内不断递增变量 a 的值。

```
var a = 0;
while (a < 10 ){
    document.write(a);
    a ++ ;
}
```

while 语句还有一种特殊的变体,其语法形式如下:

```
do
    statement
while (condition);
```

在这种语句体中,首先执行 statement 语句块一次,在每次循环完成之后计算 condition 条件,并且会在每次条件计算为 true 的时候重新执行 statement 语句块。如果 condition 条件计算为 false,将会跳转到 do/while 后面的语句。

【示例 2】针对示例 1,可以改写为下面形式。

```
var a = 0;
do{
    document.write(a);
    a ++ ;
}while (a < 10 );
```

2. for 语句

for 语句要比 while 语句简洁,因此更受用户喜欢。其语法形式如下:

```
for ([initial-expression;] [condition;] [increment-expression]) {
    statements
}
```

for 语句首先计算初始化表达式(initial-expression),典型情况下用于初始化计数器变量,该表达式可选用 var 关键字声明新变量。然后在每次执行循环的时候计算该表达式,如果为 true,就执行 statements 中的语句,该条件测试是可选的,如果缺省则条件永远为 true。此时除非在循环体内使用 break 语句,否则不能终止循环。increment-expression 表达式通常用于更新或自增计数器变量。

【示例 3】把上面的示例用 for 语句来设计,则代码如下:

```
for(var i = 0; i < 10; i ++ ){
    document.write(i);
}
```

在 for 循环语句中也可以引入多个计数器，并在每次循环中同时改变它们的值。例如：

```
for(var a = 1, b = 1, c = 1; a + b + c < 100; a ++ , b += 2 , c *= 2){
    document.write( "a=" + a + ",b=" + b + ",c=" + c + "<br/>");
}
```

在上面的示例中引入了 3 个计数器，并分别在每一次循环中改变它们的值，循环的条件根据 3 个计数器的总和小于 100，执行效果如图 17.7 所示。

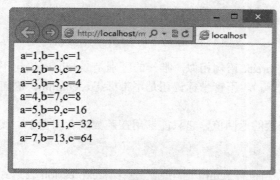

图 17.7　多计数器的循环语句运行效果

视 频 讲 解

17.5.4　跳转语句

跳转语句能够从所在的分支、循环或从函数调用返回的语句跳出。JavaScript 的跳转语句包括 3 种：break 语句、continue 语句和 return 语句。

break 语句用来退出循环或者 switch 语句。其语法格式如下：

```
break;
```

【示例 1】在下面这个示例中设置 while 语句的循环表达式永远为 true（while 能够转换数值 1 为 true）。然后在 while 循环结构体设置一个 if 语句，判断当变量 i 大于 50 时，则跳出 while 循环体。

```
var i = 0;
while(1){
    if(i > 50) break;
    i ++ ;
    document.write(i);
}
```

【示例 2】跳转语句也可以与标记结合使用，以实现跳转到指定的行，而不是仅仅跳出循环体。在下面嵌套 for 循环体内，在外层 for 语句中定义一个标记 x，然后在内层 for 语句中使用 if 语句设置当 a 大于 5 时跳出外层 for 语句，运行效果如图 17.8 所示。

```
x : for( a = 1 ; a < 10 ; a ++ ){                                //添加标签
    document.write("<br />" + a + "<br />");
    for(var b = 1; b < 10; b ++ ){
        if(a > 5) break x;                                      //如果 a 大于 5，则跳出标签
        document.write(b);
    }
}
```

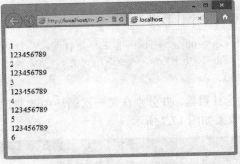

图 17.8　跳转语句与标记配合使用

continue 语句的用法与 break 语句相似，唯一的区别是 continue 语句不会退出循环，而是开始新的迭代（即重新执行循环语句）。不管带标记还是不带标记，continue 语句只能够用在循环语句的循环体中。

return 语句用来指定函数的返回值，它只能够用在函数或者闭包中。其语法形式如下：

```
return [expression]
```

线 上 阅 读

当执行 return 语句时，先计算 expression 表达式，然后返回表达式的值，并将控制逻辑从函数体内返回。

【拓展】

我们再介绍一下异常处理语句，感兴趣的读者可以扫码在线阅读。

17.6　使用函数

JavaScript 是函数式编程语言，在 JavaScript 脚本中可以随处看到函数，函数构成了 JavaScript 源代码的主体。

17.6.1　定义函数

视 频 讲 解

定义函数的方法有两种：

☑　使用 function 语句声明函数。

☑　通过 Function 对象来构造函数。

使用 function 语句定义函数有两种方式：

```
//方式 1：命名函数
function f(){
    //函数体
}
//方式 2：匿名函数
var f = function(){
    //函数体
}
```

命名函数的方法也被称为声明式函数，而匿名函数的方法也被称为引用式函数或者函数表达式，即把函数看作一个复杂的表达式，并把表达式赋给变量。

使用 Function 对象构造函数的语法如下：

```
var function_name = new Function(arg1, arg2, ..., argN, function_body)
```

在上面语法形式中，每个 arg 都是一个函数参数，最后一个参数是函数主体（要执行的代码）。Function()的所有参数必须是字符串。

【示例 1】在下面示例中，通过 Function 构造函数定义了一个自定义函数，该函数包含两个参数，在函数主体部分使用 document.write()方法把两个参数包裹在<h1>标签中输出，显示效果如图 17.9 所示。

```
var say = new Function("name", "say", "document.write('<h1>' +  name + ' ：  ' + say + '</h1>');");
say("张三", "Hi!");                          //调用函数
```

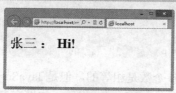

图 17.9 构造函数并执行调用

【示例 2】在实际开发中，使用 function 定义函数要比 Function 构造函数方便，且执行效果更高。Function 仅用于特定的动态环境中，一般不建议使用。针对上面示例，可以把它转换为 function 定义函数的方式，则代码如下：

```
var say = function(name, say){                    //定义函数
    document.write('<h1>' +  name + ' ：  ' + say + '</h1>');
}
say("张三", "Hi!");                          //调用函数
```

17.6.2 调用函数

调用函数使用小括号运算符来实现。在括号运算符内部可以包含多个参数列表，参数之间通过逗号进行分隔。

【示例】在下面示例中使用小括号调用函数 f，并把返回值传递给 document.write ()方法。

```
function f(){
    return "Hello,World！";                    //设置函数返回值
}
document.write(f());                          //调用函数，并输出返回值
```

💡 提示：一个函数可以包含多个 return 语句，但是在调用函数时只有第一个 return 语句被执行，且该 return 语句后面的表达式的值作为函数的返回值被返回，return 语句后面的代码将被忽略掉。

函数的返回值没有类型限制，它可以返回任意类型的值。

17.6.3 函数参数

参数可以分为两种：形参和实参。

☑ 形参就是在定义函数时，传递给函数的参数，被称为形参，即形式上参数。

视 频 讲 解

视 频 讲 解

☑ 实参就是当函数被调用时，传递给函数的参数，这些参数被称为实参。

【示例1】 在下面示例函数中，参数 a 和 b 就是形参，而调用函数中的 23 和 34 就是实参。

```
function add(a,b) {                    //形参 a 和 b
    return a+b;
}
alert(add(23,34));                     //实参 23 和 34
```

函数的形参没有限制，可以包括零个或多个。函数形参的数量可以通过函数的 length 属性获取。

【示例2】 针对上面函数可以使用下面语句读取函数的形参个数。

```
function add(a,b) {
    return a+b;
}
alert(add.length);                     //返回 2，形参的个数
```

一般情况下，函数的形参和实参个数是相等的，但是 JavaScript 没有规定两者必须相等。如果形参数大于实参数，则多出的形参值为 undefined；相反，如果实参数大于形参数，则多出的实参就无法被形参变量访问，从而被忽略掉。

【示例3】 在下面示例中，如果在调用函数时传递 3 个实参值，则函数将忽略第三个实参的值，最后提示的结果为 5。

```
function add(a,b) {
    return a+b;
}
alert(add(2,3,4));                     //传递 3 个实参，第三个参数将被忽略，提示值为 5
```

【示例4】 在下面示例中，在调用函数时仅输入 1 个实参。这时，函数就把第二个形参的值默认为 undefined，然后使用 undefined 与 2 相加。由于任何值与 undefined 进行运算的结果都将返回 NaN（无效的数值），则显示效果如图 17.10 所示。

图 17.10　形参与实参不一致时的运行结果

```
function add(a,b) {
    return a+b;
}
alert(add(2));                         //返回 undefined 与 2 相加的值，即为 NaN
```

JavaScript 定义了 Arguments 对象，利用该对象可以快速操纵函数的实参。使用 arguments.length 可以获取函数实参的个数，使用数组下标（arguments[n]）可以获取实际传递给函数的每个参数值。

【示例5】 为了预防用户随意传递参数，可以在函数体检测函数的形参和实参是否一致，如果不一致可以抛出异常，如果一致则执行正常的运算。

```
function add(a, b) {
    if(add.length != arguments.length)              //检测形参和实参是否一致
        throw new Error("实参与形参不一致，请重新调用函数！");
    else
        return a + b;
}
try{                                                //尝试调用函数
    alert(add(2));
}
catch(e){                                           //捕获异常信息
    alert(e.message);
}
```

在 add()函数中增加了一个条件检测，来判断函数的形参和实参的数量是否相同。如果不相同，则抛出一个错误信息对象；如果相同，则返回参数的和。然后调用函数，并利用异常处理语句（try/catch）来捕获错误信息，并在提示对话框中显示出来，如图 17.11 所示。

图 17.11　形参和实参不一致的异常处理

17.7　使 用 对 象

对象（Object）是面向对象编程的核心概念，它是已经命名的数据集合，也是一种更复杂的数据结构。

17.7.1　创建对象

视频讲解

在 JavaScript 中，对象是由 new 运算符生成的，生成对象的函数被称为类（或称构造函数、对象类型）。生成的对象被称为类的实例，简称为对象。

【示例 1】在下面示例中，分别调动系统内置类型函数，实例化几个特殊对象。

```
var o = new Object();               //构造原型对象
var date = new Date();              //构造日期对象
var ptn = new RegExp("ab+c","i");   //构造正则表达式对象
```

也可以通过大括号定义对象直接量。其基本用法如下：

```
{
    name : value,
    name1 : value1,
    ……
}
```

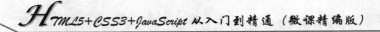

对象直接量由一个列表构成，这个列表的元素是用冒号分隔的属性/值对，元素之间用逗号隔开，整个列表包含在大括号之中。

【示例 2】在下面示例中，使用对象直接量定义坐标点对象。

```
var point = {                       //定义对象
    x:2.3,                          //属性值
    y:-1.2                          //属性值
};
```

17.7.2　访问对象

可以通过点号运算符（.）来访问对象的属性。

【示例 1】在下面示例中，使用点运算符访问对象 point 的 x 轴坐标值。

```
var point = {
    x:2.3,
    y:-1.2
};
var x = point.x;                    //访问对象的属性值
```

对象的属性值可以是简单的值，也可以是复杂的值，如函数、对象。

当属性值为函数时，该属性就被称为对象的方法，使用小括号可以访问该方法。

【示例 2】在下面示例中，使用点号运算符访问对象 point 的 f 属性，然后使用小括号调用对象的方法 f()。

```
var point = {
    f : function(){                 //对象方法
        return this.y;             //返回当前对象属性 y 的值
    },
    y : -1.2                        //对象属性
};
var y = point.f();                  //调用对象的方法
```

在上面代码中，使用关键字 this 来代表当前对象，这里的 this 总是指向调用当前方法的对象 point。

当属性值为对象时，就可以设计嵌套对象，可以连续使用点号运算符访问内部对象。

【示例 3】在下面示例中，设计一个嵌套对象，然后连续使用点号运算符访问内部对象的属性 a 的值。

```
var point = {                       //外部对象
    x : {                           //嵌套对象
        a : 1,                      //内部对象的属性
        b : 2
    },
    y : -1.2                        //外部对象的属性
};
var a = point.x.a;                  //访问嵌套对象的属性值
```

提示： 也可以通过集合运算符（[]）来访问对象的属性，此时可以使用字符串下标来表示属性。例如，针对上面示例，可以使用下面方法访问嵌套对象的属性 a 的值。

```
var point = {
    x : {
            a : 1,
            b : 2
        },
    y : -1.2
};
var a = point["x"]["a"];              //访问嵌套对象的属性值
```

下标字符串是对象的属性名，属性名必须加上引号，表示为下标字符串。

17.8　使用数组

对象是无序的数据集合，而数组（Array）是一组有序数据集合。它们之间可以相互转换，但是数组拥有大量方法，适合完成一些复杂的运算。

17.8.1　定义数组

视频讲解

定义数组通过构造函数 Array() 和运算符 new 来实现。具体实现方法如下：
- ☑　定义空数组。

```
var a = new Array();
```

通过这种方式定义的数组是一个没有任何元素的空数组。
- ☑　定义带有参数的数组。

```
var a = new Array(1,2,3,"4","5");
```

数组中每个参数都表示数组的一个元素值，数组的元素没有类型限制。可以通过数组下标来定位每个元素。通过数组的 length 属性确定数组的长度。
- ☑　定义指定长度的数组。

```
var a = new Array(6);
```

采用这种方式定义的数组拥有指定的元素个数，但是没有为元素初始化赋值，这时它们的初始值都是 undefined。

定义数组时，可以省略 new 运算符，直接使用 Array() 函数来实现。例如，下面两行代码的功能是相同的。

```
var a = new Array(6);
var a = Array(6);
```

- ☑　定义数组直接量。

```
var a = [1,2,3,"4","5"];
```

使用中括号运算符定义的数组被称为数组直接量，使用数组直接量定义数组要比使用 Array() 函数定义数组速度要快，操作更方便。

17.8.2　存取元素

使用[]运算符可以存取数组元素的值。在方括号左边是数组的引用，方括号内是非负整数值的表达式。例如，通过下面方式可以读取数组中第三个元素的值，即显示为"3"。

```
var a = [1,2,3,"4","5"];
alert(a[2]);
```

通过下面方式可以修改元素的值：

```
var a = [1,2,3,"4","5"];
a[2]=2;
alert(a[2]);                              //提示为 3
```

【示例 1】使用数组的 length 属性和数组下标可以遍历数组元素，从而实现动态控制数组元素。在下面示例中通过 for 语句遍历数组元素，把数组元素串联为字符串，输出显示出来，如图 17.12 所示。

```
var str = "";                             //声明临时变量
var a = [1, 2, 3, 4, 5];                  //定义数组
for(var i = 0 ; i < a.length; i ++ ){     //遍历数组，把数组元素串联为一个字符串
    str += a[i] + "-";
}
document.write(a + "<br />");             //读取数组的值
document.write(str);                      //显示串联的字符串
```

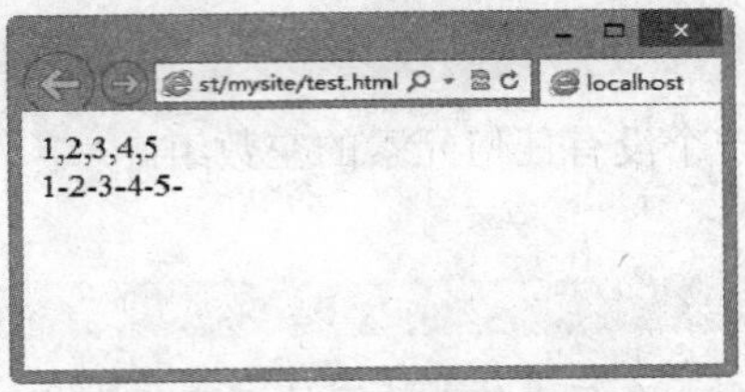

图 17.12　遍历数组元素

提示：数组的大小不是固定的，可以动态增加或删除数组元素。

☑　通过改变数组的 length 属性来实现。

```
var a = [1, 2, 3, 4, 5];
a.length = 4;
document.write(a);
```

在上面示例中，可以看到当改变数组的长度时，会自动在数组的末尾增加或删除元素，以实现改变数组的大小。

使用 delete 运算符可以删除数组元素的值，但是不会改变 length 属性的值。

☑　使用 push()和 pop()方法来操作数组。

使用 push()方法可以在数组的末尾插入一个或多个元素，使用 pop()方法可以依次把它们从数组中删除。

【示例 2】下面示例使用 push()方法增加数组的元素，然后使用 pop()方法删除部分元素。

```
var a = [];                               //定义一个空数组
a.push(1,2,3);                            //得到数组 a[1,2,3]
a.push(4,5);                              //得到数组 a[1,2,3,4,5]
```

```
a.pop();                        //得到数组 a[1,2,3,4]
```

使用时，push()可以带多个任意类型的参数，它们按顺序被插入到数组的末尾，并返回操作后数组的长度。pop()方法不带参数，返回数组中最后一个元素的值。

☑　使用 unshift()和 shift()方法。

unshift()和 shift()方法与 push()和 pop()方法操作类似，但是作用于数组的头部。

【示例 3】下面示例分别使用 unshift()方法增加数组的元素，然后使用 shift()方法删除部分元素。

```
var a = [];                     //定义一个空数组
a.unshift(1,2,3);               //得到数组 a[1,2,3]
a.unshift(4,5);                 //得到数组 a[4,5,1,2,3]
a.shift();                      //得到数组 a[5,1,2,3]
```

☑　使用 splice()方法。

该方法是一个通用删除和插入元素的方法，它可以在数组指定的位置开始删除或插入元素。

splice()方法包含 3 个参数：第一个参数指定插入的起始位置，第二个参数指定要删除元素的个数，第三个参数表示插入的具体元素。

【示例 4】在下面这个示例中，splice()方法从第二个元素后开始截取两个元素，然后把这个截取的新子数组（[3,4]）赋给变量 b，而原来的数组 a 的值为[1,2,5,6]。

```
var a = [1,2,3,4,5,6];
var b = a.splice(2,2);
document.write(a + "<br />");   //输出[1,2,5,6]
document.write(b);              //输出[3,4]
```

【示例 5】在下面示例中，使用 splice()方法从第二个元素后开始截取两个元素，然后把这个截取的新子数组（[3,4]）赋给变量 b，而原来的数组 a 的值为[1,2, 7,8,9,5,6]。也就是说，splice()方法内的第 3 个参数开始被作为新元素插入到指定起始位置后面，并把后面的元素向后推移。

```
var a = [1,2,3,4,5,6];
var b = a.splice(2,2,7,8,9);
document.write(a + "<br />");   //输出[1,2, 7,8,9,5,6]
document.write(b);              //输出[3,4]
```

17.8.3　应用数组

利用数组对象包含的众多方法，可以对数组进行更加复杂的操作。用户可以参阅本书附赠的 JavaScript 参考手册详细了解数组（Array）对象的每一种方法。

1. 数组与字符串互转

在开发中经常需要把字符串劈开为一个数组，或者把数组合并为字符串。

【示例 1】使用 Array 对象的 join()方法可以把数组转换为多种形式的字符串。join()方法包含一个参数，用来定义合并元素的连字符。如果 join()方法不提供参数，则以逗号连接每个元素。

在下面示例中，join()方法使用参数提供的连字符把数组 a 中的元素连接在一起，生成一个字符串，如图 17.13 所示。

视频讲解

```
var a = [1,2,3,4,5];
a = a.join("-");
document.write("a 类型  = " + typeof(a)+"<br />");
document.write("a 的值  = " + a);
```

使用 split()方法可以把字符串劈开为一个数组，该方法包含两个参数，第一个参数指定劈开的分隔符，第二个参数指定返回数组的长度。

【示例 2】针对上面示例，使用 split()方法把转换后的字符串重新劈开为数组，如图 17.14 所示。

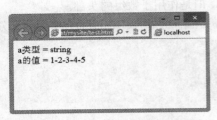

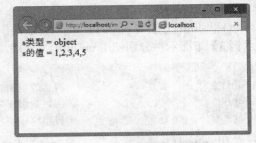

图 17.13　把数组转换为字符串　　　　　　图 17.14　把字符串转换为数组

```
var a = [1,2,3,4,5];
a = a.join("-");
var s = a.split("-");
document.write("s 类型  = " + typeof(s)+"<br />");
document.write("s 的值  = " + s);
```

2. 数组排顺

使用 reverse()方法可以颠倒数组元素的顺序。该方法是在原数组基础上进行操作的，不会新建数组。

【示例 3】在下面这个示例中使用 reverse()方法把数组[1,2,3,4,5]元素的顺序调整为[5,4,3,2,1]。

```
var a = [1,2,3,4,5];
var a = a.reverse();
document.write(a);                              //输出[5,4,3,2,1]
```

sort()方法能够对数组中的元素进行排序，排序的方法通过其参数来决定。这个参数是一个比较两个元素值的闭包。如果省略参数，则 sort()方法将按默认的规则对数组进行排序。

【示例 4】在下面这个示例中定义排序函数为 function(x,y){return x-y;}，然后把该函数传递给 sort()方法，则数组[3,2,5,1,4]将会按从大到小的顺序排列，返回[5,4,3,2,1]，如图 17.15 所示。

```
var a = [3,2,5,1,4];
var f = function(x,y){
        return y-x;
};
var b = a.sort(f);
document.write(b);                              //输出[5,4,3,2,1]
```

图 17.15　数组排序

如果不设置参数，或者设置"var b = a.sort(function(x,y){return x-y;});"，则 b 为[1,2,3,4,5]。

3. 连接数组

concat()方法能够把该方法中的参数追加到指定数组中，形成一个新的连接数组。例如：

```
var a = [1,2,3,4,5];
var b = a.concat(4,5);
document.write(b);                        //输出[1,2,3,4,5,4,5]
```

如果 concat()方法中的参数包含数组，则把数组元素展开添加到数组中。例如：

```
var a = [1,2,3,4,5];
var b = a.concat([4,5],[1,[2,3]]);
document.write(b);                        //输出[1,2,3,4,5,4,5,1,2,3]
```

4. 截取子数组

slice()方法将返回数组中指定的片段，所谓片段就是数组中的一个子数组。该方法包含两个参数，它们指定要返回子数组在原数组中的起止点。其中第一个参数指定的元素在被截取的范围之内，而第二个参数指定的元素不被截取。

【示例 5】 在下面示例中将返回数组 a 中第三个元素到第六个元素前面的 3 个元素组成的子数组。

```
var a = [1,2,3,4,5,6,7,8,9];
var b = a.slice(2,5);
document.write(b);                        //输出[3,4,5]
```

17.9 案例实战

本节为线上拓展内容，介绍 JavaScript 高级使用技巧。

17.9.1 使用 constructor 检测数据类型

对于对象、数组等复杂数据，可以使用 Object 对象的 constructor 属性进行检测。详细说明请扫码阅读。

线上阅读　视频讲解

17.9.2 使用 toString 检测数据类型

使用 toString()方法可以设计一种更安全的检测 JavaScript 数据类型的方法，用户还可以根据开发需要进一步补充检测类型的范围。详细说明请扫码阅读。

线上阅读　视频讲解

17.9.3 值类型转换

JavaScript 能够自动转换变量的数据类型。这种转换都是隐性的和自动的，不需要手动设置。详细说明请扫码阅读。

线上阅读　视频讲解

Note

17.9.4　引用类型转换

对象在不同运算环境中转换规则是不同的。详细说明请扫码阅读。

17.9.5　转换为字符串

线上阅读　　视频讲解

把值转换为字符串有两种方法。详细说明请扫码阅读。

17.9.6　转换为数字

线上阅读　　视频讲解

使用 parseInt()可以把值转换为整数，使用 parseFloat()可以把值转换为浮点数。详细说明请扫码阅读。

17.9.7　转换为布尔值

线上阅读　　视频讲解

把值转换为布尔值有两种快捷方法。详细说明请扫码阅读。

17.9.8　强制转换

线上阅读　　视频讲解

使用 Boolean()、Number()、String()可以把参数值转换为布尔值、数值和字符串。详细说明请扫码阅读。

17.9.9　使用 Arguments 对象

线上阅读　　视频讲解

Arguments 对象表示参数集合，它是一个伪类数组，拥有与数组相似的结构，可以通过数组下标的形式访问函数实参值，但是没有 Array 原型方法。详细说明请扫码阅读。

17.9.10　使用 call()和 apply()

线上阅读　　视频讲解

call()和 apply()是 Function 对象的原型方法，它们能够将特定函数当作一个方法绑定到指定对象上并进行调用。详细说明请扫码阅读。

17.9.11　使用 this

this 是函数体内自带的一个对象指针，它能够始终指向调用对象。当函数被调用时，使用 this 可以访问调用对象。详细说明请扫码阅读。

线 上 阅 读　　视 频 讲 解

17.9.12　函数调用模式

在 JavaScript 中，共有 4 种函数调用模式：方法调用模式、函数调用模式、构造器调用模式和 apply 调用模式。这些模式在如何初始化 this 上存在差异。详细说明请扫码阅读。

线 上 阅 读　　视 频 讲 解

17.10　在 线 练 习

JavaScript语言基础练习。

在 线 练 习

第18章

操作 DOM

DOM（Document Object Model，文档对象模型）是 W3C 制定的一套技术规范，用来描述 JavaScript 脚本怎样与 HTML 或 XML 文档进行交互的 Web 标准。本章将简单介绍 DOM 的基本概念和操作。

【学习要点】

▶▶ 了解 DOM。

▶▶ 使用 JavaScript 操作节点。

▶▶ 使用 JavaScript 操作文档。

▶▶ 使用 JavaScript 操作元素。

▶▶ 使用 JavaScript 操作文本和属性。

18.1 使用节点

DOM 1 级定义了 Node 接口，该接口为 DOM 的所有节点类型定义了原始类型。JavaScript 实现了这个接口，定义所有节点类型必须继承 Node 类型。作为 Node 的子类或孙类，都拥有 Node 的基本属性和方法。

18.1.1 节点类型

DOM 规定：整个文档是一个文档节点，每个标签是一个元素节点，元素包含的文本是文本节点，元素的属性是一个属性节点，注释属于注释节点，如此等等。

每个节点都有一个 nodeType 属性，用于表明节点的类型。使用 nodeType 属性返回值可以判断一个节点的类型，常用值说明如下：元素的 nodeType 值为 1，属性的 nodeType 值为 2，文本的 nodeType 值为 3，文档的 nodeType 值为 9，其他值可以参考 DOM 参考手册。

18.1.2 节点名称和值

使用节点的 nodeName 和 nodeValue 属性可以读取节点的名称和值。这两个属性的值完全取决于节点的类型，常用值说明如表 18.1 所示，其他值可以参考 DOM 参考手册。

表 18.1 常用节点的 nodeName 和 nodeValue 属性说明

节 点 类 型	nodeName 返回值	nodeValue 返回值
Document	#document	null
Element	元素的名称（或标签名称）	null
Attr	属性的名称	属性的值
Text	#text	节点的内容

【示例】在下面示例中，先检查节点类型，看是不是元素。如果是，则读取 nodeName 的值。对于元素节点，nodeName 中保存的始终都是元素的标签名，而 nodeValue 的值则始终为 null。

```
var node = document.getElementsByTagName("body")[0];
if (node.nodeType==1)
    var value = node.nodeName;
console.log(value);
```

nodeName 属性在处理标签时比较实用，而 nodeValue 属性在处理文本信息时比较实用。

18.1.3 访问节点

DOM 为 Node 类型定义如下属性，以方便 JavaScript 对文档树中每个节点进行遍历。
- ☑ ownerDocument：返回当前节点的根元素（document 对象）。
- ☑ parentNode：返回当前节点的父节点。所有的节点都仅有一个父节点。
- ☑ childNodes：返回当前节点的所有子节点的节点列表。
- ☑ firstChild：返回当前节点的首个子节点。

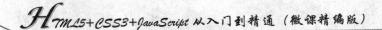

☑ lastChild：返回当前节点的最后一个子节点。

☑ nextSibling：返回当前节点之后相邻的同级节点。

☑ previousSibling：返回当前节点之前相邻的同级节点。

18.1.4 编辑节点

Node 类型为所有节点定义了很多原型方法，以方便对节点进行操作，其中获得所有浏览器一致支持的方法如表 18.2 所示。

表 18.2　Node 类型原型方法说明

方　　法	说　　明
appendChild()	向节点的子节点列表的结尾添加新的子节点
cloneNode()	复制节点
hasChildNodes()	判断当前节点是否拥有子节点
insertBefore()	在指定的子节点前插入新的子节点
normalize()	合并相邻的 Text 节点并删除空的 Text 节点
removeChild()	删除（并返回）当前节点的指定子节点
replaceChild()	用新节点替换一个子节点

其中，appendChild()、insertBefore()、removeChild()、replaceChild()方法用于对子节点进行插入、删除和替换操作。要使用这几个方法必须先取得父节点，可以使用 parentNode 属性。另外，并不是所有类型的节点都有子节点，如果在不支持子节点的节点上调用了这些方法将会导致错误发生。cloneNode()方法用于复制节点，用法如下：

```
nodeObject.cloneNode(include_all)
```

参数 include_all 为布尔值，如果为 true，那么将会复制原节点，以及所有子节点；为 false 时，仅复制节点本身。复制后返回的节点副本属于文档所有，但并没有为它指定父节点，需要通过 appendChild()、insertBefore()或 replaceChild()方法将它添加到文档中。

18.2　使用文档

在 DOM 规范中，Document 类型表示文档节点，HTMLDocument 是 Document 的子类，document 对象是 HTMLDocument 的实例，它表示 HTML 文档。同时，document 对象又是 window 对象的属性，因此可以在全局作用域中直接访问 document 对象。Document 节点具有如下特征：

☑ nodeType 值为 9。

☑ nodeName 值为"#document"。

☑ nodeValue 值为 null。

☑ parentNode 值为 null。

☑ ownerDocument 值为 null。

☑ 其子节点可能是：DocumentType（最多一个）、Element（最多一个）、ProcessingInstruction 或 Comment。

18.2.1 访问文档子节点

访问文档子节点的方法有两种：

☑ 使用 documentElement 属性，该属性始终指向 HTML 页面中的 html 元素。

☑ 使用 childNodes 列表访问文档元素。

例如，下面代码都可以找到 html 元素，不过使用 documentElement 属性更快捷。

```
var html = document.documentElement;
var html = document.childNodes[0];
var html = document.firstChild;
```

document 对象有一个 body 属性，使用它可以访问 body 元素。例如：

```
var body = document.body;
```

所有浏览器都支持 document.documentElement 和 document.body 用法。

<!DOCTYPE>标签是一个与文档主体不同的实体，可以通过 doctype 属性访问它。例如：

```
var doctype = document.doctype;
```

📢 **注意：** 不要为 document 对象调用 appendChild()、removeChild()和 replaceChild()方法来为文档添加、删除或替换子节点，因为文档类型是只读的，而且文档只能有一个固定的元素子节点。

视频讲解

Note

18.2.2 访问文档信息

HTMLDocument 的实例对象 document 包含很多属性用来访问文档信息，简单说明如下：

☑ title：设置或返回<title>标签包含的文本信息。

☑ lastModified：返回文档最后被修改的日期和时间。

☑ URL：返回当前文档的完整 URL，即地址栏中显示的地址信息。

☑ domain：返回当前文档的域名。

☑ referrer：返回链接到当前页面的那个页面的 URL。在没有来源页面的情况下，referrer 属性中可能会包含空字符串。

实际上，上面这些信息都存在于请求的 HTTP 头部，不过通过这些属性更方便用户在 JavaScript 中访问它们。

视频讲解

18.2.3 访问文档元素

document 对象包含多个访问文档内元素的方法，简单说明如下：

☑ getElementById()：返回指定 id 属性值的元素。注意，id 值要区分大小写，如果找到多个 id 相同的元素，则返回第一个元素，如果没有找到指定 id 值的元素，则返回 null。

☑ getElementsByTagName()：返回所有指定标签名称的元素节点。

☑ getElementsByName()：返回所有指定名称（name 属性值）的元素节点。该方法多用于表单结构中，用于获取单选按钮组或复选框组。

视频讲解

💡 **提示：** getElementsByTagName()方法返回的是一个 HTMLCollection 对象，与 nodeList 对象类似，可以使用方括号语法或者 item()方法访问 HTMLCollection 对象中的元素，并通过 length 属性取得这个对象中元素的数量。

【示例】HTMLCollection 对象还包含一个 namedItem()方法，该方法可以通过元素的 name 特性取得集合中的项目。下面示例可以通过"namedItem("news");"方法找到 HTMLCollection 对象中 name 为 news 的图片。

```
<img src="1.gif" />
<img src="2.gif" name="news" />
<script>
var images = document.getElementsByTagName("img");
var news = images.namedItem("news");
</script>
```

还可以使用下面用法获取页面中的所有元素，其中参数 "*" 表示所有元素。

```
var allElements = document.getElementsByTagName("*");
```

IE6 及其以下版本浏览器对其不支持，对于 IE 浏览器来说，可以使用 document.all 来获取文档中所有元素的节点。

视频讲解

18.2.4 访问文档集合

document 对象定义了一些集合属性，这些集合都是 HTMLCollection 对象，为访问文档常用对象提供了快捷方式，简单说明如下。

☑ document.anchors：返回文档中所有 Anchor 对象，即所有带 name 特性的<a>标签。

☑ document.applets：返回文档中所有 Applet 对象，即所有<applet>标签，不再推荐使用。

☑ document.forms：返回文档中所有 Form 对象，与 document.getElementsByTagName("form") 得到的结果相同。

☑ document.images：返回文档中所有 Image 对象，与 document.getElementsByTagName("img") 得到的结果相同。

☑ document.links：返回文档中所有 Area 和 Link 对象，即所有带 href 特性的<a>标签。

18.3 使用元素

Element 是元素节点类型，它具有以下特征：

☑ nodeType 值为 1。

☑ nodeName 值为元素的标签名称，也可以使用 tagName 属性。在 HTML 中，返回标签名始终为大写，在脚本中比较需要全部小写化：if(element.tagName.toLowerCase() == "div"){ }。

☑ nodeValue 值为 null。

☑ parentNode 是 Document 或 Element 类型节点。

☑ 子节点可能是 Element、Text、Comment、ProcessingInstruction、CDATASection 或者 EntityReference。

所有 HTML 元素都是 HTMLElement 类型或者其子类型的实例，HTMLElement 又是 Element 的子类，在继承 Element 类型时添加了一些属性，添加的这些属性分别对应于每个 HTML 元素下列标准特性。

☑ id：元素在文档中的唯一标识符。

☑ title：有关元素的附加说明信息，一般通过工具提示条显示出来。

☑ lang：元素内容的语言编码，很少使用。

☑ dir：语言方向，值为"ltr"（从左至右）、"rtl"（从右至左），很少使用。

☑ className：与元素的 class 特性对应，即为元素指定的 CSS 类样式。

上述这些属性都可以用来取得或修改相应的特性值。

18.3.1 访问元素

1. getElementById()方法

使用 getElementById()方法可以准确获取文档中的指定元素。用法如下：

```
document.getElementById(ID)
```

参数 ID 表示文档中对应元素的 id 属性值。如果文档中不存在指定元素，则返回值为 null。该方法只适用于 document 对象。

【示例 1】在下面示例中，使用 getElementById()方法获取<div id="box">对象的引用，然后使用 nodeName、nodeType、parentNode 和 childNodes 属性查看该对象的节点名称、节点类型、父节点和第一个子节点的名称。

```
<div id="box">盒子</div>
<script>
var box = document.getElementById("box");          //获取指定盒子的引用
var info = "nodeName：" + box.nodeName;             //获取该节点的名称
info += "\rnodeType：" + box.nodeType;              //获取该节点的类型
info += "\rparentNode：" + box.parentNode.nodeName; //获取该节点的父节点名称
info += "\rchildNodes：" + box.childNodes[0].nodeName; //获取该节点的子节点名称
alert(info);                                        //显示提示信息
</script>
```

2. getElementByTagName()方法

使用 getElementByTagName()方法可以获取指定标签名称的所有元素。用法如下：

```
document.getElementsByTagName(tagName)
```

参数 tagName 表示指定名称的标签，该方法返回值为一个节点集合，使用 length 属性可以获取集合中包含元素的个数，利用下标可以访问其中某个元素对象。

【示例 2】下面代码使用 for 循环获取每个 p 元素，并设置 p 元素的 class 属性为"red"。

```
var p = document.getElementsByTagName("p");        //获取 p 元素的所有引用
for(var i=0;i<p.length;i++){                        //遍历 p 数据集合
    p[i].setAttribute("class","red");              //为每个 p 元素定义 red 类样式
}
```

18.3.2 创建元素

createElement()方法能够根据参数指定的标签名称创建一个新的元素，并返回新建元素的引用，用法如下：

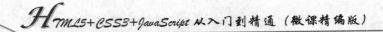

```
var element = document.createElement("tagName");
```

其中，element 表示新建元素的引用，createElement()是 document 对象的一个方法，该方法只有一个参数，用来指定创建元素的标签名称。

【示例 1】下面代码在当前文档中创建了一个段落标记 p，并把该段落的引用存储到变量 p 中。由于该变量表示一个元素节点，所以它的 nodeType 属性值等于 1，而 nodeName 属性值等于 p。

```
var p = document.createElement("p");            //创建段落元素
var info = "nodeName：" + p.nodeName;            //获取元素名称
info += "，nodeType：" + p.nodeType;            //获取元素类型，如果为 1 则表示元素节点
alert(info);
```

使用 createElement()方法创建的新元素不会被自动添加到文档里，因为新元素还没有 nodeParent 属性，仅在 JavaScript 上下文中有效。如果要把这个元素添加到文档里，还需要使用 appendChild()、insertBefore()或 replaceChild()方法实现。

【示例 2】下面代码演示如何把新创建的 p 元素增加到 body 元素下。

```
var p = document.createElement("p");            //创建段落元素
document.body.appendChild(p);                    //增加段落元素到 body 元素下
```

18.3.3 复制元素

cloneNode()方法可以创建一个节点的副本。

【示例】在下面示例中，首先创建一个节点 p，然后复制该节点为 p1，再利用 nodeName 和 nodeType 属性获取复制节点的基本信息，该节点的信息与原来创建的节点基本信息相同。

```
var p = document.createElement("p");            //创建节点
var p1 = p.cloneNode(false);                     //复制节点
var info = "nodeName：" + p1.nodeName;           //获取复制节点的名称
info += "，nodeType：" + p1.nodeType;           //获取复制节点的类型
alert(info);                                      //显示复制节点的名称和类型相同
```

18.3.4 插入元素

在文档中插入节点主要包括两种方法。

1. appendChild()方法

appendChild()方法可向当前节点的子节点列表的末尾添加新的子节点。用法如下：

```
appendChild(newchild)
```

参数 newchild 表示新添加的节点对象，并返回新增的节点。

【示例 1】下面示例展示了如何把段落文本增加到文档中指定的 div 元素中，使它成为当前节点的最后一个子节点。

```
<div id="box"></div>
<script>
var p = document.createElement("p");            //创建段落节点
var txt = document.createTextNode("盒模型");     //创建文本节点，文本内容为"盒模型"
p.appendChild(txt);                              //把文本节点增加到段落节点中
```

```
document.getElementById("box").appendChild(p); //获取 id 为 box 的元素，把段落节点增加进来
</script>
```

如果文档树中已经存在参数节点，则将从文档树中删除，然后重新插入新的位置。如果添加的节点是 DocumentFragment 节点，则不会直接插入，而是把它的子节点按序插入当前节点的末尾。

2. insertBefore()方法

使用 insertBefore()方法可在已有的子节点前插入一个新的子节点。用法如下：

```
insertBefore(newchild,refchild)
```

其中，参数 newchild 表示插入新的节点，refchild 表示在此节点前插入新节点。

【示例 2】针对示例 1，如果把蓝盒子移动到红盒子所包含的标题元素的前面，使用 appendChild()方法是无法实现的，此时不妨使用 insertBefore()方法来实现。

```
var ok = document.getElementById("ok");              //获取按钮元素的引用
ok.onclick = function(){                             //为按钮注册一个鼠标单击事件处理函数
 var red = document.getElementById("red");          //获取红色盒子的引用
 var blue = document.getElementById("blue");        //获取蓝色盒子的引用
 var h1 = document.getElementsByTagName("h1")[0];   //获取标题元素的引用
 red.insertBefore(blue, h1);                        //把蓝色盒子移动到红色盒子内，且位于标题前面
}
```

当单击"移动"按钮之后，则蓝色盒子被移动到红色盒子内部，且位于标题元素前面，效果如图 18.1 所示。

移动前   移动后

图 18.1　使用 insertBefore()方法移动元素

提示：insertBefore ()方法与 appendChild()方法一样，可以把指定元素及其所包含的所有子节点都一起插入到指定位置中。同时会先删除移动的元素，然后再重新插入到新的位置。

18.3.5　删除元素

removeChild()方法可以从子节点列表中删除某个节点。用法如下：

```
nodeObject.removeChild(node)
```

参数 node 为要删除的节点。如果删除成功，则返回被删除的节点；如果失败，则返回 null。

当使用 removeChild()方法删除节点时，该节点所包含的所有子节点将同时被删除。

【示例】在下面的示例中单击按钮时将删除红盒子中的一级标题。

视频讲解

```
<div id="red">
    <h1>红盒子</h1>
</div>
<div id="blue">蓝盒子</div>
<button id="ok">移动</button>
<script>
var ok = document.getElementById("ok");              //获取按钮元素的引用
ok.onclick = function(){                             //为按钮注册一个鼠标单击事件处理函数
 var red = document.getElementById("red");           //获取红色盒子的引用
 var h1 = document.getElementsByTagName("h1")[0];    //获取标题元素的引用
 red.removeChild(h1);                                //移出红盒子包含的标题元素
}
</script>
```

　　如果想删除蓝色盒子，但是又无法确定它的父元素，此时可以使用 parentNode 属性来快速获取父元素的引用，并借助这个引用来实现删除操作。

18.3.6　替换节点

视频讲解

　　replaceChild()方法可以将某个子节点替换为另一个。用法如下：

```
nodeObject.replaceChild(new_node,old_node)
```

　　其中，参数 new_node 为指定新的节点，old_node 为被替换的节点。如果替换成功，则返回被替换的节点；如果替换失败，则返回 null。

　　【示例 1】以上节示例为基础重写脚本，新建一个二级标题元素，并替换掉红色盒子中的一级标题元素。

```
var ok = document.getElementById("ok");                     //获取按钮元素的引用
ok.onclick = function(){                                    //为按钮注册一个鼠标单击事件处理函数
    var red = document.getElementById("red");               //获取红色盒子的引用
    var h1 = document.getElementsByTagName("h1")[0];        //获取一级标题的引用
    var h2 = document.createElement("h2");                  //创建二级标题元素并引用
    red.replaceChild(h2,h1);                                //把一级标题替换为二级标题
}
```

　　演示发现，当使用新创建的二级标题来替换一级标题之后，原来的一级标题所包含的标题文本已经不存在了。这说明替换节点的操作不是替换元素名称，而是替换其包含的所有子节点，以及其包含的所有内容。

　　同样的道理，如果替换节点还包含子节点，则子节点将一同被插入到被替换的节点中。可以借助replaceChild()方法在文档中使用现有的节点替换另一个存在的节点。

　　【示例 2】在下面示例中使用蓝盒子替换掉红盒子中包含的一级标题元素。此时可以看到，蓝盒子原来显示的位置已经被删除显示，同时被替换元素 h1 也被删除。

```
var ok = document.getElementById("ok");                      //获取按钮元素的引用
ok.onclick = function(){                                     //为按钮注册一个鼠标单击事件处理函数
    var red = document.getElementById("red");                //获取红盒子的引用
    var blue = document.getElementById("blue");              //获取蓝盒子的引用
    var h1 = document.getElementsByTagName("h1")[0];         //获取一级标题的引用
    red.replaceChild(blue,h1);                               //把红盒子中包含的一级标题替换为蓝盒子
}
```

【示例 3】replaceChild()方法能够返回被替换掉的节点引用，因此还可以把被替换掉的元素给找回来，并增加到文档的指定节点中。针对上面示例，使用一个变量 del_h1 存储被替换掉的一级标题，然后再把它插入到红色盒子前面。

```
var ok = document.getElementById("ok");                    //获取按钮元素的引用
ok.onclick = function(){                                    //为按钮注册一个鼠标单击事件处理函数
    var red = document.getElementById("red");              //获取红盒子的引用
    var blue = document.getElementById("blue");            //获取蓝盒子的引用
    var h1 = document.getElementsByTagName("h1")[0];//获取一级标题的引用
    var del_h1 = red.replaceChild(blue,h1);                //把红盒子中包含的一级标题替换为蓝盒子
    red.parentNode.insertBefore(del_h1,red);              //把替换掉的一级标题插入到红盒子前面
}
```

18.3.7　获取焦点元素

视频讲解

HTML5 新增 DOM 焦点管理功能。使用 document.activeElement 属性可以引用 DOM 中当前获得了焦点的元素。元素获取焦点的方式包括页面加载、用户输入（如按 Tab 键）和在脚本中调用 focus()方法。

【示例 1】下面示例设计当文本框获取焦点时，使用 document.activeElement 设置焦点元素的背景色高亮显示。

```
<input type="text" >
<input type="text" >
<input type="text" >
<script>
var inputs = document.getElementsByTagName("input");
for(var i=0; i<inputs.length;i++){
    inputs[i].onfocus =function(e){
        document.activeElement.style.backgroundColor = "yellow";
    }
    inputs[i].onblur =function(e){
        this.style.backgroundColor = "#fff";
    }
}
</script>
```

在默认情况下，文档刚刚加载完成时，document.activeElement 引用的是 document.body 元素。文档加载期间，document.activeElement 的值为 null。

【示例 2】使用 HTML5 新增的 document.hasFocus()方法可以判断当前文档是否获得了焦点。

```
<input type="text" id="text" />
<script>
document.getElementById("text").focus();
if(document.hasFocus()){
    document.activeElement.style.backgroundColor = "yellow";
}
</script>
```

通过检测文档是否获得了焦点，可以知道用户是不是正在与页面交互。

18.4 使用文本

文本节点由 Text 类型表示，包含纯文本内容，或转义后的 HTML 字符，但不能包含 HTML 代码。Text 节点具有以下特征：

- ☑ nodeType 值为 3。
- ☑ nodeName 值为"#text"。
- ☑ nodeValue 值为节点所包含的文本。
- ☑ parentNode 是一个 Element 类型节点。
- ☑ 不包含子节点。

18.4.1 访问文本

使用文本节点的 nodeValue 属性或 data 属性可以访问 Text 节点中包含的文本，这两个属性中包含的值相同。修改 nodeValue 值也会通过 data 反映出来，反之亦然。

每个文本节点还包含 length 属性，使用它可以返回包含文本的长度，利用该属性可以遍历文本节点中的每个字符。

【示例1】下面示例获取 div 元素中的文本，比较直接的方式是用元素的 innerText 属性读取。

```
<div id="div1">div 元素</div>
<script>
var div = document.getElementById("div1");
var text = div.innerText;
alert(text);
</script>
```

但是 innerText 属性不是标准用法，需要考虑浏览器兼容性，标准用法如下：

```
var text = div.firstChild.nodeValue;
```

【示例2】下面设计一个读取元素包含文本的通用方法。

```
//获取指定元素包含的文本
//参数：e 表示指定元素
//返回值：返回包含的所有文本，包括子元素中包含的文本
function text(e){
    var s = "";
    var e = e.childNodes || e;              //判断元素是否包含子节点
    for( var i = 0; i < e.length; i++){     //遍历所有子节点
        s += e[i].nodeType != 1 ? e[i].nodeValue : text(e[i].childNodes);
    //通过递归遍历所有元素的子节点
    }
    return s;
}
```

在上面函数中，通过递归函数检索指定元素的所有子节点，然后判断每个子节点的类型，如果不是元素，则读取该节点的值，否则再递归遍历该元素包含的所有子节点。

18.4.2　创建文本

使用 document 对象的 createTextNode()方法可创建文本节点。用法如下：

```
document.createTextNode(data)
```

参数 data 表示字符串。

【示例】下面示例创建一个新 div 元素，并为它设置 class 值为 red，然后再创建一个文本节点，并将其添加到 div 元素中，最后将 div 元素添加到文档 body 元素中，这样就可以在浏览器中看到新创建的元素和文本节点。

```
var element = document.createElement("div");
element.className = "red";
var textNode = document.createTextNode("Hello world!");
element.appendChild(textNode);
document.body.appendChild(element);
```

18.4.3　编辑文本

使用下列方法可以操作文本节点中的文本。

- ☑ appendData(string)：将字符串 string 追加到文本节点的尾部。
- ☑ deleteData(start,length)：从 start 下标位置开始删除 length 个字符。
- ☑ insertData(start,string)：在 start 下标位置插入字符串 string。
- ☑ replaceData(start,length,string)：使用字符串 string 替换从 start 下标位置开始的 length 个字符。
- ☑ splitText(offset)：在 offset 下标位置把一个 Text 节点分割成两个节点。
- ☑ substringData(start,length)：从 start 下标位置开始提取 length 个字符。

📢 **注意**：在默认情况下，每个可以包含内容的元素最多只能有一个文本节点，而且必须确实有内容存在。在开始标签与结束标签之间只要存在空隙，就会创建文本节点。

```
<!-- 下面 div 不包含文本节点 -->
<div></div>
<!--下面 div 包含文本节点，值为空格-->
<div> </div>
<!--下面 div 包含文本节点，值为换行符-->
<div>
</div>
<!--下面 div 包含文本节点，值为" Hello World!" -->
<div>Hello World!</div>
```

18.4.4　读取 HTML 字符串

元素的 innerHTML 属性可以返回调用元素包含的所有子节点对应的 HTML 标记字符串。innerHTML 属性开始是 IE 私有属性，HTML5 规范了 innerHTML，并得到所有浏览器的支持。

【示例】下面示例使用 innerHTML 属性读取 div 元素包含的 HTML 字符串。

```
<div id="div1">
    <style type="text/css">p { color:red;}</style>
```

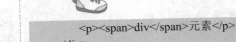

```
    <p><span>div</span>元素</p>
</div>
<script>
var div = document.getElementById("div1");
var s = div.innerHTML;
alert(s);
</script>
```

针对上面示例，Mozilla 浏览器返回的字符串为"<p>div元素</p>"，而 IE 浏览器返回的字符串为" <STYLE type =text /css >p { color :red ;}</STYLE > <P>< SPAN> div</ SPAN>元素</P>"。

18.4.5　插入 HTML 字符串

innerHTML 属性可以根据传入的 HTML 字符串，创建新的 DOM 片段，然后用这个 DOM 片段完全替换调用元素原有的所有子节点。设置 innerHTML 属性值之后，可以像访问文档中的其他节点一样访问新创建的节点。

【示例】下面示例将创建一个 1000 行的表格。先构造一个 HTML 字符串，然后更新 DOM 的 innerHTML 属性。

```
<script>
function tableInnerHTML() {
    var i, h = ['<table border="1" width="100%">'];
    h.push('<thead>');
    h.push('<tr><th>id</th><th>yes?</th><th>name</th><th>url</th><th>action</th></tr>');
    h.push('</thead>');
    h.push('<tbody>');
    for( i = 1; i <= 1000; i++) {
        h.push('<tr><td>');
        h.push(i);
        h.push('</td><td>');
        h.push('And the answer is... ' + (i % 2 ? 'yes' : 'no'));
        h.push('</td><td>');
        h.push('my name is #' + i);
        h.push('</td><td>');
        h.push('<a href="http://example.org/' + i + '.html">http://example.org/' + i + '.html</a>');
        h.push('</td><td>');
        h.push('<ul>');
        h.push(' <li><a href="edit.php?id=' + i + '">edit</a></li>');
        h.push(' <li><a href="delete.php?id="' + i + '-id001">delete</a></li>');
        h.push('</ul>');
        h.push('</td>');
        h.push('</tr>');
    }
    h.push('</tbody>');
    h.push('</table>');
    document.getElementById('here').innerHTML = h.join('');
};
</script>
<div id="here"></div>
```

```
<script>
tableInnerHTML();
</script>
```

如果通过 DOM 的 document.createElement() 和 document.createTextNode() 方法创建同样的表格，代码会非常冗长。在一个性能苛刻的操作中更新一大块 HTML 页面，innerHTML 在大多数浏览器中执行得更快。

18.5　使用属性

属性节点由 Attr 类型表示，在文档树中被称为元素的特性，习惯上称之为标签的属性。属性节点具有下列特征：

- ☑ nodeType 值为 11。
- ☑ nodeName 值是特性的名称。
- ☑ nodeValue 值是特性的值。
- ☑ parentNode 值为 null。
- ☑ 在 HTML 中不包含子节点。
- ☑ 在 XML 中子节点可以是 Text、EntityReference。

尽管属性也是节点，但是 DOM 文档树中不能够直接访问，DOM 没有提供关系指针。开发人员常用 getAttribute()、setAttribute() 和 removeAttribute() 等方法来操作属性。

18.5.1　访问属性

Attr 是 Element 的属性，作为一种节点类型，它继承了 Node 类型的属性和方法。不过 Attr 没有父节点，同时属性也不被认为是元素的子节点，对于很多 Node 的属性来说都将返回 null。

Attr 对象包含 3 个专用属性，简单说明如下：

- ☑ name：返回属性的名称，与 nodeName 的值相同。
- ☑ value：设置或返回属性的值，与 nodeValue 的值相同。
- ☑ specified：如果属性值是在代码中设置的，则返回 true；如果为默认值，则返回 false。

视频讲解

创建属性节点的方法：

```
document.createAttribute(name)
```

参数 name 表示新创建的属性的名称。

【示例 1】下面示例创建一个属性节点，名称为 align，值为 center，然后为标签 <div id="box"> 设置属性 align，最后分别使用 3 种方法读取属性 align 的值。

```
<div id="box">document.createAttribute(name)</div>
<script>
var element = document.getElementById("box");
var attr = document.createAttribute("align");
attr.value = "center";
element.setAttributeNode(attr);
alert(element.attributes["align"].value);                //"center"
alert(element.getAttributeNode("align").value);          //"center"
```

```
alert(element.getAttribute("align"));                          //"center"
</script>
```

为了将新创建的属性添加到元素中，必须使用元素的setAttributeNode()方法。添加属性之后，可以通过下列任何方式访问该属性：attributes属性、getAttributeNode()方法、getAttribute()方法。

其中，attributes属性、getAttributeNode()方法都会返回对应属性的Attr节点，而getAttribute()方法直接返回属性的值。不建议使用attributes[]数组方式来读取某个位置上的属性节点，因为不同浏览器对其支持存在差异。

> 提示：属性节点一般位于元素的头部标签中。元素的属性列表会随着元素信息预先加载，并被存储在关联数组中。例如，针对下面HTML结构。
>
> `<div id="div1" class="style1" lang="en" title="div"></div>`
>
> 当DOM加载后，表示HTML div元素的变量divElement就会自动生成一个关联集合，它以名值对形式检索这些属性。
>
> ```
> divElement.attributes = {
>     id : "div1",
>     class : "style1",
>     lang : "en",
>     title : "div"
> }
> ```
>
> 在传统DOM中，常用点语法通过元素直接访问HTML属性，如img.src、a.href等，这种方式虽然不标准，但是获得了所有浏览器支持。

【示例2】img元素拥有src属性，所有图像对象都拥有一个src脚本属性，它与HTML的src特性关联在一起。下面两种用法都可以很好地工作在不同浏览器中。

```
<img id="img1" src="" />
<script>
var img = document.getElementById("img1");
img.setAttribute("src","http:// www.w3.org/");          //HTML 属性
img.src = "http://www.w3.org/";                          //JavaScript 属性
</script>
```

类似的属性还有onclick、style和href等。为了保证JavaScript脚本在不同浏览器中都能很好地工作，建议采用标准用法会更为稳妥，而且很多HTML属性并没有被JavaScript映射，所以也就无法直接通过脚本属性进行读写。

18.5.2 读取属性

使用元素的getAttribute()方法可以快速读取指定元素的属性值，传递的参数是一个以字符串形式表示的元素属性名称，返回一个字符串类型的值，如果给定属性不存在，则返回值为null。

【示例1】下面示例访问红色盒子和蓝色盒子，然后读取这些元素所包含的id属性值。

```
<div id="red">红盒子</div>
<div id="blue">蓝盒子</div>
<script>
var red = document.getElementById("red");          //获取红色盒子
alert(red.getAttribute("id"));                      //显示红色盒子的 id 属性值
var blue = document.getElementById("blue"); //获取蓝色盒子
```

视频讲解

```
alert(blue.getAttribute("id"));                    //显示蓝色盒子的 id 属性值
</script>
```

【示例 2】除了使用元素的方法读取属性值外，HTML DOM 还支持使用点语法快捷读取属性值。

```
var red = document.getElementById("red");
alert(red.id);
var blue = document.getElementById("blue");
alert(blue.id);
```

使用点方法比较简便，也可获得所有浏览器的支持。

注意：对于 class 属性，则必须使用 className 属性名，因为 class 是 JavaScript 语言的保留字；对于 for 属性，则必须使用 htmlFor 属性名，这与 CSS 脚本中 float 和 text 属性被改名为 cssFloat 和 cssText 是一个道理。

【示例 3】使用 className 读写样式类。

```
<label id="label1" class="class1" for="textfield">文本框：
    <input type="text" name="textfield" id="textfield" />
</label>
<script>
var label = document.getElementById("label1");
alert(label.className);
alert(label.htmlFor);
</script>
```

【示例 4】对于复合类样式，需要使用 split()方法劈开返回的字符串，然后遍历读取类样式。

```
<div id="red" class="red blue">红盒子</div>
<script>
//所有类名生成的数组
var classNameArray = document.getElementById("red").className.split(" ");
for(var i in classNameArray ){      //遍历数组
    alert(classNameArray[i]);       //当前 class 名
}
</script>
```

18.5.3 设置属性

使用元素的 setAttribute()方法可以设置元素的属性值，用法如下：

```
setAttribute(name,value)
```

参数 name 和 value 分别表示属性名称和属性值。属性名和属性值必须以字符串的形式进行传递。如果元素中存在指定的属性，它的值将被刷新；如果不存在，则 setAttribute()方法将为元素创建该属性并赋值。

【示例】下面示例分别为页面中的 div 元素设置 title 属性。

```
<div id="red">红盒子</div>
<div id="blue">蓝盒子</div>
<script>
var red = document.getElementById("red");              //获取红盒子的引用
```

视 频 讲 解

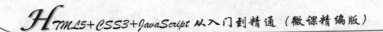
```
var blue = document.getElementById("blue");        //获取蓝盒子的引用
red.setAttribute("title", "这是红盒子");            //为红盒子对象设置 title 属性和值
blue.setAttribute("title", "这是蓝盒子");           //为蓝盒子对象设置 title 属性和值
</script>
```

【拓展】

可以通过快捷方法设置 HTML DOM 文档中元素的属性值，具体说明可以扫码阅读。

线上阅读

18.5.4　删除属性

使用元素的 removeAttribute()方法可以删除指定的属性。用法如下：

removeAttribute(name)

参数 name 表示元素的属性名。

【示例】在下面示例中设计了两个按钮，并分别绑定不同的事件处理函数。单击"删除"按钮即可调用表格的 removeAttribute()方法清除表格边框，单击"恢复"按钮即可调用表格的 setAttribute()方法重新设置表格边框的粗细。

```
<script>
window.onload = function() {                              //绑定页面加载完毕时的事件处理函数
    var table = document.getElementsByTagName("table")[0];  //获取表格外框的引用
    var del = document.getElementById("del");              //获取删除按钮的引用
    var reset = document.getElementById("reset");          //获取恢复按钮的引用
    del.onclick = function(){                              //为删除按钮绑定事件处理函数
        table.removeAttribute("border");                   //移出边框属性
    }
    reset.onclick = function(){                            //为恢复按钮绑定事件处理函数
        table.setAttribute("border", "2");                //设置表格的边框属性
    }
}
</script>
<table width="100%" border="2">
    <tr>
        <td>数据表格</td>
    </tr>
</table>
<button id="del">删除</button><button id="reset">恢复</button>
```

18.5.5　使用类选择器

HTML5 为 document 对象和 HTML 元素新增了 getElementsByClassName()方法，使用该方法可以选择指定类名的元素。getElementsByClassName()方法可以接收一个字符串参数，包含一个或多个类名，类名通过空格分隔，不分先后顺序，方法返回带有指定类的所有元素的 NodeList。

浏览器支持状态：IE 9+、Firefox 3.0+、Safari 3+、Chrome 和 Opera 9.5+。

如果不考虑兼容早期 IE 浏览器或者怪异模式，用户可以放心使用。

【示例】下面示例使用 document.getElementsByClassName("red")方法选择文档中所有包含 red 类的元素。

```
<div class="red">红盒子</div>
<div class="blue red">蓝盒子</div>
<div class="green red">绿盒子</div>
<script>
var divs = document.getElementsByClassName("red");
for(var i=0; i<divs.length;i++){
    console.log(divs[i].innerHTML);
}
</script>
```

18.6　使用 CSS 选择器

视 频 讲 解

　　Selectors API 是由 W3C 发起制定的一个标准，致力于让浏览器原生支持 CSS 查询。DOM API 核心模块包括 querySelector() 和 querySelectorAll()，这两个方法能够根据 CSS 选择器规范，便捷定位文档中的指定元素。

　　浏览器支持状态：IE 8+、Firefox、Chrome、Safari、Opera。

　　Document、DocumentFragment、Element 都实现了 NodeSelector 接口，即这 3 种类型的节点都拥有 querySelector() 和 querySelectorAll() 方法。

　　querySelector() 和 querySelectorAll() 方法的参数必须是符合 CSS 选择器规范的字符串，不同的是，querySelector()方法返回的是一个元素对象，querySelectorAll() 方法返回的是一个元素集合。

　　【示例1】新建网页文档，输入下面 HTML 结构代码。

```
<div class="content">
    <ul>
        <li>首页</li>
        <li class="red">财经</li>
        <li class="blue">娱乐</li>
        <li class="red">时尚</li>
        <li class="blue">互联网</li>
    </ul>
</div>
```

　　如果要获得第一个 li 元素，可以使用如下方法：

```
document.querySelector(".content ul li");
```

　　如果要获得所有 li 元素，可以使用如下方法：

```
document.querySelectorAll(".content ul li");
```

　　如果要获得所有 class 为 red 的 li 元素，可以使用如下方法：

```
document.querySelectorAll("li.red");
```

　　💡 提示：DOM API 模块也包含 getElementsByClassName()方法，使用该方法可以获取指定类名的元素。例如：

```
document.getElementsByClassName("red");
```

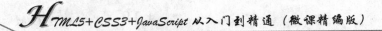

Note

📢 **注意：** getElementsByClassName()方法只能够接收字符串，且为类名，而不需要加点号前缀，如果没有匹配到任何元素则返回空数组。

　　CSS 选择器是一个便捷的确定元素的方法，这是因为大家已经对 CSS 很熟悉了。当需要联合查询时，使用 querySelectorAll()更加便利。

　　【示例 2】 在文档中，一些 li 元素的 class 名称是 red，另一些 class 名称是 blue，可以用 query SelectorAll()方法一次性获得这两类节点。

```
var lis =document.querySelectorAll("li.red, li.blue");
```

　　如果不使用 querySelectorAll()方法，那么要获得同样列表，需要更多工作。一个办法是选择所有的 li 元素，然后通过迭代操作过滤出那些不需要的列表项目。

```
var result = [], lis1 = document.getElementsByTagName('li'), classname = '';
for(var i = 0, len = lis1.length; i < len; i++) {
    classname = lis1[i].className;
    if(classname === 'red' || classname === 'blue') {
        result.push(lis1[i]);
    }
}
```

　　比较上面两种不同的用法，使用选择器 querySelectorAll()方法比使用 getElementsByTagName()的性能要快很多。因此，如果浏览器支持 document.querySelectorAll()，那么最好使用它。

　　在 Selectors API 2 版本规范中，为 Element 类型新增了一个方法——matchesSelector()。这个方法接收一个参数，即 CSS 选择符，如果调用元素与该选择符匹配，返回 true；否则，返回 false。目前，浏览器对该方法支持不是很好。

18.7　扫码拓展阅读

　　本节为线上拓展内容，介绍 jQuery 库的使用，很多用户在学习 DOM 时，发现使用 jQuery 操作 DOM 会更方便和灵活，如果你不了解 jQuery，同时有兴趣和精力想进一步探索，请扫码深度阅读 jQuery。本节提供内容比较简单，适合入门同学，同时本书后面部分章节会用到 jQuery 进行 JavaScript 脚本编写，也需要读者有一定的 jQuery 基础。

线 上 阅 读

18.8　在 线 练 习

　　练习文档对象模型开发的一般方法，培养初学者灵活使用 JavaScript 设计动态网页效果的基本能力。

在 线 练 习

第19章

操作事件

事件是 JavaScript 最鲜明的特性，JavaScript 以事件驱动实现页面交互，当事件发生时，浏览器会自动调用事件处理函数，同时生成事件对象，传递给事件处理函数。

【学习要点】

▶▶ 了解事件模型、事件流、事件类型。

▶▶ 能够正确注册事件、销毁事件。

▶▶ 能够自定义事件。

19.1 事件基础

JavaScript 事件最早出现在 IE 3.0 和 Netscape 2.0 浏览器中，DOM 2 规范标准化 JavaScript 事件，2004 年 W3C 发布 DOM 3 规范，进一步完善 JavaScript 事件模型。

IE 9+、Firefox、Opera、Safari 和 Chrome 主流浏览器都支持 DOM 2 事件模块的核心部分。IE 8 及其早期版本不支持标准事件模型，仅支持 IE 事件模型。

19.1.1 事件模型

在浏览器发展历史中，出现了以下 4 种事件处理模型。

- ☑ 原始事件模型：在浏览器初期出现的一种简单事件模型，也称为 DOM 0 事件模型。主要通过事件属性，为标签绑定事件处理函数。由于这种模型应用比较广泛，获得了所有浏览器的支持，目前依然比较流行。但是这种模型对于 HTML 文档标签依赖严重，不利于 JavaScript 独立开发。

- ☑ DOM 事件模型：由 W3C 制定，是目前标准的事件处理模型。所有符合标准的浏览器都支持该模型，IE 怪异模式不支持。DOM 事件模型包括 DOM 2 事件模块和 DOM 3 事件模块，DOM 3 事件模块为 DOM 2 事件模块的升级版，略有完善，主要是新增了一些事情类型，以适应移动设备的开发需要，但大部分规范和用法保持一致。

- ☑ IE 事件模型：IE 4.0 及其以上版本浏览器支持，与 DOM 事件模型相似，用法不同。

- ☑ Netscape 事件模型：由 Netscape 4 浏览器实现，在 Netscape 6 中停止支持。

19.1.2 事件流

视频讲解

事件流是多个节点对同一种事件进行响应的先后顺序，主要包括 3 种类型。

1. 冒泡型

事件从最特定的目标向最不特定的目标（document 对象）触发，也就是事件从下向上进行响应，这个传递过程被形象地称为冒泡。

2. 捕获型

事件从最不特定的目标（document 对象）开始触发，然后到最特定的目标，也就是事件从上向下进行响应。

3. 混合型

W3C 的 DOM 事件模型支持捕获型和冒泡型两种事件流，但是捕获型事件流先发生，然后才发生冒泡型事件流。两种事件流会触及 DOM 中的所有层级对象，从 document 对象开始，最后返回 document 对象结束。

根据事件流类型，可以把事件传播的整个过程分为 3 个阶段。

- ☑ 捕获阶段：事件从 document 对象沿着文档树向下传播到目标节点，如果目标节点的任何一个上级节点注册了相同事件，那么事件在传播的过程中就会首先在最接近顶部的上级节点执行，依次向下传播。

☑ 目标阶段：注册在目标节点上的事件被执行。

☑ 冒泡阶段：事件从目标节点向上触发，如果上级节点注册了相同的事件，
将会逐级响应，依次向上传播。

【拓展】

如果想具体感知不同事件流的发生过程，读者可以扫码阅读。

线 上 阅 读

19.1.3　事件类型

根据触发对象不同，可以将浏览器中发生的事件分成不同的类型。DOM 3 事件模块在 DOM 2 事件模块的基础上重新定义事件类型，添加了一些新事件。DOM 3 事件类型简单说明如下。

☑ UI（User Interface，用户界面）事件：当用户与页面上的元素交互时触发。

☑ 焦点事件：当元素获得或失去焦点时触发。

☑ 鼠标事件：当用户通过鼠标在页面上执行操作时触发。

☑ 滚轮事件：当使用鼠标滚轮或类似设备时触发。

☑ 文本事件：当在文档中输入文本时触发。

☑ 键盘事件：当用户通过键盘在页面上执行操作时触发。

☑ 合成事件：当为 IME（Input Method Editors，输入法编辑器）输入字符时触发。

☑ 变动事件：当底层 DOM 结构发生变化时触发。

☑ 变动名称事件：当元素或属性名变动时触发。此类事件已经被废弃。

> **提示**：HTML5 也定义了一组事件，各浏览器还会在 DOM 和 BOM 中实现其他专有事件。这些专有的事件一般都是根据开发人员需求定制的，没有规范，也没有获得广泛支持。

【拓展】

如果想具体了解 DOM 2 事件模块组成和类型，读者可以扫码阅读。

线 上 阅 读

视 频 讲 解

19.1.4　绑定事件

在原始事件模型中，JavaScript 支持两种绑定方式。

☑ 静态绑定

把 JavaScript 脚本作为属性值，直接赋给事件属性。

【示例 1】 在下面示例中，把 JavaScript 脚本以字符串的形式传递给 onclick 属性，为\<button\>标签绑定 click 事件。当单击按钮时就会触发 click 事件，执行这行 JavaScript 脚本。

```
<button onclick="alert('你单击了一次！');">按钮</button>
```

☑ 动态绑定

使用 DOM 对象的事件属性进行赋值。

【示例 2】 在下面示例中，使用 document.getElementById()方法获取 button 元素，然后把一个匿名函数作为值传递给 button 元素的 onclick 属性，实现事件绑定操作。

```
<button id="btn">按钮</button>
<script>
var button = document.getElementById("btn");
button.onclick = function(){
    alert("你单击了一次！");
```

```
}
</script>
```

这种方法可以在脚本中直接为页面元素附加事件，不用破坏 HTML 结构，比上一种方式灵活。

19.1.5 定义事件处理函数

事件处理函数是一类特殊的函数，主要目的是实现事件处理，由事件触发进行调用，一般没有明确的返回值。

不过用户可以利用事件处理函数的返回值影响事件程序的执行，如单击超链接时，禁止默认的跳转行为。

【示例 1】在下面示例中，为 form 元素绑定 onsubmit 事件，设计当文本框中输入值为空时，定义事件处理函数返回值为 false。由于该返回值为 false，将禁止表单提交操作。

```
<form id="form1" name="form1" method="post" action="http://www.mysite.cn/" onsubmit=
"if(this.elements[0].value.length==0) return false;">
    姓名：<input id="user" name="user" type="text" />
    <input type="submit" name="btn" id="btn" value="提交" />
</form>
```

在上面代码中，this 表示当前 form 元素，elements[0]表示姓名文本框，如果该文本框的 value.length 属性值长度为 0，表示当前文本框为空，则返回 false，禁止提交表单。

事件处理函数不需要参数。在 DOM 事件模型中，事件处理函数默认包含 event 参数对象， event 对象包含事件信息，方便在函数体内进行访问。

【示例 2】在下面示例中，为按钮对象绑定一个单击事件。在这个事件处理函数中，参数 e 为形参，响应事件之后，浏览器会把 event 对象传递给形参变量 e，再把 event 对象作为一个实参进行传递，读取 event 对象包含的事件信息，在事件处理函数中输出当前源对象节点名称，显示效果如图 19.1 所示。

```
<button id="btn">按      钮</button>
<script>
var button = document.getElementById("btn");
button.onclick = function(e){
    var e = e || window.event;                      //兼容事件模型
    document.write(e.srcElement ? e.srcElement : e.target);    //兼容 event 属性
}
</script>
```

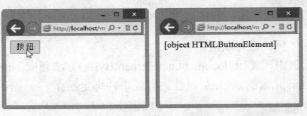

图 19.1　捕获当前事件源

提示：在上面脚本中，为了能够兼容 IE 事件模型和 DOM 事件模型，分别使用一个逻辑运算符和一个条件运算符来匹配不同的模型。

IE 事件模型和 DOM 事件模型对于 event 对象的处理方式不同：IE 把 event 对象定义为 window 对象的一个属性，而 DOM 事件模型把 event 定义为事件处理函数的默认参数。所以，在处理 event 参数时，应该判断 event 在当前解析环境中的状态，如果当前浏览器支持，则使用 event（DOM 事件模型）；如果不支持，则说明当前环境是 IE 浏览器，通过 window.event 获取 event 对象。

event.srcElement 表示当前事件的源，即响应事件的当前对象，这是 IE 模型用法。但是 DOM 事件模型不支持该属性，需要使用 event 对象的 target 属性，它是一个符合标准的源属性。为了能够兼容不同浏览器，这里使用了一个条件运算符，先判断 event.srcElement 属性是否存在，否则使用 event.target 属性来获取当前事件对象的源。

在事件处理函数中，this 表示当前事件对象，与 event 对象的 srcElement 属性（IE 模型）或者 target（DOM 事件模型）属性所代表的意思相同。

【示例 3】在下面示例中，定义当单击按钮时改变当前按钮的背景色为红色，其中 this 关键字就表示 button 按钮对象。

```
<button id="btn" onclick="this.style.background='red';">按　　钮</button>
```

也可以使用下面一行代码来表示：

```
<button id="btn" onclick="(event.srcElement?event.srcElement:event.target).style.background='red';">按钮</button>
```

【示例 4】在一些特殊环境中，this 并非都表示当前事件对象。在下面示例中，分别使用 this 和事件源来指定当前对象，但是会发现 this 并没有指向当前的事件对象按钮，而是指向 window 对象，所以这个时候继续使用 this 引用当前对象就错了。

```
<script>
function btn1(){//事件处理函数，函数中的 this 表示调用该函数的当前对象
    this.style.background = "red";
}
function btn2(event){ //事件处理函数
    event = event || window.event;                            //获取事件对象 event
    var src = event.srcElement ? event.srcElement : event.target;  //获取当前事件源
    src.style.background = "red";                             //改变当前事件源的背景色
}
</script>
</head>
<button id="btn1" onclick="btn1();">按　钮　1</button>
<button id="btn2" onclick="btn2(event);">按　钮　2</button>
```

为了能够准确获取当前事件对象，在第二个按钮的 click 事件处理函数中，直接把 event 传递给 btn2()。如果不传递该参数，支持 DOM 事件模型的浏览器就会找不到 event 对象。

19.1.6　注册事件

在 DOM 事件模型中，通过调用对象的 addEventListener()方法注册事件，用法如下：

```
element.addEventListener(String type, Function listener, boolean useCapture);
```

视 频 讲 解

Note

参数说明如下：

☑ type：注册事件的类型名。事件类型与事件属性不同，事件类型名没有 on 前缀。例如，对于事件属性 onclick 来说，所对应的事件类型为 click。

☑ listener：监听函数，即事件处理函数。在指定类型的事件发生时将调用该函数。在调用这个函数时，默认传递给它的唯一参数是 event 对象。

☑ useCapture：是一个布尔值。如果为 true，则指定的事件处理函数将在事件传播的捕获阶段触发；如果为 false，则事件处理函数将在冒泡阶段触发。

【示例 1】在下面示例中，使用 addEventListener()方法为所有按钮注册 click 事件。首先，调用 document 的 getElementsByTagName()方法捕获所有按钮对象；然后，使用 for in 语句遍历按钮集（btn），并使用 addEventListener()方法分别为每个按钮注册一个事件函数，该函数获取当前对象所显示的文本。

```
<button id="btn1" onclick="btn1();">按 钮 1</button>
<button id="btn2" onclick="btn2(event);">按 钮 2</button>
<script>
var btn = document.getElementsByTagName("button");          //捕获所有按钮
for(var i in btn){                                          //遍历按钮集合
    btn[i].addEventListener("click", function(){
    alert(this.innerHTML);
    }, true);              //为每个按钮对象注册一个事件处理函数，定义在捕获阶段进行响应
}
</script>
```

在浏览器中预览，单击不同的按钮，则会自动弹出对话框，显示按钮的名称，如图 19.2 所示。

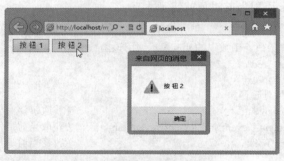

图 19.2　响应注册事件

提示：早期 IE 浏览器不支持 addEventListener()方法。从 IE 8 开始才完全支持 DOM 事件模型。使用 addEventListener()方法能够为多个对象注册相同的事件处理函数，也可以为同一个对象注册多个事件处理函数。为同一个对象注册多个事件处理函数对于模块化开发非常有用。

【示例 2】在下面示例中，为段落文本注册两个事件：mouseover 和 mouseout。当鼠标移到段落文本上面时会显示为蓝色背景，而当鼠标移出段落文本时会自动显示为红色背景。这样就不需要破坏文档结构为段落文本增加多个事件属性。

```
<p id="p1">为对象注册多个事件</p>
<script>
var p1 = document.getElementById("p1"); //捕获段落元素的句柄
```

```
p1.addEventListener("mouseover", function(){
    this.style.background = 'blue';
}, true);                        //为段落元素注册第一个事件处理函数
p1.addEventListener("mouseout", function(){
    this.style.background = 'red';
}, true);                        //为段落元素注册第二个事件处理函数
</script>
```

IE 事件模型使用 attachEvent()方法注册事件，用法如下：

```
element.attachEvent(etype,eventName)
```

参数说明如下：

☑ etype：设置事件类型，如 onclick、onkeyup、onmousemove 等。

☑ eventName：设置事件名称，也就是事件处理函数。

【示例 3】在下面示例中，为段落标签<p>注册两个事件：mouseover 和 mouseout，设计当鼠标经过时，段落文本背景色显示为蓝色，当鼠标移开之后，背景色显示为红色。

```
<p id="p1">IE 事件注册</p>
<script>
var p1 = document.getElementById("p1");        //捕获段落元素
p1.attachEvent("onmouseover", function(){
    p1.style.background = 'blue';
});                                            //注册 mouseover 事件
p1.attachEvent("onmouseout", function(){
    p1.style.background = 'red';
});                                            //注册 mouseout 事件
</script>
```

🔔 提示：使用 attachEvent()注册事件时，其事件处理函数的调用对象不再是当前事件对象本身，而是 window 对象。因此，事件函数中的 this 就指向 window，而不是当前对象，如果要获取当前对象，应该使用 event 的 srcElement 属性。

📢 注意：IE 事件模型中的 attachEvent()方法的第一个参数为事件类型名称，但需要加上 on 前缀，而使用 addEventListener()方法时，不需要这个 on 前缀，如 click。

19.1.7 销毁事件

视频讲解

在 DOM 事件模型中，使用 removeEventListener()方法可以从指定对象中删除已经注册的事件处理函数。用法如下：

```
element.removeEventListener(String type, Function listener, boolean useCapture);
```

参数说明参阅 addEventListener()方法参数说明。

【示例 1】在下面示例中，分别为按钮 a 和按钮 b 注册 click 事件，其中按钮 a 的事件函数为 ok()，按钮 b 的事件函数为 delete_event()。在浏览器中预览，当单击"点我"按钮时将弹出一个对话框，在不删除之前这个事件是一直存在的。当单击"删除事件"按钮之后，"点我"按钮将失去任何效果，演示效果如图 19.3 所示。

```
<input id="a" type="button" value="点我" />
```

Note

```
<input id="b" type="button" value="删除事件" />
<script>
var a = document.getElementById("a");              //获取按钮 a
var b = document.getElementById("b");              //获取按钮 b
function ok(){                                      //按钮 a 的事件处理函数
    alert("您好，欢迎光临!");
}
function delete_event(){                            //按钮 b 的事件处理函数
    a.removeEventListener("click",ok,false);       //移出按钮 a 的 click 事件
}
a.addEventListener("click",ok,false);              //默认为按钮 a 注册事件
b.addEventListener("click",delete_event,false);    //默认为按钮 b 注册事件
</script>
```

图 19.3　注销事件

> 提示：removeEventListener()方法只能够删除 addEventListener()方法注册的事件。如果直接使用 onclick 等直接写在元素上的事件，将无法使用 removeEventListener()方法删除。
>
> 　　当临时注册一个事件时，可以在处理完毕之后迅速删除它，这样能够节省系统资源。

IE 事件模型使用 detachEvent()方法注销事件，用法如下：

```
element.detachEvent(etype,eventName)
```

参数说明参阅 attachEvent()方法参数说明。

由于 IE 怪异模式不支持 DOM 事件模型，为了保证页面的兼容性，开发时需要兼容两种事件模型以实现在不同浏览器中具有相同的交互行为。

【示例 2】为了能够兼容 IE 事件模型和 DOM 事件模型，下面示例使用 if 语句判断当前浏览器支持的事件处理模型，然后分别使用 DOM 注册方法和 IE 注册方法为段落文本注册 mouseover 和 mouseout 两个事件。当触发 mouseout 事件之后，再把 mouseover 和 mouseout 事件注销掉。

```
<p id="p1">注册兼容性事件</p>
<script>
var p1 = document.getElementById("p1");            //捕获段落元素
var f1 = function(){                               //定义事件处理函数 1
    p1.style.background = 'blue';
};
var f2 = function(){                               //定义事件处理函数 2
    p1.style.background = 'red';
    if(p1.detachEvent){                            //兼容 IE 事件模型
```

```
        p1.detachEvent("onmouseover", f1);          //注销事件 mouseover
        p1.detachEvent("onmouseout", f2);           //注销事件 mouseout
    }
    else{                                           //兼容 DOM 事件模型
        p1.removeEventListener("mouseover", f1);    //注销事件 mouseover
        p1.removeEventListener("mouseout", f2);     //注销事件 mouseout
    }
};
if(p1.attachEvent){                                 //兼容 IE 事件模型
    p1.attachEvent("onmouseover", f1);              //注册事件 mouseover
    p1.attachEvent("onmouseout", f2);               //注册事件 mouseout
}
else{                                               //兼容 DOM 事件模型
    p1.addEventListener("mouseover", f1);           //注册事件 mouseover
    p1.addEventListener("mouseout", f2);            //注册事件 mouseout
}
</script>
```

19.1.8 使用 event

event 对象由事件自动创建，代表事件的状态，如事件发生的源节点，键盘按键的响应状态，鼠标指针的移动位置，鼠标按键的响应状态等信息。event 对象的属性提供了有关事件的细节，其方法可以控制事件的传播。

二级 DOM Events 规范定义了一个标准的事件模型，它被除了 IE 怪异模式以外的所有标准浏览器所实现，而 IE 定义了专用的、不兼容的模型。简单比较两种事件模型：

☑ 在 DOM 事件模型中，event 对象被传递给事件处理函数，但是在 IE 事件模型中，它被存储在 window 对象的 event 属性中。

☑ 在 DOM 事件模型中，Event 类型的各种子接口定义了额外的属性，它们提供了与特定事件类型相关的细节；在 IE 事件模型中只有一种类型的 event 对象，它用于所有类型的事件。

下面列出了二级 DOM 事件标准定义的 event 对象属性，如表 19.1 所示。注意，这些属性都是只读属性。

表 19.1 DOM 事件模型中 event 对象属性

属 性	说 明
bubbles	返回布尔值，指示事件是否是冒泡事件类型。如果事件是冒泡类型，则返回 true，否则返回 false
cancelable	返回布尔值，指示事件是否可以取消的默认动作。如果使用 preventDefault()方法可以取消与事件关联的默认动作，则返回值为 true，否则为 false
currentTarget	返回触发事件的当前节点，即当前处理该事件的元素、文档或窗口。在捕获和冒泡阶段，该属性是非常有用的，因为在这两个阶段，它不同于 target 属性
eventPhase	返回事件传播的当前阶段，包括捕获阶段（1）、目标事件阶段（2）和冒泡阶段（3）
target	返回事件的目标节点（触发该事件的节点），如生成事件的元素、文档或窗口
timeStamp	返回事件生成的日期和时间
type	返回当前 event 对象表示的事件的名称，如"submit"、"load"或"click"

下面列出了二级 DOM 事件标准定义的 event 对象方法，如表 19.2 所示，IE 事件模型不支持这些方法。

表 19.2　DOM 事件模型中 event 对象方法

方　　法	说　　明
initEvent()	初始化新创建的 event 对象的属性
preventDefault()	通知浏览器不要执行与事件关联的默认动作
stopPropagation()	终止事件在传播过程的捕获、目标处理或冒泡阶段进一步传播。调用该方法后，该节点上处理该事件的处理函数将被调用，但事件不再被分派到其他节点

> 提示：表 19.2 是 Event 类型提供的基本属性，各个事件子模块也都定义了专用属性和方法。例如，UIEvent 提供了 view（发生事件的 window 对象）和 detail（事件的详细信息）属性。而 MouseEvent 除了拥有 Event 和 UIEvent 属性和方法外，也定义了更多实用属性，详细说明可参考下面章节内容。

IE7 及其早期版本，以及 IE 怪异模式不支持标准的 DOM 事件模型，并且 IE 浏览器的 event 对象定义了一组完全不同的属性，如表 19.3 所示。

表 19.3　IE 事件模型中 event 对象属性

属　　性	描　　述
cancelBubble	如果想在事件处理函数中阻止事件传播到上级包含对象，必须把该属性设为 true
fromElement	对于 mouseover 和 mouseout 事件，fromElement 引用移出鼠标的元素
keyCode	对于 keypress 事件，该属性声明了被敲击的键生成的 Unicode 字符码。对于 keydown 和 keyup 事件，它指定了被敲击的键的虚拟键盘码。虚拟键盘码可能和使用的键盘的布局相关
offsetX、offsetY	发生事件的地点在事件源元素的坐标系统中的 X 坐标和 Y 坐标
returnValue	如果设置了该属性，它的值比事件处理函数的返回值优先级高。把这个属性设置为 false，可以取消发生事件的源元素的默认动作
srcElement	对于生成事件的 window 对象、document 对象或 element 对象的引用
toElement	对于 mouseover 和 mouseout 事件，该属性引用移入鼠标的元素
x、y	事件发生的位置的 x 坐标和 y 坐标，它们相对于用 CSS 定位的最内层包含元素

IE 事件模型并没有为不同的事件定义继承类型，因此所有与任何事件的类型相关的属性都在上面列表中。

> 提示：为了兼容 IE 和 DOM 两种事件模型，可以使用下面表达式进行兼容。
> var event = event || window.event;　　　　//兼容不同模型的 event 对象

上面代码右侧是一个选择运算表达式，如果事件处理函数存在 event 实参，则使用 event 形参来传递事件信息，如果不存在 event 参数，则调用 window 对象的 event 属性来获取事件信息。把上面表达式放在事件处理函数中即可进行兼容。

在以事件驱动为核心的设计模型中，一次只能够处理一个事件，由于从来不会并发两个事件，因此，使用全局变量来存储事件信息是一种比较安全的方法。

【示例】下面示例演示了如何禁止超链接默认的跳转行为。

```
<a href="https://www.baidu.com/" id="a1">禁止超链接跳转</a><script>
document.getElementById('a1').onclick = function(e) {
    e = e || window.event;                            //兼容事件对象
    var target = e.target || e.srcElement;            //兼容事件目标元素
    if(target.nodeName !== 'A') {                      //仅针对超链接起作用
        return;
    }
    if( typeof e.preventDefault === 'function') {      //兼容 DOM 模型
        e.preventDefault();                            //禁止默认行为
        e.stopPropagation();                           //禁止事件传播
    } else { //兼容 IE 模型
        e.returnValue = false;                         //禁止默认行为
        e.cancelBubble = true;                         //禁止冒泡
    }
};
</script>
```

19.1.9 事件委托

事件委托（delegate），也称为事件托管或事件代理，就是把目标节点的事件绑定到祖先节点上。这种简单而优雅的事件注册方式是因为：事件传播过程中，逐层冒泡总能被祖先节点捕获。

事件委托的优势：优化代码，提升运行性能，真正把 HTML 和 JavaScript 分离，也能防止在动态添加或删除节点过程中注册的事件丢失现象。

【示例】下面示例借助事件委托技巧，利用事件传播机制，在列表框 ul 元素上绑定 click 事件，当事件传播到父节点 ul 上时，捕获 click 事件，然后在事件处理函数中检测当前事件响应节点类型，如果是 li 元素，则进一步执行下面代码，否则跳出事件处理函数，结束响应。

```
<button id="btn">添加列表项目</button>
<ul id="list">
    <li>列表项目 1</li>
    <li>列表项目 2</li>
    <li>列表项目 3</li>
</ul>
<script>
var ul=document.getElementById("list");
ul.addEventListener('click',function(e){
    var e = e || window.event;
    var target = e.target || e.srcElement;
    if(e.target&&e.target.nodeName.toUpperCase()=="LI"){    /*判断目标事件是否为 li*/
        alert(e.target.innerHTML);
    }
},false);
var i = 4;
var btn=document.getElementById("btn");
btn.addEventListener("click",function(){
    var li = document.createElement("li");
    li.innerHTML = "列表项目" + i++;
```

视频讲解

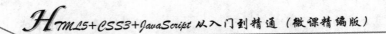

Note

视频讲解

```
        ul.appendChild(li);
    });
</script>
```

当页面存在大量元素，并且每个元素注册了一个或多个事件时，可能会影响性能。访问和修改更多的 DOM 节点，程序就会更慢，特别是事件连接过程都发生在 load（或 DOMContentReady）事件中时，对任何一个富交互网页来说，这都是一个繁忙的时间段。另外，浏览器需要保存每个事件句柄的记录，也会占用更多内存。

19.2　案　例　实　战

下面结合案例讲解这些事件类型的典型应用。

19.2.1　设计鼠标拖放操作

mousemove 事件类型是一个实时响应的事件，当鼠标指针的位置发生变化（至少移动 1 个像素）时，就会触发 mousemove 事件。该事件响应的灵敏度主要参考鼠标指针移动速度的快慢，以及浏览器跟踪更新的速度。

【示例】下面示例演示了如何综合应用各种鼠标事件实现页面元素拖放操作的设计过程。实现拖放操作设计，需要厘清和解决几个技术问题。

第 1 步，定义被拖放元素为相对定位或绝对定位，以及设计事件的响应过程。

第 2 步，清楚几个坐标概念：按下鼠标时的指针坐标，移动中当前鼠标的指针坐标，松开鼠标时的指针坐标，拖放元素的原始坐标，拖动中的元素坐标。

第 3 步，算法设计：按下鼠标时，获取被拖放元素和鼠标指针的位置，在移动中实时计算鼠标偏移的距离，并利用该偏移距离加上被拖放元素的原坐标位置，获得拖放元素的实时坐标。

如图 19.4 所示，其中变量 ox 和 oy 分别记录按下鼠标时被拖放元素的纵横坐标值，它们可以通过事件对象的 offsetLeft 和 offsetTop 属性获取。变量 mx 和 my 分别表示按下鼠标时，鼠标指针的坐标位置，而 event.mx 和 event.my 是事件对象的自定义属性，用它们来存储当鼠标移动时鼠标指针的实时位置。

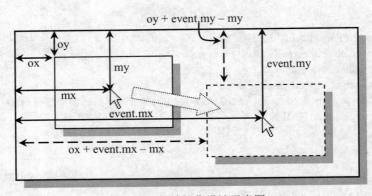

图 19.4　拖放操作设计示意图

当获取了上面 3 对坐标值之后，就可以动态计算拖动中元素的实时坐标位置，即 x 轴值为 ox +

event.mx - mx，y 轴为 oy + event.my - my。当释放鼠标按钮时，则可以释放事件类型，并记下松开鼠标指针时拖动元素的坐标值，以及鼠标指针的位置，留待下一次拖放操作时调用。

整个拖放操作的示例代码如下：

```
<div id="box" ><img src="images/bg.jpg" /></div>
<script>
//初始化拖放对象
var box = document.getElementById("box");              //获取页面中被拖放元素的引用
box.style.position = "absolute";                       //绝对定位
//初始化变量，标准化事件对象
var mx, my, ox, oy;                                    //定义备用变量
function e(event){                                     //定义事件对象标准化函数
    if( ! event){                                      //兼容 IE 浏览器
        event = window.event;
        event.target = event.srcElement;
        event.layerX = event.offsetX;
        event.layerY = event.offsetY;
    }
    event.mx = event.pageX || event.clientX + document.body.scrollLeft;   //计算鼠标指针的 x 轴距离
    event.my = event.pageY || event.clientY + document.body.scrollTop;    //计算鼠标指针的 y 轴距离
    return event;                                      //返回标准化的事件对象
}
//定义鼠标事件处理函数
document.onmousedown = function(event){                //按下鼠标时，初始化处理
    event = e(event);                                  //获取标准事件对象
    o = event.target;                                  //获取当前拖放的元素
    ox = parseInt(o.offsetLeft);                       //拖放元素的 x 轴坐标
    oy = parseInt(o.offsetTop);                        //拖放元素的 y 轴坐标
    mx = event.mx;                                     //按下鼠标指针的 x 轴坐标
    my = event.my;                                     //按下鼠标指针的 y 轴坐标
    document.onmousemove = move;                       //注册鼠标移动事件处理函数
    document.onmouseup = stop;                         //注册松开鼠标事件处理函数
}
function move(event){                                  //鼠标移动处理函数
    event = e(event);
    o.style.left = ox + event.mx - mx    + "px";       //定义拖动元素的 x 轴距离
    o.style.top = oy + event.my - my + "px";           //定义拖动元素的 y 轴距离
}
function stop(event){                                  //松开鼠标处理函数
    event = e(event);
    ox = parseInt(o.offsetLeft);                       //记录拖放元素的 x 轴坐标
    oy = parseInt(o.offsetTop);                        //记录拖放元素的 y 轴坐标
    mx = event.mx ;                                    //记录鼠标指针的 x 轴坐标
    my = event.my ;                                    //记录鼠标指针的 y 轴坐标
    o = document.onmousemove = document.onmouseup = null;   //释放所有操作对象
}
</script>
```

在浏览器中预览，可以看到当拖动<div id="box" >标签时，这个对象随着鼠标而移动，当松开鼠标左键时，即可放下被拖动的对象，并定位到新位置上显示，效果如图 19.5 所示。

初始位置 拖放后的位置

图 19.5 拖放操作演示效果

视频讲解

19.2.2 设计鼠标跟随特效

当事件发生时，获取鼠标位置是一件很重要的事件。但是不同浏览器在 Event 对象中定义了不同的属性，说明如表 19.4 所示。这些属性都以像素值定义了鼠标指针的坐标，但是它们参照的坐标系不同，导致准确计算鼠标的位置是一件比较麻烦的事。

表 19.4 Event 对象关于鼠标位置的属性列表

属　　性	说　　明	兼　容　性
clientX	以浏览器窗口左上顶角为原点，定位 x 轴坐标	所有浏览器，不兼容 Safari
clientY	以浏览器窗口左上顶角为原点，定位 y 轴坐标	所有浏览器，不兼容 Safari
offsetX	以当前事件的目标对象左上顶角为原点，定位 x 轴坐标	所有浏览器，不兼容 Mozilla
offsetY	以当前事件的目标对象左上顶角为原点，定位 y 轴坐标	所有浏览器，不兼容 Mozilla
pageX	以 Document 对象（即文档窗口）左上顶角为原点，定位 x 轴坐标	所有浏览器，不兼容 IE
pageY	以 Document 对象（即文档窗口）左上顶角为原点，定位 y 轴坐标	所有浏览器，不兼容 IE
screenX	计算机屏幕左上顶角为原点，定位 x 轴坐标	所有浏览器
screenY	计算机屏幕左上顶角为原点，定位 y 轴坐标	所有浏览器
layerX	最近的绝对定位的父元素（如果没有，则为 Document 对象）左上顶角为原点，定位 x 轴坐标	Mozilla 和 Safari
layerY	最近的绝对定位的父元素（如果没有，则为 Document 对象）左上顶角为原点，定位 y 轴坐标	Mozilla 和 Safari

下面介绍如何配合多个鼠标坐标属性，设计兼容不同浏览器的鼠标定位方案。

【操作步骤】

第 1 步，screenX 和 screenY 属性获得了所有浏览器的支持，应该是最优选用属性，但是它们的坐标系是计算机屏幕，以计算机屏幕左上角为定位原点。这对于以浏览器窗口为活动空间的网页来说，没有任何价值。因为不同的屏幕分辨率，不同的浏览器窗口大小和位置都使在网页中定位鼠标成为一件很困难的事情。

第 2 步，如果以 Document 对象为坐标系，则可以考虑选用 pageX 和 pageY 属性，实现在浏览器窗口中进行定位。这对于设计鼠标跟随是一个好主意，因为跟随元素一般都以绝对定位的方式在浏览器窗口中移动，在 mousemove 事件处理函数中把 pageX 和 pageY 属性值传递给绝对定位元素的 top 和 left 样式属性即可。

但是 IE 浏览器不支持它们，为此我们还需寻求兼容 IE 浏览器的方法。而 clientX 和 clientY 属性是以 window 对象为坐标系，且 IE 浏览器支持它们，可以选用它们。

第 3 步，不过考虑 window 等对象可能会出现的滚动条偏移量，所以还应加上相对于 window 对象的页面滚动的偏移量。于是，可以这样来设计兼容性代码：

```
var posX = 0, posY = 0;                    //定义坐标变量初始值
var event = event || window.event;         //标准化事件对象
if(event.pageX || event.pageY){            //如果浏览器支持该属性，则采用它们
    posX = event.pageX;
    posY = event.pageY;
}
else if(event.clientX || event.clientY){   //否则，如果浏览器支持该属性，则采用它们
    posX = event.clientX + document.documentElement.scrollLeft + document.body.scrollLeft;
    posY = event.clientY + document.documentElement.scrollTop + document.body.scrollTop;
}
```

在上面代码中，先检测 pageX 和 pageY 属性是否存在，如果存在则获取它们的值；如果不存在，则检测并获取 clientX 和 clientY 属性值。

第 4 步，加上 document.documentElement 和 document.body 对象的 scrollLeft 和 scrollTop 属性值，这样就可以在不同浏览器中获得相同的坐标值。

【示例】解决了鼠标定位核心技术问题，下面就来设计本例的设计思路：

根据指定的跟随对象，获取相对鼠标指针的偏移值，设计一个定位函数，设计函数传入参数为跟随对象、相对鼠标指针的偏移距离，以及事件对象。

然后，定位函数能够根据事件对象获取鼠标的坐标值，并设置该对象为绝对定位，绝对定位的值为鼠标指针当前的坐标值。

最后，设计的本示例完整代码如下所示：

```
<script>
//鼠标定位函数
//参数 o 表示跟随对象，x 和 y 表示跟随对象与鼠标指针的偏移值，event 表示 Event 对象
var pos = function(o, x, y,event){
    var posX = 0, posY = 0;                //临时变量值
    var e = event || window.event;         //标准化事件对象
    if(e.pageX || e.pageY){                //获取鼠标指针的当前坐标值
        posX = e.pageX;
        posY = e.pageY;
    }
    else if(e.clientX || e.clientY){
        posX = e.clientX + document.documentElement.scrollLeft + document.body.scrollLeft;
        posY = e.clientY + document.documentElement.scrollTop + document.body.scrollTop;
    }
    o.style.position = "absolute";         //定义当前对象为绝对定位
    o.style.top = (posY + y) + "px";       //设置对象 y 轴坐标
    o.style.left = (posX + x) + "px";      //设置对象 x 轴坐标
```

Note

```
}
</script>
<div id="div1">跟随鼠标的文字</div>
<script language="javascript" type="text/javascript">
var div1 = document.getElementById("div1");
document.onmousemove = function(event){
    pos(div1, 10, 20,event);              //设计在文档中移动鼠标时，调用鼠标定位函数
}
</script>
```

为 Document 对象注册鼠标移动事件处理函数，并传入鼠标定位函数，传入的对象为\<div id="div1">标签，设置其位置向鼠标指针右下方偏移（10,20）的距离。考虑到非 IE 浏览器通过参数形式传递事件对象，所以不要忘记在调用函数中也要传递事件对象。最后，在浏览器中预览，移动鼠标指针，则可以看到\<div id="div1">标签始终跟随鼠标指针移动，如图 19.6 所示。

图 19.6　鼠标跟随特效

视频讲解

19.2.3　跟踪鼠标在对象内相对位置

获取鼠标指针在目标对象内的坐标，可以使用 offsetX 和 offsetY 属性，但是 Mozilla 浏览器不支持。如果结合 layerX 和 layerY 属性，可以兼容 Mozilla 浏览器。核心代码如下：

```
var event = event || window.event;
if(event.offsetX || event.offsetY ){           //适用非 Mozilla 浏览器
    x = event.offsetX;
    y = event.offsetY;
}
else if(event.layerX || event.layerY ){        //兼容 Mozilla 浏览器
    x = event.layerX;
    y = event.layerY;
}
```

考虑到 layerX 和 layerY 属性是以定位元素为参照物，而不是目标对象自身。如果没有定位元素，则会以 Document 对象为参照物。因此，为了解决这个问题，可以通过脚本方式或者手动方式添加一个定位包含框，这样就可以解决 layerX 和 layerY 不能够在目标对象内直接定位问题。如果考虑包含框与目标对象间距和边距所造成的误差，可以酌情减去 1 个或几个像素的偏移量。

下面就来设计一个带有网格背景的盒子，然后在一个文本区域中动态跟踪鼠标在当前盒子中的相对坐标位置。

【操作步骤】

第 1 步，启动 Dreamweaver，新建文档，保存为 test.html。设计一个简单的文档结构：在页面中包含一个文本区域，用来动态显示鼠标相对坐标值；一个<div id="wrap">标签，用来设计背景网格；一个<span>标签，设计为相对定位显示，用来获取鼠标指针在盒子内的相对坐标值；一个盒子<div id="box">。

```
<body>
<textarea   id ="text"></textarea>
<div id="wrap">
    <span>
        <div id="box"></div>
    </span>
</div>
</body>
```

第 2 步，在头部标签<head>内插入一个<style type="text/css">标签，设计内部样式表。为<div id="wrap">标签定义网格背景，为<span>标签定义相对定位，为<div id="box">标签定义大小和边框，设计文本区域浮动到右侧显示。页面显示效果如图 19.7 所示，详细代码如下所示：

```
<style type="text/css">
#wrap {/* 定义网格背景，设计参照坐标系 */
    background:url(images/bg.png) no-repeat;
    float:left;
    padding-left:14px;
    padding-top:14px;}
#wrap span{position:relative;} /* 定义定位包含框，为获取鼠标指针相对坐标进行参照 */
#box {/* 定义盒子的大小、边框样式 */
    border:solid 1px red;
    width:400px;
    height:300px;}
#text{/* 定义文本区域样式，以便显示动态坐标信息 */
    height:4em;
    width:8em;
    float:right;
    border:solid 1px blue;}
</style>
```

第 3 步，设计 JavaScript 脚本：在页面加载完毕之后调用 load 事件处理函数，获取文本区域对象、目标盒子对象。在盒子对象上绑定 mousemove 事件，设计当鼠标移动时，实时跟踪鼠标指针的相对位置。在 mousemove 事件处理函数中，利用上面介绍鼠标指针相对位置跟踪解决技术方案，获取相对坐标位置，然后把该值动态输出到文本区域中显示。完整脚本如下所示：

```
<script>
window.onload = function(){
    var   t = document.getElementById("text");
    var box = document.getElementById("box");
```

```
box.onmousemove = function(event){
        var event = event || window.event;                    //标准化事件对象
        if(event.offsetX || event.offsetY ){                  //兼容非 Mozilla 浏览器
            t.value ="x:" + parseInt(event.offsetX) + "\ny:" + parseInt(event.offsetY);
        }
        else if(event.layerX || event.layerY ){               //兼容 Mozilla 浏览器
            t.value ="x:" + parseInt(event.layerX - 1) + "\ny:" + parseInt(event.layerY -1) ;
        }
    }
}
</script>
```

第 4 步，在浏览器中预览，然后在盒子内移动鼠标，可以看到文本区域中动态显示当前鼠标指针的相对坐标位置，如图 19.8 所示。

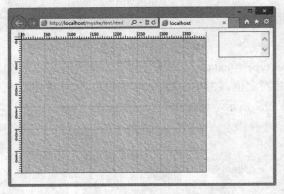

图 19.7　页面初始化设计效果

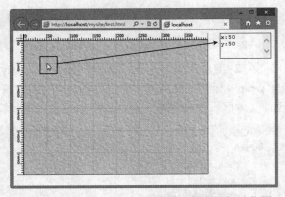

图 19.8　动态跟踪鼠标指针在对象内的相对位置

提示：上述兼容方案解决在目标对象内定位鼠标指针的问题。由于在目标对象外包裹一个定位元素，这会破坏页面结构。为了避免麻烦，可以考虑通过 JavaScript 脚本形式动态添加定位包含框，当获取到鼠标指针的相对坐标后，再以脚本形式删除这个定位包含框。

19.2.4　设计推箱子游戏

线上阅读　视频讲解

当用户操作键盘时会触发键盘事件，键盘事件主要包括下面 3 种类型：keydown、keypress、keyup。有关键盘事件的详细说明和示例演示，请扫码阅读。

19.2.5　设计满屏显示

线上阅读　视频讲解

resize 事件类型是在浏览器窗口被重置时触发的。例如，当用户调整窗口大小，或者最大化、最小化、恢复窗口大小显示时触发 resize 事件。利用该事件可以跟踪窗口大小的变化以便动态调整页面元素的显示大小。有关 resize 事件的示例演示，请扫码阅读。

19.2.6 自动读取选择文本

当在文本框或文本区域内选择文本时，将触发 select 事件。通过该事件，可以设计用户选择操作的交互行为。有关 select 事件的示例演示，请扫码阅读。

线 上 阅 读　　视 频 讲 解

19.2.7 设计自动跳转菜单

change 事件类型是在表单元素的值发生变化时触发，主要用于 select 和 textarea 元素。有关 change 事件的示例演示，请扫码阅读。

线 上 阅 读　　视 频 讲 解

19.2.8 禁止表单提交

submit 事件类型仅在表单内单击提交按钮，或者在其中的输入表单元素内按 Enter 键时触发。有关 submit 事件的示例演示，请扫码阅读。

线 上 阅 读　　视 频 讲 解

19.2.9 分享选中文本

本例使用 JavaScript 实现在网页中选中文本，弹出提示图标，允许用户把选中的文本分享到新浪微博。具体示例代码和说明，请扫码阅读。

线 上 阅 读　　视 频 讲 解

19.3 在 线 练 习

练习 JavaScript 事件的应用，培养读者灵活使用 JavaScript 事件设计各种交互式页面特效的基本能力。

在 线 练 习

第20章

操作 CSS 样式

在 Web 开发中，CSS 的作用不容忽视，很多交互行为都需要 CSS 来配合完成。使用 CSS 和 JavaScript 可以创造出完美的视觉效果和用户体验。本章将介绍如何使用 JavaScript 脚本驱动 CSS 样式，完成各种交互式行为的设计。

【学习要点】

▶▶ 使用 JavaScript 操作行内样式。

▶▶ 使用 JavaScript 操作样式表。

▶▶ 设计简单的页面交互行为或特效。

20.1 操作 CSS 样式基础

DOM 2 级规范为 CSS 样式的脚本化定义了一套 API。在 DOM 2 级规范中，与 CSS 相关的规范都包含在 styleSheets、CSS 和 CSS2 这 3 个模块中。本节将简单介绍如何正确访问脚本样式，不涉及各个模块的系统内容。

20.1.1 访问行内样式

CSS 样式包括 3 种形式：外部样式、内部样式和行内样式。在早期 DOM 中，任何支持 style 属性的 HTML 标签在 JavaScript 中都有一个映射的 style 属性。

HTMLElement 的 style 属性是一个可读可写的 CSS2Properties 对象。CSS2Properties 对象表示一组 CSS 样式属性及其值，它为每一个 CSS 属性都定义了一个 JavaScript 脚本属性。

这个 style 对象包含了通过 HTML 的 style 属性设置的所有 CSS 样式信息，但不包含样式表中的样式。因此，使用元素的 style 属性只能访问行内样式，不能访问样式表中的样式信息。

style 对象可以通过 cssText 属性返回行内样式的字符串表示。字符串中去掉了包围属性和值的花括号，以及元素选择器名称。

除了 cssText 属性外，style 对象还包含每一个与 CSS 属性一一映射的脚本属性（需要浏览器支持）。这些脚本属性的名称与 CSS 属性的名称紧密对应，但是为了避免 JavaScript 语法错误而进行了一些改变。含有连字符的多词属性（如 font-family）在 JavaScript 中会删除这些连字符，以驼峰命名法重新命名 CSS 的脚本属性名称（如 fontFamily）。

【示例】对于 border-right-color 属性来说，在脚本中应该使用 borderRightColor，所以下面页面脚本中的用法都是错误的。

```
<div id="box">盒子</div>
<script>
var box = document.getElementById("box");
box.style.border-right-color = "red";
box.style.border-right-style = "solid";
</script>
```

针对上面页面脚本，可以修改为：

```
<script>
var box = document.getElementById("box");
box.style.borderRightColor = "red";
box.style.borderRightStyle = "solid";
</script>
```

💡 提示：使用 CSS 脚本属性时，应该注意几个问题：

☑ 由于 float 是 JavaScript 保留字，禁止使用，因此使用 cssFloat 表示 float 属性的脚本名称。

☑ 在 JavaScript 中，所有 CSS 属性值都是字符串，必须加上引号，以表示字符串数据类型。

```
elementNode.style.fontFamily = "Arial, Helvetica, sans-serif";
elementNode.style.cssFloat = "left";
```

```
elementNode.style.color = "#ff0000";
```

☑ CSS 样式声明结尾的分号不能作为属性值的一部分被引用，JavaScript 脚本中的分号只是 JavaScript 语法规则的一部分，不是 CSS 声明中分号的引用。

☑ 声明中属性值和单位都必须作为值的一部分完整地传递给 CSS 脚本属性，略单位则所设置的脚本样式无效。

```
elementNode.style.width = "100px";
```

☑ 在脚本中可以动态设置属性值，但最终赋值给属性的值应是一个字符串。

```
elementNode.style.top = top + "px";
elementNode.style.right = right + "px";
elementNode.style.bottom = bottom + "px";
elementNode.style.left = left + "px";
```

☑ 如果没有为 HTML 标签设置 style 属性，那么 style 对象中可能会包含一些属性的默认值，但这些值并不能准确地反映该元素的样式信息。

视频讲解

20.1.2 使用 style

DOM 2 级样式规范为 style 对象定义了一些属性和方法，简单说明如下：

☑ cssText：访问 HTML 标签中 style 属性的 CSS 代码。
☑ length：元素定义的 CSS 属性的数量。
☑ parentRule：表示 CSS 的 CSSRule 对象。
☑ getPropertyCSSValue()：返回包含给定属性值的 CSSValue 对象。
☑ getPropertyPriority()：返回指定 CSS 属性中是否附加了 !important 命令。
☑ item()：返回给定位置的 CSS 属性的名称。
☑ getPropertyValue()：返回给定属性的字符串值。
☑ removeProperty()：从样式中删除给定属性。
☑ setProperty()：将给定属性设置为相应的值，并加上优先权标志。

下面重点介绍 style 对象方法的使用。

1. getPropertyValue() 方法

getPropertyValue() 能够获取指定元素样式属性的值。用法如下：

```
var value = e.style.getPropertyValue(propertyName)
```

参数 propertyName 表示 CSS 属性名，不是 CSS 脚本属性名，对于复合名应该使用连字符进行连接。

【示例 1】下面代码使用 getPropertyValue() 方法获取行内样式中 width 属性值，然后输出到盒子内显示，如图 20.1 所示。

```
<script>
window.onload = function(){
    var box = document.getElementById("box");          //获取<div id="box">
    var width = box.style.getPropertyValue("width");    //读取 div 元素的 width 属性值
    box.innerHTML =   "盒子宽度: " + width;             //输出显示 width 值
}
```

```
</script>
<div id="box" style="width:300px; height:200px;border:solid 1px red" >盒子</div>
```

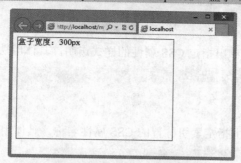

盒子宽度：300px

图 20.1　使用 getPropertyValue()方法读取行内样式

早期 IE 浏览器版本不支持 getPropertyValue()方法，但是可以通过 style 对象直接访问样式属性，以获取指定样式的属性值。

【示例2】针对上面示例代码，可以使用如下方式读取 width 属性值。

```
window.onload = function(){
    var box = document.getElementById("box");
    var width = box.style.width;
    box.innerHTML =  "盒子宽度：" + width;
}
```

2. setProperty()方法

setProperty()方法为指定元素设置样式。具体用法如下：

```
e.style.setProperty(propertyName, value, priority)
```

参数说明如下：
- ☑　propertyName：设置 CSS 属性名。
- ☑　value：设置 CSS 属性值，包含属性值的单位。
- ☑　priority：表示是否设置!important 优先级命令，如果不设置，则可以以空字符串表示。

【示例3】在下面示例中使用 setProperty()方法定义盒子的显示宽度和高度分别为 400 像素和 200 像素。

```
<script>
window.onload = function(){
    var box = document.getElementById("box");             //获取<div id="box">
    box.style.setProperty("width","400px","");            //定义盒子宽度为 400 像素
    box.style.setProperty("height","200px","");           //定义盒子宽度为 200 像素
}
</script>
<div id="box" style="border:solid 1px red" >盒子</div>
```

如果兼容早期 IE 浏览器，则可以使用如下方式设置。

```
window.onload = function(){
    var box = document.getElementById("box");
    box.style.width = "400px";
```

Note

```
        box.style.height = "200px";
    }
```

3. removeProperty()方法

removeProperty()方法可以移出指定 CSS 属性的样式声明。具体用法如下：

```
e.style. removeProperty (propertyName)
```

4. item()方法

item()方法返回 style 对象中指定索引位置的 CSS 属性名称。具体用法如下：

```
var name = e.style.item(index)
```

参数 index 表示 CSS 样式的索引号。

5. getPropertyPriority()方法

getPropertyPriority()方法可以获取指定 CSS 属性中是否附加了!important 优先级命令，如果存在则返回"important"字符串，否则返回空字符串。

【示例 4】在下面示例中，定义鼠标移过盒子时，设置盒子的背景色为蓝色，边框颜色为红色，当移出盒子时，又恢复到盒子默认设置的样式；而单击盒子时则在盒子内输出动态信息，显示当前盒子的宽度和高度，演示效果如图 20.2 所示。

默认显示效果

鼠标经过效果

鼠标单击效果

图 20.2　设计动态交互样式效果

```
<script>
window.onload = function(){
    var box = document.getElementById("box");              //获取盒子的引用
    box.onmouseover = function(){                          //定义鼠标经过时的事件处理函数
        box.style.setProperty("background-color", "blue", "");   //设置背景色为蓝色
        box.style.setProperty("border", "solid 50px red", "");   //设置边框为 50 像素的红色实线
    }
    box.onclick = function(){                              //定义鼠标单击时的事件处理函数
        box .innerHTML = (box.style.item(0) + ":" + box.style.getPropertyValue("width"));
                                                          //显示盒子的宽度
        box .innerHTML = box .innerHTML + "<br>" +  (box.style.item(1) + ":" + box.style. getPropertyValue
("height"));
                                                          //显示盒子的高度
    }
```

```
        box.onmouseout = function(){                               //定义鼠标移出时的事件处理函数
            box.style.setProperty("background-color", "red", "");    //设置背景色为红色
            box.style.setProperty("border", "solid 50px blue", "");  //设置 50 像素的蓝色实边框
        }
    }
</script>
<div id="box" style="width:100px; height:100px; background-color:red; border:solid 50px blue;"></div>
```

【示例 5】 针对示例 4，下面示例使用快捷方法设计相同的交互效果，这样能够兼容 IE 早期版本浏览器，页面代码如下所示：

```
<script>
window.onload = function(){
    var box = document.getElementById("box");              //获取盒子的引用
    box.onmouseover = function(){
        box.style.backgroundColor = "blue";                //设置背景样式
        box.style.border = "solid 50px red";               //设置边框样式
    }
    box.onclick = function(){                               //读取并输出行内样式
        box .innerHTML = "width:" + box.style.width;
        box .innerHTML = box .innerHTML + "<br>" +  "height:" + box.style.height;
    }
    box.onmouseout = function(){                            //设计鼠标移出之后，恢复默认样式
        box.style.backgroundColor = "red";
        box.style.border = "solid 50px blue";
    }
}
</script>
<div id="box" style="width:100px; height:100px; background-color:red; border:solid 50px blue;"></div>
```

【拓展】

非 IE 浏览器也支持 style 快捷访问方式，但是它无法获取 style 对象中指定序号位置的属性名称，此时可以使用 cssText 属性读取全部 style 属性值，借助 JavaScript 方法再把返回字符串劈开为数组。详细内容请扫码阅读。

线 上 阅 读

视 频 讲 解

20.1.3 使用 styleSheets

在 DOM 2 级样式规范中，CSSStyleSheet 表示样式表，包括通过<link>标签包含的外部样式表和在<style>标签中定义的内部样式表。虽然这两个元素分别由 HTMLLinkElement 和 HTMLStyleElement 类型表示，但是样式表接口是一致的。

CSSStyleSheet 继承自 StyleSheet。StyleSheet 作为基础接口还可以定义非 CSS 样式表。CSSStyleRule 类型表示样式表中每一条规则，CSSRule 对象是它的实例。

使用 document 对象的 styleSheets 属性可以访问样式表，包括适应<style>标签定义的内部样式表，以及使用<link>标签或@import 命令导入的外部样式表。

styleSheets 对象为每一个样式表定义了一个 cssRules 对象，用来包含指定样式表中所有的规则（样式）。但是 IE 浏览器不支持 cssRules 对象，而支持 rules 对象表示样式表中的规则。

兼容主流浏览器的方法如下：

```
var cssRules = document.styleSheets[0].cssRules || document.styleSheets[0].rules;
```

在上面代码中先判断浏览器是否支持 cssRules 对象，如果支持则使用 cssRules（非 IE 浏览器），否则使用 rules（IE 浏览器）。

Note

【**示例 1**】在下面示例中，通过<style>标签定义一个内部样式表，为页面中的<div id="box">标签定义 4 个属性：宽度、高度、背景色和边框。然后在脚本中使用 styleSheets 访问这个内部样式表，把样式表中第一个样式的所有规则读取出来，在盒子中输出显示，如图 20.3 所示。

```
<style type="text/css">
#box {
    width: 400px;
    height: 200px;
    background-color:#BFFB8F;
    border: solid 1px blue;
}
</style>
<script>
window.onload = function(){
    var box = document.getElementById("box");
    //判断浏览器类型
    var cssRules = document.styleSheets[0].cssRules || document.styleSheets[0].rules;
    box.innerHTML =   "<h3>盒子样式</h3>"
    //读取 cssRules 的 border 属性
    box.innerHTML +=   "<br>边框：" + cssRules[0].style.border;
    //读取 cssRules 的 background-color 属性
    box.innerHTML +=   "<br>背景：" + cssRules[0].style.backgroundColor;
    //读取 cssRules 的 height 属性
    box.innerHTML +=   "<br>高度：" + cssRules[0].style.height;
    //读取 cssRules 的 width 属性
    box.innerHTML +=   "<br>宽度：" + cssRules[0].style.width;
}
</script>
<div id="box"></div>
```

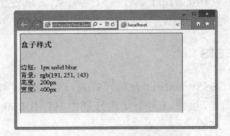

图 20.3　使用 styleSheets 访问内部样式表

提示：cssRules（或 rules）的 style 对象在访问 CSS 属性时使用的是 CSS 脚本属性名，因此所有属性名称中不能使用连字符。例如：

cssRules[0].style.backgroundColor;

这与行内样式中的 style 对象的 setProperty()方法不同，setProperty()方法使用的是 CSS 属性名。例如：

box.style.setProperty("background-color", "blue", "");

【示例 2】styleSheets 包含文档中所有样式表，每个数组元素代表一个样式表，数组的索引位置是根据样式表在文档中的位置决定的。每个<style>标签包含的所有样式表示一个内部样式表，每个独立的 CSS 文件表示一个外部样式表。下面示例演示如何准确找到指定样式表中的样式属性。

【操作步骤】

第 1 步，启动 Dreamweaver，新建 CSS 文件，保存为 style1.css，存放在根目录下。

第 2 步，在 style1.css 中输入下面样式代码，定义一个外部样式表。

```
@charset "utf-8";
body { color:black; }
p { color:gray; }
div { color:white; }
```

第 3 步，新建 HTML 文档，保存为 test.html，保存在根目录下。

第 4 步，使用<style>标签定义一个内部样式表，设计如下样式。

```
<style type="text/css">
#box { color:green; }
.red { color:red; }
.blue { color:blue; }
</style>
```

第 5 步，使用<link>标签导入外部样式表文件 style1.css。

```
<link href="style1.css" rel="stylesheet" type="text/css" media="all" />
```

第 6 步，在文档中插入一个<div id="box">标签。

```
<div id="box"></div>
```

第 7 步，使用<script>标签在头部位置插入一段脚本。设计在页面初始化完毕后，使用 styleSheets 访问文档中的第二个样式表，然后再访问该样式表的第一个样式中的 color 属性。

```
<script>
window.onload = function(){
    var cssRules = document.styleSheets[1].cssRules || document.styleSheets[1].rules;
    var box = document.getElementById("box");
    box.innerHTML =  "第二个样式表中第一个样式的 color 属性值 = " + cssRules[0].style.color;
}
</script>
```

第 8 步，保存页面，整个文档的代码请参考本节示例源代码。最后，在浏览器中预览页面，则可以看到访问的 color 属性值为 black，如图 20.4 所示。

图 20.4　使用 styleSheets 访问外部样式表

Note

> 提示：上面示例中 styleSheets[1]表示外部样式表文件（style1.css），而 cssRules[0]表示外部样式表文件中的第一个样式。cssRules[0].style.color 可以获取外部样式表文件中第一个样式中的 color 属性的声明值。反之，如果把<link>标签放置在内部样式表的上面，即代码如下：
>
> ```
> <head>
> <link href="style1.css" rel="stylesheet" type="text/css" media="all" />
> <style type="text/css">
> #box { color:green; }
> .red { color:red; }
> .blue { color:blue; }
> </style>
> </head>
> ```
>
> 上面脚本将返回内部样式表中第一个样式中的 color 属性值，即为 green。如果把外部样式表转换为内部样式表，或者把内部样式表转换为外部样式表文件，不会影响 styleSheets 的访问。因此，样式表和样式的索引位置是不受样式表类型，以及样式的选择符限制的。任何类型的样式表（不管是内部的，还是外部的）都在同一个平台上按在文档中解析位置进行索引。同理，不同类型选择符的样式在同一个样式表中也是根据先后位置进行索引。

20.1.4 使用 selectorText

每个 CSS 样式都包含 selectorText 属性，使用该属性可以获取样式的选择符。

【示例】在下面这个示例中，使用 selectorText 属性获取第 1 个样式表（styleSheets[0]）中的第 3 个样式（cssRules[2]）的选择符，输出显示为 ".blue"，如图 20.5 所示。

```
<style type="text/css">
#box { color:green; }
.red { color:red; }
.blue { color:blue; }
</style>
<link href="style1.css" rel="stylesheet" type="text/css" media="all" />
<script>
window.onload = function(){
    var cssRules = document.styleSheets[0].cssRules || document.styleSheets[0].rules;
    var box = document.getElementById("box");
    box.innerHTML =  "第一个样式表中第三个样式选择符 = " + cssRules[2].selectorText;
}
</script>
<div id="box"></div>
```

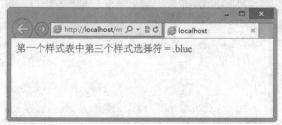

图 20.5　使用 selectorText 属性访问样式选择符

Note

20.1.5 修改样式

cssRules 的 style 对象不仅可以访问属性，还可以设置属性值。

【示例】在下面例中，样式表中包含 3 个样式，其中蓝色样式类（.blue）定义字体显示为蓝色。然后利用脚本修改该样式类（.blue 规则）字体颜色显示为浅灰色（#999），最后显示效果如图 20.6 所示。

```
<style type="text/css">
#box { color:green; }
.red { color:red; }
.blue { color:blue; }
</style>
<script>
window.onload = function(){
    var cssRules = document.styleSheets[0].cssRules || document.styleSheets[0].rules;
    cssRules[2].style.color="#999";                //修改样式表中指定属性的值
}
</script>
<p class="blue">原为蓝色字体，现在显示为浅灰色。</p>
```

图 20.6　修改样式表中的样式

提示：上述方法修改样式表中的类样式，会影响其他对象或其他文档对当前样式表的引用，因此在使用时请务必谨慎。

20.1.6 添加样式

使用 addRule()方法可以为样式表增加一个样式。具体用法如下：

styleSheet.addRule(selector,style,[index])

styleSheet 表示样式表引用，参数说明如下：
- ☑　selector：表示样式选择符，以字符串的形式传递。
- ☑　style：表示具体的声明，以字符串的形式传递。
- ☑　index：表示一个索引号，表示添加样式在样式表中的索引位置，默认值为-1，表示位于样式表的末尾，该参数可以不设置。

Firefox 浏览器不支持 addRule()方法，但是支持使用 insertRule()方法添加样式。insertRule()方法的用法如下：

styleSheet.insertRule(rule,[index])

参数说明如下：
- ☑　rule：表示一个完整的样式字符串。

Note

☑　index：与 addRule()方法中的 index 参数作用相同，但默认值为 0，放置在样式表的末尾。

【示例】在下面示例中，先在文档中定义一个内部样式表，然后使用 styleSheets 集合获取当前样式表，利用数组默认属性 length 获取样式表中包含的样式个数。最后在脚本中使用 addRule()（或 insertRule()）方法增加一个新样式，样式选择符为 p，样式声明为背景色为红色，字体颜色为白色，段落内部补白为一个字体大小。

保存页面，在浏览器中预览，显示效果如图 20.7 所示。

```
<style type="text/css">
#box { color:green; }
.red { color:red; }
.blue { color:blue; }
</style>
<script>
window.onload = function(){
    var styleSheets = document.styleSheets[0];      //获取样式表引用
    var index = styleSheets.length;                 //获取样式表中包含样式的个数
    if(styleSheets.insertRule){                      //判断浏览器是否支持 insertRule()方法
        styleSheets.insertRule("p{background-color:red;color:#fff;padding:1em;}", index);
    }else{                                           //如果不支持 insertRule()方法
        styleSheets.addRule("P", "background-color:red;color:#fff;padding:1em;", index);
    }
}
</script>
<p>在样式表中增加样式操作</p>
```

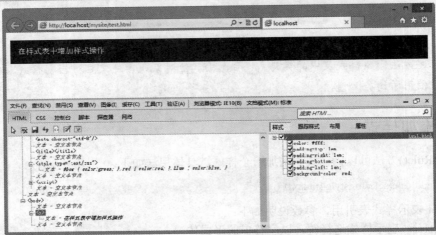

图 20.7　为段落文本增加样式

在上面代码中，使用 insertRule()方法在内部样式表中增加一个<p>标签选择符的样式，插入位置在样式表的末尾。设置段落背景色为红色，字体颜色为白色，补白为一个字体大小。

20.1.7　访问渲染样式

视频讲解

CSS 样式具有重叠性，这导致同一个对象被定义了多个样式后部分样式被覆盖，最终渲染效果仅采用了部分样式。

DOM 定义了一个方法帮助用户快速检测当前对象的最后显示样式，不过 IE 和标准 DOM 之间实现的方法不同。

1．IE 浏览器

IE 浏览器定义了一个 currentStyle 对象，该对象是一个只读对象。currentStyle 对象包含了文档内所有元素的 style 对象定义的属性，以及任何未被覆盖的 CSS 规则的 style 属性。

【示例 1】针对上节示例，把类样式 blue 增加了一个背景色为白色的声明，然后把该类样式应用到段落文本中。

```
<style type="text/css">
#box { color:green; }
.red { color:red; }
.blue {color:blue; background-color:#FFFFFF;}
</style>
<script>
window.onload = function(){
    var styleSheets = document.styleSheets[0];        //获取样式表引用
    var index = styleSheets.length;                   //获取样式表中包含样式的个数
    if(styleSheets.insertRule){                        //判断浏览器是否支持 insertRule()方法
        styleSheets.insertRule("p{background-color:red;color:#fff;padding:1em;}", index);
    }else{                                            //如果浏览器不支持 insertRule()方法
        styleSheets.addRule("P", "background-color:red;color:#fff;padding:1em;", index);
    }
}
</script>
<p class="blue">在样式表中增加样式操作</p>
```

在浏览器中预览，会发现脚本中使用 insertRule()（或 addRule()）方法添加的样式无效，效果如图 20.8 所示。

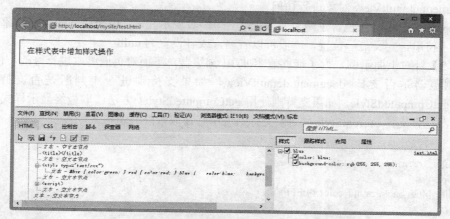

图 20.8　背景样式重叠后的效果

使用 currentStyle 对象获取当前 p 元素最终显示样式，这样就可以找到添加样式失效的原因。

【示例 2】把上面示例另存为 test1.html，然后在脚本中添加代码，使用 currentStyle 获取当前段落标签<p>的最终显示样式，显示效果如图 20.9 所示。

```
<script>
window.onload = function(){
```

```
        var styleSheets = document.styleSheets[0];                    //获取样式表引用
        var index = styleSheets.length;                               //获取样式表中包含样式的个数
        if(styleSheets.insertRule){ //判断是否支持 insertRule()，支持则调用，否则调用 addRule
                styleSheets.insertRule("p{background-color:red;color:#fff;padding:1em;}", index);
        }else{
                styleSheets.addRule("P", "background-color:red;color:#fff;padding:1em;", index);
        }
        var p = document.getElementsByTagName("p")[0];
        p.innerHTML =  "背 景 色："+p.currentStyle.backgroundColor+"<br>字体颜色： "+p.currentStyle.color;
}
</script>
```

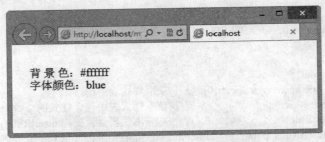

图 20.9　在 IE 浏览器中获取标签<p>的显示样式

在上面代码中，先使用 getElementsByTagName()方法获取段落文本的引用。然后调用该对象的
currentStyle 子对象，并获取指定属性的对应值。通过这种方式，会发现添加的样式被 blue 类样式覆
盖，这是因为类选择符的优先级大于标签选择符的样式。

2．非 IE 浏览器

DOM 定义了一个 getComputedStyle()方法，该方法可以获取目标对象的最终显示样式，但是它需
要使用 document.defaultView 对象进行访问。

getComputedStyle()方法包含了两个参数：第一个参数表示元素，用来获取样式的对象；第二个参
数表示伪类字符串，定义显示位置，一般可以省略，或者设置为 null。

【示例 3】针对上面示例，为了能够兼容非 IE 浏览器，下面对页面脚本进行修改。使用 if 语句
判断当前浏览器是否支持 document.defaultView，如果支持则进一步判断是否支持 document.
defaultView.getComputedStyle，如果支持则使用 getComputedStyle()方法读取最终显示样式；否则，判
断当前浏览器是否支持 currentStyle，如果支持则使用它读取最终显示样式。

```
<style type="text/css">
#box { color:green; }
.red { color:red; }
.blue {color:blue; background-color:#FFFFFF;}
</style>
<script>
window.onload = function(){
    var styleSheets = document.styleSheets[0];                   //获取样式表引用指针
    var index = styleSheets.length;                              //获取样式表中包含样式的个数
    if(styleSheets.insertRule){                                  //判断浏览器是否支持
            styleSheets.insertRule("p{background-color:red;color:#fff;padding:1em;}", index);
    }else{
            styleSheets.addRule("P", "background-color:red;color:#fff;padding:1em;", index);
```

```
        }
        var p = document.getElementsByTagName("p")[0];
        if( document.defaultView && document.defaultView.getComputedStyle)
            p.innerHTML =  "背 景 色: "+document.defaultView.getComputedStyle (p,null).backgroundColor+ "<br>
字体颜色: "+document.defaultView.getComputedStyle(p,null).color;
        else if( p.currentStyle)
            p.innerHTML =  "背 景 色: "+p.currentStyle.backgroundColor+"<br>字体颜色: "+p.currentStyle.color;
        else
            p.innerHTML =  "当前浏览器无法获取最终显示样式";
    }
</script>
<p class="blue">在样式表中增加样式操作</p>
```

保存页面，在 Firefox 浏览器中预览，显示效果如图 20.10 所示。

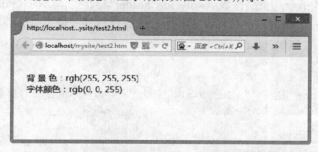

图 20.10　在 Firefox 浏览器中获取标签<p>的显示样式

20.2　案 例 实 战

下面通过示例演示如何使用 JavaScript+CSS 设计页面特效效果。

20.2.1　设计网页换肤

网页换肤技术实际上就是多个外部样式表的动态更换。为了方便练习，本例以模板页效果呈现，如图 20.11～图 20.13 所示。在页面右上角定义了 3 个模拟按钮，单击这些按钮可以使页面呈现不同的显示效果。

设计思路：使用 JavaScript 脚本动态导入外部样式表文件。

视 频 讲 解

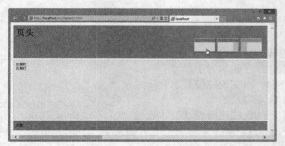

图 20.11　网页皮肤演示效果 1

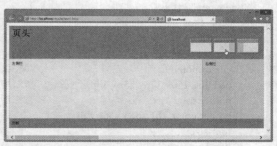

图 20.12　网页皮肤演示效果 2

Note

示 例 效 果

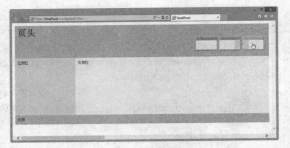

图 20.13　网页皮肤演示效果 3

【操作步骤】

第 1 步，启动 Dreamweaver，新建文档，保存为 test1.html。设计一个简单的页面宏观结构（三级嵌套）。页面结构包含 3 部分：页头区域（<div id="header">）、主体结构（<div id="main">）和页眉区域（<div id="footer">）。在页头区域包含了 3 个皮肤提示标签（使用<span>标签设计）。

```
<div id="wrapper">
    <div id="header">
        <h1>页头</h1>
        <p><span  title=" 皮肤  1"  class="btn1"> 皮肤  1</span><span  title=" 皮肤  2"  class="btn2"> 皮肤
2</span><span title="皮肤 3" class="btn3">皮肤 3</span></p>
    </div>
    <div id="main">
        <div id="leftcolumn"> 左侧栏</div>
        <div id="rightcolumn">右侧栏</div>
    </div>
    <div id="footer">页脚 </div>
</div>
```

第 2 步，以该结构为基础设计 3 个样式表（test1(0).css、test1(1).css、test1(2).css），这些样式表的具体设计效果如图 20.9～图 20.11 所示，详细代码请查看本节示例源代码。

第 3 步，在默认状态下导入 test1(0).css 样式表文件，设计页面默认皮肤效果。此时必须使用<link>标签导入外部样式表文件，不再建议使用 "@import url("test1(1).css");" 命令导入外部样式表，因为它不方便使用脚本控制。

```
<link href="test1(0).css" rel="stylesheet" type="text/css" media="all" />
```

第 4 步，使用 CSS 模拟皮肤切换按钮，具体代码如下：

```
<style type="text/css">
#header p { text-align:right; }               /* 右对齐皮肤切换按钮 */
#header p span {                              /* 皮肤标签样式 */
    margin-right:8px;                        /* 定义按钮之间的边距 */
    cursor:pointer;                          /* 鼠标指针经过显示为手形 */
    padding:25px 37px 25px 38px;             /* 增加补白，以实现完整显示背景图像 */
    border:solid 1px;                        /* 增加 1 像素宽度的实线 */
    border-color:#fff #666 #666 #fff;        /* 通过边框颜色的明暗设计立体效果 */
    font-size:0;                             /* 字体大小为 0，不显示标签内包含的文本 */
    line-height:0;                           /* 隐藏行高，兼容 IE 浏览器 */
    text-indent:-999px;                      /* 隐藏文本，兼容 Opera 浏览器 */
    zoom:1;                                  /* 启动布局功能，兼容 IE 浏览器显示边框 */
```

```
}
#header .btn1 { background:green url(images/btn1.gif) no-repeat center; }/* 背景图像 1 */
#header .btn2 { background:green url(images/btn2.gif) no-repeat center; }/* 背景图像 2 */
#header .btn3 { background:green url(images/btn3.gif) no-repeat center; }/* 背景图像 3 */
</style>
```

第 5 步，兼容 IE6 及其以下版本浏览器，主要问题是 IE6 及其以下版本浏览器无法正常撑开 span 行内元素，通过给行内元素定义 1 像素的宽度来触发它能够自动展开。详细代码如下：

```
* html #header p span {/* 该选择器仅在 IE 6 及其以下版本浏览器中执行 */
    padding:25px 36px 25px 38px;         /* 右侧补白缩小一个像素 */
    width:1px;                           /* 定义 1 像素宽度，促使 span 元素张开 */
    color:#fff;                          /* 白色字体，隐藏小黑点（与背景色重合）*/
}
```

第 6 步，设计脚本控制程序，并为 3 个皮肤标签绑定事件处理函数。详细代码如下：

```
<script>
window.onload = function(){ //页面加载完毕时执行的事件处理函数
    var link = document.getElementsByTagName("link")[0];   //获取<link>标签的引用
    //获取头部区域内的 span 元素的引用集合
    var span = document.getElementById("header").getElementsByTagName("span");
    span[0].onclick = function(){  //为第 1 个<span>标签绑定鼠标单击时的事件处理函数
        link.href = "test1(0).css"; //为<link>标签的 href 属性设置 URL（外部样式表文件）
    }
    span[1].onclick = function(){  //为第 2 个<span>标签绑定鼠标单击时的事件处理函数
        link.href = "test1(1).css"; //为<link>标签的 href 属性设置 URL（外部样式表文件）
    }
    span[2].onclick = function(){  //为第 3 个<span>标签绑定鼠标单击时的事件处理函数
        link.href = "test1(2).css"; //为<link>标签的 href 属性设置 URL（外部样式表文件）
    }
}
</script>
```

20.2.2　设计折叠面板

折叠面板主要利用 CSS 的 display 属性，借助 JavaScript 脚本进行动态控制。本节设计的折叠面板演示效果如图 20.14 和图 20.15 所示。

视频讲解

图 20.14　展开面板效果

图 20.15　折起面板效果

示例效果

Note

【操作步骤】

第 1 步，启动 Dreamweaver，新建文档，保存为 test.html，构建 HTML 结构。结构没有特殊要求，使用任何两个标签均可实现折叠效果，但是从语义角度来考虑，使用定义列表是最佳语义结构选择。dl 元素负责构建折叠面板的外框，dt 元素负责构建折叠面板的标题栏，而 dd 元素负责构建面板主体包含框。

```
<dl>
    <dt>标题</dt>
    <dd>折叠区域<img src="images/3.jpg" width="300" /></dd>
</dl>
```

第 2 步，在设计折叠行为之前，先假设这是一个普通的列表结构，然后使用 CSS 来控制定义列表框的表现效果。

```
<style type="text/css">
dl {/* 定义列表框样式 */
    width:400px;                                    /* 定义折叠面板的宽度，可自定义 */
    border:solid 1px #ccc;                          /* 边框，可自定义 */
    font-size:12px;                                 /* 字体大小，可自定义 */}
dt {/* 列表标题样式 */
    background:#7FECAD url(images/green.gif) repeat-x;   /* 定义渐变标题背景 */
    color:#71790C;                                  /* 字体颜色，可自定义*/
    height:28px;                                    /* 标题高度 */
    line-height:28px;                               /* 行高，间接实现垂直对齐 */
    padding-left:1em;                               /* 增加左侧空隙 */
    border-bottom:solid 1px #efefef;                /* 底部边框样式 */
    cursor:pointer;                                 /* 鼠标指针为手形 */}
dd {/* 列表项样式 */
    padding:2px 4px;                                /* 增加内容框内边距 */
    margin:0;                                       /* 清除缩进 */}
</style>
```

第 3 步，在上面样式表的基础上定义两个类样式，分别用来隐藏和显示对象。

```
.expand { overflow:visible; }                       /* 展开面板时，显示所有内容区域 */
.collapse {                                         /* 折叠面板时，仅显示标题区域 */
    height:28px;                                    /* 限制列表包含框的高度，使其等于标题栏的高度 */
    overflow:hidden;                                /* 强制隐藏多出的区域 */}
```

第 4 步，完成结构层和表现层的设计，下面就来设计交互层。在 JavaScript 脚本中定义一个函数 Switch()用作展开和折叠的开关。

```
function Switch(dt){ //折叠控制函数
    var dl = dt.parentNode;                         //获取标题栏的父包含框
    if(dl.className == "collapse")dl.className = "expand";   //如果折叠，则调用展开类样式
    else dl.className = "collapse";                 //相反则调用折叠类样式
}
```

第 5 步，完成脚本函数的设计，然后把它绑定到标题栏的 onclick 事件属性上面，代码如下：

```
<dt onclick="Switch(this)">标题</dt>
```

这里使用 this 关键字作为参数进行传递，它代表当前 dt 元素的引用。至此，整个折叠面板的设计就完成了。

视 频 讲 解

Note

20.2.3　设计工具提示

Tooltip（工具提示）是一种比较实用的 JavaScript 应用。当为一个元素（一般为超链接 a 元素）定义 title 属性时，会在鼠标经过时显示提示信息，这些提示能够详细描绘经过对象的包含信息，这对于超链接（特别是图像式超链接）非常有用。

详细说明和操作步骤请扫码阅读。

线 上 阅 读

20.3　在　线　练　习

CSS 脚本样式练习。

在 线 练 习

第21章

使用 Ajax

Ajax（Asynchronous JavaScript and XML，异步 JavaScript 和 XML）是利用 JavaScript 脚本实现客户端与服务器端进行异步通信的一种方法。Ajax 通信主要由下面技术协同完成。

▶▶ 基于标准的 HTML 结构和 CSS 样式。

▶▶ 通过 DOM 实现动态显示和交互。

▶▶ 通过 XML 等进行数据交换和处理。

▶▶ 使用 XMLHttpRequest 插件进行异步通信。

▶▶ 使用 JavaScript 实施逻辑控制，以便整合以上所有技术。

本章将讲解 Ajax 的基本用法，代码测试环境为：IIS（服务器）+ASP（脚本）+Access（数据库），因为 Windows 操作系统默认包含了这些技术，读者只需要简单操作就可以快速搭建一个本地虚拟服务器环境。

【学习要点】

▶▶ 了解 Ajax 基础知识。

▶▶ 正确使用 XMLHttpRequest。

▶▶ 能够设计简单的异步通信代码。

21.1　使用 XMLHttpRequest

XMLHttpRequest 是一个 API，它为客户端提供了在客户端和服务器端之间传输数据的功能。它提供了一个通过 URL 来获取数据的简单方式，并且不会使整个页面刷新。这使得网页只更新一部分页面而不会打扰到用户。XMLHttpRequest 在 Ajax 中被大量使用。

所有标准浏览器都支持 XMLHttpRequest API，如 IE7+、Firefox、Chrome、Safari 和 Opera。通过一行简单的 JavaScript 代码，就可以创建 XMLHttpRequest 对象。借助 XMLHttpRequest 对象的属性和方法，就可以实现异步通信功能，具体属性和方法说明请扫码了解。

线上阅读

视频讲解

21.1.1　定义 XMLHttpRequest 对象

使用 XMLHttpRequest 对象实现异步通信一般需要下面几个步骤。

第 1 步，定义 XMLHttpRequest 对象。

第 2 步，调用 XMLHttpRequest 对象的 open()方法打开服务器端 URL 地址。

第 3 步，注册 onreadystatechange 事件处理函数，准备接收响应数据，并进行处理。

第 4 步，调用 XMLHttpRequest 对象的 send()方法发送请求。

现代标准浏览器都支持 XMLHttpRequest API，IE 从 5.0 版本开始就以 ActiveX 组件形式支持 XMLHttpRequest，在 IE 7.0 版本中标准化 XMLHttpRequest，允许通过 window 对象进行访问。不过，所有浏览器的 XMLHttpRequest 对象都提供了相同的属性和方法。

【示例】下面函数采用一种更高效的工厂模式把定义 XMLHttpRequest 对象功能进行封装，这样只要调用 createXMLHTTPObject()方法就可以返回一个 XMLHttpRequest 对象。

```
//定义 XMLHttpRequest 对象
//参数：无
//返回值：XMLHttpRequest 对象实例
function createXMLHTTPObject(){
    var XMLHttpFactories = [//兼容不同浏览器和版本的创建函数数组
        function () {return new XMLHttpRequest()},
        function () {return new ActiveXObject("Msxml2.XMLHTTP")},
        function () {return new ActiveXObject("Msxml3.XMLHTTP")},
        function () {return new ActiveXObject("Microsoft.XMLHTTP")},
    ];
    var xmlhttp = false;
    for (var i = 0; i < XMLHttpFactories.length; i ++ ){
//尝试调用匿名函数，如果成功则返回 XMLHttpRequest 对象，否则继续调用下一个
        try{
            xmlhttp = XMLHttpFactories[i]();
        }catch (e){
            continue;              //如果发生异常，则继续下一个函数调用
        }
        break;                    //如果成功，则中止循环
```

```
    }
    return xmlhttp;                        //返回对象实例
}
```

　　上面函数首先创建一个数组，数组元素为各种创建 XMLHttpRequest 对象的匿名函数。第一个元素是创建一个本地对象，而其他元素将针对 IE 浏览器的不同版本尝试创建 ActiveX 对象。然后设置变量 xmlhttp 为 false，表示不支持 Ajax。接着遍历工厂内所有函数并尝试执行它们，为了避免发生异常，把所有调用函数放在 try 子句中执行，如果发生错误，则在 catch 子句中捕获异常，并执行 continue 命令，返回继续执行，而不是抛出异常。如果创建成功，则中止循环，返回创建的 XMLHttpRequest 对象实例。

21.1.2　建立 XMLHttpRequest 连接

　　创建 XMLHttpRequest 对象之后，就可以使用 XMLHttpRequest 的 open()方法建立一个 HTTP 请求。open()方法的用法如下所示。

```
XMLHttpRequest.open(bstrMethod, bstrUrl, varAsync, bstrUser, bstrPassword);
```

　　该方法包含 5 个参数，其中前两个参数是必需的。简单说明如下。
- ☑　bstrMethod：HTTP 方法字符串，如 POST、GET 等，大小写不敏感。
- ☑　bstrUrl：请求的 URL 地址字符串，可以为绝对地址或相对地址。
- ☑　varAsync：布尔值，可选参数，指定请求是否为异步方式，默认为 true。如果为真，当状态改变时会调用 onreadystatechange 属性指定的回调函数。
- ☑　bstrUser：可选参数，如果服务器需要验证，该参数指定用户名，如果未指定，当服务器需要验证时会弹出验证窗口。
- ☑　bstrPassword：可选参数，验证信息中的密码部分，如果用户名为空，则此值将被忽略。

　　然后，使用 XMLHttpRequest 的 send()方法发送请求到服务器端，并接收服务器的响应。send()方法的用法如下所示。

```
XMLHttpRequest.send(varBody);
```

　　参数 varBody 表示将通过该请求发送的数据，如果不传递信息，可以设置参数为 null。

　　该方法的同步或异步方式取决于 open 方法中的 bAsync 参数，如果 bAsync == False，此方法将会等待请求完成或者超时时才会返回，如果 bAsync == True，此方法将立即返回。

　　使用 XMLHttpRequest 对象的 responseBody、responseStream、responseText 或 responseXML 属性可以接收响应数据。

　　【示例】下面示例简单演示了如何实现异步通信方法，代码省略了定义 XMLHttpRequest 对象的函数。

```
xmlHttp.open("GET","server.asp", false);
xmlHttp.send(null);
alert(xmlHttp.responseText);
```

　　在服务器端文件（server.asp）中输入下面的字符串。

```
Hello World
```

　　在浏览器中预览客户端交互页面就会弹出一个提示对话框，显示"Hello World"的提示信息。该字符串是借助 XMLHttpRequest 对象建立的连接通道，从服务器端响应的字符串。

21.1.3　发送 GET 请求

发送 GET 请求时，只需将包含查询字符串的 URL 传入 open()方法，设置第一个参数值为"GET"即可。服务器能够在 URL 尾部的查询字符串中接收用户传递过来的信息。

使用 GET 请求较简单，比较方便，它适合传递简单的信息，不易传输大容量或加密数据。

【示例】下面示例在页面（main.html）中定义一个请求连接，并以 GET 方式传递一个参数信息：callback=functionName。

```
<script>
//省略定义 XMLHttpRequest 对象函数
function request(url){                          //请求函数
    xmlHttp.open("GET",url, false);             //以 GET 方式打开请求连接
    xmlHttp.send(null);                         //发送请求
    alert(xmlHttp.responseText);                //获取响应的文本字符串信息
}
window.onload = function(){                      //页面初始化
    var b = document.getElementsByTagName("input")[0];
    b.onclick = function(){
        var url = "server.asp?callback=functionName"
        //设置向服务器端发送请求的文件，以及传递的参数信息
        request(url);                           //调用请求函数
    }
}
</script>
<h1>Ajax 异步数据传输</h1>
<input name="submit"type="button" id="submit"value="向服务器发出请求" />
```

在服务器端文件（server.asp）中输入下面的代码，获取查询字符串中 callback 的参数值，并把该值响应给客户端。

```
<%@LANGUAGE="VBSCRIPT" CODEPAGE="65001"%>
<%
callback = Request.QueryString("callback")
Response.Write(callback)
%>
```

在浏览器中预览页面，当单击提交按钮时会弹出一个提示对话框，显示传递的参数值。

提示： 查询字符串通过问号（?）前缀附加在 URL 的末尾，发送数据是以连字符（&）连接的一个或多个名/值对。每个名称和值都必须在编码后才能用在 URL 中，用户使用 JavaScript 的 encodeURIComponent()函数对其进行编码，服务器端在接收这些数据时也必须使用 decodeURIComponent()函数进行解码。URL 最大长度为 2048 字符（2KB）。

21.1.4　发送 POST 请求

POST 请求支持发送任意格式、任意长度的数据，一般多用于表单提交。与 GET 发送的数据格式相似，POST 发送的数据也必须进行编码，并用连字符（&）进行分隔，格式如下：

```
send("name1=value1&name2=value2…");
```

在发送 POST 请求时，参数不会被附加到 URL 的末尾，而是作为 send()方法的参数进行传递。

【示例 1】以 21.1.3 节示例为例，使用 POST 方法向服务器传递数据，定义如下请求函数。

```
function request(url){
    xmlHttp.open("POST",url, false);
    xmlHttp.setRequestHeader('Content-type','application/x-www-form-urlencoded');
    //设置发送数据类型
    xmlHttp.send("callback=functionName");
    alert(xmlHttp.responseText);
}
```

在 open()方法中设置第一个参数为 POST，然后使用 setRequestHeader()方法设置请求消息的内容类型为"application/x-www-form-urlencoded"，它表示传递的是表单值，一般使用 POST 发送请求时都必须设置该选项，否则服务器会无法识别传递过来的数据。

> 提示：setRequestHeader()方法的用法如下：
>
>   xmlhttp.setRequestHeader("Header-name", "value");
>
> 一般设置头部信息中 User-Agent 首部为 XMLHTTP，以便于服务端器能够辨别出 XMLHttpRequest 异步请求和其他客户端普通请求。
>
>   xmlhttp.setRequestHeader("User-Agent", "XMLHTTP");
>
> 这样就可以在服务器端编写脚本分别为标准浏览器和不支持 JavaScript 的浏览器呈现不同文档，以提高可访问性的手段。
>
> 如果使用 POST 方法传递数据，还必须设置另一个头部信息。
>
>   xmlhttp.setRequestHeader("Content-type ", " application/
>   x-www-form-urlencoded ");

然后，在 send()方法中附加要传递的值，该值是一个或多个"名/值"对，多个"名/值"对之间使用"&"分隔符进行分隔。在"名/值"对中，"名"可以为表单域的名称（与表单域相对应），"值"可以是固定的值，也可以是一个变量。

设置第三个参数值为 false，关闭异步通信。

最后，在服务器端设计接收 POST 方式传递的数据，并进行响应。

```
<%@LANGUAGE="VBSCRIPT" CODEPAGE="65001"%>
<%
callback = Request.Form("callback")
Response.Write(callback)
%>
```

用于发送 POST 请求的数据类型（Content Type）通常是 application/x-www-form-urlencoded，这意味着我们还可以以 text/xml 或 application/xml 类型给服务器直接发送 XML 数据，甚至以 application/json 类型发送 JavaScript 对象。

【示例 2】下面示例将向服务器端发送 XML 类型的数据，而不是简单的串行化名/值对数据。

```
function request(url){
    xmlHttp.open("POST",url, false);
    xmlHttp.setRequestHeader('Content-type','text/xml');                //设置发送数据类型
```

```
xmlHttp.send("<bookstore><book id='1'>书名 1</book><book id='2'>书名 2</book></bookstore>");
}
```

提示：由于使用 GET 方式传递的信息量是非常有限的，而使用 POST 方式所传递的信息是无限的，且不受字符编码的限制，还可以传递二进制信息。对于传输文件，以及大容量信息时多采用 POST 方式。另外，当发送安全信息或 XML 格式数据时，也应该考虑选用这种方法来实现。

Note

视频讲解

21.1.5 转换串行化字符串

GET 和 POST 方法都是以"名/值"对字符串的形式发送数据。

1. 传输"名/值"对信息

"名/值"与 JavaScript 对象结构类似，多在 GET 参数中使用。例如，下面是一个包含 3 对"名/值"的 JavaScript 对象数据。

```
{
    user:"ccs8",
    padd: "123456",
    email: "css8@mysite.cn"
}
```

将上面原生 JavaScript 对象数据转换为串行格式显示为：

```
user:"ccs8"&padd:"123456"&email:css8@mysite.cn
```

2. 传输有序数据列表

"名/值"与 JavaScript 数组结构类似，"名/值"多在一系列文本框中提交表单信息时使用，它与上一种方式不同，所提交的数据按顺序排列，不可以随意组合。例如，下面是一组有序表单域信息，它包含多个值。

```
[
    { name:"text", value:"css8" },
    { name:"text", value:"123456" },
    { name:"text", value:"css8@mysite.cn" }
]
```

将上面有序表单数据转换为串行格式显示如下：

```
text:"ccs8"& text:"123456"& text:css8@mysite.cn
```

【示例】下面示例定义一个函数负责把数据转换为串行格式提交，详细代码如下：

```
//把数组或对象类型数据转换为串行字符串
//参数：data 表示数组或对象类型数据
//返回值：串行字符串
function toString(data){
    var a = [];
    if( data.constructor == Array){ //如果是数组，则遍历读取元素的属性值，并存入数组
        for(var i = 0 ; i < data.length ; i++){
            a.push(data[i].name + "=" + encodeURIComponent(data[i].value));
        }
```

```
                           //如果是对象，则遍历对象，读取每个属性值，存入数组
    else{
        for(var i in data){
            a.push(i + "=" + encodeURIComponent(data[i]));
        }
    }
    return a.join("&");        //把数组转换为串行字符串，并返回
}
```

21.1.6　跟踪状态

使用 XMLHttpRequest 对象的 readyState 属性可以实时跟踪判断异步交互状态。一旦该属性发生变化，就触发 readystatechange 事件，调用该事件绑定的回调函数。readyState 属性包括 5 个值，详细说明如表 21.1 所示。

表 21.1　readyState 属性值

返　回　值	说　　　明
0	未初始化。表示对象已经建立，但是尚未初始化，尚未调用 open()方法
1	初始化。表示对象已经建立，尚未调用 send()方法
2	发送数据。表示 send()方法已经调用，但是当前的状态及 HTTP 头未知
3	数据传送中。已经接收部分数据，因为响应及 HTTP 头不全，这时通过 responseBody 和 responseText 获取部分数据会出现错误
4	完成。数据接收完毕，此时可以通过 responseBody 和 responseText 获取完整的响应数据

如果 readyState 属性值为 4，则说明响应完毕，那么就可以安全读取返回的数据。另外，还需要监测 HTTP 状态码，只有当 HTTP 状态码为 200 时，才表示 HTTP 响应顺利完成。

在 XMLHttpRequest 对象中可以借助 status 属性获取当前的 HTTP 状态码。如果 readyState 属性值为 4，且 status（状态码）属性值为 200，那么说明 HTTP 请求和响应过程顺利完成。

【示例】定义一个函数 handleStateChange()，用来监测 HTTP 状态，当整个通信顺利完成，则读取 xmlhttp 的响应文本信息。

```
function handleStateChange(){
    if(xmlHttp.readyState == 4){
        if (xmlHttp.status == 200 || xmlHttp.status == 0){
            alert(xmlhttp.responseText);
        }
    }
}
```

然后，修改 request()函数，为 onreadystatechange 事件注册回调函数。

```
function request(url){
    xmlHttp.open("GET", url, false);
    xmlHttp.onreadystatechange = handleStateChange;
    xmlHttp.send(null);
}
```

上面代码把读取响应数据的脚本放在函数 handleStateChange()中，然后通过 onreadystatechange 事件来调用。

视频讲解

Note

视频讲解

21.1.7 中止请求

使用 abort()方法可以中止正在进行的异步请求。在使用 abort()方法前，应先清除 onreadystatechange 事件处理函数，因为 IE 和 Mozilla 浏览器在请求中止后也会激活这个事件处理函数，如果给 onreadystatechange 属性设置为 null，则 IE 浏览器会发生异常，所以可以为它设置一个空函数，代码如下：

```
xmlhttp.onreadystatechange = function(){};
xmlhttp.abort();
```

21.1.8 获取 XML 数据

XMLHttpRequest 对象通过 responseText、responseBody、responseStream 或 responseXML 属性获取响应信息，说明如表 21.2 所示，它们都是只读属性。

表 21.2 XMLHttpRequest 对象响应信息属性

响 应 信 息	说　　明
responseBody	将响应信息正文以 Unsigned Byte 数组形式返回
responseStream	以 ADO Stream 对象的形式返回响应信息
responseText	将响应信息作为字符串返回
responseXML	将响应信息格式化为 XML 文档格式返回

在实际应用中，一般将格式设置为 XML、HTML、JSON 或其他纯文本格式。具体使用哪种响应格式，可以参考下面几条原则。

☑ 如果向页面中添加大块数据，那么选择 HTML 格式会比较方便。

☑ 如果需要协作开发，且项目庞杂，那么选择 XML 格式会更通用。

☑ 如果要检索复杂的数据，且结构复杂，那么选择 JSON 格式更轻便。

XML 是使用最广泛的数据格式。因为 XML 文档可以被很多编程语言支持，而且开发人员可以使用比较熟悉的 DOM 模型来解析数据，其缺点在于服务器的响应和解析 XML 数据的脚本可能变得相当冗长，查找数据时不得不遍历每个节点。

【示例 1】在服务器端创建一个简单的 XML 文档（XML_server.xml）。

```
<?xml version="1.0" encoding="gb2312"?>
<the>XML 数据</the >
```

然后在客户端进行如下请求（XML_main.html）。

```
var x = createXMLHTTPObject();                              //创建 XMLHttpRequest 对象
var url = "XML_server.xml";
x.open("GET", url, true);
x.onreadystatechange = function (){
    if ( x.readyState == 4 && x.status == 200 ){
        var    info = x.responseXML;
        alert(info.getElementsByTagName("the")[0].firstChild.data);    //返回元信息字符串"XML 数据"
    }
}
x.send(null);
```

Note

在上面的代码中使用 XML DOM 提供的 getElementsByTagName()方法获取 the 节点，然后再定位第一个 the 节点的子节点内容。此时如果继续使用 responseText 属性来读取数据，则会返回 XML 源代码字符串，如下所示：

```
<?xml version="1.0" encoding="gb2312"?>
<the>XML 数据</the >
```

【示例 2】也可以使用服务器端脚本生成 XML 文档结构。例如，以 ASP 脚本生成上面的服务器端响应信息：

```
<?xml version="1.0" encoding="gb2312"?>
<%
Response.ContentType = "text/xml"    //定义 XML 文档文本类型，否则 IE 浏览器将不识别
Response.Write("<the>XML 数据</the >")
%>
```

提示：对于 XML 文档数据来说，第一行必须是<?xml version="1.0" encoding="gb2312"?>，该行命令表示输出的数据为 XML 格式文档，同时标识了 XML 文档的版本和字符编码。为了能够兼容 IE 和 Firefox 等浏览器，能让不同浏览器都可以识别 XML 文档，还应该为响应信息定义 XML 文本类型。最后根据 XML 语法规范编写文档的信息结构。然后，使用上面的示例代码请求该服务器端脚本文件，同样能够显示元信息字符串"XML 数据"。

视频讲解

21.1.9 获取 HTML 文本

设计响应信息为 HTML 字符串是一种常用方法，这样在客户端就可以直接使用 innerHTML 属性把获取的字符串插入到网页中。

【示例】在服务器端设计响应信息为 HTML 结构代码（HTML_server.html）。

```
<table>
    <tr><td>RegExp.exec()</td><td>通用的匹配模式</td></tr>
    <tr><td>RegExp.test()</td><td>检测一个字符串是否匹配某个模式</td></tr>
</table>
```

然后在客户端可以这样来接收响应信息（HTML_main.html）。

```
div id="grid"></div>
<script>
function createXMLHTTPObject(){
    //省略
}
var x = createXMLHTTPObject();                   //创建 XMLHttpRequest 对象
var url = "HTML_server.html";
x.open("GET", url, true);
x.onreadystatechange = function (){
    if ( x.readyState == 4 && x.status == 200 ){
        var   o = document.getElementById("grid");
        o.innerHTML = x.responseText;            //把响应数据直接插入到页面中进行显示
    }
}
```

```
        x.send(null);
    </script>
```

在某些情况下，HTML 字符串可能为客户端解析响应信息节省了一些 JavaScript 脚本，但是也带来了一些问题。

☑ 响应信息中包含大量无用的字符，响应数据会变得很臃肿。因为 HTML 标记不含有信息，完全可以把它们放置在客户端由 JavaScript 脚本负责生成。

☑ 响应信息中包含的 HTML 结构无法有效利用，对于 JavaScript 脚本来说，它们仅仅是一堆字符串。同时结构和信息混合在一起，也不符合标准设计原则。

21.1.10 获取 JavaScript 脚本

可以设计响应信息为 JavaScript 代码，这里的代码与 JSON 数据不同，它是可执行的命令或脚本。

【示例】在服务器端请求文件中包含下面一个函数（Code_server.js）。

```
function(){
    var d = new Date()
    return d.toString();
}
```

然后在客户端执行下面的请求。

```
var x = createXMLHTTPObject();                          //创建 XMLHttpRequest 对象
var url = "code_server.js";
x.open("GET", url, true);
x.onreadystatechange = function (){
    if ( x.readyState == 4 && x.status == 200 ) {
        var info = x.responseText;
        var   o = eval("("+info+")" + "()");            //调用 eval()方法把 JavaScript 字符串转换为本地脚本
        alert(o);                                       //返回客户端当前日期
    }
}
x.send(null);
```

在转换时应在字符串前后附加两个小括号：一个是包含函数结构体的，一个是表示调用函数的。一般很少使用 JavaScript 代码作为响应信息的格式，因为它不能传递更丰富的信息，同时 JavaScript 脚本极易引发安全隐患。

21.1.11 获取 JSON 数据

通过 XMLHttpRequest 对象的 responseText 属性获取返回的 JSON 数据字符串，然后可以使用 eval() 方法将其解析为本地 JavaScript 对象，从该对象中再读取任何想要的信息。

【示例】下面的实例将返回的 JSON 对象字符串转换为本地对象，然后读取其中包含的属性值（JSON_main.html）：

```
var x = createXMLHTTPObject();                          //创建 XMLHttpRequest 对象
var url = "JSON_server.js";                             //请求的服务器端文件
x.open("GET", url, true);
x.onreadystatechange = function (){
```

```
        if ( x.readyState == 4 && x.status == 200 ){
            var info = x.responseText;          //获取响应信息
            var   o = eval("(" + info + ")");   //调用 eval()方法把 JSON 字符串转换为本地对象
            alert(info);                        //显示响应的字符串，返回整个 JSON 对象字符串
            alert(o.name);                      //读取对象属性值，返回字符串"css8"
        }
    }
    x.send(null);
```

在转换对象时，应该使用小括号运算包含 JSON 字符串，表示调用对象的意思。如果是数组，则可以这样读取（JSON_main1.html）：

```
x.onreadystatechange = function (){
    if ( x.readyState == 4 && x.status == 200 ){
        var info = x.responseText;
        var   o = eval(info);
        alert(info);                            //显示响应的字符串，返回整个 JSON 对象字符串
        alert(o[0].name);                       //读取第一个数组元素值的属性值，返回字符串"css8"
    }
}
```

> **提示：** eval()方法在解析 JSON 字符串时存在安全隐患。如果 JSON 字符串中包含恶意代码，在调用回调函数时可能会被执行。
>
> 解决方法：使用一种能够识别有效 JSON 语法的解析程序，当解析程序匹配到 JSON 字符串中包含不规范的对象，会直接中断或者不执行其中的恶意代码。用户可以访问 http://www.json.org/json2.js 免费下载 JavaScript 版本的解析程序。不过如果确信所响应的 JSON 字符串是安全的，没有被人恶意攻击，那么可以使用 eval()方法解析 JSON 字符串。

21.1.12 获取纯文本

视频讲解

对于简短的信息，有必要使用纯文本格式进行响应。但是纯文本信息在响应时很容易丢失，且没有办法检测信息的完整性。因为元数据都以数据包的形式进行发送，不容易丢失。

【示例】服务器端响应信息为字符串"true"，可以在客户端这样设计。

```
var x = createXMLHTTPObject();
var url = "Text_server.txt";
x.open("GET", url, true);
x.onreadystatechange = function (){
    if ( x.readyState == 4 && x.status == 200 ) {
        var   info = x.responseText;
        if(info == "true") alert("文本信息传输完整");    //检测信息是否完整
        else   alert("文本信息可能存在丢失");
    }
}
x.send(null);
```

21.1.13 获取头部信息

每个 HTTP 请求和响应的头部都包含一组消息，对于开发人员来说，获取这些信息具有重要的参考价值。XMLHttpRequest 对象提供了两个方法用于设置或获取头部信息。

☑ getAllResponseHeaders()：获取响应的所有 HTTP 头信息。

☑ getResponseHeader()：从响应信息中获取指定的 HTTP 头信息。

【示例 1】下面示例将获取 HTTP 响应的所有头部信息。

```
var x = createXMLHTTPObject();
var url = "server.txt";
x.open("GET", url, true);
x.onreadystatechange = function (){
    if ( x.readyState == 4 && x.status == 200 ) {
        alert(x.getAllResponseHeaders());                 //获取头部信息
    }
}
x.send(null);
```

【示例 2】下面是一个返回的头部信息示例，具体到不同的环境和浏览器，返回的信息会略有不同。

```
X-Powered-By: ASP.NET
Content-Type: text/plain
ETag: "0b76f78d2b8c91:8e7"
Content-Length: 2
Last-Modified: Thu, 09 Apr 2017 05:17:26 GMT
```

如果要获取指定的某个首部消息，可以使用 getResponseHeader()方法，参数为获取首部的名称。例如，获取 Content-Type 首部的值，可以这样设计。

```
alert(x.getResponseHeader("Content-Type"));
```

除了可以获取这些头部信息外，还可以使用 setRequestHeader()方法在发送请求中设置各种头部信息。

```
xmlHttp.setRequestHeader("name","css8");
xmlHttp.setRequestHeader("level","2");
```

服务器端就可以接收这些自定义头部信息，并根据这些信息提供特殊的服务或功能了。

21.2 案 例 实 战

本例设计允许用户根据需要动态确定页面可显示的记录数，然后以异步请求的方式从服务器端数据库中按需查询，实时响应，示例效果如图 21.1 所示。

如图 21.1 所示，当用户在页面内的文本框中输入要显示的记录数，然后单击"查询"按钮，Ajax 就会把该参数传递给服务器，服务器根据这个参数查询数据库，获得一个记录集，然后把这个记录集转换为 XML 格式的数据响应给客户端，浏览器再以表格的形式显示在页面中。

> 提示：所谓记录集就是从数据库中查询的一个临时数据表，类似表格结构的多行记录。

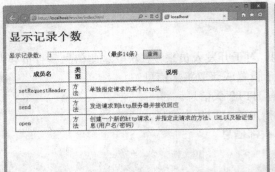

查询 3 条记录

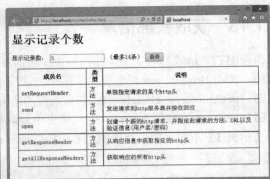

查询 5 条记录

图 21.1　动态查询记录集

【操作步骤】

第 1 步，构建数据结构，数据库是前台与后台信息交互的基础。本示例以 Access 数据库为载体进行讲解。所建立的数据库名为 data.mdb，库中定义了一个数据表（xmlhttp），如图 21.2 所示。

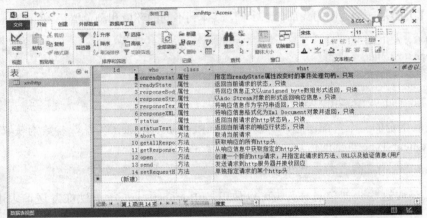

示 例 效 果

图 21.2　演示数据库

xmlhttp 表中包含 4 个字段：id（自动编号数据类型，序列号，由数据库自动生成）、who（字符串数据类型，表示成员名称）、class（字符串数据类型，表示成员类型，如属性或方法）和 what（字符串数据类型，表示对成员说明）。

第 2 步，编写后台脚本，处理 Ajax 异步请求并进行响应。启动 Dreamweaver，新建文档，保存为 test.asp。

在服务器端脚本中，首先获取客户端传递过来的参数值（指定查询的记录数）；然后，使用 ADO 定义一个记录集，连接到后台数据库，并查询指定记录数的记录集。

最后，利用 while 循环体遍历记录集逐条读取记录，把记录转换为 XML 格式数据。根据 XML 格式编写一个 XML 文档，编辑好后响应给客户端浏览器。

test.asp 文件的完整脚本如下：

```
<?xml version="1.0" encoding="gb2312"?>
<%
Response.ContentType = "text/xml"        '定义 XML 文档文本类型
set conn = Server.CreateObject("adodb.connection")
```

```
data = Server.mappath("data.mdb") '获取数据库的物理路径
conn.Open "driver={microsoft access driver (*.mdb)};"&"dbq="&data '用数据库连接对象打开数据库
coun=CInt(Request("coun"))          '获取客户端传递过来的参数，并转为数值，以便进行运算
%>
<% '定义并打开记录集
set rs = Server.CreateObject("adodb.recordset")          '定义记录集对象
sql ="select * from xmlhttp order by id desc"          '定义 SQL 查询字符串
rs.open sql,conn,1,1                 '打开记录集，第 1 个参数表示查询字符串，第 2 个参数表示数据库连
接对象，第 3 个参数表示指针类型，第 4 个参数表示锁定类型
%>
<!-- 以下脚本用来输出 XML 文档结构和数据信息 -->
<data count="<%=coun%>" ><!-- 输出根节点，定义属性，<%=coun%>表示 ASP 脚本输出意思 -->
<%
n=0
while (not rs.eof) and (n<coun)                          '遍历记录集，并确保循环次数等于指定查询记录数
%>
    <item id="<%=rs("id")%>">                          <!-- 输出子节点 -->
        <who><%=trim(rs("who")) %></who>          <!-- 输出孙子节点 -->
        <class><%=trim(rs("class")) %></class>          <!-- 输出孙子节点 -->
        <what><%=trim(rs("what")) %></what>          <!-- 输出孙子节点 -->
    </item>
<%
    n = n + 1                                          '递增循环次数
    rs.movenext                                          '向下移动记录集指针，以读取下一条记录
wend
%>
</data>                                          <!-- 输出根节点的结束节点 -->
```

在上面 ASP 脚本中，"<%="和"%>"表示一种快速输出方法，它能够很自由地在文档中输出脚本变量信息。另外，"<%=trim(rs("who")) %>"表示输出记录集中指定字段的值，trim()函数表示清除左右两侧的空格。

第 3 步，设计前台页面。新建文档，保存为 index.html，在页面中设计表单：文本框和按钮，以及一个用来显示响应信息的信息框：<div id="info">。

```
<h1>显示记录数</h1>显示记录数：<input name="coun" type="text" id="coun">（最多 14 条）
<input type="button" onclick="check();" value="查询">
<div id="info"></div>
```

第 4 步，在 index.html 文档头部插入<style>标签，定义一个内部样式表，使用 CSS 定义输出表格的显示样式。

```
table {/*表格结构的样式 */
    margin:1em;                                          /* 增加外边界距离 */
    border-collapse:collapse;                          /* 合并单元格的边框 */
    border:solid 1px #FF33FF;                          /* 定义边框样式 */
}
td, th {/*单元格和标题单元格的样式 */
    border:solid 1px #FF33FF;                          /* 定义单元格边框样式 */
    padding:4px 8px;                                          /* 增加单元格的内部补白空隙 */
}
```

第 5 步，定义函数 check()，并绑定在按钮的 click 事件上。该函数将连接和发送请求到服务器，同时绑定回调函数。

```
function check(){
    var coun = document.getElementById( "coun" ).value;
    request( "test.asp?coun=" + coun, callback );          //发出异步请求
}
```

第 6 步，定义回调函数。在回调函数 callback()中，先获取 XML 格式的响应数据，然后遍历 XML 结构的数据片段，把各个节点包含的文本转换为 HTML 字符串，最后以表格结构的形式显示出来。

```
function callback( xhr )
var xml = xhr.responseXML;                              //获取 responseXML 响应数据
    var count = "";
    var html = "";
    var items = xml.getElementsByTagName( "item" );    //获取 item 元素节点集合
    html += "<table><tr><th>成员名</th><th>类型</th><th>说明</th></tr>" //输出表格
    for( var i=0 ; i< items.length; i++ ){              //遍历 item 节点集合
        html += "<tr>"
        var child = items[i].childNodes
        for( var n=0 ; n< child.length; n++ ){         //遍历 item 子节点集合
            if( child[n].nodeType == 1 ){              //判断节点类型，如果是元素则读取包含信息
                html += "<td>"
                html += child[n].firstChild.data;      //获取每个孙子节点包含的文本节点信息
                html += "</td>"
            }
        }
        html += "</tr>";
    }
    html += "</table>";
var info = document.getElementById( "info" );
info.innerHTML = html; //显示 XML 数据
}
```

21.3 扫 码 实 战

本节为线上拓展内容，将结合几个典型案例从不同侧面介绍 Ajax 的应用。为便于学习，在设计实例时，侧重实际需要，提炼核心技术，避免重复。每个示例都涉及 XMLHttpRequest 创建操作，由于该函数在 21.1 节中已详细说明，本节就不再赘述。

21.3.1　Ajax 交互提示

线上阅读

在使用 Ajax 时，浏览器不再刷新页面，这样用户就无法知道页面的交互进程，网页是否与后台联系，数据是否加载更新。当打开一个空白页时，也许数据还没有被加载完毕，但是如果没有提示信息，会让用户无所适从，甚至产生误解。为了避免此类问题，让用户知道当前操作的进程，应该提供实时提示信息。具体实现方法请扫码阅读。

21.3.2 记录集分页显示

记录集分页就是把从数据库中查询的数据分多页进行显示，这样能够避免记录集单页过长显示。记录集分页的设计思路：利用 SQL 字符串查询出需要的数据，然后根据记录集对象的分页属性确定每次从服务器端发送给客户端的记录数和逻辑页记录集在整个查询的记录集中的位置。在使用 Ajax 技术之后，只需要确定记录集当前指针位置即可，简化开发难度。具体实现方法请扫码阅读。

线上阅读

Note

21.3.3 异步更新 Tab 面板内容

本实例设计一个能够异步更新的 Tab 面板。当用户切换 Tab 面板选项卡时，面板会自动从后台数据库中读取数据并动态显示出来，而不是在页面加载时已经全部下载并隐藏起来。具体实现方法请扫码阅读。

21.3.4 快速匹配搜索

本实例设计当用户在文本框中输入关键字时，浏览器会自动从后台数据中查询匹配数据，并迅速显示在下面的下拉菜单中，以供输入选择，当从下面的下拉菜单中选择一项之后，选取结果会快速输入到上面的文本框中，避免手动输入。具体实现方法请扫码阅读。

线上阅读

线上阅读

21.4 搭建 IIS 虚拟服务器

为了确保数据交互的安全性，Ajax 一般采用沙箱模型策略，即 XMLHttpRequest 对象只能对所在的同一个域（网站）发送请求和响应。例如，如果希望 Ajax 代码在 http://www.mysite.cn/ 上运行，则必须在 http://www.mysite.cn/ 中运行的脚本发送请求。

为了便于上机测试，用户需要在本地计算机中构建一个虚拟的服务器环境，如果购买了虚拟空间，则就不用搭建本地虚拟环境，使用远程服务器也可以进行测试。如果读者想了解 IIS 的安装和配置，可以扫码阅读。

- ☑ 安装 IIS 组件。
- ☑ 定义虚拟目录。
- ☑ 定义本地站点。
- ☑ 定义动态站点。
- ☑ 测试本地站点。

线上阅读

21.5 在线练习

练习 JavaScript 异步通信的应用，培养灵活使用 JavaScript 通信技术实现客户端与服务器无刷新响应的基本能力。

在线练习

第 22 章

表格开发

表格结构简洁、明了，拥有特殊的布局模型，使用表格显示数据有序、高效。表格作为重要的网页设计工具，一直受到开发人员的青睐。本章主要讲解如何使用 JavaScript 和 jQuery 来提升表格的用户体验，增强表格的交互能力。

【学习要点】

▶▶ 快速访问表格。

▶▶ 表格排序、表格分页。

▶▶ 表格过滤、表格编辑。

22.1 访 问 表 格

表格是 HTML 中最复杂的结构之一。要想创建表格一般都必须涉及表示表格行、单元格、表头等方面的标签。由于涉及的标签多，因而使用核心 DOM 方法创建和修改表格往往都需要编写大量的代码。为了方便构建表格，HTML DOM 为<table>、<tbody>和<tr>元素添加了一些属性和方法。具体说明如下：

☑ 为<table>元素添加的属性和方法如下。
- ❖ caption：保存着对<caption>元素（如果有）的指针。
- ❖ tBodies：是一个<tbody>元素的 HTMLCollection。
- ❖ tFoot：保存着对<tfoot>元素（如果有）的指针。
- ❖ tHead：保存着对<thead>元素（如果有）的指针。
- ❖ rows：是一个表格中所有行的 HTMLCollection。
- ❖ createTHead()：创建<thead>元素，将其放到表格中，返回引用。
- ❖ createTFoot()：创建<tfoot>元素，将其放到表格中，返回引用。
- ❖ createCaption()：创建<caption>元素，将其放到表格中，返回引用。
- ❖ deleteTHead()：删除<thead>元素。
- ❖ deleteTFoot()：删除<tfoot>元素。
- ❖ deleteCaption()：删除<caption>元素。
- ❖ deleteRow(pos)：删除指定位置的行。
- ❖ insertRow(pos)：向 rows 集合中的指定位置插入一行。

☑ 为<tbody>元素添加的属性和方法如下。
- ❖ rows：保存着<tbody>元素中行的 HTMLCollection。
- ❖ deleteRow(pos)：删除指定位置的行。
- ❖ insertRow(pos)：向 rows 集合中的指定位置插入一行，返回对新插入行的引用。

☑ 为<tr>元素添加的属性和方法如下。
- ❖ cells：保存着<tr>元素中单元格的 HTMLCollection。
- ❖ deleteCell(pos)：删除指定位置的单元格。
- ❖ insertCell(pos)：向 cells 集合中的指定位置插入一个单元格，返回对新插入单元格的引用。

使用这些属性和方法，可以极大地减少创建表格所需的代码数量。下面创建一个两行两列的表格，对比两种方法的便捷程度。

【示例】使用表格专用属性和方法创建表格。

```
//创建 table
var table = document.createElement('table');
table.border=1;
table.width ='100%';
//创建 tbody
var tbody = document.createElement('tbody');
table.appendChild(tbody);
//创建第一行
```

```
tbody.insertRow(0);
tbody.rows[0].insertCell(0);
tbody.rows[0].cells[0].appendChild(document.createTextNode("第 1 行，第 1 列"));
tbody.rows[0].insertCell(1);
tbody.rows[0].cells[1].appendChild(document.createTextNode("第 1 行，第 2 列"));
//创建第二行
tbody.insertRow(1);
tbody.rows[1].insertCell(0);
tbody.rows[1].cells[0].appendChild(document.createTextNode("第 2 行，第 1 列"));
tbody.rows[1].insertCell(1);
tbody.rows[1].cells[1].appendChild(document.createTextNode("第 2 行，第 2 列"));
//将表格添加到文档中
document.body.appendChild(table);
```

22.2 表 格 排 序

表格排序的实现途径包括两种：一种是在数据生成时由服务器负责排序，另一种是在数据显示时由 JavaScript 脚本负责动态排序。本节主要介绍如何直接使用 JavaScript 进行排序。

22.2.1 设计适合排序的表格结构

依据设计习惯，当用户单击表格标题行时，表格能够根据单击列的数据进行排序，因此在开发之前，用户需要考虑 3 个问题。

第一，把表格的列标题设计为按钮，为其绑定 click 事件，以便触发排序函数，实现按照相应的列进行排序。

第二，使用<thead>和<tbody>对表格数据进行行分组，以方便 JavaScript 有针对性地操作数据行，避免影响标题行和脚注行。

第三，构建符合数据排序的表格结构既要考虑表格的扩展性，还要考虑方法的通用性。在动态表格中，用户无法预知表格数据的长度和宽度，同时也无法预知用户对表格的额外要求，如添加表格页脚，对数据进行分组。还要确保表格在不同的网页环境中都能够正确显示和有效交互。

【示例】本例设计了一个简单的表格结构，通过<thead>和<tbody>标签对数据行进行分组，避免数据行和标题行的混淆；通过<th>和<td>标签有效减少单元格互用。HTML 结构代码请参考本节示例源代码。

然后，在网页头部区域添加<style>标签，定义内部样式表，对表格进行适当美化。

其中要考虑几个常用类样式的设计工作：

- ☑ td.sorted：设计排序列单元格的背景色，以便高亮显示排序列。
- ☑ th.sorted-asc：设计排序列标题单元格箭头提示的背景图像标识，提示升序排序。
- ☑ th.sorted-desc：设计排序列标题单元格箭头提示的背景图像标识，提示降序排序。
- ☑ tr.even, tr.first：设计隔行换色的显示样式，即单行背景样式。
- ☑ tr.odd, tr.second：设计隔行换色的显示样式，即双行背景样式。
- ☑ tr.third：设计特殊行背景样式。

CSS 样式代码请参考本节示例源代码。

初步设计后的表格样式效果如图 22.1 所示。

ID	产品名称	标准成本	列出价格	单位数量	最小再订购数量	类别
1	苹果汁	5.00	30.00	10箱 x 20包	10	饮料
3	蕃茄酱	4.00	20.00	每箱12瓶	25	调味品
4	盐	8.00	25.00	每箱12瓶	10	调味品
5	麻油	12.00	40.00	每箱12瓶	10	调味品
6	酱油	6.00	20.00	每箱12瓶	25	果酱
7	海鲜粉	20.00	40.00	每箱30盒	10	干果和坚果
8	胡椒粉	15.00	35.00	每箱30盒	10	调味品
14	沙茶	12.00	30.00	每箱12瓶	10	干果和坚果
17	猪肉	2.00	9.00	每袋500克	10	水果和蔬菜罐头
19	糖果	10.00	45.00	每箱30盒	5	焙烤食品
20	桂花糕	25.00	60.00	每箱30盒	10	果酱
21	花生	15.00	35.00	每箱30包	5	焙烤食品
34	啤酒	10.00	30.00	每箱24瓶	15	饮料
40	虾米	8.00	35.00	每袋3公斤	30	肉罐头
41	虾子	6.00	30.00	每袋3公斤	10	汤
43	柳橙汁	10.00	30.00	每箱24瓶	25	饮料
48	玉米片	5.00	15.00	每箱24包	25	点心
51	猪肉干	15.00	40.00	每箱24包	10	干果和坚果
52	三合一麦片	12.00	30.00	每箱24包	25	谷类/麦片
56	白米	3.00	10.00	每袋3公斤	30	意大利面食
57	小米	4.00	12.00	每袋3公斤	20	意大利面食
65	海苔酱	8.00	30.00	每箱24瓶	10	调味品
66	肉松	10.00	35.00	每箱24瓶	20	调味品
72	酸奶酪	3.00	8.00	每箱2个	10	奶制品
74	鸡精	8.00	15.00	每盒24个	5	干果和坚果
77	辣椒粉	3.00	18.00	每袋3公斤	15	调味品

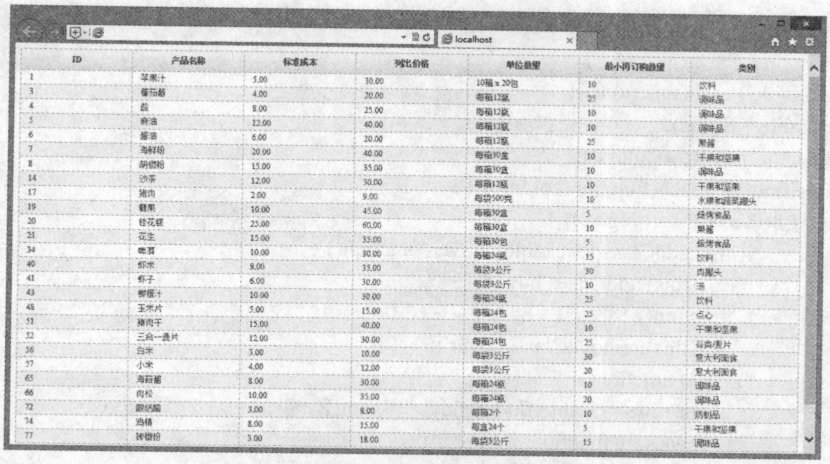

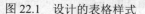

图 22.1　设计的表格样式

22.2.2　实现基本排序功能

对表格进行排序时，可以使用 JavaScript 的 sort()方法来实现。sort()是数组对象的原型方法，可以接收一个参数函数，用来控制排序的方法。

在对表格进行排序之前，用户应该注意两个问题：

☑　并不是页面中所有表格都需要排序。

☑　并不是表格中每列都需要排序。

在设计之初，可以为需要排序的表格做一个标记，方便 JavaScript 捕获；同时为排序列进行标记，以方便 JavaScript 进行处理。本例以为表格设计一个排序类进行标识，对于需要排序的列添加一个类标记。修改后的 HTML 表格结构代码如下：

```
<table class="sortable">
    <thead>
        <tr>
            <th class="sort-alpha">ID</th>
            <th class="sort-alpha">产品名称</th>
            <th class="sort-alpha">标准成本</th>
            <th class="sort-alpha">列出价格</th>
            <th class="sort-alpha">单位数量</th>
            <th class="sort-alpha">最小再订购数量</th>
            <th class="sort-alpha">类别</th>
        </tr>
    </thead>
    …
</table>
```

根据<table class="sortable">和<th class="sort-alpha">标签中的类名，就可以添加脚本实现基本的排序功能了。JavaScript 脚本如下所示：

```
$.fn.alternateRowColors = function() {
    $('tbody tr:odd', this).removeClass('even').addClass('odd');
    $('tbody tr:even', this).removeClass('odd').addClass('even');
    return this;
```

```
};
$(function() {
    $('table.sortable').each(function() {
        var $table = $(this);
        $table.alternateRowColors();
        $table.find('th').each(function(column) {
            if($(this).is('.sort-alpha')) {
                $(this).addClass('clickable').hover(function() {
                    $(this).addClass('hover');
                }, function() {
                    $(this).removeClass('hover');
                }).click(function() {
                    var rows = $table.find('tbody > tr').get();
                    rows.sort(function(a, b) {
                        var a = $(a).children("td").eq(column).text().toUpperCase();
                        var b = $(b).children("td").eq(column).text().toUpperCase();
                        if(a < b)
                            return -1;
                        if(a > b)
                            return 1;
                        return 0;
                    });
                    $.each(rows, function(index, row) {
                        $table.children('tbody').append(row);
                    });
                });
            }
        });
    });
})
```

在实现数据排序之前，先为 jQuery 对象扩展一个简单方法：alternateRowColors()。

在上面代码中，使用 each() 方法进行显式迭代，而不是直接使用 $('table.sortable th.sort-alpha').click() 选择并为每个带有 sort-alpha 类的标题单元格绑定 click 事件处理程序。

由于 each() 方法会向它的回调函数中传递迭代索引，使用它可以方便地捕获到一个关键信息，即单击标题的列索引，在后面使用这个列索引来找到每个数据行中相关单元格。

在找到带有 sort-alpha 类的标题单元之后，接下来取得一个包含所有数据行的数组，这是一个通过 get() 方法将 jQuery 对象转换为一个 DOM 节点的数组，之所以要进行这样的转换，是因为虽然 jQuery 对象在多方面与数组类似，但是它不具有任何本地数组的方法，如 sort() 方法。

调用 sort() 方法比较简单，它通过比较相关单元格的文本，实现对表格行进行排序，这里主要根据 each() 方法回调函数中参数，可以传递 th 在 table 中的列序号，并通过这个列序号获取该列的 tbody 包含的该列单元格。

考虑到文本大小写问题，因此在比较时应该区分大小写。最后，通过循环遍历排序后的数组，将表格行重新插入到表格中。注意，因为 append() 方法不会复制节点，而是移动表格行，因此可以看到表格数据行重新排序。

由于在排序过程中表格行被打乱顺序重新进行显示，最初设计的隔行换色的样式发生了混乱，当完成表格数据行排序之后，应该重新设置隔行换色的背景样式，在完成表格排序之后，重新调用 alternateRowColors()方法。实现排序的效果如图 22.2 所示。

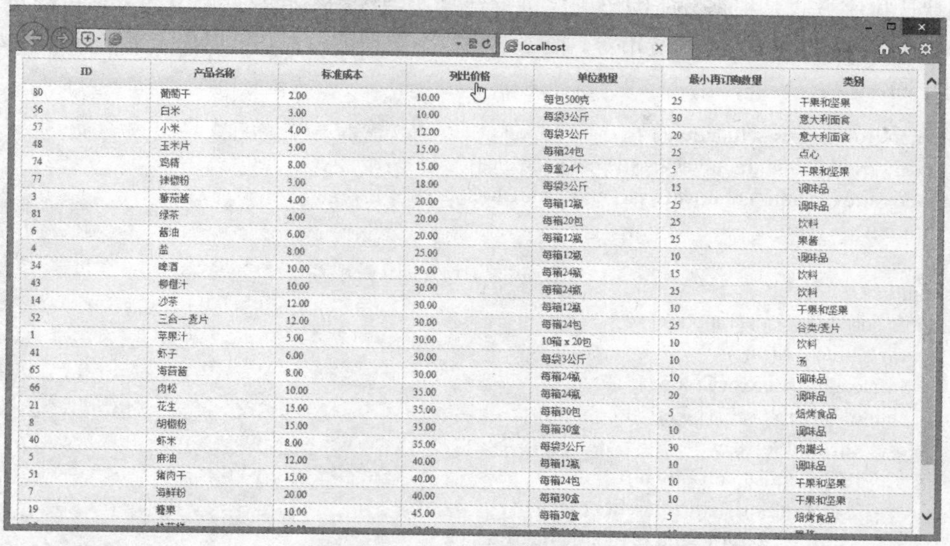

图 22.2 初步实现的排序效果

22.2.3 优化排序性能

直接调用 JavaScript 的 sort()方法进行排序，当表格数据比较多时，运行速度会比较慢。

解决方法：预先计算用于比较的关键字，可以提取每个排序单元格中的关键字计算，并将这个过程从迭代回调函数中抽离出来，在一个单独的循环中完成，避免在回调函数中被反复调用。

视频讲解

```
var rows = $table.find('tbody > tr').get();
$.each(rows,function(index, row){
    row.sortKey = $(row).children("td").eq(column).text().toUpperCase();
})
rows.sort(function(a, b) {
    if(a.sortKey < b.sortKey)
        return -1;
    if(a.sortKey > b.sortKey)
        return 1;
    return 0;
});
$.each(rows, function(index, row) {
    $table.children('tbody').append(row);
    row.sortKey = null;
});
```

在一个循环中，把所有占用资源的工作全部完成，并把计算的结果保存到每个单元格的新属性中，这个属性并非是 DOM 预定义属性，但是考虑到每个单元格都需要这样一个关键字，通过属性的方式保存，当调用回调函数进行比较时，可以直接读取每个单元格的这个新属性值，避免重复计算。

当完成排序操作之后，应该删除 sortKey 属性，以便手动释放内存，避免大量的 sortKey 属性值占用系统资源，导致内存泄漏。

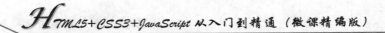

视频讲解

Note

22.2.4　优化类型排序

sort()默认排序方式是根据字符编码顺序进行计算，当然，不同数据类型的数据可能希望采用其他类型排序方式，如日期、数字、货币等。根据这些数据类型的特点，可以在关键字计算中进行处理。实现代码如下：

```javascript
$.fn.alternateRowColors = function() {
    $('tbody tr:odd', this).removeClass('even').addClass('odd');
    $('tbody tr:even', this).removeClass('odd').addClass('even');
    return this;
};
$(function() {
    $('table.sortable').each(function() {
        var $table = $(this);
        $table.alternateRowColors();
        $table.find('th').each(function(column) {
            var findSortKey;
            if($(this).is('.sort-alpha')) {
                findSortKey = function($cell) {
                    return $cell.text().toUpperCase();
                };
            } else if($(this).is('.sort-numeric')) {
                findSortKey = function($cell) {
                    var key = parseFloat($cell.text().replace(/^[^\d.]*/, ''));
                    return isNaN(key) ? 0 : key;
                };
            } else if($(this).is('.sort-date')) {
                findSortKey = function($cell) {
                    return Date.parse('1 ' + $cell.text());
                };
            }
            if(findSortKey) {
                var rows = $table.find('tbody > tr').get();
                $(this).addClass('clickable').hover(function() {
                    $(this).addClass('hover');
                }, function() {
                    $(this).removeClass('hover');
                }).click(function() {
                    $.each(rows, function(index, row) {
                        row.sortKey = findSortKey($(row).children('td').eq(column));
                    });
                    rows.sort(function(a, b) {
                        if(a.sortKey < b.sortKey)
                            return -1;
                        if(a.sortKey > b.sortKey)
                            return 1;
                        return 0;
                    });
                    $.each(rows, function(index, row) {
                        $table.children('tbody').append(row);
```

```
                                 row.sortKey = null;
                             });
                             $table.alternateRowColors().trigger('repaginate');
                         });
                     }
                 });
             });
})
```

对于货币数据来说,在比较之前应该去掉货币前缀符号,然后再根据需要进行比较计算;对于数字类型来说,需要使用 parseFloat() 把值进行类型转换,如果不能够转换,则需要使用 isNaN() 方法检测是否为非数字值,然后把它替换为数字 0,避免 NaN 值对 sort() 函数造成错误;对于日期类型,由于表格中包含的值不完整,需要根据日期格式对其补充完整。

最后,根据列数据类型在表格的列标题结构中添加排序的类标识,如下所示:

```
<table class="sortable">
    <thead>
        <tr>
            <th class="sort-numeric">ID</th>
            <th class="sort-alpha">产品名称</th>
            <th class="sort-numeric">标准成本</th>
            <th class="sort-numeric">列出价格</th>
            <th class="sort-alpha">单位数量</th>
            <th class="sort-numeric">最小再订购数量</th>
            <th class="sort-alpha">类别</th>
        </tr>
    </thead>
</table>
```

22.2.5 完善视觉交互效果

良好的视觉体验应该对表格的动态排序进行提示,只有这样用户才觉察到数据排序已经发生了变化。这里有两个问题需要读者思考:

第一,应该即时标识排序的列,以及排序的方式。

第二,应该对排序列数据进行高亮显示,以方便用户阅读。

根据上述思考,可以通过突出显示最近用于排序的列,把用户的注意力吸引到很可能包含相关信息的表格部分。既然已经知道了当前列在表格中的位置,因此只需要为当前列单元格添加一个样式类即可。核心代码如下:

```
$table.find('td').removeClass('sorted').filter(':nth-child(' + (column + 1) + ')').addClass('sorted')
```

在上面代码中,首先清除表格中所有单元格中包含的 sorted 样式类,然后为当前列单元格添加 sorted 样式类,注意列序号的调用。

与排序有关的一个重要视觉设计就是列数据的升序和降序,当然要实现降序和升序的切换,可以在 sort() 方法的回调函数中进行切换,我们只需要改变返回值即可,这里通过一个方向变量进行动态控制。

```
rows.sort(function(a, b) {
    if(a.sortKey < b.sortKey)
```

视频讲解

```
        return -newDirection;
    if(a.sortKey > b.sortKey)
        return newDirection;
    return 0;
});
```

如果 newDirection 等于 1，则按正常的排序方式进行排序；如果等于-1，则切换排序方式，实现降序排列。然后在代码初始化中对该变量进行初始化声明，并适当与列标题的 sorted-asc 样式类进行绑定。

```
var newDirection = 1;
if($(this).is('.sorted-asc')) {
    newDirection = -1;
}
```

在排序处理之后，再根据这个临时变量为列标题添加对应的样式类，同时应该清理掉其他列中绑定的升降样式类。

```
$table.find('th').removeClass('sorted-asc').removeClass('sorted-desc');
var $sortHead = $table.find('th').filter(':nth-child(' + (column + 1) + ')');
if(newDirection == 1) {
    $sortHead.addClass('sorted-asc');
} else {
    $sortHead.addClass('sorted-desc');
}
```

最后，整个表格排序的完整代码请参考本节示例源代码。

22.3　表格分页

视频讲解

数据分页多发生在服务器端，通过与服务器端交互，由服务器控制显示的页数和分页数据，或者通过 Ajax 完成分页任务。本节主要介绍如何使用 JavaScript 实现表格分页的方法。

JavaScript 实现分页仅是一种客户端特效，它与服务器端分页有着本质不同。JavaScript 实现分页的数据实际上都已经存在于客户端，只是在视觉上进行隐藏和显示处理，而服务器端分页只是分页响应数据给客户端。下面介绍如何通过 JavaScript 对浏览器中的已经存在的表格进行分页。

【操作步骤】

第 1 步，先从显示特定数据页开始，如显示表格中前 10 页数据（即第 1 页），实现代码如下：

```
$(function() {
    $('table.paginated').each(function() {
        var currentPage = 0;
        var numPerPage = 10;
        var $table = $(this);
        $table.find('tbody tr').show()
            .slice(0, currentPage * numPerPage)
            .hide()
            .end()
            .slice((currentPage + 1) * numPerPage)
            .hide()
```

Note

```
            .end();
    });
```

首先，为分页表格绑定一个类标识（paginated），这样就可以在脚本中针对$('table.paginated')进行处理。这里有两个控制变量：currentPage 指定当前显示的页，从 0 开始；numPerPage 指定每页要显示的数据行。

在.each()参数中回调函数体内的 this 指向当前表格（table 元素），故需要使用$()构造函数把它转换为 jQuery 对象。利用 tbody 元素作为标识符，把标题和数据行分离出来，使用 show()显示所有数据行，然后调用 slice()方法过滤出指定范围前的数据行，并把它们隐藏起来，为了统一操作对象，在调用 hide()方法后，调用 end()方法恢复最初操作的 jQuery 对象。以同样的方式，隐藏特定范围后面的所有行。

第 2 步，为了方便用户选择分页，还需要动态设置分页指示按钮，虽然使用超链接来实现分页指向功能，但是这违反了 JavaScript 动态控制的原则，反而让超链接的默认行为影响用户操作，容易导致误操作。为此这里通过脚本形式动态创建几个 DOM 元素，并通过数字标识分页向导。

```
var numRows = $table.find('tbody tr').length;
var numPages = Math.ceil(numRows / numPerPage);
var $pager = $('<div class="pager"></div>');
for(var page = 0; page < numPages; page++) {
    $('<span class="page-number">' + (page + 1) + '</span>').appendTo($pager).addClass('clickable');
}
```

通过数据行数除以每页显示的行数，即可得到分页的页数。如果得到的结果不是整数，必须使用 Math.ceil()方法向上舍入，以确保显示最后一页。然后根据这个数字就可以为每个分页创建导航按钮，并把这个新的导航按钮附加到表格前面，演示效果如图 22.3 所示。

图 22.3 分页导航

第 3 步，在内部样式表中设计按钮的样式，以方便用户操作，其中样式类 active 表示当前激活的分页按钮，此时的按钮演示效果如图 22.4 所示。

图 22.4 分页导航按钮

Note

```css
.page-number { padding: 0.2em 0.5em; border: 1px solid #fff; cursor:pointer; display:inline-block; }
.active { background: #ccf; border: 1px solid #006; }
```

第 4 步，要实现分页导航功能，需要实现动态更新 currentPage 变量，同时运行上面的分页脚本，为此可以把上面的代码封装到一个函数中，每当单击导航按钮时，更新 currentPage 变量，并调用该函数。

在循环体中为每个按钮绑定 click 事件处理函数，由于创建了一个闭包体，闭包体内引用了外部的 currentPage 变量，当每个循环改变时，该变量的值就会发生变化，新的值将会影响到每个按钮上绑定的闭包体（click 事件处理函数）。解决方法：使用 jQuery 事件对象添加自定义数据，该数据在最终调用时仍然有效。

```javascript
for(var page = 0; page < numPages; page++) {
    $('<span class="page-number">' + (page + 1) + '</span>').bind('click', {
        'newPage' : page
    }, function(event) {
        currentPage = event.data['newPage'];
        //省略分页函数
    })
}
```

在 for 循环体内为每个导航按钮绑定一个 click 事件处理函数，并通过事件对象的 data 属性为其传递动态的当前页数值，这样 click 事件处理函数所形成的闭包体就不再直接引用外部的变量，而是通过事件对象的属性来获取当前页信息，从而避免了闭包的缺陷。

第 5 步，为了突出显示当前页，可以在 click 事件中添加一行代码，为当前导航按钮添加一个样式类，以激活当前按钮，方便用户浏览。

```javascript
for(var page = 0; page < numPages; page++) {
    $('<span class="page-number">' + (page + 1) + '</span>').bind('click', {
        'newPage' : page
    }, function(event) {
        currentPage = event.data['newPage'];
        //省略分页函数
        $(this).addClass('active').siblings().removeClass('active');
    }).appendTo($pager).addClass('clickable');
}
```

第 6 步，最后需要把这个分页导航插入到网页中，同时把分页函数绑定到 repaginate 事件处理函数中，这样就可以通过$table.trigger('repaginate')方法快速调用。整个表格分页功能的完整代码如下所示：

```javascript
$(function() {
    $('table.paginated').each(function() {
        var currentPage = 0;
        var numPerPage = 10;
        var $table = $(this);
        $table.bind('repaginate', function() {
            $table.find('tbody tr').show().slice(0, currentPage * numPerPage).hide().end().slice((currentPage + 1)
* numPerPage).hide().end();
        });
        var numRows = $table.find('tbody tr').length;
        var numPages = Math.ceil(numRows / numPerPage);
```

```
            var $pager = $('<div class="pager"></div>');
            for(var page = 0; page < numPages; page++) {
                $('<span class="page-number">' + (page + 1) + '</span>').bind('click', {
                    'newPage' : page
                }, function(event) {
                    currentPage = event.data['newPage'];
                    $table.trigger('repaginate');
                    $(this).addClass('active').siblings().removeClass('active');
                }).appendTo($pager).addClass('clickable');
            }
            $pager.find('span.page-number:first').addClass('active');
            $pager.insertBefore($table);
            $table.trigger('repaginate');
        });
});
```

最终演示效果如图 22.5 所示。

ID	产品名称	标准成本	列出价格	单位数量	最小再订购数量	类别
20	桂花糕	25.00	60.00	每箱30盒	10	果酱
21	花生	15.00	35.00	每箱30包	5	焙烤食品
34	啤酒	10.00	30.00	每箱24瓶	15	饮料
40	虾米	8.00	35.00	每袋3公斤	30	肉罐头
41	虾子	6.00	30.00	每袋3公斤	10	汤
43	柳橙汁	10.00	30.00	每箱24瓶	25	饮料
48	玉米片	5.00	15.00	每箱24包	25	点心
51	猪肉干	15.00	40.00	每箱24包	10	干果和坚果
52	三合一麦片	12.00	30.00	每箱24包	25	谷类/麦片
56	白米	3.00	10.00	每袋3公斤	30	意大利面食

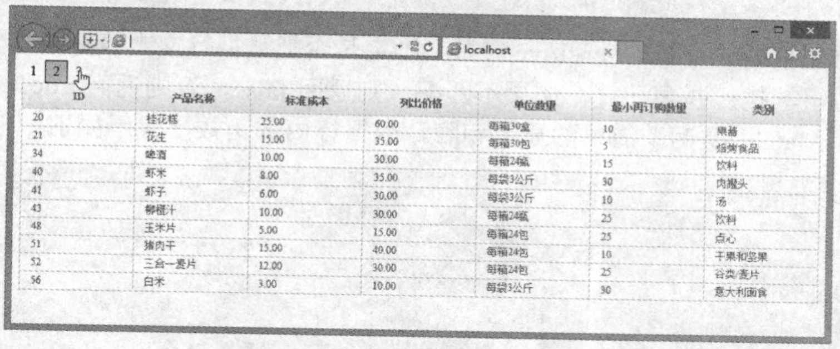

图 22.5　表格分页导航

22.4　表格过滤

当表格显示大量数据时，如果允许用户根据需要仅显示特定内容的数据行，能够提升表格的可用性。

22.4.1　快速过滤

视频讲解

使用 JavaScript 实现表格数据过滤的基本功能很简单，即通过检索用户输入的关键字，把匹配的行隐藏或者显示出来，没有被匹配的行显示或者隐藏起来。

```
var elems =$('table.filter').find("tbody > tr")
elems.each(function() {
    var elem = jQuery(this);
    jQuery.uiTableFilter.has_words(getText(elem), words, false) ? matches(elem) : noMatch(elem);
});
```

在上面几行代码中，首先找到要检索的数据行，这里主要是根据 table 和过滤类确定要过滤的表格，并根据 tbody 元素确定检索的数据行。遍历数据行，使用用户输入的过滤关键字与每行单元格数

据进行匹配，如果返回 true，则执行显示操作，否则执行隐藏操作。其中 getText()是一个内部函数，用来获取指定行中单元格包含的文本。

```
var getText = function(elem) {
    return elem.text()
}
```

has_words()是数据过滤插件的一个工具函数，该函数主要检测用户输入关键字与数据行文本是否匹配，代码如下：

```
jQuery.uiTableFilter.has_words = function(str, words, caseSensitive) {
    var text = caseSensitive ? str : str.toLowerCase();
    for(var i = 0; i < words.length; i++) {
        if(text.indexOf(words[i]) === -1)
            return false;
    }
    return true;
}
```

该工具函数首先根据一个 caseSensitive 参数，确定是否把数据行文本执行小写转换，然后遍历用户输入的关键字数组，执行匹配计算，如果不匹配，则返回 false，否则返回 true。

matches()和 noMatch()是两个简单的显示和隐藏数据行内部函数，代码如下：

```
var matches = function(elem) {
    elem.show()
}
var noMatch = function(elem) {
    elem.hide();
    new_hidden = true
}
```

22.4.2　多关键字匹配

如果用户输入多个关键字，则数据过滤器应该允许对多个关键字的协同处理，首先可以通过 JavaScript 的 split()方法把用户输入的短语以空格符为分隔符劈开，然后转换为数组。

```
var words = phrase.toLowerCase().split(" ");
```

执行数据过滤的事件一般设置为键盘松开时触发，当用户在搜索框中输入关键字时，会即时触发并更新过滤数据。为了避免因为用户输入空格键而触发重复的数据过滤操作，可以设置一个检测条件，当输入字符之后，去除最后一个空格符，如果等于上次输入的字符，则说明当前输入的是空格，可以不做重复检测，这样就能够提高过滤效率。

```
if((words.size > 1) && (phrase.substr(0, phrase_length - 1) === this.last_phrase)) {
    if(phrase[-1] === " ") {
        this.last_phrase = phrase;
        return false;
    }
    var words = words[-1];
    //获取可见数据行
    var elems = jq.find("tbody > tr:visible")
}
```

视频讲解

在上面代码中将根据用户输入的多个关键字进行处理，关键字之间通过空格符进行分隔，同时当输入最新关键字时，代码只处理可视的数据行，对于已经隐藏的数据行将忽略不计。

22.4.3 列过滤

在过滤器函数中包含一个列参数，允许用户仅就特定列数据进行过滤，实现的代码如下：

视频讲解

```
f(column) {
    var index = null;
    jq.find("thead > tr:last > th").each(function(i) {
        if($(this).text() == column) {
            index = i;
            return false;
        }
    });
    if(index == null)
        throw ("given column: " + column + " not found")
    getText = function(elem) {
        return jQuery(elem.find(("td:eq(" + index + ")"))).text()
    }
}
```

参数 column 表示列标题，代码首先遍历表格的列标题，匹配参数 column 列的下标位置，然后利用该下标值重写 getText()内部函数，执行匹配操作时，仅就该下标列的文本进行匹配检测。

22.5 表 格 编 辑

视频讲解

表格编辑功能主要包括：数据编辑、验证和存储。本节将主要讲解如何实现表格的直接编辑，不涉及表格编辑后的输入验证和存储处理。

当用户单击单元格时，单元格显示为可编辑状态，数据可以允许删除、修改或者增加。

设计思路：在单元格的 click 事件处理函数中获取单元格数据，动态创建一个文本框，文本框的值为单元格的数据，然后把该文本框嵌入到单元格中，并清除单元格中的原始数据。

实现代码如下：

视频讲解

```
var orig_text = td.text();
var w = td.width();
var h = td.height();
td.css({
    width : w + "px",
    height : h + "px",
    padding : "0",
    margin : "0"
});
td.html('<form name="td-editor" action="javascript:void(0);">' + '<input type="text" name="td_edit" value="' +
td.text() + '"' + ' style="margin:0px;padding:0px;border:0px;width: ' + w + 'px;height:' + h + 'px;">' +
'</input></form>');
```

在上述代码中，首先保存单元格原始数据，获取单元格的高度和宽度，再显式定义单元格的高、

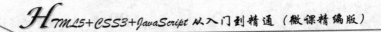

宽和清除空隙，避免清除原始数据后单元格大小发生变化。然后使用 html() 方法在单元格中绑定一个 <form> 和 <input> 标签，在标签内部通过样式属性定义输入文本框的大小与单元格大小一致，并清除间距。

当数据编辑完成之后，需要把文本框清除掉，并使用编辑后的值更新单元格的原始值。实现代码如下：

```
function restore(e) {
    var val = td.find(':text').attr('value')
    td.html("");
    td.text(val);
}
```

在执行恢复单元格数据过程中，可以预留两个接口函数，以便用户通过参数传递功能函数，如验证或数据存储操作。完善代码如下：

```
function restore(e) {
    var val = td.find(':text').attr('value')
    if(options.dataVerify) {
        var value = options.dataVerify.call(this, val, orig_text, e, td);
        if(value === false) {
            return false;
        }
        if(value !== null && value !== undefined)
            val = value;
    }
    td.html("");
    td.text(val);
    if(options.editDone)
        options.editDone(val, orig_text, e, td)
    bind_mouse_down(td_edit_wrapper);
}
```

options.dataVerify 作为一个参数，为数据验证提供接口，只有当验证函数返回值为 true 时才允许编辑操作成功完成，否则禁止编辑并返回。

options.editDone 也是一个参数，为数据编辑完成后的回调函数，在回调函数中可以执行一些附加的任务或者功能。

当完成数据编辑之后，需要调用 restore() 函数，把数据恢复为表格数据，并清除表单元素。此时可以在添加的表单元素中的提交、鼠标按下、失去焦点等事件中绑定 restore() 函数。

```
td.html('<form name="td-editor" action="javascript:void(0);">' + '<input type="text" name="td_edit" value="' + td.text() + "" + ' style="margin:0px;padding:0px;border:0px;width: ' + w + 'px;height:' + h + 'px;">' + '</input></form>').find('form').submit(restore).mousedown(restore).blur(restore);
```

22.6 在 线 练 习

练习使用 CSS 设计各种网页表格特效样式。

在 线 练 习

第 23 章

表单开发

在网站设计中表单无处不在，从登录、注册到联系表、调查表，从电商网站到企业首页等。表单是网页交互的工具，是浏览者与服务器进行通信的载体。设计专业的表单能够提高网页交互的效率和用户体验。本章将通过实例讲解如何使用 JavaScript 和 jQuery 来设计出具有可用性的优质网页表单。

【学习要点】

▶▶ 设计易用性表单。

▶▶ 设计表单验证。

▶▶ 增强表单交互功能。

视频讲解

线上阅读

23.1 表单开发基础

本节介绍如何使用 JavaScript 快速访问表单控件，以及如何高效控制表单对象。

23.1.1 访问表单对象

表单通过<form>标签定义，在 HTML 文档中<form>标签每出现一次，form 对象就会被创建一次。form 对象属于 HTMLFormElement 类型，继承于 HTMLElement，HTMLFormElement 拥有多个专有属性，详细说明可以扫码了解。

另外，form 对象还提供两个专用方法：

☑ reset()：将所有表单域重置为默认值。

☑ submit()：提交表单。

访问 form 对象的方法如下：

方法 1：使用 DOM 的 document.getElementById()方法获取。例如：

```
<form id="form1"></form>
<script>
var form = document.getElementById("form1");
</script>
```

方法 2：使用 HTML 的 document.forms 集合获取。例如：

```
<form id="form1"   name="form1"></form>
<form id="form2" name="form2"></form>
<script>
var form1 = document.forms[0];
var form1 = document.forms["form2"];
</script>
```

document.forms 表示页面中所有的表单对象集合，可以通过数字索引或 name 值取得特定的表单。注意，可以同时为表单指定 id 和 name 属性，但它们的值不一定相同。

23.1.2 访问表单元素

视频讲解

访问表单元素的方法如下：

方法 1：使用 DOM 方法访问表单元素，如 getElementById()等，详细说明可参考前面章节有关 DOM 内容。

方法 2：使用 form 对象的 elements 属性。

elements 集合是一个有序列表，包含表单中的所有字段，如<input>、<textarea>、<button>、<select>和<fieldset>。每个表单字段在 elements 集合中的顺序，与它们在表单中的顺序相同。

【示例 1】可以按照位置和 name 属性来访问表单元素。

```
<form id="myform">
    <h3>反馈表</h3>
    <fieldset
```

```
            <p>姓名: <input class="special" type="text" name="name"></p>
            <p>性别:
                <input type="radio"    name="sex" value="0">男
                <input type="radio"    name="sex" value="1">女 </p>
            <p>邮箱: <input type="text" name="email"></p>
            <p>网址：<input type="text" name="web"></p>
            <p>反馈意见: <textarea name="message" cols="30" rows="10"></textarea> </p>
            <p class="submit">
                <button type="submit">提交表单</button>
            </p>
        </fieldset>
</form>
<script>
var form = document.getElementById("myform");
var field1 = form.elements[2];                    //通过下标位置找到第 3 个控件：单选按钮
var field2 = form.elements["name"];               //通过 name 找到姓名文本框
var fieldCount = form.elements.length;            //获取表单字段个数
</script>
```

【示例 2】如果有多个表单控件都在使用一个 name，如单选按钮，那么就会返回以该 name 命名的一个 NodeList。例如，以上面 HTML 代码片段为例。

```
var form = document.getElementById("myform");
var sex = form.elements["sex"];                   //获取单选按钮组
var field3 = form.elements[3];                     //获取第 4 个字段，即第 1 个单选按钮
alert( sex.length);                               //返回 2
alert( sex[1] == field3);                          //返回 true
```

在这个表单中有两个单选按钮，它们的 name 都是"sex"，意味着这两个字段是一起的。在访问 form.elements["sex"]时，就会返回一个 NodeList，其中包含这两个元素。如果访问 form.elements[3]，只会返回第 1 个单选按钮，与包含在 form.elements["sex"]中的第 1 个元素相同。

【示例 3】也可以通过访问表单的属性来访问元素，上面代码可以简化为下面代码。

```
var form = document.getElementById("myform");
var sex = form["sex"];
var field3 = form[3];
alert( sex.length);
alert( sex[1] == field3);
```

这些属性与通过 elements 集合访问到的元素是相同的。但是，建议用户尽可能使用 elements，通过表单属性访问元素只是为了兼容早期浏览器而保留的一种过渡方式。

23.1.3　访问字段属性

除了 fieldset 元素之外，所有表单字段都拥有相同的一组属性。简单说明如下：
- ☑ disabled：布尔值，表示当前字段是否被禁用。
- ☑ form：只读，指向当前字段所属表单对象。
- ☑ name：当前字段的名称。
- ☑ readOnly：布尔值，表示当前字段是否只读。
- ☑ tabIndex：表示当前字段的切换序号（Tab 键）。

视频讲解

线上阅读

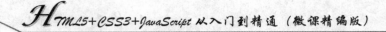

☑ type：当前字段的类型，如"checkbo"、"radio"等。

☑ value：当前字段将被提交给服务器的值。对文件字段来说，这个属性是只读的，包含着文件在计算机中的路径。

除了 form 属性外，可以动态修改这些属性值，这样用户可以在脚本中智能控制表单的表现。

【示例 1】下面示例以 23.1.2 节的反馈表结构为基础，获取姓名文本框，然后修改其值，再获取其包含的表单对象的 id 值，然后让当前文本框获取焦点、禁用状态，同时设置为复选框。

```html
<form id="myform"  method="post" action="javascript:alert('表单提交啦!')">
    <h3>反馈表</h3>
    <fieldset>
        <p>姓名: <input class="special" type="text" name="name"></p>
        <p>性别:
            <input type="radio"  name="sex" value="0">男
            <input type="radio"  name="sex" value="1">女 </p>
        <p>邮箱: <input type="text" name="email"></p>
        <p>网址： <input type="text" name="web"></p>
        <p>反馈意见: <textarea name="message" cols="30" rows="10"></textarea> </p>
        <p class="submit">
            <button type="submit" name="submit">提交表单</button>
        </p>
    </fieldset>
</form>
<script>
var form = document.getElementById("myform");
var field = form.elements["name"];
field.value = "输入姓名";
alert(field.form.id);
field.focus();
field.disabled = true;
field.type = "checkbox";
</script>
```

【示例 2】以示例 1 为基础，下面示例设计当用户提交表单后，禁用提交按钮，同时修改提交按钮的显示文本，如图 23.1 所示。

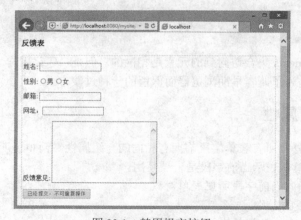

图 23.1　禁用提交按钮

```
var form = document.getElementById("myform");
var field = form.elements["name"];
form.onsubmit = function(e){
    var   event = e || window.event;
    var target = event.target || event.srcElement;;
    var btn = target.elements["submit"];
    btn.disabled = true;
    btn.innerHTML = "已经提交，不可重复操作"
}
```

上面代码为表单的 submit 事件绑定了一个事件处理程序。事件触发后，代码取得了提交按钮并将其 disabled 属性设置为 true。注意，不能使用 click 事件处理程序来实现这个功能，因为部分浏览器会在触发表单的 submit 事件之前触发 click 事件，而有的浏览器则相反。对于先触发 click 事件的浏览器，意味着会在提交发生之前禁用按钮，结果永远都不会提交表单。因此，最好是通过 submit 事件来禁用提交按钮。不过，这种方式不适合表单中不包含提交按钮的情况。

23.1.4　访问文本框的值

视频讲解

HTML 文本框有两种形式：

☑　使用<input>标签定义的单行文本框。

☑　使用<textarea>标签定义的多行文本框。

这两个控件的外观和行为差不多，不同点比较如下：

定义单行文本框使用<input type="text">，通过 size 属性设置文本框可显示字符数，通过 value 属性设置文本框的初始值，通过 maxlength 属性设置文本框可以接收的最大字符数。例如，定义文本框显示 25 个字符，不能超过 50 个字符。

```
<input type="text" size="25" maxlength="50" value="初始值">
```

定义多行文本框使用<textarea>标签，使用 rows 和 cols 属性可以设置文本框显示的行数和列数。多行文本框的初始值必须放在<textarea>和</textarea>之间，没有最大字符数限制。

```
<textarea rows="5" cols="25">初始值</textarea>
```

【示例 1】不管是单行文本框，还是多行文本框，在 JavaScript 中使用 value 属性可以读取和设置文本框的值。

```
<form id="myform"    method="post" action="javascript:alert('表单提交啦!')">
    <input type="text" size="25" maxlength="50" value="初始值">
    <textarea rows="5" cols="25">初始值</textarea>
</form>
<script>
var form = document.getElementById("myform");
var field1 = form.elements[0];
var field2 = form.elements[1];
alert(field1.value);
alert(field2.value);
</script>
```

在脚本中建议使用 value 属性读取或设置文本框的值，不建议使用 DOM 的 setAttribute()方法设置<input>和<textarea>的值，因为对 value 属性所做的修改不一定会反映在 DOM 中。

【示例 2】使用 select()可以选择文本框中的值，该方法不接收参数。在调用 select()方法时，大多数浏览器（Opera 除外）都会将焦点设置到文本框中。

```
var form = document.getElementById("myform");
var field1 = form.elements[0];
var field2 = form.elements[1];
field1.onfocus = function(){
    this.select();
}
field2.onfocus = function(){
    this.select();
}
```

在上面示例中只要文本框获得焦点就会选择其中所有的文本，这可以提升表单的易用性。

HTML5 新增两个属性：selectionStart 和 selectionEnd，这两个属性保存文本选区开头和结尾的偏移量。IE 9+、Firefox、Safari、Chrome 和 Opera 都支持这两个属性。IE 8 及之前版本不支持这两个属性，而是定义 document.selection 对象，保存着用户在整个文档范围内选择的文本信息。

【示例 3】下面示例定义一个工具函数 getSelectedText()，用来获取指定文本框中选择的文本。

```
function getSelectedText(textbox){
    if (typeof textbox.selectionStart == "number"){
        return textbox.value.substring(textbox.selectionStart,
                textbox.selectionEnd);
    } else if (document.selection){
        return document.selection.createRange().text;
    }
}
```

然后，就可以在 JavaScript 脚本中调用该函数获取指定文本框的选择文本。

```
<form id="myform"   method="post" action="#')">
    <textarea rows="5" cols="25">初始值</textarea>
</form>
<script>
var form = document.getElementById("myform");
var field1 = form.elements[0];
field1.onselect = function(){
    alert(getSelectedText(this));
}
</script>
```

如果选择部分文本，可以使用 HTML5 的 setSelectionRange()方法，该方法接收两个参数，分别设置选择的第一个字符的索引和要选择的最后一个字符之后的字符的索引，与 substring()方法的两个参数相同。

IE 9+、Firefox、Safari、Chrome 和 Opera 都支持这个用法。IE 8 及更早版本支持使用范围选择部分文本。先使用 createTextRange()方法创建一个范围，然后使用 collapse(true)折叠范围，再使用 moveStart()和 moveEnd()方法将范围移动到位，最后使用范围的 select()方法选择文本。

【示例 4】下面示例定义一个工具函数 selectText()，用来选择指定范围的文本。

```
function selectText(textbox, startIndex, stopIndex){
```

```
    if (textbox.setSelectionRange){
        textbox.setSelectionRange(startIndex, stopIndex);
    } else if (textbox.createTextRange){
        var range = textbox.createTextRange();
        range.collapse(true);
        range.moveStart("character", startIndex);
        range.moveEnd("character", stopIndex - startIndex);
        range.select();
    }
    textbox.focus();
}
```

selectText()函数接收 3 个参数：要操作的文本框、要选择文本中第一个字符的索引、要选择文本中最后一个字符之后的索引。首先，先检测文本框是否包含 setSelectionRange()方法，如果有，则使用该方法；否则，检测文本框是否支持 createTextRange()方法，如果支持，则通过创建范围来实现选择；最后，就是为文本框设置焦点，以便用户看到文本框中选择的文本。

然后，就可以在 JavaScript 脚本中调用该函数获取指定文本框的部分文本，如图 23.2 所示。

图 23.2　选择部分文本

```
<form id="myform"   method="post" action="#")">
    <textarea rows="5" cols="25">月落乌啼霜满天，江枫渔火对愁眠。（张继《枫桥夜泊》）
莫愁前路无知己，天下谁人不识君。（高适《别董大》）   </textarea>
</form>
<script>
var form = document.getElementById("myform");
var field1 = form.elements[0];
field1.onfocus = function(){
    selectText(this, 0, 16);
}
</script>
```

23.1.5　访问选择框的值

视频讲解

使用<select>和<option>标签可以创建选择框，select 属于 HTMLSelectElement 类型，继承于 HTMLElement，除了拥有表单字段公共属性和方法外，还定义了下列专用属性和方法。

- ☑ Multiple：布尔值，设置或返回是否可有多个选项被选中，等价于<select multiple>。Opera 9 无法在脚本中设置该属性，仅能返回值。
- ☑ selectedIndex：设置或返回被选选项的索引号，如果没有选中项，则值为-1。对于支持多选的控件，只保存选中项中第一项的索引。
- ☑ size：设置或返回一次显示的选项，等价于<select size="4" >。
- ☑ length：返回选项的数目。
- ☑ options：返回包含所有选项的控件集合，即包含所有 option 元素的 HTMLCollection。
- ☑ add(option, before)：向控件中插入新 option 元素，其位置在 before 参数之前。
- ☑ remove(index)：移除给定位置的选项。

Note

选择框的 type 属性值为"select-one"或"select-multiple"，这取决于 multiple 属性值。

选择框的 value 属性由当前选中项决定，具体说明如下：

☑ 如果没有选中的项，则选择框的 value 属性保存空字符串。

☑ 如果有一个选中项，而且该项的 value 属性值已经在 HTML 中指定，则选择框的 value 属性等于选中项的 value 属性值。即使 value 特性的值是空字符串，也同样遵循此条规则。

☑ 如果有一个选中项，但该项的 value 特性在 HTML 中未指定，则选择框的 value 属性等于该项包含的文本。

☑ 如果选中多个项，则选择框的 value 属性将依据前两条规则取得第一个选中项的值。

【示例 1】设计下拉列表框。

```html
<form id="myform"   method="post" action="#">
    <select name="grade" id="grade">
        <option value="1">初级</option>
        <option value="2">中级</option>
        <option value="3">高级</option>
        <option value="">未知</option>
        <option>不明确</option>
    </select>
</form>
```

然后使用下面 JavaScript 代码读取列表框的值。

```javascript
var form = document.getElementById("myform");
var grade = form.elements["grade"];
grade.onchange = function(){
    console.log("被选中项目：" + this.options[this.selectedIndex].outerHTML + ", select.value = " +   this.value);
}
```

在浏览器中测试，分别选择不同的项目，则可以看到选择框对应的值，如图 23.3 所示。

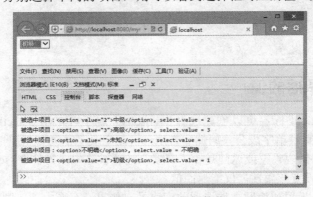

图 23.3　测试选择框的值

如果用户选择了其中第一项，则选择框的值就是 1。如果文本为"未知"的选项被选中，则选择框的值就是一个空字符串，因为其 value 属性值是空的。如果选择了最后一项，由于<option>没有指定 value 属性，则选择框的值就是"不明确"。

使用<option>标签可以创建选择项目，它属于 HTMLOptionElement 类型，HTMLOptionElement 对象添加如下列属性，以方便访问数据。

☑ index：返回当前选项在 options 集合中的索引。

☑　label：设置或返回选项的标签，等价于<option label="提示文本">。

☑　selected：布尔值，设置或返回当前选项的 selected 属性值，表示当前选项是否被选中。

☑　text：设置或返回选项的文本值。

☑　value：设置或返回选项的值，等价于<option value="2">。

其中大部分属性都是为了方便对选项数据的访问，虽然可以使用 DOM 进行访问，但效率比较低，建议采用选择框及其项目的专有属性进行访问。

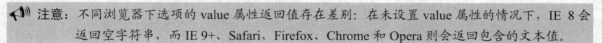

　　注意： 不同浏览器下选项的 value 属性返回值存在差别：在未设置 value 属性的情况下，IE 8 会返回空字符串，而 IE 9+、Safari、Firefox、Chrome 和 Opera 则会返回包含的文本值。

【示例 2】对于只允许选择一项的选择框，访问选中项的代码如下：

```
var form = document.getElementById("myform");
var grade = form.elements["grade"];
grade.onchange = function(){
    var selIndex = grade.selectedIndex;
    var selOption = grade.options[selIndex];
    console.log("    index: " +grade.selectedIndex + "\ntext: " + selOption.text + "\nvalue: " + grade.value);
}
```

对于可以选择多项的选择框，selectedIndex 属性无效。设置 selectedIndex 会导致取消以前的所有选项并选择指定的那一项，而读取 selectedIndex 则只会返回选中项中第一项的索引值。

与 selectedIndex 不同，在允许多选的选择框中设置选项的 selected 属性，不会取消对其他选中项的选择，因而可以动态选中任意多个项。但是，如果是在单选选择框中，修改某个选项的 selected 属性则会取消对其他选项的选择。需要注意的是，将 selected 属性设置为 false 对单选选择框没有影响。

【示例 3】获取所有选中的项，可以循环遍历选项集合，然后测试每个选项的 selected 属性。

第 1 步，设计一个多选列表框。

```
<form id="myform" action="#">
    <label for="color">选择你喜欢的颜色：</label>
    <select name="clolr" size="5"    multiple id="clolr">
        <option value="red">红</option>
        <option value="orange">橙</option>
        <option value="yellow">黄</option>
        <option value="green">绿</option>
        <option value="blue">蓝</option>
    </select>
    <button id="btn" name="btn">确定</button>
</form>
```

第 2 步，定义一个工具函数，用来获取所有被选中的选择框中的选项。

```
function getSelectedOptions(selectbox){
    var result = new Array();
    var option = null;
    for (var i=0, len=selectbox.options.length; i < len; i++){
        option = selectbox.options[i];
        if (option.selected){
            result.push(option);
        }
```

Note

```
        }
    return result;
}
```

这个函数可以返回给定选择框中选中项的一个数组。首先，创建一个将包含选中项的数组，然后使用 for 循环迭代所有选项，同时检测每一项的 selected 属性。如果有选项被选中，则将其添加到 result 数组中。最后，返回包含选中项的数组。

第 3 步，使用 getSelectedOptions()函数取得选中项。

```
var form = document.getElementById("myform");
var clolr = form.elements["clolr"];
var btn = form.elements["btn"];
btn.onclick = function(){
    var selectedOptions = getSelectedOptions(clolr);
    var message = "";
    for (var i=0, len=selectedOptions.length; i < len; i++){
        message += selectedOptions[i].index + " text: " + selectedOptions[i].text + " value: " +
selectedOptions[i].value + "\n";
    }
    console.log(message);
    return false;
}
```

第 4 步，在浏览器中预览，从选择框中取得多个选项，单击按钮，显示效果如图 23.4 所示。

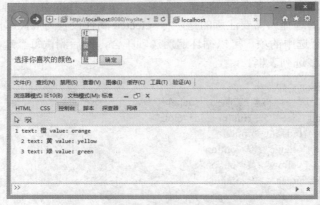

图 23.4　测试选择框的值

23.1.6　编辑选项

视频讲解

使用 JavaScript 可以动态创建选项，并将它们添加到选择框中。添加选项的方式有很多，下面以示例形式简单介绍。

【示例 1】使用 DOM 方法为选择框添加选项。

```
<form id="myform"  method="post" action="#">
    <select name="grade" id="grade">
        <option value="1">初级</option>
        <option value="2">中级</option>
        <option value="3">高级</option>
```

```
        </select><br><br>
        <button id="btn" name="btn" type="button" >添加选项</button>
    </form>
    <script>
var form = document.getElementById("myform");
var grade = form.elements["grade"];
var btn = form.elements["btn"];
btn.onclick = function(){
    var newOption = document.createElement("option");
    newOption.appendChild(document.createTextNode("特级"));
    newOption.setAttribute("value", "4");
    grade.appendChild(newOption);
    this.disabled = true;
    this.innerHTML = "添加完毕";
    return false;
}
    </script>
```

以上代码创建了一个新的 option 元素，然后为它添加了一个文本节点，并设置 value 属性值，最后将它添加到了选择框中。添加到选择框之后，就可以看到新选项。

【示例 2】使用 Option()构造函数创建新选项，它包含两个参数：文本（text）和值（value），第二个参数可选。

```
btn.onclick = function(){
    var newOption = new Option("特级","4");
    grade.appendChild(newOption);
    this.disabled = true;
    this.innerHTML = "添加完毕";
    return false;
}
```

Option()构造函数会创建一个 option 实例，然后使用 appendChild()将新选项添加到选择框中。

📢 **注意**：这种方式在除 IE 之外的浏览器中都可以使用。由于存在 bug，IE 在这种方式下不能正确设置新选项的文本。

【示例 3】使用选择框的 add()方法，该方法包含两个参数：第一个参数为添加的新选项，第二个参数为将位于新选项之后的选项。如果想在列表最后添加一个选项，应该将第二个参数设置为 null。

```
btn.onclick = function(){
    var newOption = new Option("特级","4");
    grade.add(newOption,undefined);
    this.disabled = true;
    this.innerHTML = "添加完毕";
    return false;
}
```

💡 **提示**：在 IE 浏览器中，add()方法的第二个参数是可选的，为新选项之后选项的索引。兼容 DOM 的浏览器要求必须指定第二个参数。如果要兼容不同浏览器，可以为第二个参数传入 undefined，就可以在所有浏览器中都将新选项插入到列表最后。如果想将新选项添加到其他位置，应使用 DOM 的 insertBefore()方法。

使用 DOM 的 removeChild()方法可以移除选项，也可以使用选择框的 remove()方法，该方法包含一个参数，即要移除选项的索引。另外，将选项设置为 null，也可以删除。

【示例 4】下面示例演示如何清除选择框中所有的项，当单击按钮后，将迭代所有选项并逐个移除它们。

```
btn.onclick = function(){
    for(var i=0, len=grade.options.length; i < len; i++){
        grade.remove(0);
    }
    this.disabled = true;
    this.innerHTML = "已全部删除";
    return false;
}
```

在迭代过程中，每次只移除选择框的第一个选项。由于移除第一个选项后，所有后续选项都会自动向上移动一个位置，因此重复移除第一个选项就可以移除所有选项。

使用 DOM 的 appendChild()方法可以将一个选择框中的选项直接移动到另一个选择框中。如果为 appendChild()方法传入文档元素，那么就会先将该元素从父节点中移除，再把它添加到指定的位置。

【示例 5】下面示例设计当在第一个选择框选择一个项目后，把该项目移到第二个选择框中。

```
<form id="myform"    method="post" action="#">
    <select name="grade1" id="grade1">
        <option value="1">初级</option>
        <option value="2">中级</option>
        <option value="3">高级</option>
    </select><br><br>
    <select name="grade2" id="grade2"></select>
</form>
<script>
var form = document.getElementById("myform");
var grade1 = form.elements["grade1"];
var grade2 = form.elements["grade2"];
grade1.onchange = function(){
    grade2.appendChild(grade1.options[grade1.selectedIndex]);
}
</script>
```

移动选项与移除选项有一个共同之处，都会重置每一个选项的 index 属性。重排选项次序的过程也十分类似，最好的方式是使用 DOM 方法。

要将选择框中的某一项移动到特定位置，建议使用 DOM 的 insertBefore()方法。appendChild()方法适用于将选项添加到选择框的最后。

【示例 6】下面示例设计当在选择框中选择一个项目后，会把该项目在选择框中向前移动一个选项的位置。

```
<form id="myform"    method="post" action="#">
    <select name="grade" id="grade">
        <option value="1">1 级</option>
```

```
            <option value="2">2 级</option>
            <option value="3">3 级</option>
            <option value="4">4 级</option>
            <option value="5">5 级</option>
            <option value="6">6 级</option>
        </select>
</form>
<script>
var form = document.getElementById("myform");
var grade = form.elements["grade"];
grade.onchange = function(){
        var option = grade.options[grade.selectedIndex];
        grade.insertBefore(option, grade.options[option.index-1]);
}
</script>
```

上面代码首先选择了要移动的选项，然后将其插入到排在它前面的选项之前。

注意：在选择框选项编辑中，IE 7 存在页面重绘问题，有时候会导致使用 DOM 方法重排的选项不能马上正确显示。

23.2 案例实战

本节将通过一个案例演示如何让表单更可用、更好用。

23.2.1 设计表单结构

好用的表单应该从结构设计开始，在没有 CSS 和 JavaScript 支持下，让表单结构趋于完善、功能健全，然后再考虑使用 CSS 和 JavaScript 改善表单设计。记住渐进增强的设计原则：努力为大部分用户提供额外功能外，还应该照顾全体用户的基本需求。

【示例】下面示例将创建一个联系表，用来与用户建立联系。通过对表单外观和行为做渐进性增强，直观认识表单设计的可用性的基本方法。

示例完整代码请参考本节示例源代码，演示效果如图 23.5 所示。

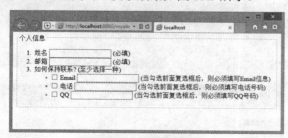

图 23.5 设计联系表单

在本例代码中，每个表单控件都包含在一个列表项（<li>）中，最后都包含在一个有序列表（<ol>）中，而复选框以及对应的文本字段被包含在一个嵌套的无序列表（<ul>）中。使用<label>标签标出每个字段的名称，对于文本字段，<label>标签放在<input>标签前面；对于复选框，<label>标签包含<input>标签。

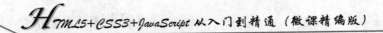

本例主要从 3 个方面增强表单的可用性：

☑ 修改 DOM，以便灵活地为<legend>元素应用样式。

☑ 把必填的字段提示信息改为星号，把特殊字段修改为双星号。将这两个必填字段的标签修改为粗体字，同时在表单前面添加星号和双星号注释文字。

☑ 在页面加载时隐藏每个复选框对应的文本输入框，当用户选择或者取消复选框时能够动态切换这些文本框，让它们显示或者隐藏。

23.2.2 设计分组标题

<legend>标签表示为 fieldset 分组元素定义标题，该标签在不同浏览器中解析效果存在差异。本例通过 JavaScript 把页面中的每个<legend>标签移出，换成标题标签。

【操作步骤】

第 1 步，在页面<head>内使用<script>导入 jQuery 库文件。

```
<script src="jquery/jquery-3.1.1.js" type="text/javascript"></script>
```

第 2 步，继续在<head>内使用<script>定义 JavaScript 代码块，输入下面 JavaScript 代码。

```
$(function() {
    $('fieldset').each(function(index) {
        var heading = $('legend', this).remove().text();
    });
})
```

使用 each()方法遍历文档中所有的<legend>标签，使用 text()方法获取该标签包含的文本，然后把<legend>标签移出文档。由于文档中包含多个表单，每个表单可能包含多个<legend>标签，因此简单使用 jQuery 的隐式迭代机制。同时要注意，由于每次迭代一个<fieldset>标签都会设置一个变量 heading，故需要使用 this 关键字限制匹配的范围，以确保每次只取得一个<legend>标签中的文本。

第 3 步，创建 h3 元素，把它插入到每个<fieldset>标签的开始位置，同时把保存到临时变量 heading 中的标题信息放入其中。演示效果如图 23.6 所示。

```
$(function() {
    $('fieldset').each(function(index) {
        var heading = $('legend', this).remove().text();
        $('<h3></h3>')
        .text(heading)
        .prependTo(this);
    });
})
```

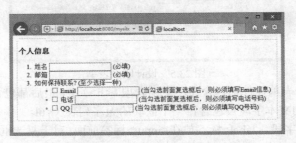

图 23.6 设计表单分组标题

23.2.3 设计提示信息

为了增加对必填字段的控制，通过 required 类统一控制必填字段样式和行为。对于联系方式文本框都添加 conditional 类，以便对这些文本框进行控制。

【操作步骤】

第 1 步，以 23.2.2 节示例的 JavaScript 脚本为基础，继续输入下面代码。

```javascript
$(function() {
    //设置必填提示信息
    var requiredFlag = ' * ';
    var requiredKey = $('input.required:first').next('span').text();
    requiredKey = requiredFlag + requiredKey.replace(/^\((.+)\)$/,"$1");
    //设置必写提示信息
    var conditionalFlag = ' ** ';
    var conditionalKey = $('input.conditional:first').next('span').text();
    conditionalKey = conditionalFlag + conditionalKey.replace(/\((.+)\)/,"$1");
    //附加信息
    $('form :input').filter('.required')
    .next('span').text(requiredFlag).end()
    .prev('label').addClass('req-label');
    $('form :input').filter('.conditional')
    .next('span').text(conditionalFlag);
})
```

在上面代码中先设置两个变量，分别用来存储对应的提示星号，并利用它们组合新的提示信息。由于星号很难吸引用户的注意力，还应该为它们添加加粗样式，即通过 prev()方法获取前面的 span 标签，并为它绑定一个样式类 req-label，并为 req-label 样式类声明.req-label { font-weight:bold;)。

第 2 步，为了方便选择<label>标签，在上面代码行中调用 end()方法恢复上一次选择器所匹配的 jQuery 对象，即从.next('span')匹配的 span 元素返回到上一步的 filter('.required')匹配的 input 文本框，只有这样，prev('label')才能够找到文本框前面的 span 元素。在生成保存的提示信息之前，还应该把原始提示信息保存到变量中，并通过正则表达式去掉前后的括号，效果如图 23.7 所示。

第 3 步，最后尝试把原始提示信息和标记符号一同放到表单的上面，以方便进行注释。

```javascript
$(function() {
    $('fieldset').each(function(index) {
        var heading = $('legend', this).remove().text();
        $('<h3></h3>')
        .text(heading)
        .prependTo(this);
    });
    var requiredFlag = ' * ';
    var requiredKey = $('input.required:first').next('span').text();
    requiredKey = requiredFlag + requiredKey.replace(/^\((.+)\)$/,"$1");
    var conditionalFlag = ' ** ';
    var conditionalKey = $('input.conditional:first').next('span').text();
    conditionalKey = conditionalFlag + conditionalKey.replace(/\((.+)\)/,"$1");
    $('form :input').filter('.required')
    .next('span').text(requiredFlag).end()
```

```
        .prev('label').addClass('req-label');
        $('form :input').filter('.conditional')
        .next('span').text(conditionalFlag);
        //添加注释信息
        $('<p></p>')
        .addClass('field-keys')
        .append(requiredKey + '<br />')
        .append(conditionalKey)
        .insertBefore('#contact');
})
```

在上面代码中，首先创建一个 p 元素，为该标签添加 field-keys 样式类，将 requiredKey 和 conditionalKey 变量存储的信息附加到该标签中，最后将该段落标签添加到联系表单的前面，演示效果如图 23.8 所示。

图 23.7　设计必填信息

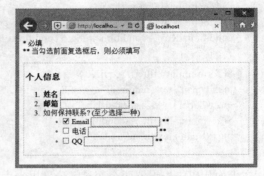

图 23.8　添加注释信息

23.2.4　设计条件字段

条件字段就是当用户选中对应的复选框，才会显示该复选框后面的文本框，要求输入信息。

【操作步骤】

第 1 步，以 23.2.3 节示例的 JavaScript 脚本为基础，继续输入下面代码。首先，隐藏所有的文本框，此时演示效果如图 23.9 所示。

```
$('input.conditional').hide().next('span').hide();
```

图 23.9　隐藏文本字段

第 2 步，为复选框添加 click 事件，当选中复选框时显示对应的文本框，在执行过程中还应该检测复选框是否被选中，如果被选中，则显示文本框，否则就不能够显示。

```
$('input.conditional').hide().each(function() {
    var $thisInput = $(this);
    var $thisFlag = $thisInput.next('span').hide();
    $thisInput.prev('label').find(':checkbox').click(function() {
        if (this.checked) {
            $thisInput.show().addClass('required');
            $thisFlag.show();
            $(this).parent('label').addClass('req-label');
        } else {
            $thisInput.hide().removeClass('required').blur();
            $thisFlag.hide();
            $(this).parent('label').removeClass('req-label');
        };
    });
});
```

在上面代码中，先保存当前文本输入字段和当前标记的变量，当用户单击复选框时，检查复选框是否被选中，如果选中，则显示文本框，显示提示标记，并为父元素<label>标签添加 req-label 样式类，加粗显示标签文本。

一般在检测复选框时，可以通过在 each()方法的回调函数中使用 this 关键字，可以直接访问当前 DOM 节点，如果不能够访问 DOM 节点，则可以使用$('selector').is(':checked')来代替，因为 is()方法返回值为布尔值。如果复选框被取消选中，则应该隐藏文本框字段，并清除父元素的 req-label 样式类。演示效果如图 23.10 所示。

第 3 步，最后使用 CSS 在内部样式表中定义简单的样式，适当美化联系表单，演示效果如图 23.11 所示。

```
<style type="text/css">
.req-label { font-weight:bold; }
h3 { background:#3CF; margin:0; padding:0.3em 0.5em; }
ul, ol { list-style-type:none; padding:0.5em; margin:0; }
ul { margin-left:1.5em; }
li { margin:4px; }
#contact { position:relative; }
p { position:absolute; right:1em; top:2em; background:#CFC; padding:1em; }
</style>
```

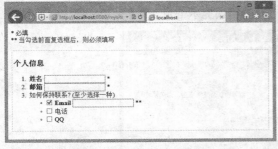

图 23.10　显示条件文本字段

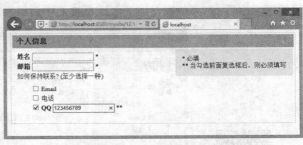

图 23.11　美化后的联系表单样式

示 例 效 果

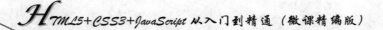

23.2.5 表单验证

表单验证包括必填检查、范围校验、比较验证、格式验证、特殊验证。

必填检查是最基本的任务。常规设计中包括 3 种状态：输入框获取焦点提示，输入框失去焦点验证错误提示，输入框失去焦点验证正确提示。首先确定输入框是否是必填项，然后就是提示消息的显示位置。

范围校验稍微复杂一些，在校验中需要做如下区分：输入的数据类型为字符串、数字和时间。如果是字符串，则比较字符串的长短；对数字和时间来说，则比较值的大小。

比较验证相对简单，无须考虑输入内容，只需要引入一个正则表达式就可以了。

格式验证和特殊验证都必须通过正则表达式才能够完成。

1. 必填字段验证

以 23.2.4 节示例为基础，在联系表单中设计当用户按下 Tab 键，或者在输入字段外单击时，JavaScript 能够检查每个必填字段是否为空。

为了简化演示，可以为必填字段添加 required 类，当必填字段被隐藏后，将移除这些类。有了 required 类后，就可以在用户没有填写字段时给出提示，这些提示信息被动态添加到对应字段的后面，并定义 warning 类，以便统一设计提示信息样式。

```
if ($(this).is('.required')) {
    var $listItem = $(this).parents('li:first');
    if (this.value == '') {
        var errorMessage = '必须填写';
        if ($(this).is('.conditional')) {
            errorMessage = '当勾选了前面复选框后,' + errorMessage;
        };
        $('<span></span>')
            .addClass('error-message')
            .text(errorMessage)
            .appendTo($listItem);
        $listItem.addClass('warning');
    };
};
```

上面代码将在每个表单输入字段后发生 blur 事件，检测 required 类，然后检查空字符串，如果都为 true，则提示错误信息，并把这个错误信息添加到父元素 li 中。如果想对条件文本字段进行检测，并显示不同的提示信息，则可以在对应的复选框被选中后显示对应的错误提示信息，演示效果如图 23.12 所示。

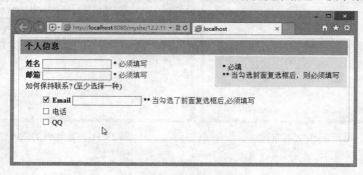

示例效果

图 23.12　检测必填字段

> **注意：**要考虑到当用户取消选中复选框之后，能够自动取消错误提示信息，或者当用户再次填写信息时，能够自动清除这个提示信息。

2. 格式验证

格式验证包括电子邮件、电话和信用卡等，格式验证需要用到正则表达式。下面示例以电子邮件的格式化验证为例进行说明。

```
if ($(this).is('#email')) {
    var $listItem = $(this).parents('li:first');
    if (this.value != '' && !/.+@.+\.[a-zA-Z]{2,4}$/.test(this.value)) {
        var errorMessage = '电子邮件格式不正确';
        $('<span></span>')
            .addClass('error-message')
            .text(errorMessage)
                .appendTo($listItem);
        $listItem.addClass('warning');
    };
};
```

在上面代码中，首先检测电子邮件字段，然后把父列表项保存到一个变量中，再用两个条件检测该值是否为空，以及是否匹配正则表达式。如果检测成功，将创建一个错误信息，将这条信息插入到 `<span>` 标签，并把错误信息和标签添加到父列表项中，同时为父列表项添加 warning 类。

设计正则表达式时，为了使检测更精确，需要查找电子邮件中的 "@" 和 "." 这两个特殊字符标识，以及 "." 字符后面应该有 2～4 个字符来表示域名扩展符。演示效果如图 23.12 所示。

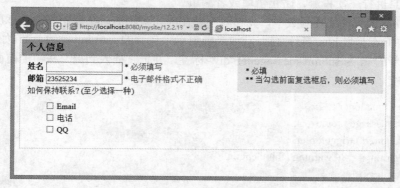

图 23.13　检测格式

示 例 效 果

考虑到每次验证时，用户可能补写信息，此时代码应该即时擦除对应的错误提示信息，因此在这两段代码前面对错误提示信息进行清扫，避免一旦出现错误信息时就一直显示。

```
$('form :input').blur(function() {
    $(this).parents('li:first').removeClass('warning')
    .find('span.error-message').remove();
    if ($(this).is('.required')) {
        var $listItem = $(this).parents('li:first');
        if (this.value == '') {
            var errorMessage = '必须填写';
            if ($(this).is('.conditional')) {
                errorMessage = '当选中了前面复选框后,' + errorMessage;
```

```
        };
            $('<span></span>')
                .addClass('error-message')
                .text(errorMessage)
                .appendTo($listItem);
            $listItem.addClass('warning');
        };
    };
    if ($(this).is('#email')) {
        var $listItem = $(this).parents('li:first');
        if (this.value != '' && !/.+@.+\.[a-zA-Z]{2,4}$/.test(this.value)) {
            var errorMessage = '电子邮件格式不正确';
            $('<span></span>')
                .addClass('error-message')
                .text(errorMessage)
                .appendTo($listItem);
            $listItem.addClass('warning');
        };
    };
});
```

3. 提交检测

在上面检测中，都是基于用户把焦点置于对应文本框之中，然后移开之后发生的。如果用户根本就没有接触这些字段，而直接提交表单，那么就会发生很多问题。因此，有必要在用户提交表单时，对整个表单的信息进行一次检测，防止错填或者漏填。

在表单的 submit()事件处理函数中，先移除不存在的元素，然后在后面再动态添加，因为这些信息都是动态显示的。在触发 blur 事件之后，获取当前表单中包含的 warning 类的总数，如果存在 warning 类，就创建一个新的 id 为 submit-message 的<div>标签，并把它插入到提交按钮的前面，方便阅读，最后阻止表单提交。

```
$('form').submit(function() {
    $('#submit-message').remove();
    $(':input.required').trigger('blur');
    var numWarnings = $('.warning', this).length;
    if (numWarnings) {
        var fieldList = [];
        $('.warning label').each(function() {
            fieldList.push($(this).text());
        });
        $('<div></div>')
            .attr({
                'id': 'submit-message',
                'class': 'warning'
            })
        .append('请重新填写下面 ' + numWarnings + ' 个字段:<br />')
        .append('&bull; ' + fieldList.join('<br />&bull; '))
        .insertBefore('#send');
```

```
            return false;
        };
    });
```

在上面代码中，首先定义一个空数组 fieldList，然后去掉每个带 warning 类的元素的后代<label>标签，将该标签中的文本使用 JavaScript 本地 push 函数推到 fieldList 数组中，这样每个标签中的文本就构成了 fieldList 数组中的一个独立元素。

然后，修改 submit-message 元素，将 fieldList 数组中的内容添加到这个<div>标签中，并使 JavaScript 本地函数 join()将数组转换为字符串，将每个数组元素与一个换行符和一个圆点符号连接在一起。这个 HTML 标记只是显示而不具有语义性，而且可以随时废弃，因此不需要过分考虑动态信息的语义结构问题，效果如图 23.14 所示。

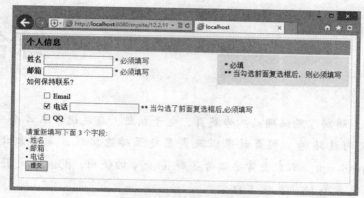

图 23.14　提交检测

23.3　在线练习

练习使用 CSS3 设计各种网页表单特效。

在 线 练 习

第24章

综合实战

本章从零开始，讲解了购物网站、专题页、电子相册、在线记事本 4 个项目的实现过程。前端开发主要涉及网站结构、网页效果以及页面交互功能实现，需要掌握的基本工具包括 HTML、CSS 和 JavaScript，本章还需要读者了解 jQuery 的使用，jQuery 是 JavaScript 代码库，不熟悉的读者可以参考第 18.7 节线上内容。

24.1 购物网站策划

本案例是一个购物网站，网站的用途是向年轻网民提供时尚服装、首饰和玩具等商品。既然面向的客户群是年轻的一代，那么网站应该给人一种很时尚的感觉。因此，需要给网站增加一些与众不同的交互功能来吸引客户。

本案例能够根据商品分类进行显示，并根据分类显示记录。在浏览中浏览者能够与页面进行多区块动态互动，网站首页模板效果如图 24.1 所示，详细页模板效果如图 24.2 所示。

图 24.1 网站首页效果

示 例 效 果

图 24.2 网站详细页效果

示 例 效 果

整个示例以 HTML+CSS+JavaScript+jQuery 技术混合进行开发，遵循结构、表现、逻辑和数据完全分离的原则进行设计。

☑ 结构层由 HTML 负责，在结构内不包含其他层代码。

- ☑ 表现层完全独立，并实现表现动态样式控制。
- ☑ 逻辑层使用 JavaScript+jQuery 技术配合进行开发，充分发挥各自优势，以实现最优化代码编辑原则。

本示例不需要后台服务器技术的支持，因此对于广大初学者来说，可以在本地或远程上自由进行调试和运行。

24.2　设计网站结构

首先准备好搭建本网站的基本素材。例如，各种产品的种类、产品的介绍性文字、图片和价格等信息。现在的任务就是把这些素材合理整合，创建一个令人舒适、愉悦的网站。

本案例比较复杂，在开发之前，应先梳理一下整个案例的数据结构以及所要达到的目的。

24.2.1　定义文件结构

每个网站或多或少都会用到图片、样式表和 JavaScript 脚本，因此在开始创建该网站之前，需要对文件夹结构进行以下设计。本网站模板包含如下文件夹：

- ☑ images 文件夹：用来存放将要用到的图片。
- ☑ styles 文件夹：用来存放网站所需要的 CSS 样式表。
- ☑ scripts 文件夹：用来存放网站所需要的 jQuery 脚本。

本例功能主要为展示商品和针对商品的详细介绍，因此只要做两个页面，即首页（index.html）和商品详细页（detail.html）。

24.2.2　定义网页结构

购物网站基本上可以分为下面 3 个部分。

- ☑ 头部：相当于网站的品牌，可用于放置 Logo 标志和通往各个页面的链接等。
- ☑ 内容：放置页面的主体内容。
- ☑ 底部：放置页面其他链接和版权信息等。

本案例网站也不例外，首先把网站的主体结构用<div>标签表示出来。<div>标签的 id 属性值分别为 header、content 和 footer，HTML 代码请参考本章示例源代码中 index.html 文件。

这是一个通用的模板，网站首页（index.html）和产品详细页（detail.html）都可以使用该模板。有了这个基本的结构后，接下来的工作就是把相关的内容分别插入到各个页面。

24.2.3　设计效果图

现在已经知道该网站每个页面的大概结构，再加上网站的原始素材，接下来就可以着手设计这些页面效果。使用 Photoshop 完成这项工作，两个页面的设计效果如图 24.1 和图 24.2 所示，由于本案例不涉及页面设计过程，具体操作就不再展开。页面最终效果确定下来之后，就可以进行 CSS 代码设计了。

24.3 设计网站样式

在编写 CSS 之前，应把网站的 HTML 代码全部写出来，然后就可以编写网站的 CSS 样式了。

24.3.1 网站样式分类

网站不仅要有一个基本的 HTML 模板，而且还需要有设计好的网站视觉效果，因此接下来的任务就是让 HTML 模板以网页形式呈现出来，为了达到目的，需要为模板编写 CSS 代码。

本例把所有的 CSS 代码都写在同一个文件里，这样只需要在页面的<head>标签内插入一个<link>标签就可以了。代码如下：

```
<link rel="stylesheet" href="styles/reset.css" type="text/css" />
```

对于 CSS 的编写，每个人的思路和写法都不同。推荐方法：先编写全局样式，然后编写可大范围重用的样式，最后编写细节方面的样式。这样，根据 CSS 的最近优先级规则，就可以很容易对网站进行从整体到细节样式的定义。

本案例整个网站定义了如下 5 个样式表：

- ☑ reset.css：重置样式表。
- ☑ box.css：模态对话框样式表。
- ☑ main.css：主体样式表。
- ☑ thickbox.css：表格框样式表。
- ☑ skin.css：皮肤样式表。

这些样式表放置在网站根目录下 styles 文件夹中，其中皮肤样式表全部放置在子目录 styles/skin 中，皮肤样式表包括：skin_0.css（蓝色系）、skin_1.css（紫色系）、skin_2.css（红色系）、skin_3.css（天蓝色系）、skin_4.css（橙色系）和 skin_5.css（淡绿色系）。

24.3.2 编写全局样式

使用 Dreamweaver 新建文本文件，保存为 styles/reset.css，在该样式表文件中将定义全局样式，重置网页标签基本样式。详细代码请读者扫码了解。

首先，使用元素标签将每个元素的 margin 和 padding 属性都设置为 0。这样做的好处是，可以让页面不受到不同浏览器默认设置的页边距和字边距的影响。

然后，设置<body>标签的字体颜色、字号大小等，这样可以规范整个网站的样式风格。

最后，设置其他元素的特定样式。读者可自行查阅 CSS 手册，了解每个属性的基本用法。关于重置样式，读者也可以参考 Eric Meyer 的重置样式表和 YUI 的重置样式表。

24.3.3 编写可重用样式

网站的两个页面（index.html 和 detail.html）都拥有头部和商品推荐部分。因此，头部和商品推荐部分的两个样式表是可以重用的。详细代码请读者扫码了解。

Note

24.3.4 编写网站首页主体布局

线 上 阅 读   视 频 讲 解

本节介绍网站首页的主体样式设计过程。详细代码请读者扫码了解。

24.3.5 编写详细页主体布局

线 上 阅 读   视 频 讲 解

详细页（detail.htrnl）的头部和左侧样式与首页（index.html）一样，因此只需要修改内容右侧即可。下面介绍网站详细页的主体样式设计过程。详细代码请读者扫描了解。

此时，网站所需的两个页面的样式都已经完成，与之前设计的效果图一致，接下来将用 jQuery 给网站添加主要交互功能。

24.4　设计首页交互行为

开始编写 jQuery 代码之前，读者需要先确定页面应该完成哪些功能。在网站首页（index.html）上将完成如下功能。

24.4.1 搜索框文字效果

视 频 讲 解

搜索框默认会有提示文字，如"请输入商品名称"，当光标定位在搜索框内时，需要将提示文字去掉，当光标移开时，如果用户未填写任何内容，需要把提示文字恢复，同时添加回车提交的效果。新建 JavaScript 文件，保存为 input.js，然后输入下面代码：

```javascript
$(function () {/* 搜索文本框效果 */
    $("#inputSearch").focus(function () {
        $(this).addClass("focus");
        if ($(this).val() == this.defaultValue) {
            $(this).val("");
        }
    }).blur(function () {
        $(this).removeClass("focus");
        if ($(this).val() == ") {
            $(this).val(this.defaultValue);
        }
    }).keyup(function (e) {
        if (e.which == 13) {
            alert('回车提交表单!');
        }
    })
})
```

视频讲解

Note

24.4.2　网页换肤

网页换肤的设计原理就是通过调用不同的样式表文件来实现不同的皮肤切换，并且需要将换好的皮肤记入 Cookie 中，这样用户下次访问时就可以显示用户自定义的皮肤了。

【操作步骤】

第 1 步，首先设置 HTML 结构，在网页中添加皮肤选择按钮（<li>标签），代码如下：

```
<ul id="skin">
    <li id="skin_0" title="蓝色" class="selected">蓝色</li>
    <li id="skin_1" title="紫色">紫色</li>
    <li id="skin_2" title="红色">红色</li>
    <li id="skin_3" title="天蓝色">天蓝色</li>
    <li id="skin_4" title="橙色">橙色</li>
    <li id="skin_5" title="淡绿色">淡绿色</li>
</ul>
```

第 2 步，根据 HTML 代码预定义几套换肤用的样式表，分别有蓝色、紫色、红色等 6 套，默认是蓝色，这些样式表分别存储在 styles/skin 目录下。

第 3 步，为 HTML 代码添加样式。注意，在 HTML 文档中要使用<link>标签定义一个带 id 的样式表链接，通过操作该链接的 href 属性的值，从而实现换肤。代码如下所示：

```
<link rel="stylesheet" href="styles/skin/skin_0.css" type="text/css" id="cssfile" />
```

第 4 步，新建 JavaScript 文件，保存为 changeSkin.js，输入下面代码，为皮肤选择按钮添加单击事件。

```
var $li =$("#skin li");
$li.click(function(){
    switchSkin( this.id );
});
```

本例脚本需要完成的任务包含如下两个步骤：

☑　当皮肤选择按钮被单击后，当前皮肤就被选中。

☑　将网页内容换肤。

第 5 步，前面为<link>标签设置 id，此时可以通过 attr()方法为<link>标签的 href 属性设置不同的值。

第 6 步，完成后，当单击皮肤选择按钮时，就可以切换网页皮肤了，但是当用户刷新网页或者关闭浏览器后，皮肤又会被初始化，因此需要将当前选择的皮肤进行保存。

第 7 步，本例需要引入 jquery.cookie.js 插件。该插件能简化 Cookie 的操作，此处就将其引入。代码如下所示：

```
<script src="scripts/jquery.cookie.js" type="text/javascript"></script>
```

第 8 步，保存后，就可以通过 Cookie 来获取当前的皮肤了。如果 Cookie 确实存在，则将当前皮肤设置为 Cookie 记录的值。

```
var cookie_skin = $.cookie("MyCssSkin");
if (cookie_skin) {
    switchSkin( cookie_skin );
}
```

changeSkin.js 文件的完整代码请参考本章案例源代码。

第 9 步，此时网页换肤功能不仅能正常切换，而且也能保存到 Cookie 中。当用户刷新网页后，仍然是当前选择的皮肤，效果如图 24.3 所示。

图 24.3　网页换肤按钮及其效果

24.4.3　导航效果

新建 JavaScript 文件，保存为 nav.js，输入下面代码：

```
$(function(){//导航效果
    $("#nav li").hover(function(){
        $(this).find(".jnNav").show();
    },function(){
        $(this).find(".jnNav").hide();
    });
})
```

在上面代码中，使用$("#nav li")选择 id 为 nav 的<li>元素，然后为它们添加 hover 事件。在 hover 事件的第一个函数内，使用$(this).find(".jnNav")找到<li>元素内部 class 为 jnNav 的元素。然后用 show() 方法使二级菜单显示出来。在第二个函数内，用 hide()方法使二级菜单隐藏起来。显示效果如图 24.4 所示。

图 24.4　导航菜单交互效果

24.4.4　商品分类热销效果

为了完成这个效果，可以先用 Dreamweaver 查看模块的 DOM 结构，HTML 代码如下所示：

```
<div id="jnCatalog">
    <h2 title="商品分类">商品分类</h2>
    <div class="jnCatainfo">
        <h3>推荐品牌</h3>
        <ul
            <li><a href="#nogo" >耐克</a></li>
            <li><a href="#nogo" class="promoted">阿迪达斯</a></li>
            <li><a href="#nogo" >达芙妮</a></li>
            <li><a href="#nogo" >李宁</a></li>
```

```
        <li><a href="#nogo" >安踏</a></li>
        <li><a href="#nogo" >奥康</a></li>
        <li><a href="#nogo" class="promoted">骆驼</a></li>
        <li><a href="#nogo" >特步</a></li>
    </ul>
```

在结构中，发现在热销效果的元素上包含一个 promoted 类，通过这个类，JavaScript 会自动完成热销效果。

新建 JavaScript 文件，保存为 addhot.js，然后输入下面 jQuery 代码：

```
/*  添加 hot 显示  */
$(function(){
    $(".jnCatainfo .promoted").append('<s class="hot"></s>');
})
```

此时，热销效果如图 24.5 所示。

当菜单项目包含 class="promoted"后，会自动呈现热销图标

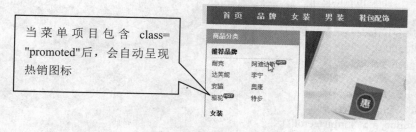

图 24.5　热销效果

24.4.5　产品广告效果

在实现这个效果之前，先分析如何来完成这个效果。在产品广告下方有 5 个缩略文字介绍，它们分别代表 5 张广告图，如图 24.6 所示。

当前显示的广告缩微文字和广告图

广告大图

广告缩微文字

图 24.6　产品广告效果

当光标滑过文字 1 时，需要显示第一张图片；当光标滑过文字 2 时，需要显示第二张图片；依此类推。因此，如果能正确获取到当前滑过的文字的索引值，那么实现效果就非常简单了。

新建 JavaScript 文档，保存为 ad.js。输入下面代码：

```
/*  首页大屏广告效果  */
$(function () {
    var $imgrolls = $("#jnImageroll div a");
```

```
    $imgrolls.css("opacity", "0.7");
    var len = $imgrolls.length;
    var index = 0;
    var adTimer = null;
    $imgrolls.mouseover(function () {
        index = $imgrolls.index(this);
        showImg(index);
    }).eq(0).mouseover();
    //滑入时停止动画，滑出时开始动画
    $('#jnImageroll').hover(function () {
        if (adTimer) {
            clearInterval(adTimer);
        }
    }, function () {
        adTimer = setInterval(function () {
            showImg(index);
            index++;
            if (index == len) { index = 0; }
        }, 5000);
    }).trigger("mouseleave");
})
//显示不同的幻灯片
function showImg(index) {
    var $rollobj = $("#jnImageroll");
    var $rolllist = $rollobj.find("div a");
    var newhref = $rolllist.eq(index).attr("href");
    $("#JS_imgWrap").attr("href", newhref)
        .find("img").eq(index).stop(true, true).fadeIn().siblings().fadeOut();
    $rolllist.removeClass("chos").css("opacity", "0.7")
        .eq(index).addClass("chos").css("opacity", "1");
}
```

在上面代码中定义了一个 showImg()函数，然后给函数传递了一个参数 index，index 代表当前要显示图片的索引。

获取当前滑过的<a>元素，通过在所有<a>元素中的索引可以使用 jQuery 的 index()方法获取。其中，.eq(0).mouseover()部分是用来初始化的，让第一个文字高亮并显示第一张图片。

读者也可以修改 eq()方法中的数字来让页面默认显示任意一个广告。

24.4.6　超链接提示

视频讲解

本节设计主页右侧最新动态模块的内容添加超链接提示。标准浏览器中都自带了超链接提示，只需在超链接中加入 title 属性就可以了。HTML 代码如下所示：

```
<a href="#" title="提示信息">超链接</a>
```

不过这个提示效果的响应速度是非常缓慢的，考虑到良好的人机交互，需要的是当鼠标移动到超链接的那一瞬间就出现提示。这时就需要移除<a>标签中的 title 提示效果，自己动手做一个类似功能的提示。

【操作步骤】

第 1 步，在页面上添加普通超链接，并定义 class="tooltip"属性。HTML 代码如下所示：

```
<ul>
    <li><a href="###1" class="tooltip" title="[活动] 伊伴春鞋迎春大促">[活动] 伊伴春鞋迎春大促</a></li>
    ……
</ul>
```

第 2 步，在 CSS 样式表中定义提示框的基本样式。

```
#tooltip {
    position: absolute;
    border: 1px solid #333; background: #f7f5d1; color: #333;
    padding: 1px; display: none;
}
```

第 3 步，新建 JavaScript 文档，保存为 tooltip.js。然后输入下面代码：

```
/*  超链接文字提示  */
$(function () {
    var x = 10;
    var y = 20;
    $("a.tooltip").mouseover(function (e) {
        this.myTitle = this.title;
        this.title = "";
        var tooltip = "<div id='tooltip'>" + this.myTitle + "</div>";   //创建 div 元素
        $("body").append(tooltip);                              //把它追加到文档中
        $("#tooltip")
            .css({
                "top": (e.pageY + y) + "px",
                "left": (e.pageX + x) + "px"
            }).show("fast");                                //设置 x 坐标和 y 坐标，并且显示
    }).mouseout(function () {
        this.title = this.myTitle;
        $("#tooltip").remove();                             //移除
    }).mousemove(function (e) {
        $("#tooltip")
            .css({
                "top": (e.pageY + y) + "px",
                "left": (e.pageX + x) + "px"
            });
    });
})
```

上面代码的设计思路如下：

当鼠标滑入超链接时，先创建一个 div 元素，div 元素的内容为 title 属性的值；然后将创建的元素添加到文档中；为它设置 x 坐标和 y 坐标，使它显示在鼠标位置的旁边。当鼠标滑出超链接时，移除 div 元素。

此时的效果有两个问题：首先是当鼠标滑过后，<a>标签中的 title 属性的提示也会出现；其次是设置 x 坐标和 y 坐标的问题，由于自制的提示与鼠标的距离太近，有时候会引起无法提示的问题（鼠标焦点变化引起 mouseout 事件）。

为了移除\<a\>标签中自带的 title 提示功能，需要进行以下操作：

☑ 当鼠标滑入时，给对象添加一个新属性 myTitle，并把 title 的值传给这个属性，然后清空属性 title 的值。

☑ 当鼠标滑出时，再把对象的 myTitle 属性的值又赋给属性 title。

为什么当鼠标移出时，要把属性值又传递给属性 title 呢？因为当鼠标滑出时，需要考虑再次滑入时的属性 title 值，如果不将 myTide 的值传递给 title 属性，当再次滑入时，title 属性值就为空了。

为了解决第二个问题（自制的提示与鼠标的距离太近，有时候会引起无法提示的问题），需要重新设置提示元素的 top 和 left 的值，并为 top 增加 10px，为 left 增加 20px。

为了让提示信息能够跟随鼠标移动，还需要为超链接添加一个 mousemove 事件，在该事件函数中不断更新提示信息框的坐标位置，实现提示框能够跟随鼠标移动。

第 4 步，在浏览器中预览，可以看到如图 24.7 所示的提示信息框效果。

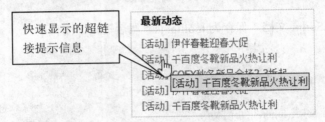

图 24.7　提示信息框效果

24.4.7　品牌活动横向滚动效果

本节设计右侧下部品牌活动横向滚动效果。设计思路：先定义动画函数 showBrandList()，该函数根据下标 index 决定滚动距离；然后为每个 Tab 标题链接绑定 click 事件，在该事件中调用 showBrandList()实现横向滚动效果。

新建 JavaScript 文档，保存为 imgSlide.js，然后输入下面代码：

```
/* 品牌活动模块横向滚动 */
$(function () {
    $("#jnBrandTab li a").click(function () {
        $(this).parent().addClass("chos").siblings().removeClass("chos");
        var idx = $("#jnBrandTab li a").index(this);
        showBrandList(idx);
        return false;
    }).eq(0).click();
});
//显示不同的模块
function showBrandList(index) {
    var $rollobj = $("#jnBrandList");
    var rollWidth = $rollobj.find("li").outerWidth();
    rollWidth = rollWidth * 4; //一个版面的宽度
    $rollobj.stop(true, false).animate({ left: -rollWidth * index }, 1000);
}
```

在网页中应用该动画效果，当单击品牌活动右上角的分类链接时就会以横向滚动的方式显示相关内容，效果如图 24.8 所示。

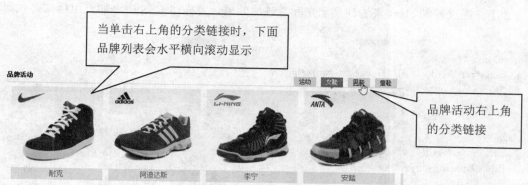

图 24.8　横向滚动效果

视频讲解

24.4.8　光标滑过产品列表效果

本节设计主页右侧下部光标滑过产品列表的动态效果。当光标滑过产品时会添加一个半透明的遮罩层并显示一个放大镜图标，效果如图 24.9 所示。

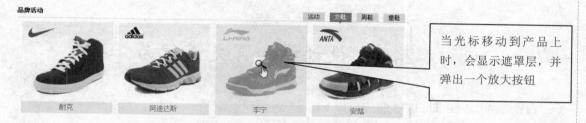

图 24.9　添加高亮效果

为了完成这个效果，可以为产品列表中每个产品都创建一个 span 元素，设计它们的高度和宽度与产品图片高度和宽度都相同，然后为它们设置定位方式、上边距和左边距，并使之处于图片上方。

【操作步骤】

第 1 步，新建 JavaScript 文档，保存为 imgHover.js，输入下面代码：

```
/* 滑过图片出现放大镜效果 */
$(function () {
    $("#jnBrandList li").each(function (index) {
        var $img = $(this).find("img");
        var img_w = $img.width();
        var img_h = $img.height();
        var spanHtml = '<span style="position:absolute;top:0;left:5px;width:' + img_w + 'px;height:' + img_h +
'px;" class="imageMask"></span>';
        $(spanHtml).appendTo(this);
    })
    $("#jnBrandList").delegate(".imageMask", "hover", function () {
        $(this).toggleClass("imageOver");
    });
})
```

第 2 步，通过控制 class 来达到显示光标滑过的效果。首先在 CSS 中添加一组样式，代码如下所示：

```
.imageMask {
    background-color: #ffffff;    cursor: pointer;
    filter: alpha(opacity=0);
    opacity: 0;
}
.imageOver {
    background: url(../images/zoom.gif) no-repeat 50% 50%;
    filter: alpha(opacity=60);
    opacity: 0.6;
}
```

第 3 步，当光标滑入 class 为 imageMask 的元素时，为它添加 imageOver 样式使产品图片出现放大镜效果，当光标滑出元素时，移除 imageOver 样式。

第 4 步，当光标滑入图片时，就可以出现放大镜了。注意，这里使用的是 live()方法绑定事件，而不是使用 bind()方法。由于 imageMask 元素是被页面加载完后动态创建的，如果用普通的方式绑定事件，那么不会生效。而 live()方法有个特性，就是即使是后来创建的元素，用它绑定的事件一直会生效。

24.5 设计详细页交互行为

在详细页（detail.html）上将完成如下功能。

24.5.1 图片放大镜效果

视频讲解

当用户移动光标到产品图片上时会放大产品局部区域，以方便用户查看产品细节。这种放大镜效果在网店中是常用特效，演示效果如图 24.10 所示。

图 24.10　产品图片放大效果

如果亲自动手实现这个效果，或许比较麻烦，不过可以借助插件来快速实现。插件是 jQuery 的特色之一，访问 jQuery 官网查找一下，看是否有类似的插件，本例使用的是名为 jqzoom 的插件，它很适合本例设计需求。

Note

【操作步骤】

第 1 步，在官网找到 jquery.jqzoom.js，并下载到本地，然后在详细页中把它引入到网页中，代码如下所示：

```html
<!-- 产品缩略图插件 -->
<script src="scripts/jquery.jqzoom.js" type="text/javascript"></script>
```

第 2 步，新建 JavaScript 文件，保存为 use_jqzoom.js。查看官方网站的 API 使用说明，可以使用如下代码调用 jqzoom。

```javascript
$(function () {/*使用 jqzoom*/
    $('.jqzoom').jqzoom({
        zoomType: 'standard',
        lens: true,
        preloadImages: false,
        alwaysOn: false,
        zoomWidth: 340,
        zoomHeight: 340,
        xOffset: 10,
        yOffset: 0,
        position: 'right'
    });
});
```

第 3 步，将上面代码放入 use_jqzoom.js 文件里，然后在网页文档中引入。

```html
<script src="scripts/use_jqzoom.js" type="text/javascript"></script>
```

第 4 步，在相应的 HTML 代码中添加属性。为<a>标签添加 href 属性，设置它的值指向产品对应的 rel 属性，它是小图片切换为大图片的"钩子"，代码如下所示：

```html
<a href="images/pro_img/blue_one_big.jpg" class="jqzoom" rel='gal1' title="免烫高支棉条纹衬衣">
    <img src="images/pro_img/blue_one_small.jpg" title="免烫高支棉条纹衬衣" alt="免烫高支棉条纹衬衣" id="bigImg" />
</a>
```

第 5 步，最后，不要忘记添加 jqzoom 所提供的样式。此时，运行代码后，产品图片的放大效果就显示出来了。

24.5.2　图片遮罩效果

下面设计产品图片的遮罩效果，当单击"观看清除图片"按钮时，需要显示如图 24.11 所示的大图，为此需要启动遮罩层，遮盖其他内容显示。

本效果也应用了 jQuery 插件，在官方网站搜索可以找到名为 thickbox 的插件，是一款非常适合的效果。

【操作步骤】

第 1 步，下载 jquery.thickbox.js 插件文件。

第 2 步，按照官方网站的 API 说明，引入相应的 jQuery 和 CSS 文件，代码如下所示：

```html
<!-- 遮罩图片 -->
<script src="scripts/jquery.thickbox.js" type="text/javascript"></script>
```

视 频 讲 解

```
<link rel="stylesheet" href="styles/thickbox.css" type="text/css" />
```

图 24.11　产品图片遮罩效果

第 3 步，为需要应用该效果的超链接元素添加 class="thickbox"和 title 属性，它的 href 值代表着需要弹出的图片。代码如下所示：

```
<a title="介绍文字" id="thickImg" href="images/pro_img/blue_one_big.jpg" class="thickbox">
    <img src="images/look.gif" alt="点击看大图" />
</a>
```

第 4 步，此时，当单击"观看清晰图片"按钮时就能够显示遮罩层效果了。

在上面两个效果中，并没有花费太多的时间做出来，可见合理利用成熟的 jQuery 插件能够极大地提高开发效率。

24.5.3　小图切换大图

本效果设计当单击产品小图片时，上面对应的大图片会自动切换，并且大图片的放大镜效果和遮罩效果也能够同时切换。

【操作步骤】

第 1 步，先实现第一个效果：单击小图切换大图。在图片放大镜的 jqroom 例子中，我们自定义一个 rel 属性，它的值是 gal1，它是小图切换大图的"钩子"，HTML 代码如下所示：

```
<li class="imgList_blue">
    <a href='javascript:void(0);' rel="{gallery: 'gal1', smallimage: 'images/pro_img/blue_one_small.jpg',largeimage:
'images/pro_img/blue_one_big.jpg'}">
        <img src='images/pro_img/blue_one.jpg' alt=""/>
    </a>
</li>
```

在上面代码中，为超链接元素定义了一个 rel 属性，它的值又定义了 3 个属性，分别是 gallery、

视频讲解

smallimage 和 largeimage。其作用就是单击小图时，首先通过 gallery 来找到相应的元素，然后为元素设置 smallimage 和 largeimage。

第 2 步，此时单击小图可以切换大图，但单击"观看清晰图片"按钮时，弹出的大图并未更新。接下来就来实现这个效果。

实现这个效果并不难，但为了使程序更加简单，需要为图片使用基于某种规则的命名。例如，为小图片命名为 blue_ one_ small.jpg，为大图片命名为 blue_one_ big. jpg，这样就可以很容易地根据单击的图片（blue_one.jpg）来获取相应的大图片和小图片。

第 3 步，新建 JavaScript 文档，保存为 switchImg.js，然后输入下面代码：

```javascript
/* 点击左侧产品小图片切换大图 */
$(function () {
    $("#jnProitem ul.imgList li a").bind("click", function () {
        var imgSrc = $(this).find("img").attr("src");
        var i = imgSrc.lastIndexOf(".");
        var unit = imgSrc.substring(i);
        imgSrc = imgSrc.substring(0, i);
        var imgSrc_big = imgSrc + "_big" + unit;
        $("#thickImg").attr("href", imgSrc_big);
    });
});
```

通过 lastIndexOf()方法获取到图片文件名中最后一个"."的位置，然后在 substring()方法中使用该位置来分割文件名，得到 blue_one 和.jpg 两部分，最后通过拼接_big 得到相应的大图片，将它们赋给 id 为 thickImg 的元素。

第 4 步，应用代码后，当单击产品小图片时，不仅图片能正常切换，而且它们所对应的放大镜效果和遮罩层效果都能正常显示出当前显示的产品的图片，效果如图 24.12 所示。

图 24.12 产品图片遮罩效果

24.5.4 选项卡

在产品属性介绍内容时使用了 Tab 选项卡，这也是网页中经常应用的形式。实际上，制作选项卡

视频讲解

的原理比较简单，即通过隐藏和显示来切换不同的内容。下面将详细介绍实现选项卡的过程。

【操作步骤】

第 1 步，首先构建 HTML 结构，代码如下所示：

```
<div class="tab">
    <div class="tab_menu">
        <ul>
            <li class="selected">产品属性</li>
            <li>产品尺码表</li>
            <li>产品介绍</li>
        </ul>
    </div>
    <div class="tab_box">
        <div>······</div>
        <div class="hide">······</div>
        <div class="hide">······</div>
    </div>
</div>
```

应用样式后，呈现效果如图 24.13 所示。选项卡默认第一个选项被选中，然后下面区域显示相应的内容；当单击"产品尺码表"选项卡时，"产品尺码表"选项卡将处于高亮状态，同时下面的内容也切换成"产品尺码表"了；当单击"产品介绍"选项卡时，也显示相应的内容。

第 2 步，新建 JavaScript 文档，保存为 tab.js，然后输入下面代码：

```
/*Tab 选项卡 标签*/
$(function(){
    var $div_li =$("div.tab_menu ul li");
    $div_li.click(function(){
        $(this).addClass("selected")                       //当前 li 元素高亮
                   .siblings().removeClass("selected");     //去掉其他同辈 li 元素的高亮
            var index =   $div_li.index(this);              //获取当前单击的 li 元素在全部 li 元素中的索引
        $("div.tab_box > div")                              //选取子节点。不选取子节点的话，会引起错误
                   .eq(index).show()                        //显示与 li 元素对应的 div 元素
                   .siblings().hide();                      //隐藏其他几个同辈的 div 元素
    }).hover(function(){
        $(this).addClass("hover");
    },function(){
        $(this).removeClass("hover");
    })
})
```

在上面代码中，首先为 li 元素绑定单击事件，绑定事件后，需要将当前单击的 li 元素高亮；然后去掉其他同辈 li 元素的高亮。

第 3 步，单击选项卡后，当前 li 元素处于高亮状态，而其他的 li 元素已去掉了高亮状态。但选项卡下面的内容还没被切换，因此需要将下面的内容也对应切换，效果如图 24.14 所示。

第 4 步，从选项卡的基本结构可以知道，每个 li 元素分别对应一个 div 区域。因此，可以根据当前单击的 li 元素在所有 li 元素中的索引，然后通过索引来显示对应的区域。

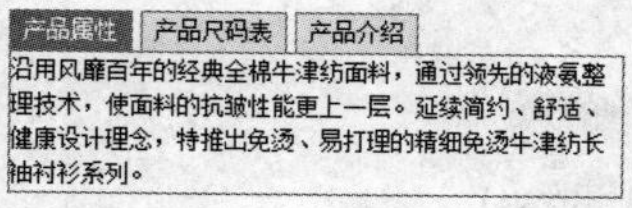

产品属性
产品尺码表
产品介绍
沿用风靡百年的经典全棉牛津纺面料，通过领先的液氨整理技术，使面料的抗皱性能更上一层。延续简约、舒适、健康设计理念，特推出免烫、易打理的精细免烫牛津纺长袖衬衫系列。

图 24.13　选项卡效果

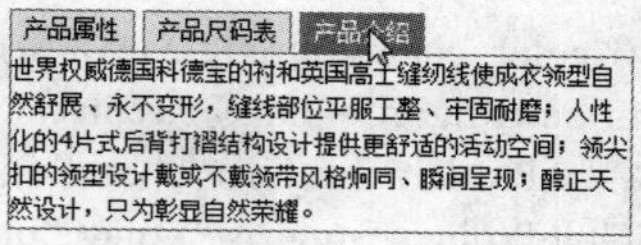

产品属性
产品尺码表
产品介绍
世界权威德国科德宝的衬和英国高士缝纫线使成衣领型自然舒展、永不变形，缝线部位平服工整、牢固耐磨；人性化的4片式后背打褶结构设计提供更舒适的活动空间；领尖扣的领型设计戴或不戴领带风格炯同、瞬间呈现；醇正天然设计，只为彰显自然荣耀。

图 24.14　选项卡切换效果

> **提示：** 在上面的代码中，要注意$("div.tab_box > div")这个子选择器，如果用$("div.tab_box div")选择器，当子节点里再包含 div 元素的时候，就会引起错误，因此获取当前选项卡下的子节点才是这个例子所需要的。

Note

视频讲解

24.5.5　产品颜色切换

本节来设计右侧产品颜色切换，与单击左侧产品小图片切换为大图片类似，不过还需要多做几步，即显示当前所选中的颜色和显示相应产品列表，演示效果如图 24.15 所示。

大图
单击颜色块，可以自动切换大图和小图颜色
颜色块
小图
免烫高支棉条纹衬衣
价　格：
促　销：
颜　色：黄白
尺　寸：未选择
S
L
SL
LL
数　量：
1
总　计：200元
观看清晰图片

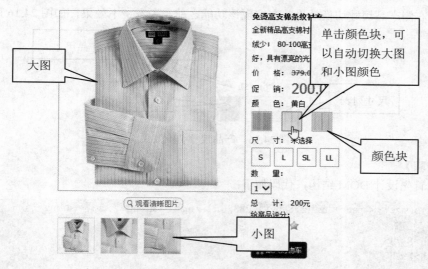

图 24.15　产品颜色切换效果

【操作步骤】

第 1 步，新建 JavaScript 文档，保存为 switchColor.js，然后输入下面代码：

```
/*衣服颜色切换*/
$(function () {
    $(".color_change ul li img").click(function () {
        $(this).addClass("hover").parent().siblings().find("img").removeClass("hover");
        var imgSrc = $(this).attr("src");
        var i = imgSrc.lastIndexOf(".");
        var unit = imgSrc.substring(i);
        imgSrc = imgSrc.substring(0, i);
        var imgSrc_small = imgSrc + "_one_small" + unit;
        var imgSrc_big = imgSrc + "_one_big" + unit;
        $("#bigImg").attr({ "src": imgSrc_small });
        $("#thickImg").attr("href", imgSrc_big);
        var alt = $(this).attr("alt");
```

```
        $(".color_change strong").text(alt);
        var newImgSrc = imgSrc.replace("images/pro_img/", "");
        $("#jnProitem .imgList li").hide();
        $("#jnProitem .imgList").find(".imgList_" + newImgSrc).show();
    });
});
```

第 2 步，运行效果后，产品颜色可以正常切换了，演示效果如图 24.15 所示。

第 3 步，但会发现一个问题，如果不手动去单击缩略图，那么放大镜效果显示的图片还是原来的图片，解决方法很简单，只要触发获取的元素的单击事件即可。在上面代码尾部添加如下一行代码：

```
//解决问题：切换颜色后，放大图片还是显示原来的图片
$("#jnProitem .imgList").find(".imgList_"+newImgSrc).eq(0).find("a").click();
```

24.5.6　产品尺寸切换

本节设计右侧产品尺寸切换效果，在实现该功能之前，先看一下效果，如图 24.16 所示。

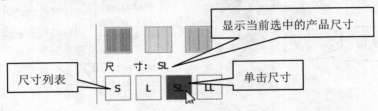

图 24.16　产品尺寸切换效果

【操作步骤】

第 1 步，首先设计 DOM 结构，代码如下：

```
<li class="pro_size"> <span>尺&#12288;&#12288;寸：</span> <strong>未选择</strong>
    <ul>
        <li>S</li>
        <li>L</li>
        <li>SL</li>
        <li>LL</li>
    </ul>
</li>
```

通过观察产品尺寸的 DOM 结构，可以非常清晰地知道元素之间的关系，然后利用 jQuery 强大的 DOM 操作功能进行设计。

第 2 步，新建 JavaScript 文档，保存为 sizeAndprice.js，然后输入下面代码：

```
/*衣服尺寸选择*/
$(function () {
    $(".pro_size li").click(function () {
        $(this).addClass("cur").siblings().removeClass("cur");
        $(this).parents("ul").siblings("strong").text($(this).text());
    })
})
```

第 3 步，应用 jQuery 上面代码，这样用户就可以通过单击尺寸来进行实时产品尺寸的选择。

视频讲解

24.5.7 产品数量和价格联动

下面设计右侧产品数量和价格联动效果。这个功能非常简单，只要能够正确获取单价和数量，然后获取它们的积，最后把积赋值给相应的元素即可。

注意：为了防止元素刷新后依旧保持原来的值而引起的价格没有联动问题，需要在页面刚加载时，为元素绑定 change 事件之后立即触发 change 事件。

打开 sizeAndprice.js 文档，输入如下代码：

```
/*数量和价格联动*/
$(function(){
    var $span = $(".pro_price strong");
    var price = $span.text();
    $("#num_sort").change(function(){
        var num = $(this).val();
        var amount = num * price;
        $span.text( amount );
    }).change();
})
```

24.5.8 产品评分的效果

本节设计右侧产品评分效果。

【操作步骤】

第 1 步，在开始实现该效果之前先设计静态的 HTML 结构，代码如下所示：

```
<div class="pro_rating"> 给商品评分：
    <ul class="rating nostar">
        <li class="one"><a title="1 分" href="#">1</a></li>
        <li class="two"><a title="2 分" href="#">2</a></li>
        <li class="three"><a title="3 分" href="#">3</a></li>
        <li class="four"><a title="4 分" href="#">4</a></li>
        <li class="five"><a title="5 分" href="#">5</a></li>
    </ul>
</div>
```

通过改变<ul>标签的 class 属性就能实现评分效果，根据这个原理，可以编写脚本。

第 2 步，新建 JavaScript 文档，保存为 star.js，然后输入下面代码：

```
/*商品评分效果*/
$(function () {
    //通过修改样式来显示不同的星级
    $("ul.rating li a").click(function () {
        var title = $(this).attr("title");
        alert("您给此商品的评分是： " + title);
        var cl = $(this).parent().attr("class");
        $(this).parent().parent().removeClass().addClass("rating " + cl + "star");
        $(this).blur();//去掉超链接的虚线框
        return false;
```

视频讲解

Note

视频讲解

```
})
})
```

第 3 步，运行效果，当单击灰色五角星时，可以看到评分等级，同时会变色显示当前评分情况，演示效果如图 24.17 所示。

图 24.17　选项卡切换效果

24.5.9　模态对话框

下面设计右侧产品的购物车功能。当用户选择购买该产品时，表明要把产品放入购物车，这一步只需要将用户选择产品的名称、尺寸、颜色、数量和总价告诉用户，以便用户进行确认，是否选择正确。

【操作步骤】

第 1 步，新建 JavaScript 文档，保存为 finish.js，然后输入下面代码：

```
/*最终购买输出*/
$(function () {
    var $product = $(".jnProDetail");
    $("#cart a").click(function (e) {
        var pro_name = $product.find("h4:first").text();
        var pro_size = $product.find(".pro_size strong").text();
        var pro_color = $(".color_change strong").text();
        var pro_num = $product.find("#num_sort").val();
        var pro_price = $product.find(".pro_price strong").text();
        var dialog = "感谢您的购买。<div style='font-size:12px;font-weight:400;'>您购买的产品是：" +
pro_name + "；" +
            "尺寸是：" + pro_size + "；" +
            "颜色是：" + pro_color + "；" +
            "数量是：" + pro_num + "；" +
            "总价是：" + pro_price + "元。</div>";
        $("#jnDialogContent").html(dialog);
        $('#basic-dialog-ok').modal();
        return false;//避免页面跳转
    });
})
```

第 2 步，应用该特效，演示效果如图 24.18 所示。

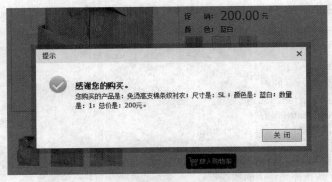

图 24.18　放入购物车提示效果

24.6 扫码实战

本节为线上实战延伸部分，为感兴趣、有余力的读者再提供 3 个综合案例，从不同侧面展示 JavaScript 的应用，希望通过反复实战演示加深对 JavaScript 的理解。

24.6.1 综合实战：设计专题页

本综合实例模仿 Adobe 设计风格，并借用 Adobe 网站部分页面信息，重设结构，优化代码，借助 JavaScript+jQuery 技术设计了页面的收缩面板、下拉菜单和移动信息等页面动态效果。详细说明请扫码阅读。

线 上 阅 读

24.6.2 综合实战：设计电子相册

电子相册是 Web 应用的一种形式，其核心功能就是对照片进行网络化编辑、存储、管理和浏览。本综合案例设计简单，主要功能包括照片的分类组织和浏览。整个实例以 HTML+CSS+JavaScript+jQuery+XML 技术混合进行开发。遵循结构、表现、逻辑和数据完全分离的原则进行设计。详细说明请扫码阅读。

线 上 阅 读

24.6.3 综合实战：设计在线记事本

本综合案例从零起步讲解如何创建一个个性十足的网络记事本网站，并使用 jQuery 改善数据显示，提升用户体验。通过本案例的实践操作帮助读者认识到 JavaScript 和 jQuery 在网站开发中的作用，同时还将介绍开发一个网站的基本流程和方法，其中涉及大量的 HTML 和 CSS 知识。详细说明请扫码阅读。

线 上 阅 读

24.7 在 线 练 习

通过综合案例来提高初学者对 HTML5、CSS3 和 JavaScript 的实战能力，以及在实际应用中的灵活处理能力。

在 线 练 习

循序渐进，实战讲述

375个应用实例，32小时视频讲解，基础知识→核心技术→高级应用→项目实战

海量资源，可查可练

◎ 实例资源库　　◎ 模块资源库　　◎ 项目资源库

◎ 测试题库　　　◎ 面试资源库　　◎ PPT课件

（以《Java从入门到精通（第4版）》为例）

◎ 当前流行技术+10个真实软件项目+完整开发过程

◎ 94集教学微视频，手机扫码随时随地学习

◎ 160小时在线课程，海量开发资源库资源

◎ 项目开发快用思维导图

（以《Java项目开发全程实录（第4版）》为例）

小白进阶之路——"百问百答"

1. HTML 和 CSS 初级篇

【问 01】 如何在 IE6 及更早浏览器中定义小高度的容器?

【答】

```
#test{overflow:hidden;height:1px;font-size:0;line-height:0;}
```

IE6 及更早浏览器之所以无法直接定义较小高度的容器是因为默认会有行高。

【问 02】 如何解决 IE6 及更早浏览器浮动时产生双倍边距的 BUG?

【答】

```
#test{display:inline;}
```

当在 IE6 及更早浏览器中出现浮动后 margin 值解析为双倍的情况,设置该元素的 display 属性为 inline 即可。

【问 03】 如何在 IE6 及更早浏览器下模拟 min-height 效果?

【答】

```
#test{min-height:100px;_height:100px;}
```

注意此时#test 不能再设置 overflow 的值为 hidden,否则模拟 min-height 效果将失效。

【问 04】 如何解决按钮在 IE7 及更早浏览器下随着 value 增多两边留白也随着增加的问题?

【答】 input,button{overflow:visible;}

【问 05】 如何解决 IE7 及更早浏览器下当 li 中出现 2 个或以上的浮动时,li 之间产生的空白间隙的 BUG?

【答】

```
li{vertical-align:top;}
```

除了 top 值之外,还可以设置为 text-top | middle | bottom | text-bottom,甚至特定的<length>和<percentage>值都可以。

【问 06】 如何解决 IE6 及更早浏览器下的 3 像素 BUG?

【答】 代码如下:

```css
<style type="text/css">
.a{color:#f00;}
.main{width:950px;background:#eee;}
.content{float:left;width:750px;height:100px;background:#ccc;_margin-right:-3px;}
.aside{height:100px;background:#aaa;}
</style>
<div class="main">
    <div class="content">content</div>
    <div class="aside">aside</div>
</div>
```

在 IE6 及更早浏览器下为.content 设置 margin-right:-3px；也可以设置.aside 为浮动。

【问 07】如何解决 IE6 下的文本溢出 BUG？BUG 重现：

```css
<style type="text/css">
.test{zoom:1;overflow:hidden;width:500px;}
.box1{float:left;width:100px;}
.box2{float:right;width:400px;}
</style>
<div class="test">
    <div class="box1"></div>
    <!-- 注释 -->
    <div class="box2">↓这就是多出来的那只猪</div>
</div>
```

运行如上代码，你会发现文字发生了溢出，在 IE6 下会多出一只"猪"。造成此 BUG 的原因可能是多重混合的，如浮动、注释、宽高定义等。并且注释条数越多，溢出的文本也会随之增多。

【答】列举几个解决方法：
- 删除 box1 和 box2 之间所有的注释；
- 不设置浮动；
- 调整 box1 或 box2 的宽度，比如将 box 的宽度调整为 90px。

【问 08】如何解决 IE6 使用滤镜 PNG 图片透明后，容器内链接失效的问题？

【答】代码如下：

```css
div{width:300px;height:100px;_filter:progid:DXImageTransform.Microsoft.AlphaImageLoader(src='*.png');}
a{_position:relative;}
```

解决方法是为容器内的链接定义相对定位属性 position 的值为 relative。

【问 09】如何解决 IE6 无法识别伪对象:first-letter/:first-line 的问题？

【答】

● 方法 1：

```
p:first-letter {float:left;font-size:40px;font-weight:bold;}
p:first-line {color:#090;}
```

增加空格：在伪对象选择符:first-letter/:first-line 与包含规则的花括号"{"间增加空格。

● 方法 2：

```
p:first-letter
{float:left;font-size:40px;font-weight:bold;}
p:first-line
{color:#090;}
```

换行：将整个花括号"{"规则区域换行。细节参见 E:first-letter 和 E:first-line 选择符。

【问 10】如何解决 IE8 会忽略伪对象:first-letter/:first-line 里的!important 规则的问题？

BUG 重现：

```
p:first-letter {float:left;font-size:40px;font-weight:bold;color:#f00!important;color:#090;}
```

如上代码，在 IE8 下 color 定义都会失效。

【答】

原因就是因为有 color 使用了!important 规则。鉴于此，请尽量不要在:first-letter/:first-line 里使用!important 规则。

【问 11】如何解决 IE6 会忽略同一条样式体内的!important 规则的问题？BUG 重现：

```
div{color:#f00!important;color:#000;}
```

如上代码，IE6 及以下浏览器 div 的文本颜色为#000，!important 并没有覆盖后面的规则，也就是说!important 被忽略了。

【答】

解决方案是将该样式拆分为 2 条，细节参见!important 规则。

【问 12】如何解决 IE6 及更早浏览器下当 li 内部元素是定义了 display:block 的内联元素时底部产生空白的问题？BUG 重现：

```
<style type="text/css">
a,span{display:block;background:#ddd;}
</style>
<ul>
    <li><a href="http://css.mysite.com/">CSS 参考手册</a></li>
    <li><a href="http://blog.mysite.com/">CSS 探索之旅</a></li>
    <li><a href="http://demo.mysite.com/">web 前端实验室</a></li>
```

```
<li><span>测试 li 内部元素为设置了 display:block 的内联元素时底部产生空白
</span></li>
    </ul>
```

如上代码，IE6 及更早浏览器每个 li 内部的内联元素底部都会产生空白。

【答】

解决方案是给 li 内部的内联元素再加上 zoom:1。

【问 13】如何解决 IE6 及更早浏览器下未定义宽度的浮动或绝对定位元素会被内部设置了 **zoom:1** 的块元素撑开的问题？BUG 重现：

```
<style type="text/css">
#test{zoom:1;overflow:hidden;border:1px solid #ddd;background:#eee;}
#test h1{float:left;}
#test .nav{float:right;background:#aaa;}
#test .nav ul{zoom:1;overflow:hidden;margin:0;padding:0;list-style:none;}
#test .nav li{float:left;margin:0 5px;}
</style>
<div id="test">
    <h1>Doyoe</h1>
    <div class="nav">
        <ul>
            <li><a href="http://css.mysite.com/">CSS 参考手册</a></li>
            <li><a href="http://blog.mysite.com/">CSS 探索之旅</a></li>
            <li><a href="http://demo.mysite.com/">web 前端实验室</a></li>
        </ul>
    </div>
</div>
```

如上代码，IE6 及更早浏览器 div.nav 会被设置了 zoom:1 的 ul 给撑开。

【答】列举几个解决方法：

- 设置 ul 为浮动元素；
- 设置 ul 为 inline 元素；
- 设置 ul 的 width。

【问 14】如何解决 IE7 及更早浏览器下子元素相对定位时父元素 overflow 属性的 **auto|hidden** 失效的问题？BUG 重现：

```
<style type="text/css">
div{overflow:auto;width:260px;height:80px;border:1px solid #ddd;}
p{position:relative;margin:0;}
```

```
</style>
<div>
    <p>如果我是相对定位，我的父元素 overflow 属性设置为 auto|hidden 将失效。如果你使
用的是 IE 及更早浏览器，你将可以看到这个 BUG</p>
    <p>如果我是相对定位，我的父元素 overflow 属性设置为 auto|hidden 将失效。如果你使
用的是 IE 及更早浏览器，你将可以看到这个 BUG</p>
</div>
```

如上代码，在 IE7 及更早浏览器下你会看到 div 的滚动条将无法工作。

【答】

解决方案是给 div 也设置相对定位 position:relative。

【问 15】如何解决 Chrome 在应用 transition 时页面闪动的问题？

【答】

-webkit-transform-style:preserve-3d;

或

-webkit-backface-visibility:hidden;

在 Chrome 下，使用过渡效果 transition 时有时会出现页面闪动。

【问 16】如何清除图片下方出现几像素的空白间隙？

【答】

方法 1：img{display:block;}

方法 2：img{vertical-align:top;}，除了 top 值，还可以设置为 text-top | middle | bottom | text-bottom，甚至特定的<length>和<percentage>值都可以。

方法 3：#test{font-size:0;line-height:0;}，#test 为 img 的父元素。

【问 17】如何让文本垂直对齐文本输入框？

【答】

input{vertical-align:middle;}

【问 18】如何让单行文本在容器内垂直居中？

【答】

#test{height:25px;line-height:25px;}

只需设置文本的行高等于容器的高度即可。

【问 19】如何让超链接访问后和访问前的颜色不同，且访问后仍保留 hover 和 active 效果？

【答】

```
a:link{color:#03c;}
a:visited{color:#666;}
a:hover{color:#f30;}
a:active{color:#c30;}
```

按 L-V-H-A 的顺序设置超链接样式即可，可速记为 LoVe（喜欢）HAte（讨厌）。

【问 20】为什么 Standard mode 下 IE 无法设置滚动条的颜色？

【答】

```
html{
        scrollbar-3dlight-color:#999;
        scrollbar-darkshadow-color:#999;
        scrollbar-highlight-color:#fff;
        scrollbar-shadow-color:#eee;
        scrollbar-arrow-color:#000;
        scrollbar-face-color:#ddd;
        scrollbar-track-color:#eee;
        scrollbar-base-color:#ddd;
}
```

将原来设置在 body 上的滚动条颜色样式定义到 html 标签选择符上即可。

【问 21】如何使文本溢出边界不换行，强制在一行内显示？

【答】

```
#test{width:150px;white-space:nowrap;}
```

设置容器的宽度和 white-space 为 nowrap 即可，其效果类似<nobr>标签。

【问 22】如何使文本溢出边界显示为省略号？

【答】

```
#test{width:150px;white-space:nowrap;overflow:hidden;text-overflow:ellipsis;}
```

首先需设置将文本强制在一行内显示，然后将溢出的文本通过 overflow:hidden 截断，并以 text-overflow:ellipsis 方式将截断的文本显示为省略号。

【问 23】如何使连续的长字符串自动换行？

【答】设置代码如下：

```
#test{width:150px;word-wrap:break-word;}
```

word-wrap 的 break-word 值允许单词内换行。

【问 24】如何清除浮动？

【答】

方法1：#test{clear:both;}，#test 为浮动元素的下一个兄弟元素

方法2：#test{display:block;zoom:1;overflow:hidden;}，#test 为浮动元素的父元素。zoom:1 也可以替换为固定的 width 或 height。

方法3：

```
#test{zoom:1;}
#test:after{display:block;clear:both;visibility:hidden;height:0;content:"";}
```

#test 为浮动元素的父元素。

【问 25】如何定义鼠标指针的光标形状为手型并兼容所有浏览器？

【答】

```
#test{cursor:pointer;}
```

若将 cursor 设置为 hand，将只有 IE 和 Opera 支持，且 hand 为非标准属性值。

【问 26】如何让已知高度的容器在页面中水平垂直居中？

【答】

```
#test{position:absolute;top:50%;left:50%;width:200px;height:200px;margin:-100px 0 0 -100px;}
```

【问 27】如何让未知尺寸的图片在已知宽高的容器内水平垂直居中？

【答】

```
#test{display:table-cell;*display:block;*position:relative;width:200px;height:200px;text-align:center;vertical-align:middle;}
#test p{*position:absolute;*top:50%;*left:50%;margin:0;}
#test p img{*position:relative;*top:-50%;*left:-50%;vertical-align:middle;}
```

#test 是 img 的祖父节点，p 是 img 的父节点。

【问 28】如何设置 span 的宽度和高度（即如何设置内联元素的宽高）？

【答】

```
span{display:block;width:200px;height:100px;}
```

要使内联元素可以设置宽高，只需将其定义为块级或者内联块级元素即可。所以方法非常多样，既可以设置 display 属性，也可以设置 float 属性，或者 position 属性等等。

【问 29】如何给一个元素定义多个不同的 css 规则？

【答】

```
<style type="text/css">
.a{color:#f00;}
```

```
.b{background:#eee;}
.c{background:#ccc;}
</style>
<div class="a b">测试 1</div>
<div class="a c">测试 2</div>
```

多个规则之间使用空格分开，并且只有 class 能同时使用多个规则，id 不可以。

【问 30】如何让某个元素充满整个页面？

【答】

```
html,body{height:100%;margin:0;}
#test{height:100%;}
```

【问 31】如何让某个元素距离窗口上右下左 4 边各 10 像素？

【答】

```
html,body{height:100%;margin:0;}
html{_padding:10px;}
#test{position:absolute;top:10px;right:10px;bottom:10px;left:10px;_position:static;_height:100%;}
```

【问 32】如何去掉超链接的虚线框？

【答】

```
a{outline:none;}
```

IE7 及更早浏览器由于不支持 outline 属性，需要通过 js 的 blur()方法来实现，如<a href="#"onfocus="this.blur()">this.blur </a>。

【问 33】如何容器透明，内容不透明？

【答】

● 方法 1：

```
<style type="text/css">
.outer{width:200px;height:200px;background:#000;filter:alpha(opacity=20);opacity:.2;}
.inner{width:200px;height:200px;margin-top:-200px;}
</style>
<div class="outer"><!--我是透明的容器--></div>
<div class="inner">我是不透明的内容</div>
```

原理是容器层与内容层并级，容器层设置透明度，内容层通过负 margin 或者 position 绝对定位等方式覆盖到容器层上

● 方法 2：

```
<style type="text/css">
```

```
.outer{width:200px;height:200px;background:rgba(0,0,0,.2);background:#000\9;filter:alpha(opaci
ty=20)\9;}
.outer .inner{position:relative\9;}
</style>
<div class="outer">
    <div class="inner">我是不透明的内容</div>
</div>
```

高级浏览器直接使用 rgba 颜色值实现；IE 浏览器在定义容器透明的同时，让子节点相对定位，也可达到效果。

【问 34】如何让整个页面水平居中？

【答】

```
body{text-align:center;}
#test2{width:960px;margin:0 auto;text-align:left;}
```

定义 body 的 text-align 值为 center 将使得 IE5.5 也能实现居中。

【问 35】为什么容器的背景色没显示出来？为什么容器无法自适应内容高度？

【答】

清除浮动，通常出现这样的情况都是由于没有清除浮动而引起的，所以 Debug 时应第一时间想到是否有未清除浮动的地方。

【问 36】如何做 1 像素细边框的 table？

【答】

● 方法 1：

```
<style type="text/css">
#test{border-collapse:collapse;border:1px solid #ddd;}
#test th,#test td{border:1px solid #ddd;}
</style>
<table id="test">
    <tr><th>姓名</th><td>Joy Du</td></tr>
    <tr><th>年龄</th><td>26</td></tr>
</table>
```

● 方法 2：

```
<style type="text/css">
#test{border-spacing:1px;background:#ddd;}
#test tr{background:#fff;}
</style>
```

```
<table id="test" cellspacing="1">
    <tr><th>姓名</th><td>Joy Du</td></tr>
    <tr><th>年龄</th><td>26</td></tr>
</table>
```

IE7 及更早浏览器不支持 border-spacing 属性，但可以通过 table 标签属性 cellspacing 来替代。

【问 37】如何使页面文本行距始终保持为 n 倍字体大小的基调？

【答】

```
body{line-height:n;}
```

注意，不要给 n 加单位。

【问 38】标准模式 Standard mode 和怪异模式 Quirks mode 下的盒模型区别？

【答】

标准模式下：Element width = width + padding + border

怪异模式下：Element width = width

相关资料请参阅 CSS3 属性 box-sizing。

【问 39】以图换字的几种方法及优劣分析？

【答】

● 思路 1：使用 text-indent 的负值，将内容移出容器。

```
<style type="text/css">
.test1{width:200px;height:50px;text-indent:-9999px;background:#eee url(*.png) no-repeat;}
</style>
<div class="test">以图换字之内容负缩进法</div>
```

该方法优点在于结构简洁，不理想的地方：1.由于使用场景不同，负缩进的值可能会不一样，不易抽象成公用样式；2.当该元素为链接时，在非 IE 下虚线框将变得不完整；3.如果该元素被定义为内联级或者内联块级，不同浏览器下会有较多的差异。

● 思路 2：使用 display:none 或 visibility:hidden 将内容隐藏。

```
<style type="text/css">
.test{width:200px;height:50px;background:#eee url(*.png) no-repeat;}
.test span{visibility:hidden;/* 或者 display:none */}
</style>
<div class="test"><span>以图换字之内容隐藏法</span></div>
```

该方法优点在于兼容性强并且容易抽象成公用样式，缺点在于结构较复杂

● 思路 3：使用 padding 或者 line-height 将内容挤出容器。

```
<style type="text/css">
.test{overflow:hidden;width:200px;height:0;padding-top:50px;background:#eee   url(*.png)   no-
```

```
repeat;}
    .test{overflow:hidden;width:200px;height:50px;line-height:50;background:#eee url(*.jpg) no-
repeat;}
    </style>
    <div class="test">以图换字之内容排挤法</div>
```

该方法优点在于结构简洁，缺点在于：（1）由于使用场景不同，padding 或 line-height 的值可能会不一样，不易抽象成公用样式；（2）要兼容 IE5.5 及更早浏览器还得 hack。

- 思路 4：使用超小字体和文本全透明法。

```
    <style type="text/css">
    .test{overflow:hidden;width:200px;height:50px;font-size:0;line-
height:0;color:rgba(0,0,0,0);background:#eee url(*.png) no-repeat;}
    </style>
    <div class="test">以图换字之超小字体+文本全透明法</div>
```

该方法结构简单易用，推荐使用。

【问 40】为什么 2 个相邻 div 的 margin 只有 1 个生效？

【答】

```
    <style type="text/css">
    .box1{margin:10px 0;}
    .box2{margin:20px 0;}
    </style>
    <div class="box1">box1</div>
    <div class="box2">box2</div>
```

本例中 box1 的底部 margin 为 10px，box2 的顶部 margin 为 20px，但表现在页面上 2 者之间的间隔为 20px，而不是预想中的 10+20px=30px，结果是选择 2 者之间最大的那个 margin，我们把这种机制称之为"外边距合并"；外边距合并不仅仅出现在相邻的元素间，父子间同样会出现。

注意事项如下：

- 外边距合并只出现在块级元素上；
- 浮动元素不会和相邻的元素产生外边距合并；
- 绝对定位元素不会和相邻的元素产生外边距合并；
- 内联块级元素间不会产生外边距合并；
- 根元素间不会不会产生外边距合并（如 html 与 body 间）；
- 设置了属性 overflow 且值不为 visible 的块级元素不会与它的子元素发生外边距合并。

【问 41】如何在文本框中禁用中文输入法？

【答】

```
input,textarea{ime-mode:disabled;}
```

ime-mode 为非标准属性，写该文档时只有 IE 和 Firefox 支持。

【问 42】如何解决列表中 list-style-image 不能精准定位的问题？

【答】

不使用 list-style-image 来定义列表项目标记符号，而用 background-image 来代替，并通过 background-position 来进行定位。

【问 43】如何解决伪对象:before 和:after 在 input 标签上的怪异表现的问题？

【答】

除了 Opera，在所有浏览器下 input 标签使用伪对象:before 和:after 都没有效果，即使 Opera 的表现也同样令人诧异。大家可以试玩一下。浏览器版本：IE6～IE10+、Firefox6.0+、Chrome13.0+、Safari5.1+和 Opera11.51+。

【问 44】如何解决伪对象:before 和:after 无法在 Chrome,Safari,Opera 上定义过渡和动画的问题？

【答】

除了 Firefox，在所有浏览器下伪对象:before 和:after 无法定义过渡和动画效果。浏览器版本：IE6～IE10+、 Firefox6.0+、Chrome13.0+、Safari5.1+、Opera11.51+。如果这个过渡或动画效果是必要的，可以考虑使用真实对象。

【问 45】如何让层在 flash 上显示？

【答】

```
<param name="wmode" value="transparent" />
```
设置 flash 的 wmode 值为 transparent 或 opaque。

【问 46】如何使用标准的方法在页面上插入 flash？

【答】

```
<object id="flash-show" type="application/x-shockwave-flash" data="*.swf">
    <param name="movie" value="*.swf" />
    <param name="wmode" value="transparent" />
    <img src="*.jpg" alt="用于不支持 flash 或屏蔽 flash 时显示" />
</object>
```
至于 flash 的宽高可以在 css 里设置。

【问 47】如何在点文字时也选中复选框或单选框？

【答】

- 方法 1：

```
<input type="checkbox" id="chk1" name="chk" /><label for="chk1">选项一</label>
<input type="checkbox" id="chk2" name="chk" /><label for="chk2">选项二</label>
<input type="radio" id="rad1" name="rad" /><label for="rad1">选项一</label>
<input type="radio" id="rad2" name="rad" /><label for="rad2">选项二</label>
```

所有主流浏览器都支持该方式。

- 方法 2：

```
<label><input type="checkbox" name="chk" />选项一</label>
<label><input type="checkbox" name="chk" />选项二</label>
<label><input type="radio" name="rad" />选项一</label>
<label><input type="radio" name="rad" />选项二</label>
```

该方式相比方法 1 更简洁，但 IE6 及更早浏览器不支持。

【问 48】IE 下如何对 Standard Mode 与 Quirks Mode 进行切换？

【答】

IE6 的触发（在 DTD 申明前加上 XML 申明）：

```
<?xml version="1.0" encoding="utf-8"?>
<!DOCTYPE html>
```

IE5.5 及更早浏览器版本直接以 Quirks Mode 解析。

所有 IE 版本的触发（在 DTD 申明前加上 HTML 注释）：

```
<!-- Let IE into quirks mode -->
<!DOCTYPE html>
```

当没有 DTD 声明时，所有 IE 版本也会进入 Quirks Mode。

【问 49】如何区别 display:none 与 visibility:hidden？

【答】

相同的是 display:none 与 visibility:hidden 都可以用来隐藏某个元素；不同的是 display:none 在隐藏元素的时候，将其占位空间也去掉；而 visibility:hidden 只是隐藏了内容而已，其占位空间仍然保留。

【问 50】如何设置 IE 下的 iframe 背景透明？

【答】

设置 iframe 元素的标签属性 allowtransparency="allowtransparency"然后设置 iframe 内部页面的 body 背景色为 transparent。不过由此会引发 IE 下一些其他问题，如设置透明后的 iframe 将不能遮住 select。

13

2. HTML 和 CSS 进阶篇

【问 51】我设置了字体大小为 16px，在浏览器中按 F12 查看却是 18px，这是为什么，怎么让它显示为 16px？

【答】

字体为 18px 是因为其他的 CSS 样式影响，权值大于你的 16px。如果不知道哪里影响到你的样式，可以给这个标签定义类样式 class（这样不会影响到其他标签的样式），再在样式后面添加!important，即 font-size:16px !important，这样 16px 的样式权值最大，字体就会显示 16px。

【问 52】如何不用 a 标签也能实现超链接，例如，在 li 或者 div 之中插入一个属性使得这些标签能获得点击实现超链接的效果，是否可用 hover 或其他方式实现，这样可以更加简便。

【答】

添加 onclick 事件，获取存储链接的属性值，使用 location=xxxx 来跳转。

```
<ul>
<li href="http://bbs.csdn.net" onclick="location.href=this.getAttribute('href')">bbs.csdn.net</li>
<li href="http://ask.csdn.net" onclick="location.href=this.getAttribute('href')">ask.csdn.net</li>
</ul>
```

【问 53】怎么才能让 IE7、IE8 支持 CSS3 的 rotate 旋转样式呢？

【答】

使用 jquery.rotate.js 插件（http://www.w3dev.cn/article/20150311/jquery.rotate.js.aspx），如果不支持 CSS3 功能会使用滤镜来实现。

【问 54】媒体查询怎么限制宽高，使手机上看的时候都是一屏一屏的？

【答】

一屏高度：100vh，一屏宽度：100vw，适用于任何屏幕。

一般高是不用考虑的，只作宽度的媒体查询。移动端我一般只做 3 个版本的兼容，基本就会适用于移动端一个 iPhone6 plus、iPhoe5 和平板。

```
@media screen and (max-width:414px){} //这个 iphone6plus 的兼容，就是宽度小于 414px 的移动端会在实用这个里面的样式

@media screen and (max-width:320px){} //这个 iphone5 的兼容，就是宽度小于 320px 的移动端会使用这个里面的样式

@media screen and (max-width:768px){} //这个是平板的媒体查询
```

【问 55】对于一个矩形，以从左上到右下的对角线为轴进行旋转，怎么设置 rotateX(),rotateY(),rotateZ()参数？

【答】

```
<style>
#div1 {position: absolute; left: 40%; top: 30%;animation: rdiv 4s infinite;}
#div2 { background-color: red; width: 100px; height: 100px; transform: rotateZ(45deg);}
  @keyframes rdiv {
      0% { transform:rotateX(0deg);}
      25% { transform:rotateX(90deg);}
      50% { transform:rotateX(180deg);}
      75% { transform:rotateX(270deg);}
       100% { transform:rotateX(360deg);}
}
</style>
<div id="div1">
      <div id="div2"></div>
</div>
```

【问 56】HTML5 做类似微场景动画，怎么实现加载的时候显示一个 logo 闪烁？

【答】

使用计时器定时调用 drawImage 绘制 2 张图片交替显示。

【问 57】在 flex 布局中，子元素内部文字怎么垂直居中？ vertical-align=middle 无效。

【答】

方法 1：定义父盒子 display:table，子盒子 display:table-cell;vertical-align:middle。

方法 2：flex 布局只能对直接子元素有影响，可以再套一层孙子元素，再次使用 flex 布局，内写文字。

```
    .box{
      display: -webkit-flex; /* Safari */
      display: flex;
            justify-content: center;
            align-items:center;

    }
```

【问 58】为何 CSS3 都是跟 HTML5 配合使用，CSS3 跟 HTM4 配合不可以吗？有什么副作用？

【答】

HTML5 新增了很多新元素，CSS3 新增了很多新的特效样式，不是新元素也可以用，和 HTML5 结合当然最好，可以让搜索引擎更好理解网站内容和结构。

【问 59】CSS3 的 **display:flex** 和 **display:box** 有什么区别？

【答】

前者是弹性盒布局 2012 年的语法，也将是以后标准的语法，大部分浏览器已经实现了无前缀版本。后者是 2009 年的语法，已经过时，是需要加上对应前缀的。兼容性的代码大致如下：

```
display: -webkit-box; /* Chrome 4+, Safari 3.1, iOS Safari 3.2+ */
display: -moz-box; /* Firefox 17- */
display: -webkit-flex; /* Chrome 21+, Safari 6.1+, iOS Safari 7+, Opera 15/16 */
display: -moz-flex; /* Firefox 18+ */
display: -ms-flexbox; /* IE 10 */
display: flex; /* Chrome 29+, Firefox 22+, IE 11+, Opera 12.1/17/18, Android 4.4+ */
```

【问 60】HTML5 视频自带的控制条怎么隐藏，想用 **JS** 控制按钮来播放。

【答】

去掉 controls 这个属性即可。

```
<video width="352" height="264" controls autobuffer>
    <source src="..." type='video/mp4'></source>
</video>
```

【问 61】CSS3 已经支持了圆角和阴影效果，而传统的做法是用图片。我们应该在哪种场景下使用 CSS3 的功能，哪种情况下使用图片实现呢？

【答】

建议使用 CSS3 功能实现，但是考虑到还有一些用户用 IE8 以下版本，在条件允许的时候你应该用老办法实现优雅降级。

【问 62】我在一些大网站的源代码中看到，包含内容的 **div** 高度被设置为 **0px**，但是其包含的内容居然还能正常显示，没有被隐藏起来，这是为何？把高度设置为 **0** 的目的何在？

【答】

目的是不占用位置。当高度为 0 时，如果不设置 overflow 属性，溢出内容是会显示出来的。

```
<div style="height:0;overflow:hidden" >abc<br/>def</div>
```

【问 63】把整体的网页变成黑白色，我用的是下面这段代码，但是在其他浏览器上都好用，只有安卓微信内置的浏览器（QQ 浏览器）不能用，页面还是彩色的，大家有没有遇到过，有什么解决办法吗？

```
html{
    filter: grayscale(100%);
    -webkit-filter: grayscale(100%);
```

```
    -moz-filter: grayscale(100%);
    -ms-filter: grayscale(100%);
    -o-filter: grayscale(100%);
    filter: url("data:image/svg+xml;utf8,#grayscale");
    filter: progid:DXImageTransform.Microsoft.BasicImage(grayscale=1);
    filter: gray;
    -webkit-filter: grayscale(1);
}
```

【答】

腾讯的微信浏览器（x5）虽然是基于 webkit 内核引擎，但由于引擎在移动端的优化，有一些 PC 端的功能还未完全支持，如-webkit-filter。

【问 64】什么是渐进增强和优雅降级，它们之间有什么不同吗？

【答】

优雅降级：Web 站点在所有新式浏览器中都能正常工作，如果用户使用的是老式浏览器，代码会检查以确认它们是否能正常工作。由于 IE 独特的盒模型布局问题，针对不同版本的 IE 的 hack 实践过优雅降级了，为那些无法支持功能的浏览器增加候选方案，使之在旧式浏览器上以某种形式降级体验却不至于完全失效。

渐进增强：从所有浏览器支持的基本功能开始，逐步地添加那些只有新式浏览器才支持的功能，向页面增加无害于基础浏览器的额外样式和功能的。浏览器支持时，它们会自动地呈现出来并发挥作用。

【问 65】如何对网站的文件和资源进行优化？

【答】

期待的解决方案包括：文件合并，文件最小化，文件压缩，使用 CDN 托管，缓存的使用（多个域名来提供缓存），以及其他方法。

【问 66】什么是 FOUC，如何避免 FOUC？

【答】

FOUC（Flash Of Unstyled Content）就是无样式内容闪烁。

<style type="text/css" media="all">@import"../fouc.css";</style>中引用 CSS 文件的@import 就是造成这个问题的罪魁祸首。IE 会先加载整个 HTML 文档的 DOM，然后再去导入外部的 CSS 文件，因此，在页面 DOM 加载完成到 CSS 导入完成中间，会有一段时间页面上的内容是没有样式的，这段时间的长短跟网速，电脑速度都有关系。解决方法很简单，只要在<head>之间加入一个<link>或者<script>元素就可以了。

【问 67】一般都使用哪些工具来测试代码的性能？

【答】

Profiler 和 JSPerf。

【问 68】如果把 HTML5 看作一个开放平台，那么它的构建模块有哪些？

【答】

\<nav\>、\<header\>、\<section\>和\<footer\>等。

【问 69】reset CSS 文件有什么用处？

【答】

因为浏览器的类型很多，每个浏览器的默认样式也是不同的，所以定义一个 reset 样式表可以使各浏览器的默认样式统一。

【问 70】什么是 CSS Sprites，以及如何在页面或网站中使用它？

【答】

CSS Sprites 其实就是把网页中一些背景图片整合到一张图片文件中，再利用 CSS 的 background-image、background-repeat、background-position 的组合进行背景定位，background-position 可以用数字能精确地定位出背景图片的位置。

【问 71】什么是栅格系统？最流行的是哪种？

【答】

栅格系统就是以表格化结构样式控制页面布局。比较流行的有 Bootstrap 的流式栅格系统。

【问 72】如果在设计中使用了非标准的字体，该如何去实现？

【答】

所谓的标准字体是多数机器上都会有的，或者即使没有也可以由默认字体替代的字体。

非标准字体可以使用图片代替，或者使用 web fonts 在线字库，如 Google Webfonts、Typekit 等。使用@font-face、Webfonts (字体服务)，如 Google Webfonts、Typekit 等。

【问 73】HTML 代码直接使用空格键键入多个空格键,而实际网页浏览器显示一个空格的位置，这是为什么？

【答】

一般用 来表示，但建议直接用 CSS 来设计。

【问 74】如何让浮动元素居中显示？

【答】

确定容器的宽高：宽 500、高 300，设置负外边距和相对定位。

```
.div{width:500px; height:300px; margin:-150px 0 0 -250px; position:relative; background:green;
left: 50%; top: 50%}
```

【问 75】如何实现文字超出显示为省略号？

【答】

```
//单行：
overflow: hidden;
text-overflow:ellipsis;
white-space: nowrap;
//多行：
display: -webkit-box;
-webkit-box-orient: vertical;
-webkit-line-clamp: 3;
overflow: hidden;
```

3. JavaScript 高级篇

【问 76】在使用 **typeof bar === "object"** 确定 **bar** 是否是对象时，如何避免潜在的陷阱？

【答】

尽管 typeof bar === "object" 是检查 bar 是否对象的可靠方法，令人惊讶的是在 JavaScript 中 null 也被认为是对象。因此，令大多数开发人员惊讶的是，下面的代码将输出 true ，而不是 false。

在控制台测试：

```
varbar = null;
console.log( typeofbar === "object"); // logs true!
```

只要清楚这一点，同时检查 bar 是否为 null，就可以很容易地避免陷阱：

```
console.log((bar !== null) && ( typeofbar === "object")); //logs false
```

另外，两件事情值得注意：

首先，上述解决方案将返回 false，当 bar 是一个函数的时候。在大多数情况下，这是期望行为，但当你也想对函数返回 true 的话，可以修改上面的解决方案为：

```
console.log((bar !== null) && (( typeofbar === "object") || ( typeofbar === "function")));
```

第二，上述解决方案将返回 true，当 bar 是一个数组的时候，例如，当 var bar = [];）。在大多数情况下，这是期望行为，因为数组是真正的对象，但当你也想对数组返回 false 时，可以修改上面的解决方案为：

```
console.log((bar !== null) && ( typeofbar === "object") && (toString.call(bar) !== "[object
```

```
Array]"));
```

或者，如果你使用 jQuery 的话：

```
console.log((bar !== null) && ( typeofbar === "object") && (! $.isArray(bar)));
```

【问 77】下面的代码将输出什么到控制台，为什么？

```
( function(){ var a = b = 3;})();
console.log( "a defined? "+ ( typeof a !== 'undefined'));
console.log( "b defined? "+ ( typeof b !== 'undefined'));
```

【答】

由于 a 和 b 都定义在函数的封闭范围内，并且都始于 var 关键字，大多数 JavaScript 开发人员期望 typeof a 和 typeof b 在上面的例子中都是 undefined。

然而，事实并非如此。这里的问题是，大多数开发人员将语句 var a = b = 3; 错误地理解为是以下声明的简写：

```
Var b = 3; var a = b;
```

但事实上，var a = b = 3; 实际是以下声明的简写：

```
b= 3; var a = b;
```

因此，如果你不使用严格模式的话，该代码段的输出是：

```
a defined? falseb defined? true
```

但是，b 如何才能被定义在封闭函数的范围之外呢？

是的，既然语句 var a = b = 3;是语句 b = 3; 和 var a = b;的简写，b 最终成为了一个全局变量。因为它没有前缀 var 关键字，因此仍然在范围内甚至封闭函数之外。

注意，在严格模式下（使用 use strict），语句 var a = b = 3; 将生成 ReferenceError: b is not defined 的运行时错误，从而避免任何否则可能会导致的 headfakes /bug。这是你为什么应该理所当然地在代码中使用 use strict 的最好例子。

【问 78】下面的代码将输出什么到控制台，为什么？

```
var myObject = {
    foo: "bar",
        func: function () {
        var self = this;
        console.log("outer func: this.foo = " + this.foo);
        console.log("outer func: self.foo = " + self.foo);
        (function () {
            console.log("inner func: this.foo = " + this.foo);
            console.log("inner func: self.foo = " + self.foo);
        }());
    }
```

```
};
myObject.func();
```

【答】

上面的代码将输出以下内容到控制台：

```
outer func: this.foo = bar
outer func: self.foo = bar
inner func: this.foo = undefined
inner func: self.foo = bar
```

在外部函数中，this 和 self 两者都指向了 myObject，因此两者都可以正确地引用和访问 foo。

在内部函数中，this 不再指向 myObject。其结果是，this.foo 没有在内部函数中被定义，相反，指向到本地的变量 self 保持在范围内，并且可以访问。

在 ECMA 5 之前，在内部函数中的 this 将指向全局的 window 对象；反之，因为作为 ECMA 5，内部函数中的功能 this 是未定义的。

【问 79】 封装 JavaScript 源文件的全部内容到一个函数块有什么意义及理由？

【答】

这是一个越来越普遍的做法，被许多流行的 JavaScript 库（jQuery、Node.js 等）采用。这种技术创建了一个围绕文件全部内容的闭包，也许是最重要的是，创建了一个私有的命名空间，从而有助于避免不同 JavaScript 模块和库之间潜在的名称冲突。

这种技术的另一个特点是，允许一个易于引用的（假设更短的）别名用于全局变量。这通常用于，例如，jQuery 插件中。jQuery 允许你使用 jQuery.noConflict()，来禁用 $ 引用到 jQuery 命名空间。在完成这项工作之后，你的代码仍然可以使用 $ 利用这种闭包技术，如下所示：

```
( function($){
    /* jQuery plugin code referencing $ */
} )(jQuery);
```

【问 80】 在 JavaScript 源文件的开头包含 use strict 有什么意义和好处？

【答】

对于这个问题，既简要又最重要的答案是，use strict 是一种在 JavaScript 代码运行时自动实行更严格解析和错误处理的方法。那些被忽略或默默失败了的代码错误，会产生错误或抛出异常。通常而言，这是一个很好的做法。

严格模式的一些主要优点包括以下 6 个方面。

- 使调试更加容易。那些被忽略或默默失败了的代码错误，会产生错误或抛出异常，因此尽早提醒你代码中的问题，你才能更快地指引到它们的源代码。

- 防止意外的全局变量。如果没有严格模式，将值分配给一个未声明的变量会自动创建该名称的全局变量。这是 JavaScript 中最常见的错误之一。在严格模式下，这样做的话会抛出错误。

- 消除 this 强制。如果没有严格模式，引用 null 或未定义的值到 this 值会自动强制到全局变量。这可能会导致许多令人头痛的问题和让人恨不得拔自己头发的 bug。在严格模式下，引用 null 或未定义的 this 值会抛出错误。

- 不允许重复的属性名称或参数值。当检测到对象（例如，var object = {foo: "bar", foo: "baz"};）中重复命名的属性，或检测到函数中（例如，function foo(val1, val2, val1){}）重复命名的参数时，严格模式会抛出错误，因此捕捉几乎可以肯定是代码中的 bug 可以避免浪费大量的跟踪时间。

- 使 eval() 更安全。在严格模式和非严格模式下，eval() 的行为方式有所不同。最显而易见的是，在严格模式下，变量和声明在 eval() 语句内部的函数不会在包含范围内创建（它们会在非严格模式下的包含范围中被创建，这也是一个常见的问题源）。

- 在 delete 使用无效时抛出错误。delete 操作符（用于从对象中删除属性）不能用在对象不可配置的属性上。当试图删除一个不可配置的属性时，非严格代码将默默地失败，而严格模式将在这样的情况下抛出异常。

【问 81】以下两个函数会返回相同的东西吗？ 为什么相同，为什么不相同？

```
function foo1(){ return { bar: "hello"};}
function foo2(){ return
{ bar: "hello"};}
```

【答】

出人意料的是，这两个函数返回的内容并不相同。更确切地说是：

```
console.log(foo1());
console.log(foo2());
```

将产生：

```
[object Object]
undefined
```

这不仅是令人惊讶，而且特别让人困惑的是，foo2()返回 undefined，却没有任何错误抛出。

原因与这样一个事实有关，即分号在 JavaScript 中是一个可选项，尽管省略它们通常是非常糟糕的形式。其结果就是，当碰到 foo2()中包含 return 语句的代码行（代码行上没有其他任何代码），分号会立即自动插入到返回语句之后。

也不会抛出错误，因为代码的其余部分是完全有效的，即使它没有得到调用或做任何事情（相当于它就是是一个未使用的代码块，定义了等同于字符串 "hello"的属性 bar）。

这种行为也支持放置左括号于 JavaScript 代码行的末尾，而不是新代码行开头的约定。正如这里所示，这不仅仅只是 JavaScript 中的一个风格偏好。

【问 82】NaN 是什么？它的类型是什么？如何可靠地测试一个值是否等于 NaN ？

【答】

NaN 属性代表一个"不是数字"的值。这个特殊的值是因为运算不能执行而导致的，不能执行的原因要么是因为其中的运算对象之一非数字（例如，"abc"/4），要么是因为运算的结果非数字（例如，除数为零）。

虽然这看上去很简单，但 NaN 有一些令人惊讶的特点，如果你不知道它们的话，可能会导致令人头痛的 bug。

首先，虽然 NaN 意味着"不是数字"，但是它的类型，是 Number：

```
console.log( typeof NaN=== "number"); // logs "true"
```

此外，NaN 和任何东西比较，甚至是它自己本身，结果是 false：

```
console.log( NaN=== NaN); // logs "false"
```

一种半可靠的方法来测试一个数字是否等于 NaN，是使用内置函数 isNaN()，但即使使用 isNaN() 依然并非是一个完美的解决方案。

一个更好的解决办法是使用 value !== value，如果值等于 NaN，只会产生 true。另外，ES6 提供了一个新的 Number.isNaN() 函数，这是一个不同的函数，并且比老的全局 isNaN() 函数更可靠。

【问 83】下列代码将输出什么？为什么会这样呢？

```
console.log( 0.1+ 0.2);
console.log( 0.1+ 0.2== 0.3);
```

【答】

一个稍微有点编程基础的回答是："你不能确定。可能会输出"0.3"和"true"，也可能不会。JavaScript 中的数字和浮点精度的处理相同，因此，可能不会总是产生预期的结果。

以上所提供的例子就是一个演示了这个问题的典型例子。但出人意料的是，它会输出：

```
0.30000000000000004
false
```

【问 84】讨论写函数 isInteger(x)的可能方法，用于确定 x 是否是整数。

【答】

这听起来可能是小菜一碟，但事实上很琐碎，因为 ECMA 6 引入了一个新的正以此为目的的 Number.isInteger() 函数。然而，之前的 ECMA 6，会更复杂一点，因为没有提供类似的 Number.isInteger()方法。

问题是，在 ECMA 规格说明中，整数只概念上存在：即数字值总是存储为浮点值。

考虑到这一点，最简单又最干净的 ECMA6 之前的解决方法（同时也非常稳健地返回 false，即使一个非数字的值，如字符串或 null ，被传递给函数）如下：

```
function isInteger(x){ return(x^ 0) === x; }
```

下面的解决方法也是可行的，虽然不如上面那个方法优雅：

```
function isInteger(x) { return Math.round(x) === x; }
```

注意，Math.ceil() 和 Math.floor() 在上面的实现中等同于 Math.round()。

或：

```
function isInteger(x) { return ( typeofx === 'number') && (x % 1=== 0);}
```

相当普遍的一个不正确的解决方案是：

```
function isInteger(x) { return parseInt(x, 10) === x; }
```

虽然这个以 parseInt 函数为基础的方法在 x 取许多值时都能工作良好，但一旦 x 取值相当大的时候，就会无法正常工作。问题在于 parseInt() 在解析数字之前强制其第一个参数到字符串。因此，一旦数目变得足够大，它的字符串就会表达为指数形式（例如，1e+21）。因此，parseInt() 函数就会去解析 1e+21，但当到达 e 字符串的时候，就会停止解析，因此只会返回值 1。

注意，在浏览器控制台命令行测试：

```
> String( 1000000000000000000000)        //'1e+21'
> parseInt( 1000000000000000000000, 10)     //1
> parseInt( 1000000000000000000000, 10) === 1000000000000000000000      //false
```

【问 85】下列代码行 1-4 如何排序，使之能够在执行代码时输出到控制台？为什么？

```
(function () {
    console.log(1);
    setTimeout(function () {
        console.log(2)
    }, 1000);
    setTimeout(function () {
        console.log(3)
    }, 0);
    console.log(4);
})();
```

【答】

序号如下：1 4 3 2

让我们先来解释比较明显而易见的那部分：

1 和 4 之所以放在前面，是因为它们是通过简单调用 console.log() 而没有任何延迟输出的。

2 之所以放在 3 的后面，是因为 2 是延迟了 1000 毫秒（即 1 秒）之后输出的，而 3 是延迟了 0 毫秒之后输出的。

但是，既然 3 是 0 毫秒延迟之后输出的，那么是否意味着它是立即输出的呢？如果是的话，那么它是不是应该在 4 之前输出，既然 4 是在第二行输出的？

要回答这个问题，你需要正确理解 JavaScript 的事件和时间设置。

浏览器有一个事件循环，会检查事件队列和处理未完成的事件。例如，如果时间发生在后台（例如，脚本的 事件）时，浏览器正忙（例如，处理一个 onclick），那么事件会添加到队列中。当 onclick 处理程序完成后，检查队列，然后处理该事件（例如，执行 脚本）。

同样地，setTimeout() 也会把其引用的函数的执行放到事件队列中，如果浏览器正忙的话。

当 setTimeout() 的第二个参数为 0 的时候，它的意思是"尽快"执行指定的函数。具体而言，函数的执行会放置在事件队列的下一个计时器开始。但是请注意，这不是立即执行：函数不会被执行除非下一个计时器开始。这就是为什么在上述的例子中，调用 console.log(4) 发生在调用 console.log(3) 之前（因为调用 console.log(3) 是通过 setTimeout 被调用的，因此会稍微延迟）。

【问 86】写一个简单函数，可以返回一个布尔值，指明字符串是否为回文结构。

【答】

下面这个函数在 str 是回文结构的时候返回 true，否则，返回 false。

```
function isPalindrome(str) {
    str = str.replace(/W/g, '').toLowerCase();
    return (str == str.split('').reverse().join(''));
}
```

例如：

```
console.log(isPalindrome( "level")); //'true'
console.log(isPalindrome( "levels")); //'false'
console.log(isPalindrome( "A car, a man, a maraca")); //'true'
```

【问 87】写一个 sum 方法，在使用下面任一语法调用时，都可以正常工作。

```
console.log(sum( 2, 3)); // Outputs 5
console.log(sum( 2)( 3)); // Outputs 5
```

【答】

至少有两种方法可以做到：

● 方法 1

```
function sum(x) {
    if (arguments.length == 2) {
        return arguments[0] + arguments[1];
    }else { return function (y) { return x + y; }; }
}
```

在 JavaScript 中，函数可以提供到 arguments 对象的访问，arguments 对象提供传递到函数的实际参数的访问。这使我们能够使用 length 属性来确定在运行时传递给函数的参数数量。

如果传递两个参数，那么只需加在一起，并返回。否则，我们假设它被以 sum(2)(3)这样的形式调用，所以我们返回一个匿名函数，这个匿名函数合并了传递到 sum()的参数和传递给匿名函数的参数。

● 方法 2

```
function sum(x, y) {
    if (y !== undefined) {
        return x + y;
    } else {
        return function (y) {
```

```
        return x + y;
    };
    }
}
```

当调用一个函数的时候，JavaScript 不要求参数的数目匹配函数定义中的参数数量。如果传递的参数数量大于函数定义中参数数量，那么多余参数将简单地被忽略。另一方面，如果传递的参数数量小于函数定义中的参数数量，那么缺少的参数在函数中被引用时将会给一个 undefined 值。所以，在上面的例子中，简单地检查第 2 个参数是否未定义，就可以相应地确定函数被调用以及进行的方式。

【问 88】在下面代码片段中，当单击"**Button 4**"的时候会输出什么到控制台，为什么？能否提供一个或多个备用的可按预期工作的实现方案。

```
for (var i = 0; i < 5; i++) {
    var btn = document.createElement('button');
    btn.appendChild(document.createTextNode('Button ' + i));
    btn.addEventListener('click', function () {
        console.log(i);
    });
    document.body.appendChild(btn);}
}
```

【答】

无论用户单击什么按钮，数字 5 将总会输出到控制台。这是因为，当 onclick 方法被调用（对于任何按钮）的时候，for 循环已经结束，变量 i 已经获得了 5 的值。

要让代码工作的关键是，通过传递到一个新创建的函数对象，在每次传递通过 for 循环时，捕捉到 i 值。下面是三种可能实现的方法：

```
for (var i = 0; i < 5; i++) {
    var btn = document.createElement('button');
    btn.appendChild(document.createTextNode('Button ' + i));
    btn.addEventListener('click', (function (i) {
            return function(){
            console.log(i);
        }
    })(i));
    document.body.appendChild(btn);
}
```

或者，可以把全部调用封装在新匿名函数中：

```
for (var i = 0; i < 5; i++) {
    var btn = document.createElement('button');
```

```
        btn.appendChild(document.createTextNode('Button ' + i));
        (function (i) {
            btn.addEventListener('click', function () {
                console.log(i);
            });
        })(i);
        document.body.appendChild(btn);
    }
```

也可以调用数组对象的本地 forEach 方法来替代 for 循环：

```
['a', 'b', 'c', 'd', 'e'].forEach(
    function (value, i) {
        var btn = document.createElement('button');
        btn.appendChild(document.createTextNode('Button ' + i));
        btn.addEventListener('click', function () {
            console.log(i);
        });
        document.body.appendChild(btn);
    });
```

【问 89】 下面的代码将输出什么到控制台，为什么？

```
var arr1 = "john".split( ");
var arr2 = arr1.reverse();
var arr3 = "jones".split( ");
arr2.push(arr3);
console.log( "array 1: length="+ arr1.length + " last="+ arr1.slice( -1));
console.log( "array 2: length="+ arr2.length + " last="+ arr2.slice( -1));
```

【答】

输出结果是：

```
array 1: length=5 last=j,o,n,e,s
array 2: length=5 last=j,o,n,e,s
```

arr1 和 arr2 在上述代码执行之后，两者相同了，原因是：调用数组对象的 reverse() 方法并不只返回反顺序的阵列，它也反转了数组本身的顺序（即，在这种情况下，指的是 arr1）。

reverse() 方法返回一个到数组本身的引用（在这种情况下即，arr1）。其结果为，arr2 仅仅是一个到 arr1 的引用（而不是副本）。因此，当对 arr2 做了任何事情（即当我们调用 arr2.push(arr3);）时，arr1 也会受到影响，因为 arr1 和 arr2 引用的是同一个对象。

这里有几个技术点容易迷惑人：

传递数组到另一个数组的 push() 方法会让整个数组作为单个元素映射到数组的末端。其结果是，语句 arr2.push(arr3); 在其整体中添加 arr3 作为一个单一的元素到 arr2 的末端（也就是说，它并没有连接两个数组，连接数组是 concat() 方法的目的）。

和 Python 一样，JavaScript 标榜数组方法调用中的负数下标，例如 slice() 可作为引用数组末尾元素的方法；例如，-1 下标表示数组中的最后一个元素，等等。

【问 90】下面的代码将输出什么到控制台，为什么？

```
console.log( 1+ "2"+ "2");
console.log( 1+ + "2"+ "2");
console.log( 1+ - "1"+ "2");
console.log(+ "1"+ "1"+ "2");
console.log( "A"- "B"+ "2");
console.log( "A"- "B"+ 2);
```

【答】

上面的代码将输出以下内容到控制台：

"122" "32" "02" "112" "NaN2" NaN

这里的根本问题是，JavaScript（ECMA）是一种弱类型语言，它可对值进行自动类型转换，以适应正在执行的操作。让我们通过上面的例子来说明这是如何做到的。

例 1：1 + "2" + "2" 输出："122" 说明：1 + "2" 是执行的第一个操作。由于其中一个运算对象（"2"）是字符串，JavaScript 会假设它需要执行字符串连接，因此，会将 1 的类型转换为 "1"，1 + "2" 结果就是 "12"。然后，"12" + "2" 就是 "122"。

例 2：1 + +"2" + "2" 输出："32" 说明：根据运算的顺序，要执行的第一个运算是 +"2"（第一个 "2" 前面的额外 + 被视为一元运算符）。因此，JavaScript 将 "2" 的类型转换为数字，然后应用一元 + 号（即，将其视为一个正数）。其结果是，接下来的运算就是 1+2，这当然是 3。然后我们需要在一个数字和一个字符串之间进行运算（即，3 和 "2"），同样的，JavaScript 会将数值类型转换为字符串，并执行字符串的连接，产生 "32"。

例 3：1 + -"1" + "2" 输出："02" 说明：这里的解释和前一个例子相同，除了此处的一元运算符是 - 而不是 +。先是 "1" 变为 1，然后当应用 - 时又变为了 -1，然后将其与 1 相加，结果为 0，再将其转换为字符串，连接最后的 "2" 运算对象，得到 "02"。

例 4：+"1" + "1" + "2" 输出："112" 说明：虽然第一个运算对象 "1"因为前缀的一元 + 运算符类型转换为数值，但又立即转换回字符串，当连接到第二个运算对象 "1" 的时候，然后又和最后的运算对象"2" 连接，产生了字符串 "112"。

例 5："A" - "B" + "2" 输出："NaN2" 说明：由于运算符 - 不能被应用于字符串，并且 "A" 和 "B" 都不能转换成数值，因此，"A" - "B"的结果是 NaN，然后再和字符串 "2" 连接，得到 "NaN2"。

例 6："A" - "B" + 2 输出：NaN 说明：参见前一个例子，"A" - "B" 结果为 NaN。但是，应用任何运算符到 NaN 与其他任何的数字运算对象，结果仍然是 NaN。

【问 91】下面的递归代码在数组列表偏大的情况下会导致堆栈溢出。在保留递归模式的基础上，怎么解决这个问题？

```
var list = readHugeList();
var nextListItem = function () {
    var item = list.pop();
    if (item) {
        // process the list item...
        nextListItem();
    }
};
```

【答】

潜在的堆栈溢出可以通过修改 nextListItem 函数避免：

```
var list = readHugeList();
var nextListItem = function () {
    var item = list.pop();
    if (item) {
        // process the list item...
        setTimeout(nextListItem, 0);
    }
};
```

堆栈溢出之所以会被消除，是因为事件循环操纵了递归，而不是调用堆栈。当 nextListItem 运行时，如果 item 不为空，timeout 函数（nextListItem）就会被推到事件队列，该函数退出，因此就清空调用堆栈。当事件队列运行其 timeout 事件，且进行到下一个 item 时，定时器被设置为再次调用 nextListItem。因此，该方法从头到尾都没有直接的递归调用，所以无论迭代次数的多少，调用堆栈保持清空的状态。

【问 92】JavaScript 中的"闭包"是什么？请举一个例子。

【答】

闭包是一个可以访问外部（封闭）函数作用域链中的变量的内部函数。闭包可以访问三种范围中的变量，这三个范围具体为：（1）自己范围内的变量，（2）封闭函数范围内的变量，（3）全局变量。下面是一个简单的例子：

```
var globalVar = "xyz";
(function outerFunc(outerArg) {
    var outerVar = 'a';
    (function innerFunc(innerArg) {
        var innerVar = 'b';
        console.log("outerArg = " + outerArg + "n" + "innerArg = " + innerArg + "n" + "outerVar = " + outerVar + "n" + "innerVar = " + innerVar + "n" + "globalVar = " + globalVar);
    })(456);
})(123);
```

在上面的例子中，来自于 innerFunc、outerFunc 和全局命名空间的变量都在 innerFunc 的范围内。因此，上面的代码将输出如下：

```
outerArg = 123ninnerArg = 456nouterVar = aninnerVar = bnglobalVar = xyz
```

【问 93】下面的代码将输出什么，并解释一下原因。闭包在这里能起什么作用？

```
for( var i = 0; i < 5; i++) { setTimeout( function() { console.log(i); }, i * 1000);}
```

【答】

上面的代码不会按预期显示值 0、1、2、3 和 4，而是会显示 5、5、5、5 和 5。原因是，在循环中执行的每个函数将整个循环完成之后被执行，因此，将会引用存储在 i 中的最后一个值，那就是 5。闭包可以通过为每次迭代创建一个唯一的范围，存储范围内变量的每个唯一的值，来防止这个问题，如下：

```
for( var i = 0; i < 5; i++) { ( function(x) { setTimeout( function() { console.log(x); }, x * 1000); })(i);}
```

这就会按预期输出 0、1、2、3 和 4 到控制台。

【问 94】以下代码行将输出什么到控制台？为什么呢？

```
console.log( "0 || 1 = "+( 0|| 1));
console.log( "1 || 2 = "+( 1|| 2));
console.log( "0 && 1 = "+( 0&& 1));
console.log( "1 && 2 = "+( 1&& 2));
```

【答】

该代码将输出：

```
0 || 1 = 1
1 || 2 = 1
0 && 1 = 0
1 && 2 = 2
```

在 JavaScript 中，|| 和 && 都是逻辑运算符，用于在从左至右计算时，返回第一个可完全确定的"逻辑值"。

或（ || ）运算符：在形如 X||Y 的表达式中，首先计算 X 并将其解释执行为一个布尔值。如果这个布尔值 true，那么返回 true（1），不再计算 Y，因为"或"的条件已经满足。如果这个布尔值为 false，那么我们仍然不能知道 X||Y 是真是假，直到我们计算 Y，并且也把它解释执行为一个布尔值。因此，0 || 1 的计算结果为 true（1），同理计算 1 || 2。

与（ && ）运算符：在形如 X&&Y 的表达式中，首先计算 X 并将其解释执行为一个布尔值。如果这个布尔值为 false，那么返回 false（0），不再计算 Y，因为"与"的条件已经失败。如果这个布尔值为 true，但是，我们仍然不知道 X&&Y 是真是假，直到我们去计算 Y，并且也把它解释执行为一个布尔值。

不过，关于 && 运算符有趣的地方在于，当一个表达式计算为"true"的时候，那么就返回表达式本身。这很好，虽然它在逻辑表达式方面计算为"真"，但如果你希望的话也可用于返回该值。这就解释了为什么，有些令人奇怪的是， 1&&2 返回 2（而不是你以为的可能返回 true 或 1）。

【问 95】执行下面的代码时将输出什么？并解释原因。

```
console.log( false== '0')
console.log( false=== '0')
```

【答】

代码将输出：true   false

在 JavaScript 中，有两种等式运算符。三个等于运算符 === 的作用类似传统的等于运算符：如果两侧的表达式有着相同的类型和相同的值，那么计算结果为 true。而双等于运算符，会只强制比较它们的值。因此，总体上而言，使用 ===而不是 ==的做法更好。!==和!=亦是同理。

【问 96】以下代码将输出什么？并解释原因。

```
var a={}, b={key:'b'}, c={key:' c'};a[b]= 123;a[c]= 456;console.log(a[b]);
```

【答】

这段代码将输出 456（而不是 123）。

原因是：当设置对象属性时，JavaScript 会暗中字符串化参数值。在这种情况下，由于 b 和 c 都是对象，因此它们都将被转换为"[object Object]"。结果就是， a[b]和 a[c]均相当于 a["[object Object]"] ，并可以互换使用。因此，设置或引用 a[c]和设置或引用 a[b]完全相同。

【问 97】以下代码行将输出什么到控制台？并解释为什么是这个结果。

```
console.log(( function f(n){ return((n > 1) ? n * f(n -1) : n)})( 10));
```

【答】

代码将输出 10! 或 3628800。原因是：命名函数 f()递归地调用本身，当调用 f(1)的时候，只简单地返回 1。

【问 98】运行下面代码段，控制台将输出什么，为什么？

```
( function(x) { return( function(y) { console.log(x); })( 2)})( 1);
```

【答】

控制台将输出 1，即使从来没有在函数内部设置过 x 的值。原因是：

闭包是一个函数，连同在闭包创建的时候，其范围内的所有变量或函数一起。在 JavaScript 中，闭包是作为一个"内部函数"实施的，即在另一个函数主体内定义的函数。闭包的一个重要特征是，内部函数仍然有权访问外部函数的变量。

因此，在本例中，由于 x 未在函数内部中定义，因此在外部函数范围中搜索定义的变量 x，且被发现具有 1 的值。

【问 99】下面的代码将输出什么到控制台，为什么？代码有什么问题，以及应该如何修复。

```
var hero = {
    _name: 'John Doe',
    getSecretIdentity: function () {
        return this._name;
    }
};
var stoleSecretIdentity = hero.getSecretIdentity;
console.log(stoleSecretIdentity());
console.log(hero.getSecretIdentity());
```

【答】

代码将输出：undefined   John Doe

第一个 console.log 之所以输出 undefined，是因为我们正在从 hero 对象提取方法，所以调用了全局上下文中（即窗口对象）的 stoleSecretIdentity()，而在此全局上下文中，_name 属性不存在。其中一种修复 stoleSecretIdentity() 函数的方法如下：

```
var stoleSecretIdentity = hero.getSecretIdentity.bind(hero);
```

【问 100】如何创建一个 **DOM** 元素，就会去访问元素本身及其所有子元素的函数。对于每个被访问的元素，函数应该传递元素到提供的回调函数。预定此函数的参数为：**DOM** 元素和回调函数（将 **DOM** 元素作为其参数）。

【答】

访问树（DOM）的所有元素是经典的深度优先搜索算法应用。下面是一个示范的解决方案：

```
function Traverse(p_element, p_callback) {
    p_callback(p_element);
    varlist = p_element.children;
    for (vari = 0; i < list.length; i++) {
        Traverse(list[i], p_callback)
    }
};
```